航空工学講座

〔7〕

タービン・エンジン

公 益 社 団 法 人

日 本 航 空 技 術 協 会

ま　え　が　き

1950年代にその高速性の魅力から旅客機の動力としてジェット・エンジンが導入されて以来、航空機用タービン・エンジンはめざましい発展を遂げてきました。タービン・エンジン固有の欠点は、継続的な技術努力により着実に改善されて来ましたが、特に1960年代の広胴型旅客機用に開発された高バイパス比ターボファン・エンジンの出現を期にこれらは大きく改善されました。現在、旅客航空機用動力は高バイパス比ターボファン・エンジンが主流であり、また回転翼航空機も重量当たりの出力が大きいタービン・エンジンがいまやピストン・エンジンに代わって主流となっています。

タービン・エンジンの改善は、性能向上はもとより性能劣化防止、エンジン状態監視や監視手法の開発、整備性および整備方式の改善などのあらゆる範囲に及んでおり、最近ではエンジンの電子制御化による運転精度の向上のほか環境対策、燃料消費率の向上にめざましいものが認められます。これらの改善は今後とも継続されるものと考えられます。

本航空工学講座は現代のタービン・エンジンについて航空整備士として知っておくべき内容を記述編集したもので、難しい数式や専門的理論はできるだけ避けてエンジンの構成及び物理的現象、作動原理の他、エンジンの運転に必要なシステムについてもできるだけ図示して解説しました。また本航空工学講座はジェット推進エンジンのみならず機械的軸出力で推力を得る軸出力タービン・エンジンを含む「タービン・エンジン」として範囲を広げています。

本航空工学講座は初版出版から5回の改定を重ねてきましたが、第6版の改定では進歩のめざましいタービン・エンジンの最新技術内容や新しい専門用語の追加説明の他に、読者や各航空専門学校の御意見を大幅に取り入れ、各章の再構成や編集、理解促進のための図の導入、最近の国家試験問題の内容から補足が必要な内容の追加などを中心に全面改定を行いました。またエンジン整備の基本である整備方式や長距離飛行で使われているETOPSについてもこれらを理解できるよう追加しました。

また、世界で使用されている単位は国際単位（SI単位）に統一されつつありますが、航空界では工学単位がまだ多用されているため本講座では工学単位を使用しておりますが、各単位系および換算率表では工学単位系をSI単位同様の質量を基本とした単位で表わしています。

本書が、航空機やタービン・エンジンの整備に携わっておられる方や、エンジンに興味を持っておられる方に少しでも役立つことがあれば幸いです。最後に、本書の記述にあたり資料提供やご意見などのご協力を頂いた関係者の皆様にお礼を申し上げます。

2019年10月

著者記

今回の大改訂では、ご利用いただいております航空専門学校・航空機使用事業会社・エアライン・航空局からなる「講座本の平準化および改訂検討会」を設置し、各メンバーの皆様からご意見をいただきました。

ご協力をいただきました皆様には、この紙面を借りて厚く御礼を申し上げます。

2019 年 11 月

公益社団法人　日本航空技術協会

目　次

目　　次

目　　次

第１章　航空エンジンの概念

概　要

本章は、航空機の動力として装備される航空エンジンに求められる具備条件、およびそれらの比較に使われる指標の概念について述べる。

1-1　航空エンジンの具備条件

動力として航空機に装備される航空エンジンは､次のような条件を具備していることが求められる。

a. 出力に対して小型・軽量であること

より多くの有償荷重（乗客や貨物）を搭載するかまたはより長い航続距離を可能とするために、エンジンは出力に対して可能な限り小型・軽量であることが求められる。出力に対する重量は、通常、**推力重量比**（Thrust Weight Ratio）または出力重量比（Power Weight Ratio）により比較がなされる。

推力重量比（Thrust Weight Ratio）または出力重量比（Power Weight Ratio）はエンジンの単位重量（1 lb または 1 kg）当りの発生推力で表される。

推力重量比または出力重量比については「**5-1-2　エンジン性能を表すパラメータ**」を参照されたい。

b. 安価な燃料の使用が可能で、燃料消費が少ないこと

特別に精製された高価な燃料ではなく一般的な安価な燃料を使用することが可能で、同じ搭載燃料でもより長い航続距離を得るために燃料消費率が低いことが要求される。また燃料消費が少なくなると航空機の運航コストの低減はもとより CO_2 削減などの環境適合性にも寄与する。

推力燃料消費率については「**5-1-2　エンジン性能を表すパラメータ**」を参照されたい。

c. 信頼性・耐久性が優れていること

航空エンジンは長時間の使用に耐え、飛行中のエンジン停止を伴う重大故障の発生頻度が少ないことが求められる。通常、信頼性の指標としてエンジン運転 1,000 時間当たりに発生する飛行中の**エンジン空中停止率**（In Flight Engine Shutdown Rate：IFSD）が使われる。

d. 振動が少ないこと

エンジンの振動の発生は機体構造や装備品などの疲労強度の確保や寿命に影響を与えるだけでなく

航空機の快適性が損なわれるため、振動の少ないことが求められる。

e. 運転が容易であること

外気条件や気象条件、飛行姿勢の変化などによる影響が少なく、運転が容易で緩速から最大出力までの間で必要な性能が得られる能力を有し、安定した運転が続けられることが求められる。

f. 整備性が良いこと

エンジンの故障の発生を予防し最良の状態で運転するためには、日常のエンジンの保守点検作業などを容易に計画的に行えることが重要であり、優れた整備性が求められる。

また現代のエンジンでは、エンジンの状態を監視することにより整備を実施する方式が適用されているため、エンジンの状態監視が容易に出来ることが重要な要素となる。

g. 環境適合性が優れていること

航空エンジンにおいては、航空機騒音の低減および有害排気成分の削減といった環境適合性が強く求められており、この規制は今後さらに厳しくなる可能性がある。また環境適合性は航空機の就航路線にも影響する要素ともなり得る。

（以下、余白）

第2章　航空エンジンの分類と特徴

概　要

航空機の動力として現在までに使用されている航空エンジンの分類ならびに各種エンジンの型式の特徴を述べる。

2-1　航空エンジンの分類

航空機の動力として使用されるエンジンを**航空エンジン**（Aero-Engine または Aircraft Engine）とよび、**表2-1** に示すように基本的にピストン・エンジン、タービン・エンジン、ダクト・エンジン、ロケット・エンジンの4種類に大別される。

航空エンジンは、基本的にプロペラまたは回転翼を駆動して推力を得る**軸出力型エンジン**と、排気ジェットまたは排気ジェットとファン排気の両方の反力により直接推力を得る**ジェット推進型エンジン**（Jet Propulsion Engine）に大別できる。航空機用動力として、ピストン・エンジンとタービン・エンジンが広範囲に使用されている。

ピストン・エンジンは軸出力型エンジンで、タービン・エンジンは排気ジェットの反力から直接推力を得るジェット推進型タービン・エンジン（Jet Engine または Thrust Producing Engine）と、軸出力によりプロペラまたは回転翼を駆動して推力を得る軸出力型タービン・エンジン（Shaft Power Turbine Engine または Torque Producing Turbine Engine）とに分類される。ダクト・エンジンは

表2-1

<table>
<tr><td colspan="3"></td><td>出力の型</td></tr>
<tr><td rowspan="8">航空エンジン</td><td colspan="2">ピストン・エンジン</td><td>軸出力</td></tr>
<tr><td rowspan="4">タービン・エンジン</td><td>ターボジェット・エンジン</td><td>ジェット推進</td></tr>
<tr><td>ターボファン・エンジン</td><td>ジェット推進</td></tr>
<tr><td>ターボプロップ・エンジン</td><td>軸出力</td></tr>
<tr><td>ターボシャフト・エンジン</td><td>軸出力</td></tr>
<tr><td rowspan="2">ダクト・エンジン</td><td>ラムジェット・エンジン</td><td rowspan="2">ジェット推進</td></tr>
<tr><td>パルスジェット・エンジン</td></tr>
<tr><td colspan="2">ロケット・エンジン</td><td>ジェット推進</td></tr>
</table>

ジェット推進型エンジンに分類されるが、実験機やミサイルの動力に使われた事例があるものの現在のところ実用化はされていない。ロケット・エンジンは宇宙航行用およびミサイルの動力として使われており、ジェット推進型エンジンに分類される。

2-2　各種型式の特徴

2-2-1　ピストン・エンジン

ピストン・エンジン（Piston Engine）は、シリンダ内に吸入した燃料と空気の混合気を間欠的に燃焼させて発生する熱エネルギによりピストンを往復運動させ、コネクティング・ロッドを介してクランク軸で回転運動に変換して軸出力を得る内燃機関である。軸出力によりプロペラまたは回転翼を駆動して航空機の推力を得る。ピストン・エンジンは**レシプロ・エンジン**（Reciprocating Engine）とも呼ばれる。

通常、航空用ピストン・エンジンにはガソリンを燃料とするガソリン・エンジンが使われており、ディーゼル・エンジンは圧縮比が高いことから必然的に重量が重くなるため、航空機用としては一部の例外的な使用以外には使われていない。

ピストン・エンジンは、大きな出力を得ることと円滑な作動のために複数のシリンダが使われ、シリンダの配列により放射状配列の星型エンジン、水平対向型、V 字型、X 字型などの様々な型式があり、またシリンダの冷却方法により空気冷却の空冷式エンジンと液体冷却の液冷式に分類される。

航空用ピストン・エンジンは、次第にタービン・エンジンにとって代わられてきており、現在は150 ～ 500 馬力程度の空冷式エンジンが一般的になっている。

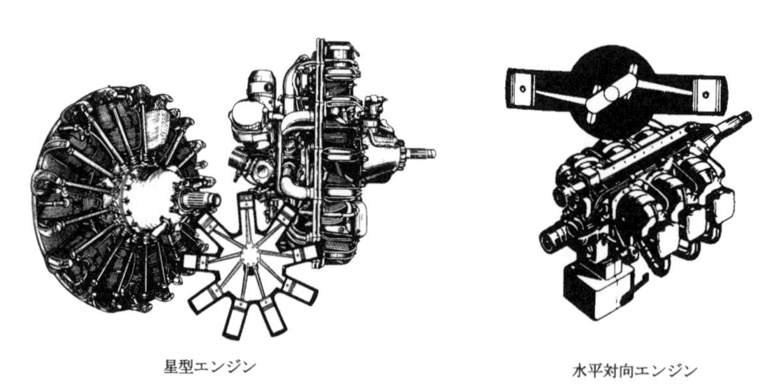

図 2-1　ピストン・エンジン

2-2-2　タービン・エンジン

タービン・エンジン（Turbine Engine）は、吸気、圧縮、燃焼、膨張および排気の各行程の仕事を機能的に配置された個別の構成要素で行うことによって連続的に出力を出すよう設計されたエンジンである。

タービン・エンジンは、排気ジェットの反力を直接航空機の推進に使う**ジェット推進型**と、発生ガスを軸出力に変換して取り出しプロペラまたは回転翼を駆動して推力を得る**軸出力型タービン・エンジン**に分類される。

ジェット推進エンジンにはターボジェット・エンジンおよびターボファン・エンジン、軸出力タービン・エンジンにはターボプロップ・エンジンとターボシャフト・エンジンがある。

タービン・エンジンは、エア・インテークから吸入された空気を機械的圧縮機により圧縮して燃焼室に送り込み、燃料が噴射されて出来た混合気を等圧連続燃焼させることにより空気流に熱エネルギが与えられる。高温高圧となった燃焼ガスを膨張させてタービンを回転させることにより圧縮機を駆動した後、エネルギの残っている燃焼ガスを排気ノズルから高速で大気中に排出させて反力により推力を得るか、またはフリー・タービンを駆動して軸出力を取り出す働きをする。

タービン・エンジンについては、第 3 章以降に詳細を説明する。

2-2-3　ダクト・エンジン

ダクト・エンジン（Duct Engine）は、エンジン内に機械的回転部分を持たず高速飛行時のラム圧とダクトの形状により充分な圧縮圧力が得られることを利用したエンジンで、ラムジェット・エンジンとパルスジェット・エンジンの 2 種類がある。

a. ラムジェット・エンジン（図 2-2）

ラムジェット・エンジン（Ramjet Engine）は原理的に最も単純なエンジンである。高速飛行時にエンジンと空気の相対速度によって発生するラム・エアを、ダクトが形成するディフューザを通過する間に圧力を上昇して燃焼室に送り込み、燃料を供給して燃焼させる。これにより発生する高温高圧ガスを、エンジン後部のノズルから飛行速度より大きな速度で排出させてその反力で推力を得る。

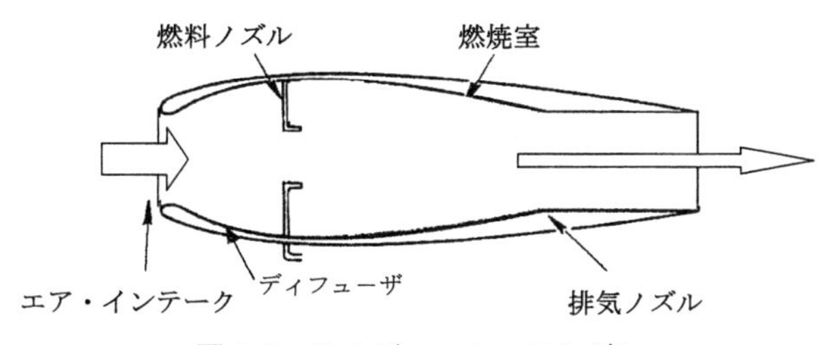

図 2-2　ラムジェット・エンジン

燃焼室圧力は外気圧より大きくなければならないため、エンジンと大気の間に相対的動きがなければ必要なラム圧が確保出来ずエンジンは推力を発生しないため、所定のラム圧が得られる速度に達するまで他の手段で加速する必要がある。相対速度が増加するにしたがってエンジン内部の圧力は上昇し、燃料経済性が改善される。ラム・ジェット・エンジンの有効性は遷音速または超音速の領域にある。この型式のエンジンの主な利点はその単純さにあり、可動部品がないことと高速飛行において有効なことにある。

現在、将来の超音速旅客機の動力としてラム･ジェットを応用したエンジンの研究が行われている。

b. パルス・ジェット・エンジン（図2-3）

パルス・ジェット・エンジン（Pulse Jet Engine）はラム・ジェット・エンジンの改良型で、ラム・ジェットのエア・インテークにラム圧と燃焼による背圧によって交互に開閉を繰り返す開閉弁を設けたものである。

ラム圧で押し開かれた開閉弁から送り込まれる空気に燃料を供給して燃焼すると、膨張による燃焼室の圧力上昇により開閉弁が閉じて後方ノズルから高温高圧ガスを排出する。これを間欠的に繰り返して推力を得る。パルス・ジェット・エンジンは原理的には静止状態で始動することができる。しかしこのエンジンは、非常に大きな騒音と振動を発生する欠点を持っており、低速時の燃料消費は多いが、高速においてはラム・ジェット・エンジンより有効と考えられている。

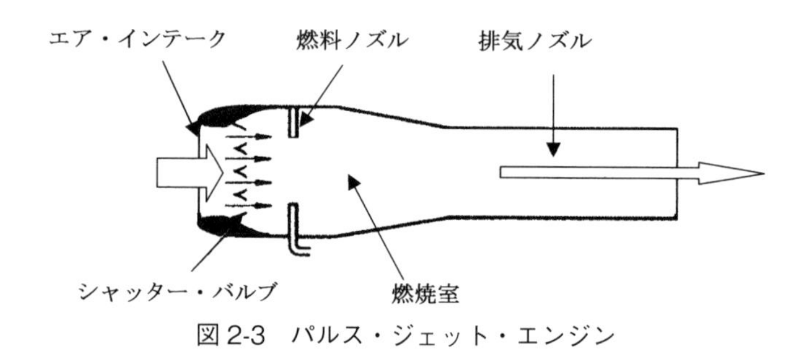

図2-3　パルス・ジェット・エンジン

2-2-4　ロケット・エンジン（図2-4）

ロケット・エンジン（Rocket Engine）は、エンジンの作動に大気中の空気は使用せず内蔵した燃料と酸化剤とを混合して燃焼させ、発生する高温高速ガスをノズルから噴出させてその反動で推進する自蔵型動力である。したがって、空気の全くない宇宙空間でも航行できるのが特徴である。また、燃焼によるエネルギの大部分を浪費することなく噴流に使用できるため、ジェット推進エンジンの中で最大の推力を出し得るが、単位推力当たりの推進剤の消耗は大きく作動時間が短い欠点がある。

ロケット・エンジンは固体燃料を用いた固体ロケット・エンジン（Solid-Fuel Rocket Engine）と液体燃料を用いた液体ロケット・エンジン（Liquid-Fuel Rocket Engine）に大別される。固体ロケット・エンジンは構造が簡素で取り扱いが容易であり、また液体ロケット・エンジンは出力の制御が可能であるため、実用においてはそれぞれの長所を生かしてこれらを組み合わせた多段式ロケットが使われている。

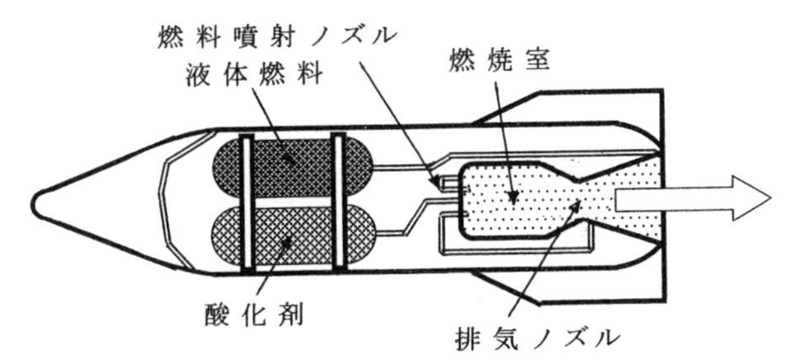

(a) 液体燃料ロケット・エンジン

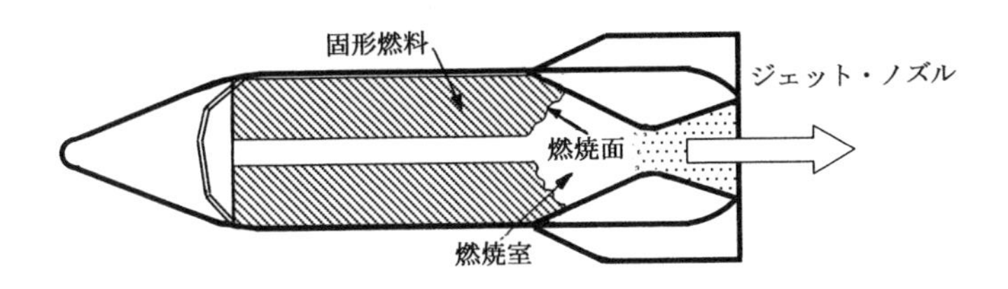

(b) 固形燃料ロケット・エンジン

図 2-4　ロケット・エンジン

（以下、余白）

第3章　タービン・エンジンの概要

概　要

本章では、ジェット・エンジンの推進原理、タービン・エンジンの分類と概要、ピストン・エンジンと比べたタービン・エンジンの特徴および民間航空機用タービン・エンジンの発達の推移を述べる。

3-1　推進の原理

航空機推進の原理は、ニュートンの運動の法則（Newton's Laws of Motion）により説明することが出来る。

航空機の推進は、**ニュートンの運動の第一法則**（Newton's First Law）:「静止しているかまたは動いている物体は外部から力が働かない限り永久にその状態を持続する。」に従ったものであり、この法則は航空機を推進するためには、航空機を加速するための力が必要であることを述べている。

ジェット推進エンジンまたはプロペラが創り出す力はニュートンの運動の第二法則により説明される。**ニュートンの運動の第二法則**（Newton's Second Law）は、「物体は加えられた力に比例した大きさの加速を生ずる」ことを述べており、エンジンまたはプロペラが創り出す力をF（lbまたはkg)、エンジンが噴出する空気またはプロペラが後方へ送る空気の質量をm、加速される空気の加速度をaとすると、次式が成り立つ。

$$力（F）= 質量（m）\times 加速度（a）$$

ここで物体の質量（m）とは物体の持つ「重み」であり、これに地球の引力による重力加速度（g)が作用したものが重量であることから、質量（m）は次式で表わされる。

$$質量（m）= 重量（W）/ 重力加速度（g）$$

加速度aは｛(最終速度－初期速度）／時間｝で表わされることから、ニュートンの運動の第二法則は次式で表わされる。

$$力F\,(\mathrm{lb}\,または\,\mathrm{kg}) = \frac{重量}{重力加速度} \times \frac{最終速度-初期速度}{時間}$$

この式はターボジェットやターボファンまたはプロペラなどによる反動推力を計算する基本となる。

排気ジェットから直接推力を得るジェット推進エンジンでは、一定量の空気を高速に加速して噴射することによりその反力で推力を得る。軸出力でプロペラを駆動して推力を得るタービン・エンジンでは、プロペラにより多量の空気流を比較的低速で加速してその反力で推力を得るが、これらはニュートンの運動の第三法則に従った反作用（Reaction）によるものである。

ニュートンの運動の第三法則（Newton's Third Law）は「物体に力を作用した場合は、作用した力と同じ大きさの反対方向の力を生ずる」という作用反作用の法則を述べている。

ゴム風船をふくらませて突然手を離した場合を考えると、風船から噴出する空気の質量と噴出速度の積に相当する大きさの反対方向の力が風船内の前方の壁に働いて推力を創り出し、風船は反対方向に飛んで行く。庭の芝生の散水装置が自力で回転するのも同じ原理によるもので、散水装置から噴射される水の質量と噴出速度の積に相当する反力が噴射ノズルの前方に働いて散水パイプが水の散布方向と反対側に回りだす。噴出する空気も水も外気を押して推力を生ずるわけではなく、作用する力は機器の内部に創り出される反力によるものである。したがって、これによる推進は空気のない宇宙空間でも有効である。

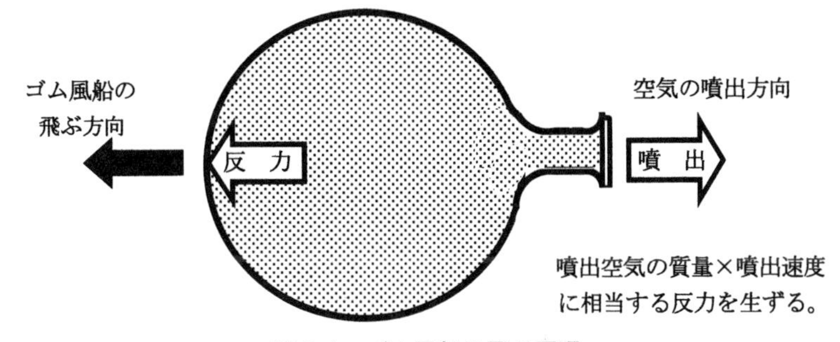

図 3-1　ゴム風船の飛ぶ原理

3-2　タービン・エンジンの分類と特徴

3-2-1　タービン・エンジンの特徴

タービン・エンジンにはピストン・エンジンと比較して次のような特徴がある。

a. エンジン重量あたりの出力が大きい

ピストン・エンジンの間欠的燃焼と違ってタービン・エンジンは連続燃焼で高速回転により短時間に多量の空気を処理できるため連続的に出力が得られる。また、定容サイクルと等圧サイクルの違いから、ピストン・エンジンはシリンダ内の非常に高い燃焼圧力で出力を発生するが、タービン・エンジンはこれよりはるかに低い圧力で等圧燃焼して膨張するためエンジン構造上軽量化が可能であり、二つの理由から同じ重量のピストン・エンジンと比較して2～5倍以上の出力が得られる。

b. 振動が少ない

ピストン・エンジンのような往復部分を持たず、回転部分だけで構成されているため振動が極めて少なく、機体構造や装備品類の耐久性への影響が少ない上航空機の乗り心地も良い。

c. 始動が容易で暖機運転が不要でありエンジン・オイルの消費量が少ない

構造上、金属部品が直接擦れる部分が無く主にころがり軸受が使われているため始動が容易で、始動後、滑油を暖めて浸透させるための暖機運転を必要とせず直ちに最高出力までの加速が可能である。またピストンのようなエンジン・オイルを消耗する摺動部分が少ないため、エンジン・オイルの消費量は極めて少量である。

d. 燃料費が安い

ピストン・エンジンは一定容積内で限られた時間内に燃焼させなければならない制約やノッキングの問題があるため特定の性能を得るために高価なオクタン価の高い航空ガソリンを使用するが、タービン・エンジンはこれらの制約がないため燃料として主に安価なケロシンを使用することから燃料費は安価である。

e. 高速飛行ができる

プロペラを使用する場合、機速が高くなるとプロペラの効率が急激に低下して一定速度以上の高速飛行は不可能であるが、ジェット推進エンジンは高速での飛行が可能で、さらにアフタ・バーナの使用により超音速飛行も可能である。

一方、ピストン・エンジンと比較してタービン・エンジンは**次のような短所**を有しており、これらの問題を解決するために様々な改善が図られている。

a. 熱効率が低く燃料消費率が高い

燃焼温度（タービン入口温度）が高くなるほど熱効率は高くなるが、ピストン・エンジンは間欠燃焼で冷却時間が得られるため高い燃焼温度が得られるが、タービン・エンジンは連続燃焼によりタービン入口温度が高温となることからタービンの耐熱温度から燃焼温度を制約する必要があるためピストン・エンジンに較べて熱効率が劣り燃料消費率は高くなる。

現代のタービン・エンジンではタービンの冷却方法の改善や耐熱材料の導入等によりタービン入口温度を向上して熱効率の改善が図られている。

b. 製造コストが高い

燃焼ガス温度を上げて熱効率を良くするために構造が複雑で高価な耐熱材料が要求されるほか、高速回転するため高い加工精度が要求されることなどにより製造コストが高くなる。

c. 加減速に時間を要する

高速回転し慣性力が大きいことから加速・減速に時間を要する。

d. プロペラ、回転翼の駆動には減速装置が必要

ターボプロップおよびターボシャフト・エンジンでは、タービン・エンジンは回転数が高いため、プロペラまたは回転翼を効率良く使用するためには減速比の大きい減速装置が必要で、これに伴い滑油冷却用オイル・クーラ等が必要となり重量が増加し複雑さが増す。

e. 環境適合のための改善を要する。

タービン･エンジンは空気の吸入･排出が高速で行われるため、吸気･排気騒音が大きい。また、タービン・エンジンの排出する有害排気ガスが、空港周辺の局地的大気汚染源、および窒素酸化物の排出が高高度におけるオゾン層破壊の人為的汚染源となる恐れがあるとして、大気汚染物質の排出規制が強化されている。

3-2-2　タービン・エンジンの分類

タービン・エンジンは、排気ジェットの反力を直接航空機の推進に使うジェット推進型と、発生ガスのエネルギを軸出力に変換してプロペラまたは回転翼を駆動して推力を得る軸出力型エンジンに分類される。ジェット推進型にはターボジェットおよびターボファン・エンジンがあり、軸出力型エンジンにはターボプロップとターボシャフト・エンジンがある。

(1) ターボジェット・エンジン（図 3-2）

ターボジェット・エンジン（Turbojet Engine）はタービン・エンジンの原型となる最も単純な形態のタービン･エンジンであり、排気ノズルから後方へ噴出する排気ジェットの反力により推力を得る。

ターボジェット･エンジンは、複数の段で構成されたコンプレッサ、燃焼器、単段または複数段のタービンで構成されている。インテークから吸入された空気流は、コンプレッサで圧力エネルギが付与され、燃焼室で燃料が供給されて燃焼することにより熱量が供給されて、コンプレッサ駆動用タービンを回転させるための膨張を生ずる。タービンを駆動した後に残ったエネルギの全てが排気ダクト内で加速され、大気中に噴射されて推力となる反力を生ずる。推力を機能的かつ効果的に創り出すためには､正常な空気流を得るためのエア･インテークと､空気流を加速するための排気ダクトが必要である。

ターボジェット・エンジンは一定量の排気ガスを高速度で噴出させて推力を得ることから加速性に優れ、飛行速度が高いほど推進効率が優れマッハ 1.2 ～ 3.0 の領域で推進効率が最大となるが、ジェット旅客機が常用する高亜音速領域では燃料消費率が高くなる他、高速排気ガスによる排気騒音が極め

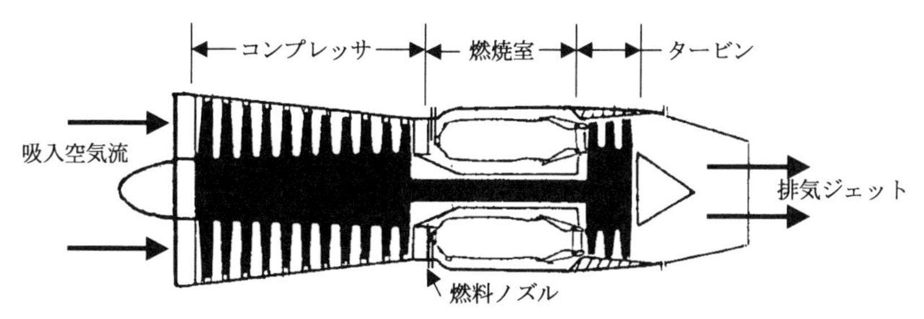

図 3-2　ターボジェット・エンジン

て大きい欠点がある。

タービンの下流で再度燃料を噴射して、空気流を再加熱するアフタ・バーナ（After Burner）またはスラスト・オギュメンタ（Thrust Augmenter）などの推力増強装置を使って排気ガスをさらに加速することにより超音速飛行が可能である。

(2) ターボファン・エンジン（図 3-3）

ターボファン・エンジン（Turbofan Engine）は、ターボジェットにダクテッド・ファン（Ducted Fan）を導入することによって、高い亜音速領域での飛行を損なわずに空気量を大きく増加して、優れた作動効率と高い推力の能力を得るよう設計されたエンジンである。

原理的にはプロペラを装備したターボプロップと同じであるが、作動上の機能的な相違点は、ダイバージェント・インレット・ダクトによりファン・ブレードに作用する空気の流速が飛行速度に影響されないようコントロールされることである。これによりターボプロップ・エンジンにおいて高速におけるプロペラ効率の低下から機体速度が制限される問題が解決される。

ファンが加圧した空気流の一部はガス・ジェネレータ（Gas Generator：ターボジェット・エンジンに相当する部分）に入り圧縮、燃焼、および膨張が行われるが、空気流の多くはガス・ジェネレータ周囲のダクトを通りファン排気ノズルから排出することにより、プロペラと同様の推力を発生する目的を果たす。このガス・ジェネレータに吸入される空気流量に対するダクト内をバイパスする空気流量の比（重量比）をバイパス比（Bypass Ratio）という。ファン空気流の加速により全推力の 30% ～ 80% がファンによって創り出されるが、ファンが創り出す推力の割合は基本的にバイパス比によって変る。

ターボファン・エンジンには、**低バイパス比**（Low Bypass Ratio）と**高バイパス比**（High Bypass Ratio）の 2 つの型があり、一般にバイパス比 2 未満を低バイパス比エンジン、バイパス比が 4 以上のものを高バイパス比エンジンとよんでいる。現在のところバイパス比 3 程度のエンジンは無い。

低バイパス比ターボファン・エンジンでは、ファンで加圧された空気流がエンジン全長に渡るファン・ダクト内を流れ、エンジン後部でガス・ジェネレータからの高温高速ガスと混合されて排出される。空気流が共通の排気ダクトにおいて高温高速ガスがファン空気流により希釈されることから騒音が低減される特性を有している。

高バイパス比エンジンはファン直径が大きく、全長型ファン・ダクトでは重量が重くなることから、ファン排気ノズルとガス・ジェネレータ排気ノズルは分離されているのが一般的である。

現代のエンジンでは、ファンはエンジン前方のコンプレッサの前に設置されたフォワード・ファン型（Forward Fan Type）が主流となっているが、タービンの周囲にファンを設けたアフト・ファン型（Aft Fan Type）も造られているが、ファンがコンプレッサ圧力比に寄与しないことと、異物を吸い込んだ場合にエンジンに深刻な損傷を生じ易いことや部品構成上の問題などからアフト・ファン型は今日では一般的ではない。

アフト・ファン型ターボファン・エンジンの構成は図 6-21-0 を参照されたい。

現代の中型および大型旅客機の動力の主流となっている高バイパス比ターボファン・エンジンの主

な利点として、次が挙げられる。

①大きな推力が得られる。

ターボファン･エンジンは、ファンにより多量の空気流を加速して推力を得るため、低速時にターボジェットよりも大きな推力を創り出すことができ、同じ推力のターボジェット装備の航空機に較べて離陸滑走距離は短くなる。離陸時の推力の増加により、ターボジェット装備の航空機よりもはるかに大きな総重量で離陸することが出来る。

②推力燃料消費率（TSFC：Thrust Specific Fuel Consumption）が優れている。

エンジンが吸入する空気の多くの割合は燃焼に供されずファンのみで加速されて排出されるため、燃料消費が少なくまた排気速度が低くなるため排気速度と飛行速度の差が小さくなることから推進効率が高くなり推力燃料消費率が極めて低くなる。

③対環境性が優れている。

エンジンの排気速度が低いことから、大気と激しくぶつかり合って発生するジェット排気騒音レベルが大きく低減しており、高バイパス比エンジンの導入が最大の騒音対策となっている。

ターボファン・エンジンは、燃料消費率の向上と騒音低減の観点から現在旅客機および貨物航空機用動力の主流となっており、さらにバイパス比が増加される傾向にある。

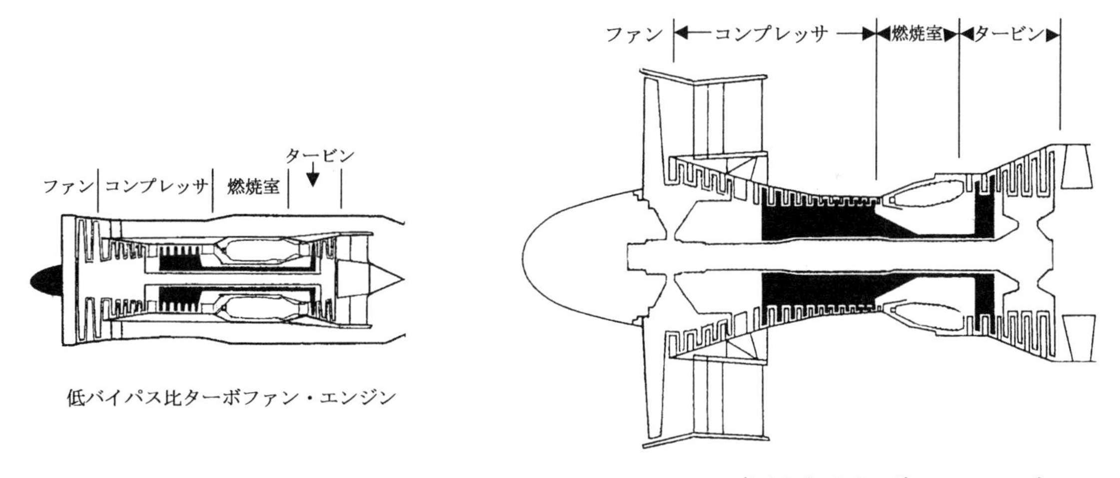

図 3-3　ターボファン・エンジン（高バイパスおよび低バイパス比エンジン）

バイパス比の増加には様々な制約があり､同じ回転数のままファンを大きくするとファン･ブレード先端が音速に到達して大きな損失を生じ、またファン回転数を最適回転数にすると、ファンを駆動する低圧コンプレッサ／低圧タービンの回転数が低くなって効率の低下とともに必要エネルギを得るために段数を増やす必要があるなどの問題が発生する。このためファンと低圧コンプレッサ／低圧タービンとの間に遊星歯車減速装置を導入してファン回転数を低圧コンプレッサ／低圧タービンの回転から独立させた**ギアード・ターボファン・エンジン**（Geared Turbofan Engine）（図 3-4）

が新たに開発された。これによりファン・ロータおよび低圧コンプレッサ／低圧タービンのそれぞれを最も効率の高い回転領域で運用できることから、燃料消費率の向上と騒音の低減が可能となり、ファンの回転数を低く出来ることからもさらなるバイパス比の増加も可能となる。

しかしこの方式では歯車機構での伝達損失によりエネルギの一部が失われ、低圧コンプレッサ／低圧タービンで得られる重量軽減が遊星歯車減速装置の重量と相殺されることや、遊星歯車減速装置の信頼性の問題や製造費用の増加などの欠点が挙げられる。

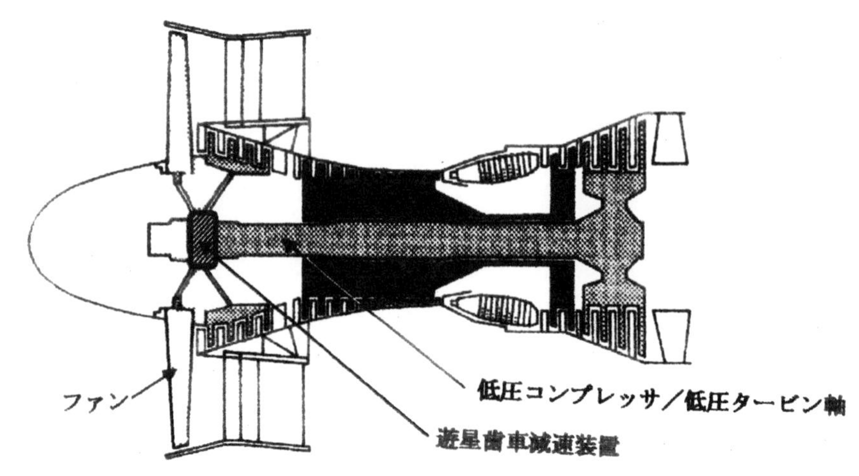

図 3-4　ギアード・ターボファン・エンジン概念図

(3) ターボプロップ・エンジン

ターボプロップ・エンジン（Turboprop Engine）は、タービン・エンジンの回転軸出力でプロペラを駆動することにより、燃料消費を増やさずに大きな推力を得るよう設計された航空用タービン・エンジンで、高速飛行におけるプロペラ効率上の制約から中速中高度飛行で大きな効率が得られるよう開発されたエンジンである。

ターボプロップ・エンジンは、出力の 90 ～ 95 % を軸出力として取り出し、飛行速度とラム圧によりエンジン効率が高められ排気ジェットからも出力の 5 % 以上の推力が得られるため、軸出力のほかに排気ジェットの推力も使用される。したがって、ターボプロップ・エンジンの総出力は、プロペラ推力と排気ノズル推力の合計となる。

最近のターボプロップではフリー・タービンにより軸出力を取り出す 2 軸式（図 3-5 (b) 参照）が多く使われているが、エンジン回転を減速装置を介して直接取り出す 1 軸式（図 3-5 (a) 参照）も使われている。YS-11 型機に搭載されていた RR DART ターボプロップ・エンジンは 1 軸式ターボプロップであり、出力の約 90% を軸出力として取り出し、残りの約 10% を排気ジェットから得ている。

フリー・タービンを使って軸出力を取り出す 2 軸式ターボプロップは効率が優るため出力の約 95% 程度を軸出力として取り出すことができることから、新しいターボプロップ・エンジンは 2 軸式が大勢を占めつつあり、今後はこの型に集約されると思われる。

フリー・タービン型ターボプロップは、フリー・タービンの駆動に必要なエネルギを創り出すガス・ジェネレータ（ターボジェット・エンジンに相当する部分）と、その後流に設置されたフリー・タービンで構成されている。

フリー・タービンは出力を取り出すための独立したタービンで、ガス・ジェネレータ・タービンとの機械的な結合は無く流体的にのみ接続されており、プロペラを駆動するための減速装置に結合される。軸出力はガス・ジェネレータの燃料流量をコントロールすることにより制御され、プロペラ・ガバナが、設定した出力回転数に応じたプロペラ回転数および負荷の変動を感知してガス・ジェネレータの燃料流量を補正する。

タービン・エンジンの回転数は極めて高いためプロペラを効率良く使用するためには減速装置で回転数を減速する必要があり、ターボプロップ・エンジンにはプロペラ減速ギア、プロペラ制御装置および関連する装置が必要となる。

ターボプロップ・エンジンは後述のターボシャフト・エンジンと類似しているが、一般に主な相違点は出力を軸出力の他に排気ジェットから得ることと、エンジンの前方にプロペラを駆動するための減速装置を必要とすることである。

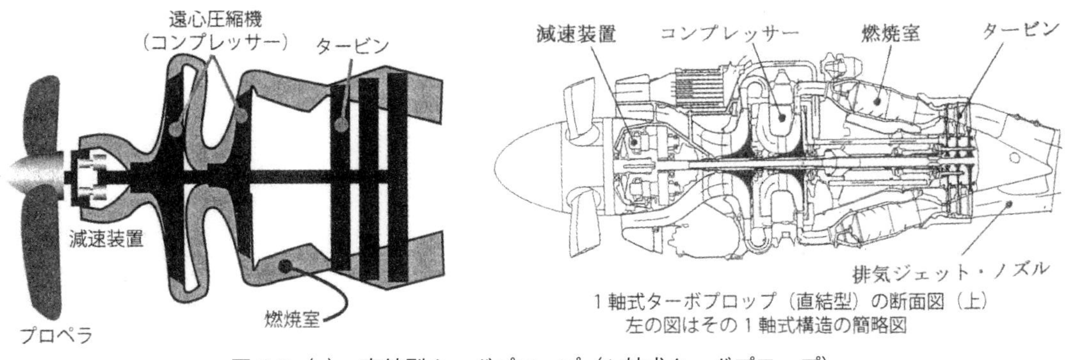

図3-5（a）　直結型ターボプロップ（1軸式ターボプロップ）

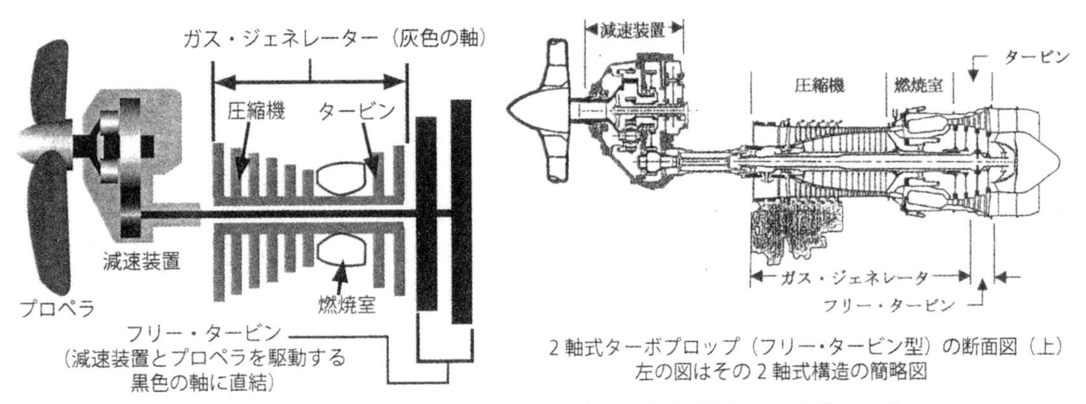

図3-5（b）　フリー・タービン型ターボプロップ（2軸式ターボプロップ）

（4）ターボシャフト・エンジン

プロペラ以外のものを駆動するための回転軸出力発生型のガス・タービン・エンジンをターボシャ

フト・エンジン（Turboshaft Engine）といい、航空機では主として回転翼航空機の動力として使用されている。

ターボシャフト・エンジンは、エンジン出力のすべてを軸出力として取り出すエンジンで、排気にはわずかに推力を発生するエネルギが残っているが、通常出力としては使用されない。

初期のターボシャフト・エンジンでは出力軸がガス・ジェネレータに直接結合されて出力を取り出す1軸式も使われていたが、ターボシャフト・エンジンは軸出力のみを使用するため、現代のターボシャフト・エンジンではより効率良く軸出力を取り出すことが出来るフリー・タービンを使った2軸式構成（図3-6）のエンジン型式がもっぱら使われている。

軸出力はフリー・タービン型ターボプロップ・エンジンと同様、ガス・ジェネレータの燃料流量をコントロールすることにより制御され、設定した出力回転数に応じた回転数および負荷の変動を感知してガス・ジェネレータの燃料流量が補正される。

ターボシャフト・エンジンは、図のようにガス・ジェネレータ・セクションとパワー・タービン・セクション（軸出力を取り出すフリー・タービンをパワー・タービンともいう）の二つの主要なセクションで構成されている。

ガス・ジェネレータ（Gas Generator）の機能は、パワー・タービン（Power Turbine）を駆動するために必要なエネルギを創り出すことで、ガス・ジェネレータで創られた高温高圧ガスは後流のパワー・タービンを駆動する。パワー・タービンは出力を取り出すための独立したタービンでフリー・タービンともよばれ、ガス・ジェネレータ・タービンとの機械的な結合は無く流体的にのみ接続される。

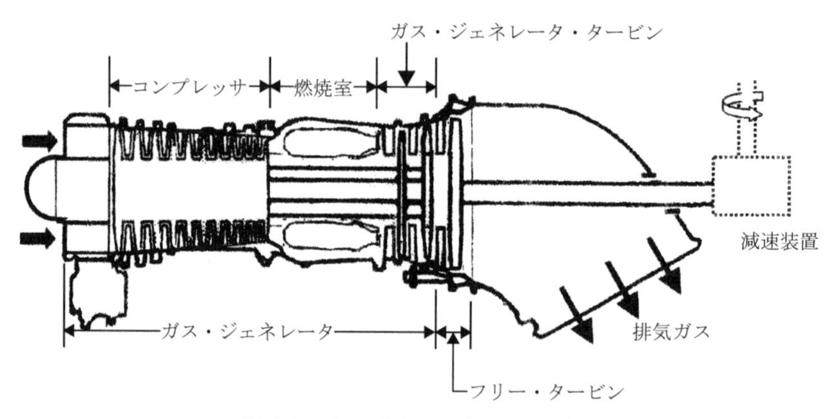

図3-6　ターボシャフト・エンジン

ガス・ジェネレータで概ね燃焼エネルギの約2／3が費やされ、残りの約1／3がパワー・タービンを駆動して機体側トランスミッションを駆動する。

ターボシャフト・エンジンは回転翼航空機の限られたスペースに搭載されるため小型で回転数が極めて高く、回転翼を効率良く使用するためには高比率減速装置で減速する必要がある。エンジン型式によってはエンジンにおいて一旦6,000 rpm程度に減速されるものもあるが、主減速装置は機体側システムとして設置されている。

構造上、エンジンの長さを出来るだけ短くするためにリバース･フロー型燃焼室（燃焼室の項参照）などが採用されているものが多い。

同等の出力のピストン・エンジンに較べて、重量および容積が極めて小さくなることから、現在では回転翼航空機の動力としてターボシャフト・エンジンが主流となっている。

3-3　最新の民間航空機用タービン・エンジンの発達の推移

a. 民間航空機へのターボジェット・エンジンの導入

1950年代に、その高速性の魅力から旅客機の動力としてターボジェット・エンジン（Turbojet Engine）が導入されたが、燃焼ガス温度がタービン翼の耐熱温度によって制約されることから、ピストン・エンジンに較べて熱効率が悪く燃料消費率が高い欠点があった。この理由から、民間航空用タービン・エンジンにおける性能上の基本的要求は燃料消費率の改善と軽量で高い推力（高い推力重量比）を得ることであり、この要求からエンジン・サイクルを支配するタービン入口温度と圧力比の増加が必要とされた。

ターボジェット・エンジンの導入と相前後して、タービン・エンジンでプロペラを駆動することにより燃料消費率を大きく改善したターボプロップ・エンジン（Turboprop Engine）が開発されたが、高速飛行におけるプロペラ効率上の制約から中速中高度用動力に留まっていた。

b. ターボファン・エンジン（低バイパス比）の出現

ターボジェット・エンジンを動力とした旅客機の燃料消費率の改善策として、1960年に燃料消費率の優れたターボファン・エンジン（Turbofan Engine：低バイパス比ターボファン）が開発され、既に就航していたボーイング707、ダグラスDC-8旅客機はターボファン・エンジンに換装された。

ターボファン・エンジンは、タービン・エンジンにダクテッド・ファン（Ducted Fan）を導入することにより、エンジンの熱効率またはサイクル効率を変えずに空気流量を増やして燃料消費率を改善したもので､排気ジェットの速度が低くなり飛行速度に近づくことから推進効率も改善されている。

この時期のターボファン・エンジンは、バイパス比が1強：1の低バイパス比ターボファン・エンジンであった。代表的エンジンはJT3D（バイパス比1.4：1、離陸推力18,000ポンド）で、引き続き開発されたPWA製JT8Dターボファン･エンジン（バイパス比1.1:1､離陸推力14,000ポンド）はボーイング727、737、DC-9などの旅客機に幅広く搭載されてベスト・セラー・エンジンとよばれ、その後も派生型が開発された。また、ファンをタービンの周囲に設置したアフト・ファン型ターボファン（Aft Fan Type Turbofan：GE製CJ805エンジン、離陸定格推力16,050ポンド）も開発されており、これらは第一世代ターボファン・エンジンとよばれている。1960年代にはターボシャフト・エンジン（Turboshaft Engine）も開発されている。

c. 高バイパス比ターボファン・エンジンの開発とエンジン構造の改善

1960年代末の広胴型旅客機（ボーイング747、ロッキードL-1011、ダグラスDC-10）の開発に伴い、大きな推力とさらなる燃料経済性の向上が求められたことから、新たにバイパス比がほぼ5：1、推力が44,000から56,000ポンドの大型高バイパス比ターボファン・エンジン（High Bypass Turbofan Engine：JT9D、RB211、CF6）が開発された。これは第二世代ターボファン・エンジンの初期のものである。

第二世代ターボファン・エンジンの高い推力と優れた燃料消費率は、高バイパス比のみによるものではなく、高い圧力比、大きな空力効率およびタービン入口温度の上昇などの継続的研究努力や新技術の発達が総合的に実を結んだことによるものである。

タービン入口温度（TIT：Turbine Inlet Temperature）は、1947年当時の800℃から今日の1600℃まで、何年も掛けて年間10℃から15℃の割合で増加されてきた。タービン入口温度の上昇は、タービン・ブレードやタービン・ノズルに耐熱性の高い材料の使用や耐熱コーティングの導入とともに、ブレードやノズルの冷却方法の採用および改良によって達成されてきた（図3-8）。タービン入口温度の上昇に伴って、燃料消費率が悪化しないよう圧力比を増加させる必要があり、当初13程度であった全体圧力比は、：ほぼ半世紀の間に最新のエンジンでは40を超えている（図3-7）。

一般に、民間用タービン・エンジンは燃料消費率（SFC：Specific Fuel Consumption）の改善を最優先するため全体圧力比の増加が優先的に進められているが、軍用タービン・エンジンでは推力重量比を優先するためタービン入口温度の増加が優先的に進められる傾向にある。

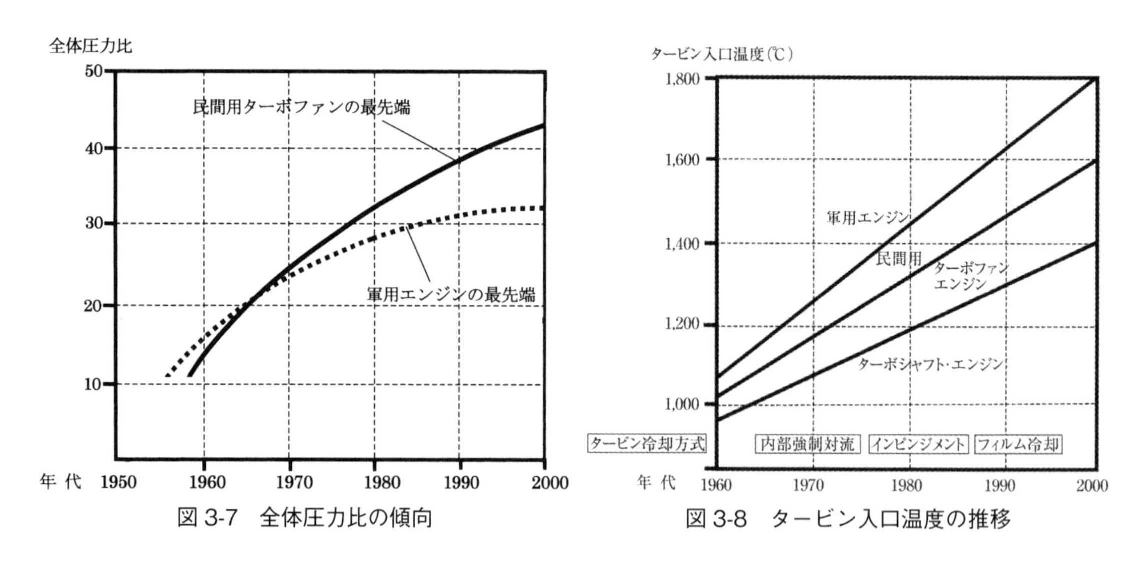

図3-7　全体圧力比の傾向　　図3-8　タービン入口温度の推移

高バイパス比ターボファン・エンジンの出現に伴って適用された新しい整備方式が、使用中のエンジン状態の監視が前提となることから、エンジン構造においても大きな構造改善が行われた。
新たにコンプレッサ、タービンの全段のロータ・ブレードおよび燃焼室の全周の状態を点検するためのボア・スコープ点検孔が設置され、従来は分解検査以外では不可能であったエンジン内部の状態の監視が航空機に搭載された状態で可能となった。

また、それまでのオーバーホールを前提とした全分解構造を廃止して、エンジンの状態監視により分解整備が必要となった部位のみを単独で取り卸すことが出来るよう、各セクションを機能別に分割したモジュール構造が取り入れられて臨機応変で経済的なエンジン整備が可能となった。

d. 高性能・高バイパス比ターボファン・エンジン

高バイパス比ターボファン・エンジン（High Bypass Turbofan Engine）の有効性から、新型の狭胴型輸送機（エアバス A319/320/321、ダグラス MD90 など）や、従来低バイパス比ターボファン・エンジンを装備していたボーイング 737 型機にも新モデルとして、中型の高バイパス比ターボファン・エンジン（CFM56、V2500 など）が使用され、現在高バイパス比ターボファン・エンジンが主流となっている。これらはさらにタービン入口温度と圧力比が向上した高性能の第三世代のターボファン・エンジンである。

高バイパス比ターボファン・エンジンがジェット旅客機の動力の主流となり、さらなる性能向上をはかるためにNASA とエンジン製造メーカとの間で E^3 プログラム（Energy Efficient Engine Program：高エネルギ効率エンジン・プログラム）として性能改善、性能維持構造および環境対策などが共同研究された。この結果はその後のエンジンの性能向上に反映されているが、その一つがアクティブ・クリアランス・コントロールなどの形で導入されている（8-3-6 項参照）。

ターボファン・エンジンのバイパス比増加によるさらなる燃料消費率の向上と騒音の低減は現状のままでは様々な制約があることから、ファンおよび低圧コンプレッサ／低圧タービン軸の間に遊星歯車減速装置を導入して、ファン・ロータおよび低圧コンプレッサ／低圧タービンのそれぞれを最も効率の高い回転領域で運用できる**ギヤード・ターボファン・エンジン**（Geared Turbofan Engine）が開発された。これによりファンの回転数を低くすることが出来るためさらなるバイパス比の増加も可能になる。

e. エンジン制御の電子化

航空用タービン・エンジンは、高性能化に伴って複雑で精密な制御が必要となり、従来の燃料コントロールに代えてデジタル電子式エンジン制御装置（FADEC：Full Authority Digital Electronic Control）が導入された。FADEC はエンジンの始動から加減速、定常運転、停止とすべての状態を制御するほか、燃料消費に影響を与える各システムについても幅広く制御する機能を有しており、1990 年代後半以降に製造されたエンジンのほとんどには FADEC が標準的に装備されている（8-4-3 項参照）。

新型双発広胴旅客機（ボーイング 777、エアバス A330 など）の開発に伴って、第四世代ターボファン・エンジンである高性能の大推力高バイパス比ターボファン（GE90、PW4000、Trent800 など）が開発されており、その推力は 100,000 lb を超えるものも出てきている。

民間航空用タービン・エンジンの性能上の基本要求である燃料消費率は、初期のターボジェット・エンジンに対して 50 % 程度、第一世代ターボファン・エンジンに対しても 42 % 程度低減されている。

また、民間航空用タービン・エンジンの推力重量比は、4程度であったものが現在では6を超えている。これらの要求をさらに改善するための技術的努力が継続的に続けられている。

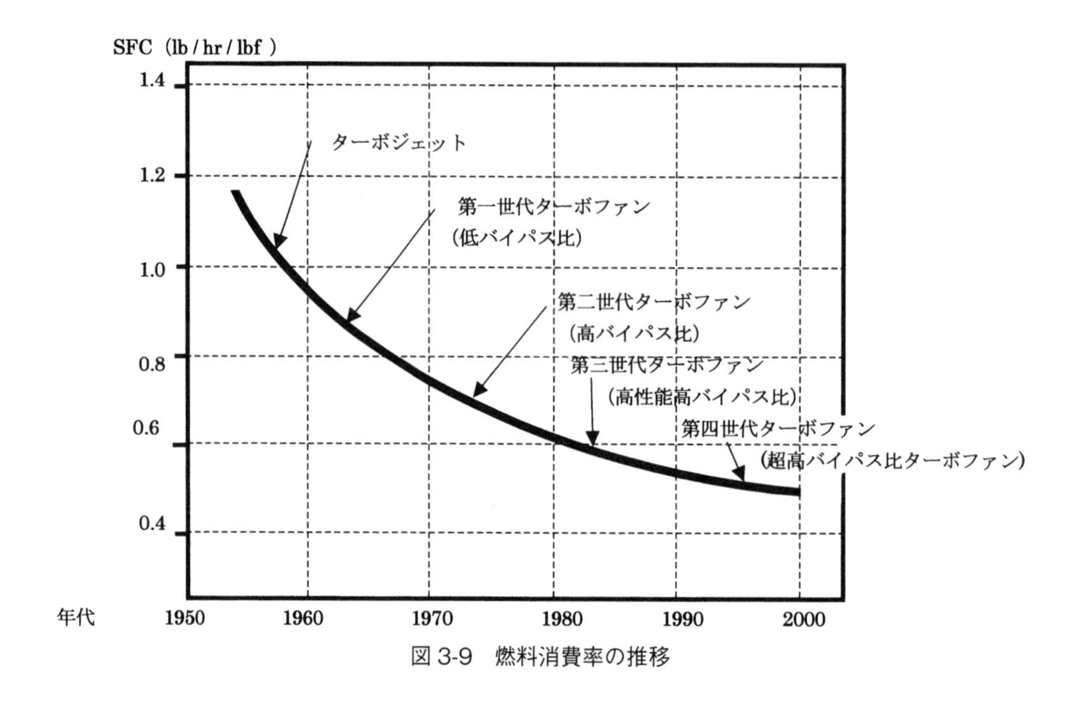

図3-9　燃料消費率の推移

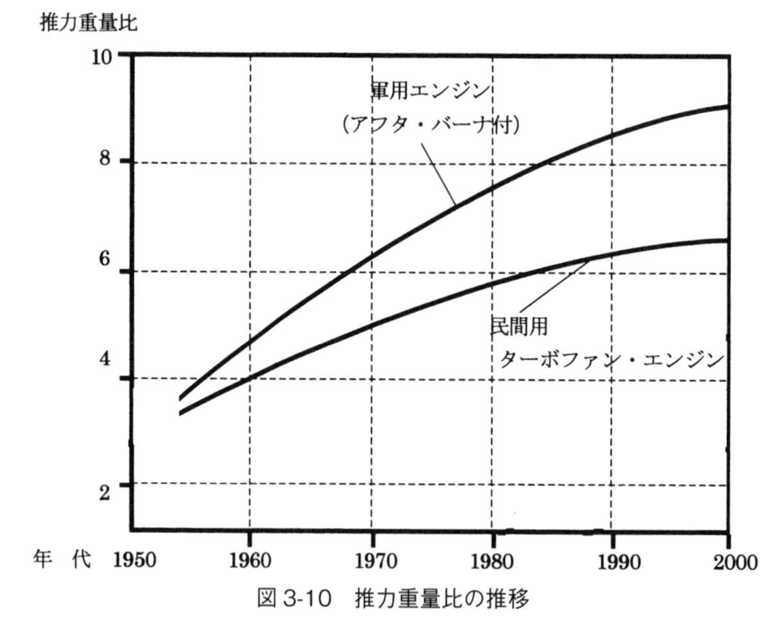

図3-10　推力重量比の推移

第4章　タービン・エンジンの熱力学と空気力学

概　要

タービン・エンジンは圧縮性流体である空気を作動流体として数々の原理や法則に基づいて熱量を機械的仕事に変換して推力を発生する機械である。
本章では熱エネルギを仕事に変換する基本原理を理解する上で必要となるターボ推進装置に関連する熱力学、空気力学の基本的な法則および単位について解説する。ここでは複雑な数式は極力減らして、エンジン性能にかかわる初歩的原理を中心に説明する。

4-1　熱力学

4-1-1　温　度

温度の単位には、通常、**摂氏温度**（℃）と**華氏温度**（°F）が使われている。

摂氏温度（℃）は、標準大気圧における水の氷点を 0 ℃、水の沸騰点を 100 ℃ としてその間を 100 等分した単位であり、華氏温度（°F）は水の氷点（0℃）を 32 °F、水の沸騰点（100 ℃）を 212 °F としてその間を 180 等分した単位である。

また、理論的最低温度である**絶対零度**は、物質分子の熱運動が完全に停止する時、すなわち圧力が零になるときの温度であり摂氏では－ 273.15 ℃、華氏では－ 459.67 °F に相当し、この**絶対零度**を基準とした温度単位を絶対温度（Absolute Temperature）とよぶ。

通常、摂氏絶対温度を**ケルビン**（Kelvin）とよび、単位は °K で表し、目盛間隔は摂氏温度と同じ（1 ℃ =1 °K）である。また華氏絶対温度を**ランキン**（Rankin）とよび、単位は °R で表し、目盛間隔は華氏温度と同じ（1 °F=1 °R）である。各温度の関係は次式で表される。

$$°C=\frac{5}{9}(°F-32)、\quad °F=\frac{9}{5}°C+32$$

$$°K=°C+273.15、\quad °R=°F+459.67$$

SI 単位（国際単位系）では、温度は摂氏絶対温度ケルビンが使われ、単位は〔°〕の付かない〔K〕で表される。

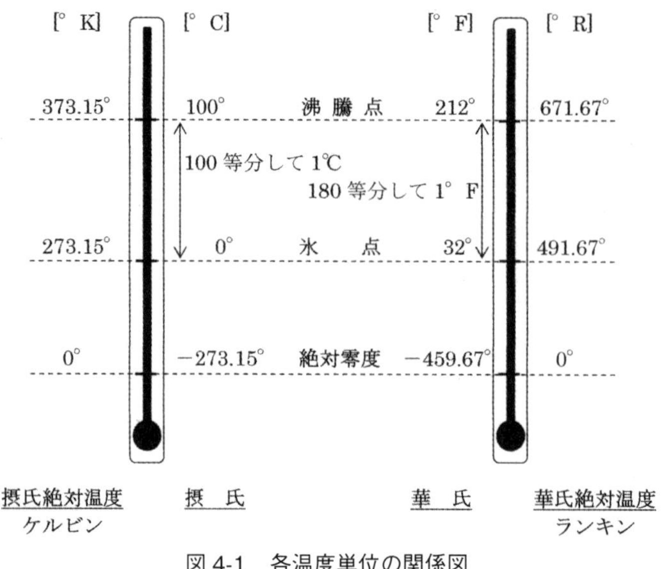

図 4-1　各温度単位の関係図

4-1-2　熱　量

標準気圧の下で 1 g の水の温度を 1 ℃ だけ高めるのに必要な熱量を 1 **カロリ**（cal）といい、工業単位ではキロカロリ（kcal：1 kcal=1,000 cal）が用いられる。

同様、標準気圧の下で 1 lb の水の温度を 1 °F だけ高めるのに要する熱量を 1 Btu（British Thermal Unit：**英国熱量単位**：1 Btu=0.252 kcal）という。

SI 単位では熱量の単位には**ジュール**（J：1 J=0.000239 kcal）が使われる。

4-1-3　気体の比熱

1 kg の気体（ガス）の温度を 1 ℃ だけ高めるのに要する熱量を**比熱**（Specific Heat）という。単位は kcal / kg℃ で表される。比熱には気体（ガス）を一定容積に保った状態での定容比熱と、一定圧力の下における定圧比熱がある。

a. 定容比熱

容積一定の密閉容器内で 1 kg の気体（ガス）の温度を 1 ℃ 高めるのに要する熱量を**定容比熱** C_v という。この状態では加えられた熱量により温度の上昇とともに圧力が上昇するため、加えられた熱量はすべて内部エネルギとして貯えられる。

b. 定圧比熱

圧力一定の状態において 1 kg の気体（ガス）の温度を 1℃ 高めるのに要する熱量を**定圧比熱** Cp という。圧力一定状態で気体（ガス）を加熱すると、温度の上昇とともに一定圧力を維持するよう膨張により外部へ仕事をするため、容積一定の場合より膨張仕事分だけ余分に熱量を要する。したがって定圧比熱の方が定容比熱より大きく Cp ＞ Cv となる。

c. 比熱比

定容比熱と定圧比熱の比を比熱比（κ）とよび、$\dfrac{C_p}{C_v}=\kappa$ で表わされる。

4-1-4 完全ガスの定義および性質

a. ボイル・シャルルの法則

一般に、気体は一定温度における一定質量の状態では、気体の容積はこれに加わる絶対圧力に反比例し〔**ボイルの法則**（Boyle' s Law)〕、一定圧力の状態では一定質量の気体の容積はその絶対温度に正比例する〔**シャルルの法則**（Charles' s Law)〕性質を持っている。

これらの二つを組み合わせたものを**ボイル・シャルルの法則**（Law of Boyle and Charles）といい、気体は、一定質量の気体の容積は絶対圧力に反比例し、絶対温度に正比例する性質を持っており、次式で表される。

$$Pv=RT \qquad \text{または} \qquad PV=GRT$$

P：気体の絶対圧力（kg/m^2 または lb/ft^2）

v：気体の**比容積**（$\dfrac{V}{G}$：単位重量の気体の占める容積）（m^3/kg または ft^3/lb）（m^3/kg または ft^3/lb）

R：気体の種類による**ガス定数**（kg・m／kg・°K または ft・lb／lb・°R）

T：絶対温度（°K または °R）　V：体積（m^3 または ft^3）　G：気体の重さ（kg または lb）

b. 完全ガスの性質

一般に、上記のボイル・シャルルの法則を満足し、比熱が温度、圧力によって変化しない定数である気体を**完全ガス**（Perfect Gas）または**理想気体**（Ideal Gas）とよんでいる。内燃機関やガス・タービンの作動ガスなどは、ボイル・シャルルの法則を満足し、比熱は常温以上では完全ガスにほとんど近い性質を持っていることから完全ガスと同等に取り扱われている。

4-1-5 完全ガスの状態変化

完全ガスの状態変化には、等温変化、定圧変化、定容変化、断熱変化およびポリトロープ変化がある。

a. 等温変化

気体が温度一定の状態で行う変化を**等温変化**（Isothermal Change）という。前出のボイル・シャルルの法則の式において温度 T が一定であるので、等温変化は次の式で表される。

$$Pv=\text{一定}$$

等温変化では、外部から得る熱量はすべて外部への仕事に変わる。

b. 定圧変化

気体が圧力一定の状態で行う変化を**定圧変化**（Isobaric Change）という。ボイル・シャルルの法則の式において圧力 P が一定となるので、定圧変化は次の式で表される。

$$\frac{v}{T}=\text{一定}$$

定圧変化では、外部から得た熱量はその一部が内部エネルギ（U）の増加となり、残りが外部への仕事に変わる。

熱力学では、内部エネルギと外部への仕事量を合わせた状態を考え、作動流体が一つの状態から他の状態に変遷する総エネルギを表現する熱力学的量を**エンタルピ**と名付けている。

〔エンタルピ（i)〕＝〔内部エネルギ（U)〕＋〔仕事量（APV)〕

A：仕事の熱当量（Heat Equivalent of Work：1J=0.2389 cal）

定圧変化では、外部から得る熱量はすべてエンタルピの変化となる。

c. 定容変化

気体が容積一定の状態で行う変化を**定容変化**（Isochoric Change）という。ボイル・シャルルの法則の式において v または V が一定となるので、定容変化は次の式で表される。

$$\frac{P}{T}=\text{一定}$$

定容変化では、外部から得る熱量はすべて内部エネルギとなる。

d. 断熱変化

気体の圧縮または膨張において、外部との熱の出入りを完全に遮断した状態で行われる変化を**断熱変化**（Adiabatic Change）という。内燃機関の圧縮行程と膨張行程は断熱変化と見なされる。

断熱変化では周囲からの熱の出入りが遮断された状態で変化させるため、変化により予め持っている内部エネルギが変化し、仕事量は内部エネルギの差によって求められる。すなわち、断熱圧縮では圧縮熱により内部エネルギは増加し、断熱膨張では膨張に必要な熱を内部エネルギから得るため内部エネルギが減少することから、内部エネルギの変化量から仕事量が求められる。

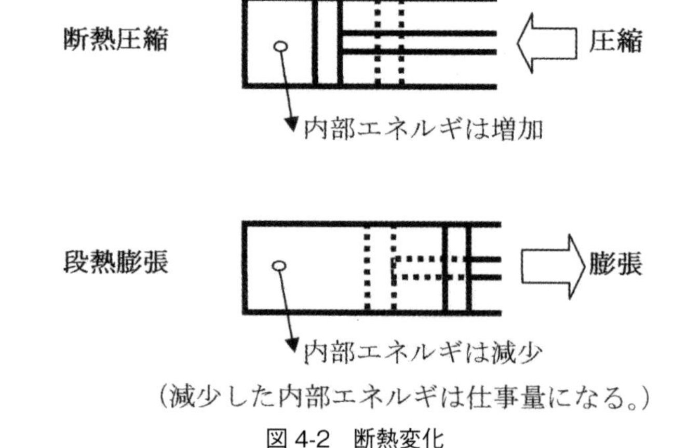

図 4-2　断熱変化

完全ガスの断熱変化は次式で表される。

Pとνの関係　　$P\nu^{\kappa}=$ 一定

Tとνの関係　　$T\nu^{\kappa-1}=$ 一定

TとPの関係　　$\dfrac{P^{\frac{k-1}{k}}}{T}=$ 一定

断熱指数 κ（Adiabatic Index）は、完全ガスにおいては $\kappa = Cp / Cv$ である。

変化の前と後を添え字1、2でそれぞれを表すと、上式から次の関係式が得られる。

$$\frac{T_2}{T_1}=\left(\frac{\nu_1}{\nu_2}\right)^{k-1}=\left(\frac{P_2}{P_1}\right)^{\frac{k-1}{k}}$$

外部との熱の出入りを完全に遮断した状態で気体を膨張または圧縮させると、圧力および温度はともに変化する。外部との熱の出入りが無いので、膨張する場合は内部エネルギを消費して温度が下がり、圧縮の場合は逆に温度が上がる。

e. ポリトロープ変化

実際の内燃機関の作動ガスの圧縮や膨張における状態変化は、空気摩擦や渦損失などにより熱の出入りを伴う様々な変化をする。このような変化を**ポリトロープ変化**（Polytropic Change：多方向変化を意味する）といい、便宜上、次式で表される。

$$Pv^{n}=\text{一定}$$

n は**ポリトロープ指数**とよばれ、これに次の特定の値を代入することにより、前述の各変化をすべて表すことが出来る。内燃機関における実際の圧縮および膨張行程におけるポリトロープ変化は、気体の状態変化において熱というかたちで受け取ったエネルギ量の増加を伴うことから、等温変化と断熱変化の間の変化をする。

$n=0$：定圧変化　　$n=1$：等温変化　　$n=\kappa$：断熱変化　　$n=\infty$：定容変化

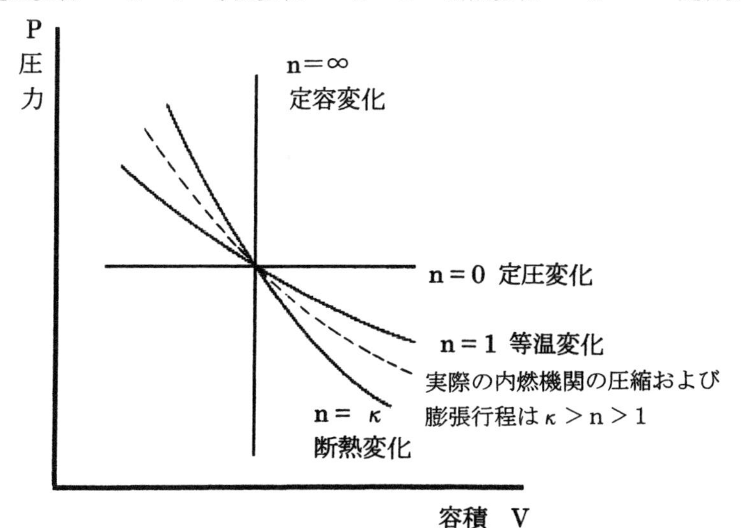

図4-3　完全ガスの状態変化

4-1-6　エネルギの保存（Conservation of Energy）

エネルギは、仕事、熱のエネルギの他に、運動エネルギ、位置エネルギ、電気エネルギ、光エネルギなどの様々なエネルギの形がある。これらのエネルギは外観上異なっているが本質的に同じものであり、あるエネルギの形から他のエネルギに相互に変換することが可能である。またエネルギには「ある一つの系のエネルギの総和は、その系と外部とのエネルギ交換がないかぎり一定であり、外部よりエネルギを受ければそれだけその系のエネルギは増加する。」という法則があり、これを**エネルギ保存の法則**（図 4-4）という。

タービン・エンジンにおいて、エネルギ保存の法則はタービン・エンジンに入る流体にエンジン内でエネルギが加えられ抽出されて、残りのエネルギが速度のエネルギとなって、噴射される反力または機械的エネルギの抽出による軸出力により推力を得る仕事を行うことを説明しており、エネルギの総和は一定でありエネルギは消滅しない。

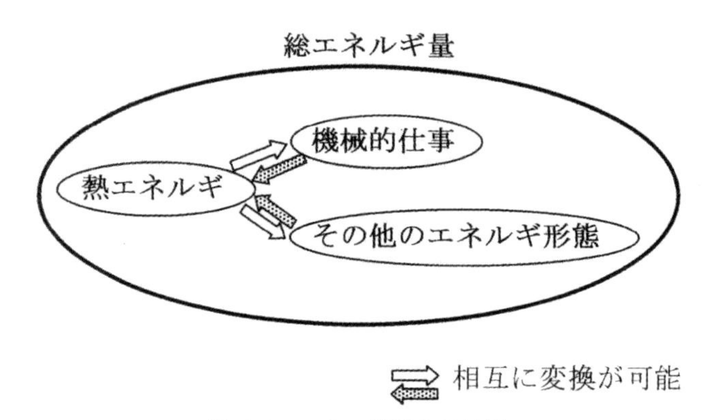

図 4-4　エネルギ保存の法則

熱力学の第一法則

熱エネルギと機械的仕事との間のエネルギ保存の法則を言い換えたものが、熱力学の第一法則（The first law of thermodynamics）である。熱エネルギと機械的仕事との間には、“熱は機械的仕事に変わり、また機械的仕事は熱に変わり得る。このとき機械的仕事と熱量との比は常に一定である。” という関係があり、これを**熱力学の第一法則**という。

機械的仕事と熱量の相互の交換率として、1 kcal の熱量は 426.9 kg-m の仕事量に相当することが実験的に求められており、これを**熱の仕事当量**（Mechanical Equivalent of Heat）、また、この逆数を**仕事の熱当量**（Heat Equivalent of Mechanical Work）として使われており、次のように表される。

熱の仕事当量（J）= 426.9 kg-m / kcal

仕事の熱当量（A）= 1 / J = 1 / 426.9 kcal / kg-m

4-1-7 サイクルと熱効率

熱力学の第二法則

物を擦り合わせたときの摩擦熱や、液体をかき回したときに生ずる液体温度の上昇などのように、仕事は容易に熱に変化するが、逆に熱のエネルギを仕事変える場合には一定の制約が生じ任意に行うわけにはいかない。

熱のエネルギを仕事に変える場合は熱源だけでは仕事に変えることは出来ず、媒体としての作動流体、および熱源の温度より低い低熱源が必要である。これらが揃うことによって高熱源から作動流体に熱が伝わり、低熱源に移るまでの間に作動流体の状態が変化することによって仕事が行われる仕組みが完成する。

熱は常に高温の物体から低温の物体に向けて流れる性質を持っており、逆に低温の物体から高温の物体に熱を移すことは自然のままでは不可能である。したがって熱を機械的仕事に変えるためには、高温の物体から低温の物体に熱を与える場合に限る。この法則を**熱力学の第二法則**（The second law of thermodynamics）という。

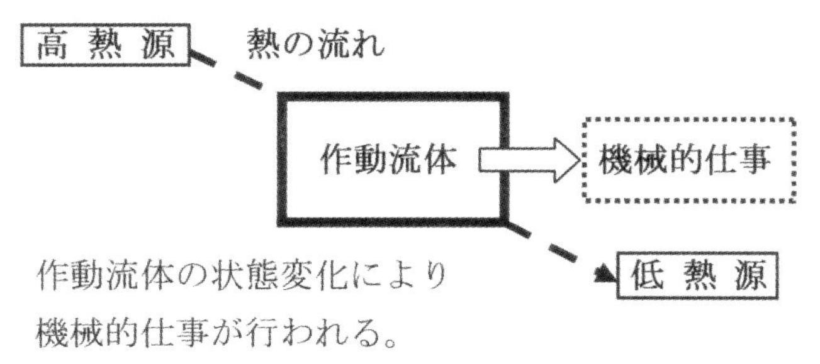

図 4-5 熱を機械的仕事に換える仕組み

(1) サイクル

熱エネルギを仕事に変換するために、作動流体の加熱により熱が高熱源から作動流体に伝わり、作動流体の状態が変化（膨張）することによって仕事を行い、低熱源に放熱されて再び元の状態に戻る一連の過程を**サイクル**（Cycle）という。このようなサイクルは何回でも繰り返すことが出来る。

サイクルでは、実際のエンジン・サイクルに存在する複雑な要素を簡素化するため次のような簡略化が行われている。

①作動流体として使われる一般の気体は完全ガスにほぼ等しい性質を持っており、内燃機関の作動ガスは各種気体の混合物であるため完全ガスと見なす。

②圧縮過程および膨張過程は断熱変化とする。

③吸気、排気における抵抗はないものとする。

実際のエンジンのサイクルでは、サイクルの簡略化に伴い作動流体の変化による損失、冷却損失、不完全燃焼による損失などが生ずる。

サイクルには次の二つが定義されている。

a. 可逆サイクル（Reversible Cycle）

作動流体がある状態から他の状態に変化した場合、逆転させて再び元の状態に戻したときに外界に何の変化も残さないような状態変化を**可逆変化**（Reversible Change）といい、すべての変化が可逆変化で構成されるサイクルを**可逆サイクル**という。実際には、熱の伝導、摩擦による熱の発生などによりエネルギの一部が他のエネルギの形に変化することなどから、可逆サイクルは現実的に生じ難い現象である。

b. 不可逆サイクル（Unreversible Cycle）

可逆変化に対して、作動流体がある状態から他の状態に変化した場合、逆転させて再び元の状態に戻したときに外界に何らかの変化を残すような状態変化を**不可逆変化**（Unreversible Change）という。すべての変化が不可逆変化で構成されるサイクルを**不可逆サイクル**といい、実際に発生するあらゆる現象は不可逆変化であり不可逆サイクルで構成されている。

(2) 熱効率（Thermal Efficiency）

前述の仕事が行われる仕組みにおいて、高熱源の熱量と低熱源の熱量の差が仕事に変換された熱量であり､残りの熱量は外部に捨てられてしまう。高熱源の熱量（すなわち供給される熱量）に対して、仕事に変換された割合が**熱効率**であり、次式で示される。

$$熱効率=\frac{高熱源の熱量-低熱源の熱量}{高熱源の熱量}\times 100=\frac{仕事に変わった熱量}{供給された熱量}\times 100$$

実際のエンジンのサイクルは、多くの要因を含んだ複雑なものとなるため、以下の条件を前提として基本的性質を変えずに簡素化された理論空気サイクル（Ideal Air Cycle）を考えて、このサイクルの熱効率を**理論熱効率**（Theoretical Thermal Efficiency：η_{tho}）と呼ぶ。

① 作動流体は完全ガスと仮定する。

② 圧縮・膨張は断熱変化とし外部との熱の出入りはないものとする。

③ 吸・排気に抵抗がなく、大気圧のもとで吸・排気がなされる。

④ 発熱量に相当する熱量 が外部から供給され、膨張行程完了後に残りの熱量が排出される。

(3) カルノ・サイクル（Carnot Cycle）

カルノ・サイクル（図 4-6）は、1824 年にフランス人のサディ・カルノが発表した理想的な熱機関の理論サイクルで､2 つの可逆等温変化と 2 つの可逆断熱変化によって構成された可逆サイクルで、作動流体は完全ガスである。このサイクルは前述の理由から現実には存在し得ない。カルノ・サイクルは可逆機関であるから、その熱効率はあらゆる熱機関の中で最大の値を示す。カルノ・サイクルの圧力（P）－容積（V）線図を図 4-7 に示す。

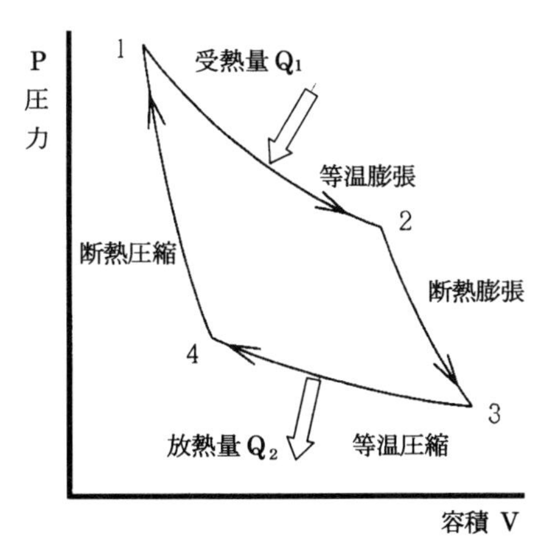

図 4-6　カルノ・サイクル

4-1-8　内燃機関のサイクル

内燃機関は熱エンジンに分類される。この作動流体として気体（ガス）が使われて機械的軸出力や推力を創り出す。このサイクルは､圧力 (P) －容積 (V) 線図を使って示すことができる。この線図は、気体（ガス）が大気圧から圧縮および膨張行程を経て再び大気圧に戻る過程を示している。

実際のエンジンのサイクルは、多くの要因を含んだ複雑なものとなるため、以下の条件を前提として基本的性質を変えずに簡素化されたサイクルとなっている。

①作動流体は完全ガスと仮定する。

②圧縮・膨張は断熱変化とし外部との熱の出入りはないものとする。

以下に代表的な内燃機関のサイクルを述べる。

(1) 定容サイクル（Constant Volume Cycle）

ガソリン・エンジンの基本サイクルで、**オットー・サイクル**（Otto Cycle）とも呼ばれる。ピストンが上死点に到達したときにできる一定容積の状態で点火されてほぼ瞬間的に燃焼が起こり圧力が大きく増加することから、定容サイクルと呼ばれる。この圧力（P）－容積（V）線図を図 4-7 に示す。線図では、圧縮行程の開始点では圧力は大気圧またはこれに近い状態になっている。ピストンが移動して容積が減少すると圧力は 1 から 2 へ増加する。2 から 3 の間は基本的に容積は一定であり、容積一定の間に点火が起こり圧力が非常に大きく増加する。3 から 4 の膨張行程または出力行程の間はピストンが移動して容積が増加して圧力が低下する。排気は 4 の点から始まり圧力は再び大気圧に戻る。

圧力（P）－容積（V）線図の線で囲まれたエリアは有効な仕事量（出力）を示している。ガソリン・エンジンの出力は高圧力によって発生する。圧縮比が大きいほど熱効率が良く経済性が改善される。

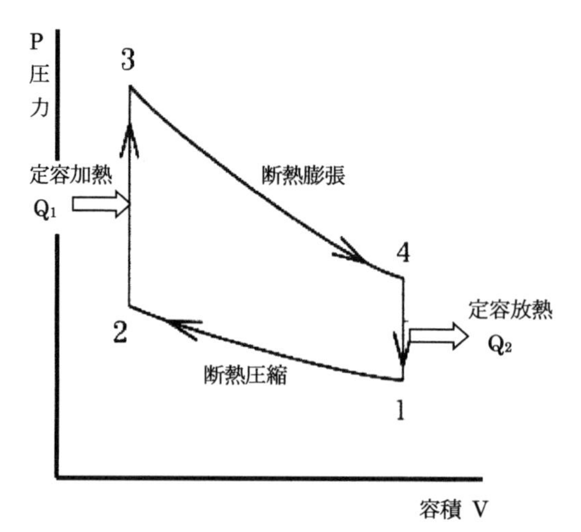

図 4-7　定容サイクル（オットー・サイクル）

(2) **定圧サイクル**（Constant Pressure Cycle）

船舶などに使用される低速ディーゼル・エンジンの基本サイクルで、**ディーゼル・サイクル**（Diesel Cycle）とも呼ばれる。

ディーゼル・エンジンでは、圧縮行程の終了時（2の時点）に噴射された燃料が最適空燃比の部分から自然着火による燃焼が始まり燃料が供給されながら燃焼が進行することから、圧力が一定のまま容積が増えてゆくとみなされ、定圧サイクルと言われる。この圧力（P）－容積（V）線図を図4-8に示す。

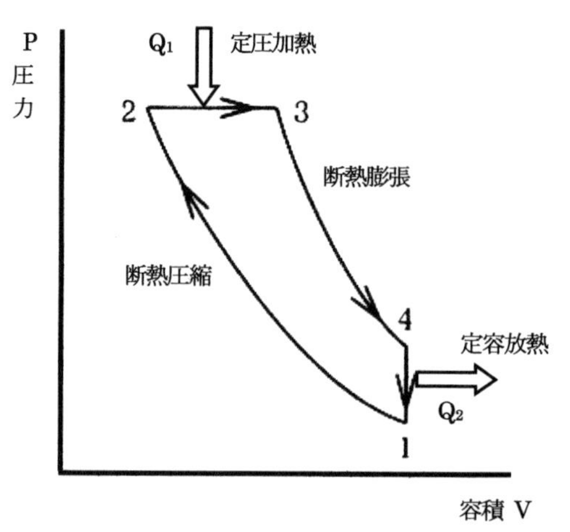

図 4-8　定圧サイクル（ディーゼル・サイクル）

(3) **複合サイクル**（Dual Cycle）

自動車などに使用される高速ディーゼル・エンジンの基本サイクルで、**サバティ・サイクル**（Sabathe Cycle）とも呼ばれる。噴射される燃料が自然着火するまでには多少の時間を要するため、高速ディーゼル・エンジンでは、最初にガソリン・エンジンのような定容燃焼があり、その後に定圧燃焼が進行する形が取られている。このように定容サイクルと定圧サイクルの両方の要素を併せた空気サイクルを複合サイクルと呼んでいる。この圧力（P）－容積（V）線図を図 4-9 に示す。

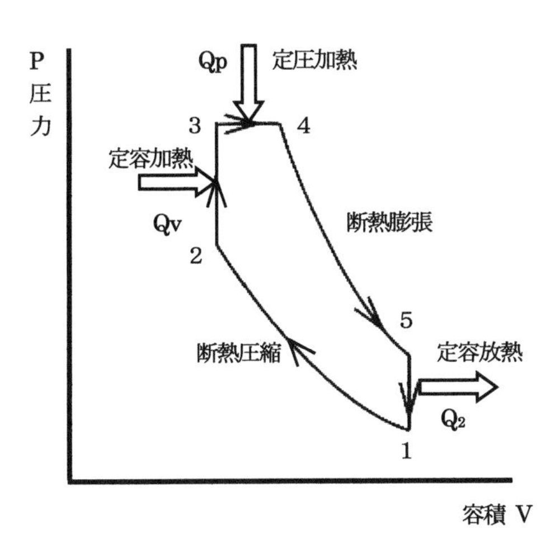

図 4-9　複合サイクル（サバティ・サイクル）

(4) ブレイトン・サイクル（Brayton Cycle）

ブレイトン・サイクルはガス・タービンの基本サイクルで、一定圧力で燃焼が行われて容積が増加するため**定圧サイクル**（Constant Pressure Cycle）に含まれる。このサイクルの圧力（P）－容積（V）線図を図 4-10 に示す。ブレイトン・サイクルの詳細については、下記のタービン・エンジンのサイクルで述べる。

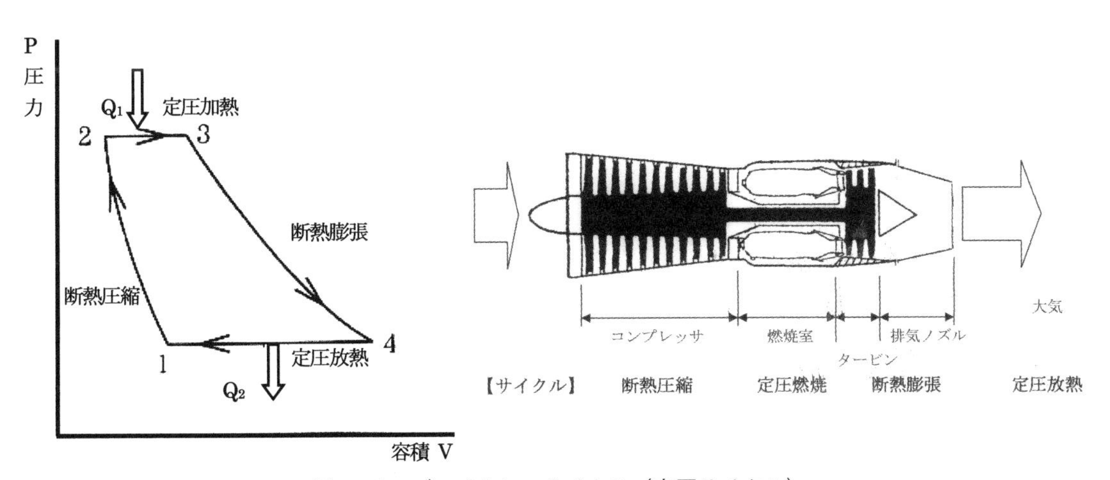

図 4-10　ブレイトン・サイクル（定圧サイクル）

4-1-9　タービン・エンジンのサイクル（図 4-11）

タービン・エンジンは熱エンジンに分類されるが、作動流体として空気（大気）が使われており、エンジン内で作動流体にエネルギを付与することにより運動エネルギに変換して、空気流を高速で排出してその反力から推力を得たり、機械的軸出力を創り出す。

エンジン内における空気流へのエネルギの付加は二段階で行われる。第1段階で空気流は点1と2の間でエア・インテークによるラム圧上昇およびコンプレッサにおける断熱圧縮により圧力上昇がはかられる。点2は空気流のコンプレッサ吐出圧力となる。

エンジンは停止状態で始動出来なければならず、また吸入した空気流が圧縮されて圧力比が高くなるほど熱効率が大きく向上し、出力の大きさがサイクル線図で囲まれた面積に比例することからもエンジンにおける吸入空気流の圧縮は不可欠なものである。

圧縮された空気流は、第2段階として線2から3に沿って燃焼室で燃料と混合されて燃焼することによって空気流に熱量が付与される。熱量が付与されて空気流は急激に膨張するが、燃焼室内の圧力がコンプレッサ出口圧力を上回ると燃焼ガスは逆流するため、燃焼室内の圧力がコンプレッサ出口圧力以下の等圧燃焼で膨張するよう下流のガス流路断面積が決められる。この段階で気体は分子の活動状態が効果的にエネルギを抽出するために充分な状態に高められ物理的仕事を行うことが出来る状態となる。

エンジン内で高温高圧ガスに最初に仕事をさせる場所はタービンである。線3から4に沿ってガスが膨張し、加速する過程でコンプレッサおよびエンジン補機を駆動するための軸出力を取り出すためのタービンを回転させる。タービンを出た後、ガスは線4から5に沿って排気ノズルによってさらに

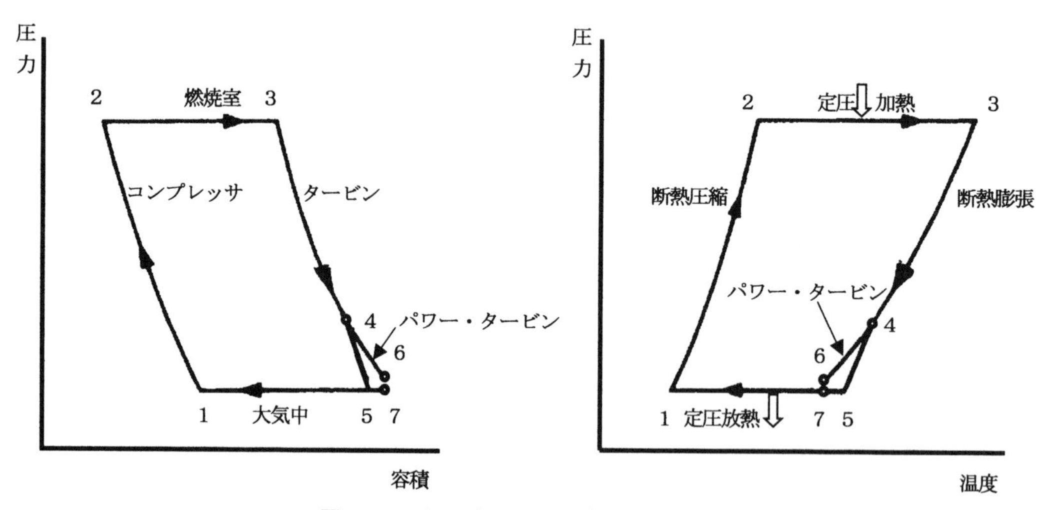

図 4-11　タービン・エンジンのサイクル

加速され、残っている使用可能な熱エネルギはすべて運動エネルギに変換されて、点5においてガスはノズルの排出口から高速で大気中に排出されて徐々に大気の状態に消散して最終的に空気は元の状態に戻る。

軸出力型エンジンのターボシャフトやターボプロップ・エンジンでは、効率良く軸出力を取り出すために、上記ターボ・ジェットに相当する部分をガス・ジェネレータとして使用し、その下流にフリー・タービン（パワー・タービン）を設けて線4から6に沿って軸出力が取り出される。ターボシャフト・エンジンでは、排気ガスは推力として使用されず大気中に排出されるが、ターボプロップ・エンジンではさらに線6から7に沿って排気ノズルで膨張・加速されて点7で排出されることによりさらにジェット推力による出力も得られる。初期の軸出力型タービン・エンジンではフリー・タービンは使用せず、エンジン（ガス・ジェネレータ）の回転を直接軸出力として取出していたものがある。

4-2　空気力学

作動流体としてエンジン内の各部を流れる空気流やガス流は空気力学により制御される。一般的に空気力学は広範囲に及ぶが、ここではタービン・エンジンの空気流やガス流の制御に多く使われているディフューザ流路（Diffuser Pass）とノズル流路（Nozzle）の基本原理を中心に説明する。

4-2-1　質量の保存（Conservation of Matter）

物理学の基本概念の一つに流体の流れの予測で非常に重要な**質量保存の法則**がある。安定した流体の動きにおいて質量の連続は流束のどの断面をとっても同量の流体が流れ、流体は流束の中では消滅しないことを述べている。

図4-12のような出口断面積が入口の2倍のダイバージェント・チューブを考えると、質量保存の法則からノズル全体が流束とみなされ、断面積 A_1 の入口①に流速 V_1 の空気流が流れる場合、断面積 A_1 を流れる体積流量Qは流速 V_1 と断面積 A_1 の積に相当し、これを連続の式（Equation of Continuity）という。

体積流量と密度 ρ との積によって得られる流量mは、$m_1=\rho_1 \cdot V_1 \cdot A_1$ となり、同様に、出口②を出る空気流は $m_2=\rho_2 \cdot V_2 \cdot A_2$ となる。

質量保存の法則から両者は等しく、$\rho_1 \cdot V_1 \cdot A_1=\rho_2 \cdot V_2 \cdot A_2$ となり、排気速度 V_2 は、$V_2=(\rho_1/\rho_2) \cdot (A_1/A_2) \cdot V_1$ となる。流体を非圧縮性とすると密度 ρ は $\rho_1=\rho_2$ で、$A_2=2A_1$ であるため $V_2=1/2 \cdot V_1$ となって出口速度は入口速度の半分となる。

この式は出口断面積が入口断面積の半分のコンバージェント・チューブ（ノズル）の場合にも適用でき、出口速度は入口速度の倍となることが判る。

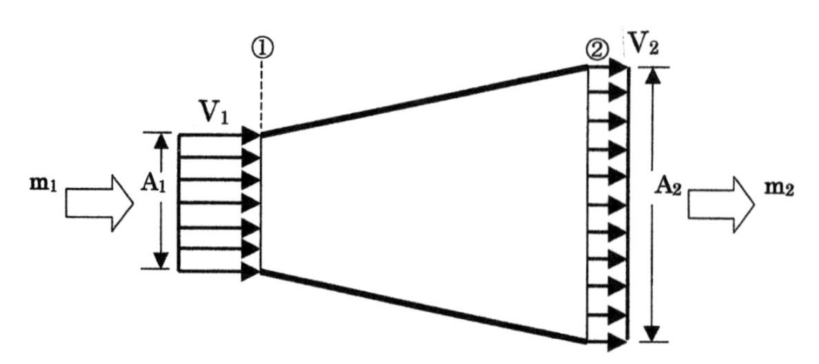

図 4-12　質量保存の法則の事例（ダイバージェント・ダクト）

4-2-2　コンバージェント・ダクト(Convergent Duct)とダイバージェント・ダクト(Divergent Duct)

a. ディフューザ（Diffuser）と拡散

ディフューザや拡散と呼ばれる過程は、タービン・エンジンを流れるすべての空気の制御で重要な役割を持っている。空気力学において、ディフューザはタービン・エンジンの各部分を流れる空気流またはガス流の流速を静圧に変換する装置である。

亜音速ディフューザ（Subsonic Diffuser）：タービン・エンジンの亜音速ディフューザは単純な末広がり形状のダイバージェント・ダクト（Divergent Duct：図 4-13 参照）で、流路の断面積が徐々に増加するに伴って拡散を生じ空気流の運動エネルギが静圧エネルギに変換される。タービン・エンジンにおける代表的使用例は次の個所である。

○**エア・インレット**：亜音速航空機のエンジン吸入空気速度をエア・インレットの亜音速ディフューザによりエンジンが受入可能な速度に減速しその分ラム圧を上昇させる。

○**コンプレッサ**：動翼が加速した空気流の速度エネルギを動翼と静翼の翼列が形成する末広がり流路（ダイバージェント流路）により圧力エネルギに拡散して昇圧をはかる。

○**ディフューザ・ケース**：コンプレッサ吐出空気流の速度をダイバージェント流路を形成するディフューザで燃焼室が受入可能な流速に減速して圧力エネルギに変換する。

超音速ディフューザ（Supersonic Diffuser）：超音速流（Supersonic Flow）の物理的特性は亜音速流とは逆であり、超音速流では流体の体積の変化率が速度の変化率よりも大きいことからマッハ1以上の空気流を拡散させるためには、超音速流の減速に従って流体の容積を急激に減少させるよう断面積を調整する先細りの形状のコンバージェント・ダクト（Convergent Duct：図 4-14 参照）を使用しなければならない。断面積の減少により、任意の点における流速は容積の減少に比例して減少する。亜音速ディフューザの場合と同様、流体がディフューザを通過して減速するにしたがって静圧は増加する。タービン・エンジンにおける代表的使用例には次の個所がある。

○**超音速エア・インレット**：超音速飛行においてエンジンに流入する超音速空気流をエンジンが受入可能な亜音速に減速するために、エア・インレット前半の超音速ディフューザにより超音速流をマッハ1まで減速した後、後半の亜音速ディフューザによりさらにエンジンが受入可能な亜音速に減速する。

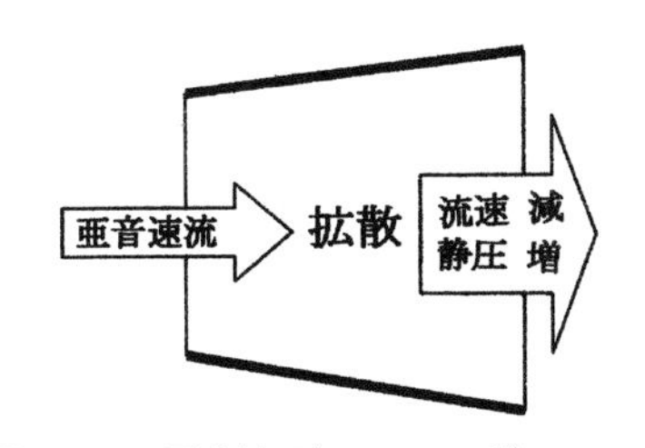

図 4-13　亜音速ディフューザ
（ダイバージェント・ダクト）

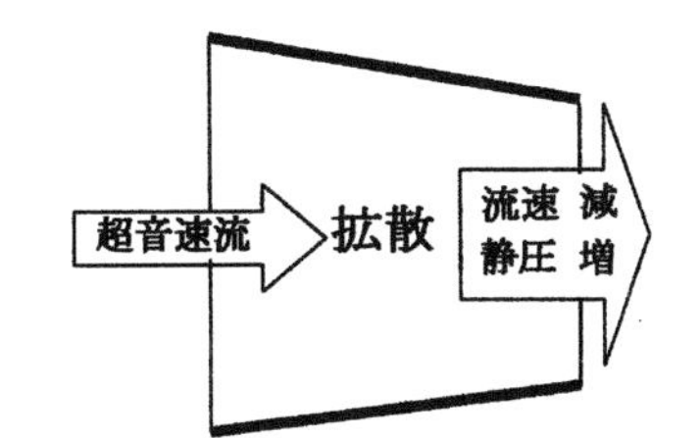

図 4-14　超音速ディフューザ
（コンバージェント・ダクト）

b. ノズル（Nozzle）と膨張

ノズルは気体を膨張させて圧力エネルギを速度エネルギに変換する装置である。

亜音速ノズル（Subsonic Nozzle）：亜音速ノズルは、単純な先細形状のコンバージェント・ノズル（Convergent Nozzle：**図 4-15**）である。亜音速流では流路の断面積が徐々に減少すると膨張により空気流の圧力エネルギが速度エネルギに変換され流速は増加する。

亜音速流がコンバージェント（先細り）流路を流れると流速は増加するが、上流と下流の圧力比（下流／上流）が臨界圧力比以下になると、流路の最も狭いスロートで流量が最大となって流速は音速（マッハ1）に固定される。この状態を**チョーク状態**（Choked Condition）といい、上流側の圧力を増加しても流速はマッハ1に固定されたままで増加しない。亜音速ノズル(コンバージェント流路)の代表的使用例は次の個所である。

○**タービン・ノズルおよびタービン**：燃焼ガスの圧力エネルギをタービン・ノズルの翼列が形成するコンバージェント流路で膨張させ速度エネルギに変換してタービンを駆動する。反動型タービンでは動翼が形成するコンバージェント流路でもガス流が加速され、その反力でタービンの回転が助長される。

○**排気ダクトおよび排気ノズル**：タービンを出た燃焼ガスの圧力エネルギを速度エネルギに変換して高速で噴出することによりその反力から推力を得る。

超音速ノズル（Supersonic Nozzle）：超音速流（Supersonic Flow）の物理的特性が亜音速流の場合とは逆になることから、マッハ1以上の空気流を加速するためには、末広がり形状のダイバージェント・ノズル（Divergent Nozzle：**図 4-16**）を使用しなければならない。すなわち、超音速ノズルは亜音速ノズルとは逆に末広がり・ノズルとなる。

超音速ノズル（ダイバージェント流路）の代表的使用例は次の個所である。

○**超音速航空機の排気ノズル**：超音速飛行では高い排気速度とする必要があり、これには排気ノズルの前半部の亜音速ノズル（Convergent Nozzle）で音速まで加速した後、後半の超音速ノズル（Divergent Nozzle）でさらに超音速まで加速するよう、亜音速ノズルと超音速ノズルを組み合わせたコンバージェント・ダイバージェント排気ノズルとして使われる。

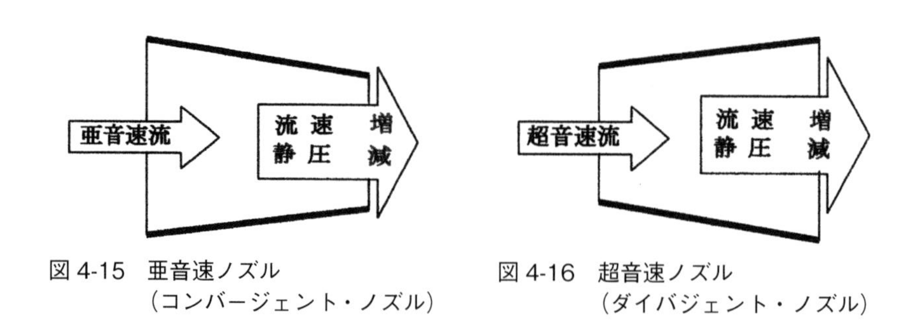

図 4-15　亜音速ノズル
(コンバージェント・ノズル)

図 4-16　超音速ノズル
(ダイバジェント・ノズル)

4-3　単　位

「メートル法重力単位」、「ヤード・ポンド法重力単位」および「国際単位（SI 単位）」のうち、タービン・エンジンにおいては、「ヤード・ポンド法重力単位」が多く使用されてきた。近年「国際単位系(SI 単位)」が世界共通の新しい単位として世界的に導入されており、航空エンジンの分野にもこれが取り入れられつつある。「メートル法重力単位」はあまり用いられていないが、適当な換算式を使うことでこれらの単位が使用されている。

従来使われてきた重力単位系と SI 単位系の大きな違いは、SI 単位系では質量を基本単位としており、重力単位系は重量を基本単位としていることである。

各単位系のよく使われる単位および換算を表 4-1 に示す。

（以下、余白）

表 4-1　各単位系および換算率

量＼単位系	SI （国際単位系）	ヤード・ポンド法重力 単位	メートル法重力単位
長　さ	メートル［m］	フィート［ft］	メートル［m］
	1 0.3048	3.281 1	1 0.3048
質　量	キログラム［kg］	重量ポンド［lb］	重量キログラム［kg］
	1 0.4536	0.2248 1	1 0.4536
力	ニュートン［N］ 1 N=1 kg・m/s^2	重量ポンド［lbf］	重量キログラム［kgf］
	1 4.448 9.807	0.2248 1 2.2046	0.1020 0.4536 1
	SI 単位系の単位の倍数としてデカ・ニュートン（1 daN=10 N）またはキロ・ニュートン（1 kN=10^3 N）がよく使われる。		
圧　力 応　力	パスカル［Pa］ 1 Pa=1 N/m^2	lbf/ft^2 {または lbf/in^2（psi）}	kgf/m^2
	1 47.88 {6895 Pa} 9.807	0.02089 1 {1 psi} 0.2048	0.1020 4.882 {703.1 Kg/m^2} 1
	SI 単位系の単位の倍数としてヘクトパスカル（1 hPa=100 Pa）、キロパスカル（1 kPa=10^3）またはメガパスカル（1 MPa=10^6 Pa）がよく使われる。		
仕事	ジュール［J］ 1 J=1 N・m=1 kg・m^2/s^2	ft・lbf	kgf・m
	1 1.356 9.807	0.7376 1 7.233	0.1020 0.1383 1
トルク	N・m	in・lbf	kgf・m
	1 0.113 9.807	0.850 1 0.6028	0.1020 1.659 1
仕事率 {馬　力}	ワット［W］ 1 W=1 J/s=1 N・m/s	ft・lbf/s {または HP（英国馬力）}	kgf・m/s {または PS（仏馬力）}
	1 1.356 9.807 {745.7 W} {735.5 W}	0.7376 1 7.233 {1 HP=550 ft・lb/s} {0.9863 HP}	0.1020 0.1383 1 {1.014 PS} {1 PS=75 kg・m/s}
温　度	ケルビン［K］	℉　またはランキン［°R］	℃　またはケルビン［°K］

〔単位について〕

単位は国際単位（SI 単位）に統一されつつあるが、航空界ではまだ工学単位が多く使用されているため、本講座の文中では従来の工学単位をそのまま使用している。

しかし SI 単位系は質量、工学単位系は重量（力）を基本単位としていることから、上記単位表（表 4 − 1）では工学単位系（ヤード・ポンド法重力単位、メートル法重力単位）を、質量を基本単位とする SI 単位系に併せて重量を質量と重力加速度との積 (kgf または lbf) として表示している。

第5章　タービン・エンジンの出力

概　要

タービン・エンジンは、排気ジェットの反力を直接航空機の推進に使うジェット推進エンジンと、軸出力としてプロペラまたは回転翼を駆動して推力を得る軸出力エンジンに分類される。本章ではこれらの推力と軸出力およびその算出方法、出力に影響を及ぼす外的要因、タービン・エンジンの効率、タービン・エンジンの一般特性、エンジンのステーション表示、減格離陸出力、推力増強法、エンジン使用時間と使用サイクルについて述べる。

5-1　タービン・エンジンの推力と軸出力

5-1-1　推力と馬力

ジェット・エンジンのスラストには、エンジンが創り出す総スラスト（Gross Thrust）と、飛行中にエンジンが実際に航空機を推進する正味スラスト（Net Thrust）がある。

a. 総スラスト（総推力）

エンジンが創り出す全スラストを**総スラスト**（Fg：Gross Thrust）とよぶ。総スラストは、吸入空気と供給される燃料の運動量変化によって発生するスラストで、第3章で述べたニュートンの運動の第二法則から次式で表される。

$$F_g = \frac{W_a + W_f}{g} \times V_j \quad \cdots\cdots (5-1)$$

Fg：総スラスト（lb または kg）

W_a：吸入空気流量（lb / sec または kg / sec）

W_f：供給される燃料流量（lb / sec または kg / sec）

V_j：排気ガス速度（ft / sec または m / sec）

g：重力加速度（32.2 ft / sec^2 または 9.8 m / sec^2）

ここで供給燃料の流量（W_f）は、吸入空気がエンジン内を通過する間に抽気や漏洩により失われる損失量とほぼ等しいことから、通常 W_f を省略した次式が使われる。

$$F_g = \frac{W_a}{g} \times V_j \quad \cdots\cdots (5-2)$$

また、多くのガス・タービン・エンジンには、チョークド・ノズル（Choked Nozzle）またはジェット・ノズル（Jet Nozzle）とよばれる排気ノズル（Exhaust Nozzle：6 - 5 - 1 項参照）が使用されており、この場合排気ダクト内の圧力の上昇に伴って V_j が増加するが、V_j がいったん音速（M=1）に達すると、その後圧力が上昇しても V_j は音速（M=1）のままを維持する。音速に達すると、排気ノズル開口部でチョークしてテール・パイプ内の前方と排気ノズル開口部の間で圧力の蓄積が始まる。開口部での圧力が大気圧以上に蓄積すると、大気との圧力差×断面積の力による推進力が創り出される。このためエンジンのスラストは "反動推力" と "圧力推力" の合計となる。このようなノズルを、チョークド・ノズルという。

空気流が音速に到達せずチョークしない場合は、圧力エネルギが速度増加に比例して減少し排気ノズルの開口部で大気圧に戻るため、ガスの速度エネルギのみが推力を創る。
この総スラストを計算するための式は結局、次式のように表される：

$$F_g = \frac{W_a}{g} \times V_j + A_j(P_j - P_{am}) \quad \cdots\cdots (5-3)$$

ここで：F_g ＝総スラスト（lb または kg）
W_a ＝吸入空気流量（lb / sec または kg / sec）
V_j ＝排気ガス速度（ft / sec または m / sec）
A_j ＝排気ノズルの面積（ft^2 または m^2）
P_j ＝排気ノズルにおける圧力（lb / ft^2 または kg / m^2）
P_{am} ＝大気圧（lb / ft^2 または kg / m^2）
g ＝重力加速度（32.2 ft / sec^2 または 9.8 m / sec^2）

空気流がチョークしない場合（V_j が音速に達しない場合）を考えると、圧力エネルギが速度増加に比例して減少し、排気ノズルの開口部で大気圧に戻るためガスの速度エネルギのみがスラストを創ることから、この場合には総スラストの式は最も簡略化された次式で表される。

$$F_g = \frac{W_a}{g} \times V_j \quad \cdots\cdots (5-4)$$

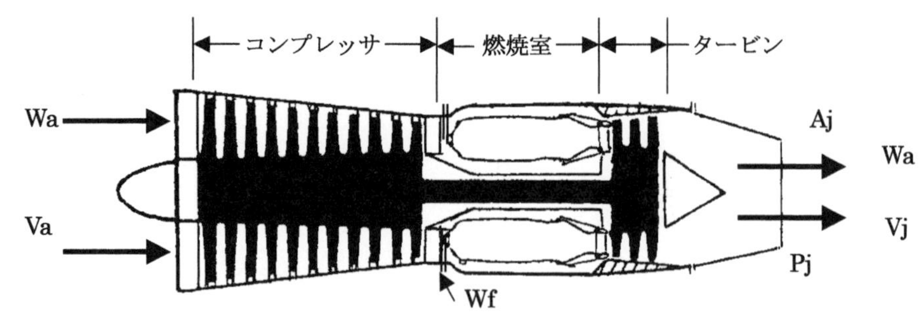

図 5-1　ターボジェット・エンジンの空気流

b. 正味スラスト（正味推力）

航空機の飛行中は、空気流がエンジン・インレットで初期運動量を持っていることを考慮しなければならない。エンジンを通過するこの速度変化は、機速が零のときに較べて大きく減少する。航空機の飛行中にエンジンが実際に航空機を推進するスラストを、エンジンが発生する総スラストに対して**正味スラスト**（Net Thrust）とよぶ。

飛行中は航空機の速度による影響として、質量 W_a / g の吸入空気を速度０から機速 V_a まで加速するためのスラストが必要となり損失スラストとなる。これを**ラム抗力**（Ram Drag）とよぶ。ラム抗力は次の式で表される：

$$D_r = \frac{W_a}{g} \times V_a \quad \cdots\cdots (5-5)$$

エンジンが航空機を推進する正味スラスト F_n は、エンジンが発生する総スラストからこのラム抗力を引いたものである。したがって、正味スラスト（F_n）は次式のように表される。

$$F_n = F_g - D_r = \frac{W_a}{g} \times V_j + A_j(P_j - P_{am}) - \frac{W_a}{g} \times V_a$$

$$= \frac{W_a}{g} \times (V_j - V_a) + A_j(P_j - P_{am}) \quad \cdots\cdots (5-6)$$

ここで：F_n ＝正味スラスト（lb または kg）
F_g ＝総スラスト（lb または kg）
D_r ＝ラム抗力（lb または kg）
W_a ＝吸入空気流量（lb / sec または kg / sec）
V_j ＝排気ガス速度（ft / sec または m / sec）
V_a ＝飛行速度（ft / sec または m / sec）
A_j ＝排気ノズルの面積（ft^2 または m^2）
P_j ＝排気ノズルにおける圧力（lb / ft^2 または kg / m^2）
P_{am} ＝大気圧（lb / ft^2 または kg / m^2）
g ＝重力加速度（32.2 ft / sec^2 または 9.8 m / sec^2）

空気流がチョークしない場合（V_j が音速に達しない場合）を考えるとき、総スラストの場合と同様、簡略化した次式で表される。

$$F_n = \frac{W_a}{g}(V_j - V_a) \quad \cdots\cdots (5-7)$$

エンジン内におけるガスの加速（$V_j - V_a$）は、エンジンに入る単位空気量と排気ノズルから出る単位空気量との間の速度の差であり、機速が零のときは、その場所の空気の初期速度がないことから、V_a の値はゼロである。この場合のスラストを**静止スラスト**（Static Thrust）とよび、上記式で V_a が 0 となるため、エンジンの総スラストに等しい。

c. 排気分離型ターボファン・エンジンの正味スラスト

高バイパス比ターボファン・エンジンのように、コア・エンジン（高温高圧ガス発生部）の排気ノズル（一次空気排気ノズル）とファン排気ノズル（二次空気排気ノズル）が分離されている型のエンジンの正味スラストは、コア・エンジンの発生する正味スラストとファンの発生する正味スラストを合計することにより、前述と同様に得ることが出来、下記の式で表される：

$$F_n = F_{np} + F_{nf}$$

$$= \frac{W_{ap}}{g}(V_{jp} - V_a) + \frac{W_{af}}{g}(V_{jf} - V_a) \quad \cdots\cdots (5-8)$$

ここで：F_n　= 正味スラスト（lb または kg）
F_{np} = コア・エンジンが発生する正味スラスト（lb または kg）
F_{nf} = ファンが発生する正味スラスト（lb または kg）
W_{ap} = コア・エンジン空気流量（lb / sec または kg / sec）
W_{af} = ファン空気流量（lb / sec または kg / sec）
g　= 重力加速度 32.2 ft / sec^2
V_{jp} = コア・ノズル排気速度（ft / sec または m / sec）
V_{jf} = ファン排気ノズル排気速度（ft / sec または m / sec）
V_a　= 飛行速度（ft / sec または m / sec）

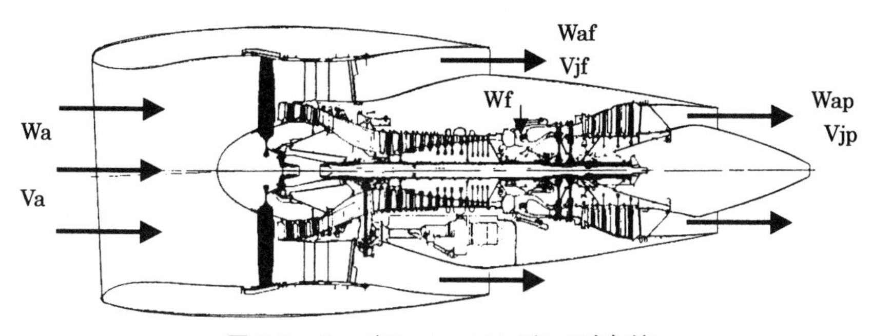

図 5-2　ターボファン・エンジンの空気流

d. 軸出力

軸出力は馬力で表されるが、**馬力**は単位時間当たりの仕事量の単位であり、一般に「メートル法重力単位」では**仏馬力**（Pferde Stärke）が使用されて〔PS〕で表示され、「ヤード・ポンド法重力単位」では**英国馬力**（Horse Power）の〔HP〕が使用される。英国馬力は仏馬力に較べて僅かに大きく、1 HP=1.014 PSの関係となっており、1 PSは75 kg-m / sの仕事率であるのに対して、1 HPは550ft-lb / sの仕事率に相当する。

軸馬力はパワー・タービン軸トルクが行う仕事量を単位馬力で割ることによって得られるが、仕事量はトルク値を半径とする円周×回転数となるため、これを分当たりの1馬力の値：75 kg・m/s × 60で割ることにより得られる。

SI（国際単位系）では馬力に代わって仕事率の単位にワット（W）が定められており、1 HPでは約745 W、1 PSは約736 Wに相当する。

e. スラスト馬力（推力馬力）

航空機の推進に必要なスラストを軸馬力に換算したものを**スラスト馬力**（Thrust Horse Power）という。馬力は単位時間当たりの仕事量の単位であることから、航空機が飛行速度V_a（ft / sたはm / s）で飛行しているとき、ジェット・エンジンの正味推力をF_n（lbまたはkg）とすれば、ジェット・エンジンの行う仕事量は$F_n \times V_a$（ft-lb / sまたはkg-m / s）となる。1馬力はヤード・ポンド法では550 ft-lb / s、メートル法では75 kg-m / sであることから、前記の仕事量をこれらの数値で割ることによってスラスト馬力THPまたはTPSは次式のように表される：

$$（ヤード・ポンド法）\ \mathrm{THP(hp)} = \frac{F_n(\mathrm{lb}) \times V_a(\mathrm{ft/s})}{550(\mathrm{ft-lb/s})} \quad \cdots\cdots (5-9)$$

$$（メートル法）\ \mathrm{TPS(ps)} = \frac{F_n(\mathrm{kg}) \times V_a(\mathrm{m/s})}{75(\mathrm{kg-m/s})} \quad \cdots\cdots (5-10)$$

f. 相当軸馬力（Equivalent Shaft Horse Power）

ターボプロップの総出力をいう場合には、軸馬力（SHP）としてプロペラに供給される出力にジェット・スラストによる推力馬力を加えなければならない。したがって、ターボプロップ・エンジンで両出力によって創り出される出力を**相当軸馬力**（ESHP：Equivalent Shaft Horse Power）とよぶ。

飛行中の相当軸馬力を**飛行相当軸馬力**（FESHP：Flight Equivalent Shaft Horse Power）とよび、与えられた飛行速度における飛行中の相当軸馬力（ESHP）は、軸馬力と排気ジェットによる推力馬力を加えたものであるが、排気ジェットによる推力馬力はプロペラの影響を排除した値とするため、正味推力と真の飛行速度（飛行速度をプロペラ効率η_pで割ったもの）の積で得られる仕事量を馬力に変換した推力馬力となる。

ターボプロップが静止状態にある場合の相当軸出力を**静止相当軸出力**（SESHP：Static Equivalent Shaft Horse Power）とよぶが、飛行速度が0であるためジェットの推力馬力が0となってしまい静止相当軸出力が得られない。この場合、プロペラに供給される1軸馬力が米国では2.5 lb、英国では

2.6 lb、メートル法では約 1.13 kg の推力を発生すると仮定しており、これらの値の静止ジェット・スラストが 1 軸馬力に等しいと仮定される。これにより静止相当軸馬力（SESHP）は、プロペラに供給される軸馬力（SHP）に静止ジェット・スラスト（lb）を 2.5（米国）、2.6（英国）、または 1.13（メートル法）のいずれかで割ったものを加えることによって得られる。

ターボプロップ・エンジンは軸出力が出力の 90 ～ 95% を占め排気ジェットによる出力は 5 ～ 10% 程度と小さいため、便宜上 1 軸馬力を静止推力 2.5 lb、英国では静止推力 2.6 lb、メートル法では 1.13kg と定めて静止相当軸馬力を算出するもので、全推力が排気ジェットで創り出されるジェット推進エンジンにはこの方法は適用できない。

相当軸馬力においても、スラスト馬力の場合と同様、出力の単位には〔HP〕または〔PS〕が使われるが、この場合軸出力を〔SHP〕または〔SPS〕、相当軸出力を〔EHP〕または〔EPS〕と区別して表示している。

飛行相当軸馬力（Flight Equivalent Shaft Horse Power）

$$FESHP = SHP_{prop} + \frac{F_n \cdot V_a}{550 \times \eta_p}$$ 〔HP〕ヤード・ポンド法 ……………………（5 - 11）

$$FESPS = SPS_{prop} + \frac{F_n \cdot V_a}{75 \times \eta_p}$$ 〔PS〕メートル法 ……………………………（5 - 12）

ここで：

FESHP または FESPS：飛行状態におけるターボプロップの相当軸馬力

SHP_{prop} または SPS_{prop}：プロペラに供給される軸馬力

F_n　：エンジンによって創られた正味ジェット・スラスト

η_p　：プロペラ効率

静止相当軸馬力（Static Equivalent Shaft Horse Power）

$$SESHP = SHP_{prop} + \frac{F_n}{2.5}$$ 〔HP〕ヤード・ポンド法（米国の場合）…………（5 - 13）

$$SESPS = SPS_{prop} + \frac{F_n}{1.13}$$ 〔PS〕メートル法 ……………………………………（5 - 14）

ここで SESHP または SESPS：静止状態におけるターボプロップの相当軸馬力

SHP_{prop} または SPS_{prop}：プロペラに供給される軸馬力

F_n　：エンジンによって創られた正味ジェット・スラスト

5-1-2　エンジン性能を表すパラメータ

エンジンの性能評価には出力と馬力の他に、一般に次のパラメータが使われる。

a. 燃料消費率（SFC：Specific Fuel Consumption）

燃料消費率はエンジンの単位出力当たりに消費する単位時間（1 時間）当たりの燃料消費量（重量

流量）と定義される。

排気ジェットにより推力を得るジェット推進エンジン（ターボジェットおよびターボファン・エンジン等）では、通常、単位推力当たりの1時間当たりの燃料消費量（重量流量）で表わされる**推力燃料消費率**（TSFC：Thrust Specific Fuel Consumption）が使われ、次式で表される。

$$\text{推力燃料消費率(TSFC)} = \frac{\text{1時間当たりの燃料消費量(lb/hr または kg/hr)}}{\text{正味推力(lb または kg)}} \text{(lb/hr/lb または kg/hr/kg)} \quad \cdots\cdots (5-15/1)$$

SI単位系では推力燃料消費率はKg（燃料）/daN（推力）/h（時間）で表される。

ターボプロップ・エンジンは、軸出力のみならず排気ジェットからも出力を得るため、燃料消費率は軸出力と排気ジェットの推力馬力を加えた相当軸馬力（ESHP：Equivalent Shaft Horse Power）に対する1時間当たりの燃料消費量（重量流量）である**相当燃料消費率**（ESFC：Equivalent Specific Fuel Consumption）が使われ、次式で表わされる。

$$\text{相当燃料消費率(ESFC)} = \frac{\text{1時間当たりの燃料消費量(lb/hr)}}{\text{相当軸馬力(ESHP)}} \text{(lb/hr/ESHP)} \quad \cdots \quad (5-15/2)$$

ターボシャフト・エンジンは排気ジェットは出力として使用せず軸出力のみを使用するため、燃料消費率は軸馬力（SHP）当りの1時間当りの燃料消費量（重量流量）である燃料消費率（SFC：Specific Fuel Consumption）が使われ、次式で表される。

$$\text{燃料消費率(SFC)} = \frac{\text{1時間当たりの燃料消費量(lb/hr)}}{\text{軸馬力(SHP)}} \text{(lb/hr/SHP)} \quad \cdots\cdots \quad (5-15/3)$$

b. 比推力（Specific Thrust）

エンジンに吸入される単位空気流量（毎秒1 lb/sまたは1 kg/s）当り得られるスラストを**比推力**（Specific Thrust）とよび、次式で表わされる。

$$\text{比推力} = \frac{\text{正味推力 (lb または kg)}}{\text{総吸入空気流量 (lb/s または kg/s)}} \quad \cdots\cdots \quad (5-16)$$

比推力の高いエンジンは、同じ推力を得るための空気量が少ないので軽くなる傾向がある。また比推力が高いほどエンジン前面面積が小さく小型になる。

c. 推力重量比（Thrust Weight Ratio）**または出力重量比**（Power Weight Ratio）

エンジンの単位重量（1 lbまたは1 kg）当りの発生スラストまたは出力をスラスト重量比または出力重量比と呼び、次のように表す：

$$\text{推力重量比または出力重量比} = \frac{\text{正味推力 (lb または kg)}}{\text{エンジン重量 (lb または kg)}} \quad \cdots\cdots \quad (5-17)$$

ただし、重量はエンジンの**乾燥重量**（Dry Weight）で、エンジンから燃料、滑油、作動油などの液体の重量を除外した値である。

d. バイパス比（Bypass Ratio）

ターボファン・エンジンでは、ファン空気流量（W_{af}）と一次空気流量（W_{ap}）との重量比をバイパス比とよび、次のように表される：

$$\text{バイパス比} = \frac{W_{af}}{W_{ap}} \quad \cdots\cdots (5-18)$$

ターボジェット・エンジンのバイパス比は0である。

5-1-3　推力と馬力の計算例

a. 総スラスト（静止スラスト）

毎秒700 lbの空気を毎秒2,000 ftの速度で後方に噴出しているチョークド・ノズルを使用していないタービン・エンジンの総スラストは、次によって求められる。重力加速度は32.2 ft / sec^2であることから、式（5 - 2）により、

$$\text{総スラスト}(Fg) = \frac{700}{32.2} \times 2{,}000 = 43{,}478\ (\text{lb})$$

b. 正味スラスト

総吸入空気流量が毎秒30 lb、排気ガス速度が毎秒1,500 ftのチョークド・ノズルを使用していないタービン・エンジンが、巡航速度807 ft / secで飛行している場合の正味スラストは、次によって求められる。

重力加速度は32.2 ft / sec^2であることから、式（5 - 7）により、

$$\text{正味スラスト}(Fn) = \frac{30}{32.2} \times (1{,}500 - 807) = 645.7\ \text{lb}$$

また、このエンジンに排気ノズル面積が50 in^2のチョークド・ノズルが装備され、排気ノズルでの圧力が11.5 psi、大気圧が5.5 psiとした場合の正味スラスト（F_n）は、次により求められる。

式（5 - 6）から、

$$Fn = \frac{30}{32.2} \times (1{,}500 - 807) + \{50 \times (11.5 - 5.5)\} = 645.7 + 300 = 945.7\ \text{lb}$$

c. 排気分離型ターボファン・エンジンの静止スラスト

次のデータによるターボファン・エンジンの静止スラストは、次のように求められる。

一次空気流量　W_{ap} = 150 lb / s、　　一次空気排気速度　V_{jp} = 1,700 ft / s

ファン空気流量　W_{af} = 170 lb / s、　　ファン空気排気速度　V_{jf} = 1,180 ft / s

排気分離型ターボファン・エンジンの静止スラストは、一次空気による静止スラストと、ファン空気流による静止スラストの和で表され、静止スラストは機速が0であることから、式（5 - 8）により静止スラスト（F_g）は、

$$F_g = \frac{150}{32.2}(1{,}700-0) + \frac{170}{32.2}(1{,}180-0) = 7{,}919.3+6{,}229.8=14{,}149.1\ (lb)$$

d. スラスト馬力（推力馬力）

総吸入空気流量が毎秒 187 lb、排気ガス速度が毎秒 1,642 ft のタービン・エンジンが、巡航速度 832 ft / sec で飛行している場合のスラスト馬力は、次によって求められる。

エンジンが発生している正味スラスト（F_n）は式（5 - 7）から、

$$F_n = \frac{187}{32.2}(1{,}642-832) = 4{,}704\ lb$$

1 馬力の値は 550 ft lb/s であることから、式（5-9）によりスラスト馬力は、

$$スラスト馬力 = \frac{4{,}704 \times 832}{550} = 7115.9(hp)$$

e. 軸馬力

軸馬力はパワー・タービン軸トルクが行う仕事量を単位馬力で割ることにより得られる。パワー・タービン１回転当たりの仕事量はトルク値を半径とする円周の長さに相当することから、回転数 33,000 rpm、パワー・タービン軸トルクが 13 kg・m のターボシャフト・エンジンの仕事量は $2\pi \times$ 13 kg × 33,000 rpm となるため、この仕事量を毎分当りの 1 馬力の値：75 kg・m/s × 60 で割ることにより得られる。

$$軸出力 = \frac{エンジン出力軸の仕事量}{毎分当たりの１馬力の値} = \frac{2\pi \times 33{,}000 \times 13}{75 \times 60} = 598.7ps$$

f. 相当軸馬力

飛行相当軸馬力

ターボプロップ・エンジンが、軸馬力 500 馬力、飛行速度 270 mph (1 mile = 5,280 feet であるため飛行速度は 270 × 5,280 feet/h)、排気ジェットによるスラスト 200 lb、プロペラ効率 80 % で飛行中の飛行相当軸馬力は、フート・ポンド法であることから式（5 - 11）から次式によって得られる。

$$FESHP = SHP_{prop} + \frac{F_n \cdot V_a}{550 \times \eta_p} = 500 + \frac{200 \times 270 \times 5{,}280}{550 \times 0.8 \times 60 \times 60} = 680\ (HP)$$

静止相当軸馬力

地上運転で軸馬力 680 馬力、排気ジェットにより 185 lb のスラストのターボプロップ・エンジンの静止相当軸馬力は、式（5 - 13）から、次のように得られる。

$$SESHP = SHP_{prop} + \frac{F_n}{2.5} = 680 + \frac{185}{2.5} = 754\ HP$$

g. 燃料消費率

(1) 推力燃料消費率（TSFC）

総吸入空気量が毎秒 1,060 lb、排気ガス速度が毎秒 1,164 ft のタービン・エンジンが巡航速度 827

ft/sec で飛行しているとき、燃料消費量が 5,940 lb/hr の場合の推力燃料消費率は次によって求められる：

正味推力は、　$$\text{正味推力}(Fn) = \frac{1{,}060}{32.2} \times [1{,}164 - 827] = 11{,}087.3\ (lb)$$

となるため推力燃料消費率（TSFC）は式（5 - 15/1）から、

$$\text{推力燃料消費率} = \frac{5{,}940}{11{,}087.3} = 0.535\ (lb / hr / lb)$$

(2) 相当燃料消費率（ESFC）

ターボプロップ・エンジンが、軸馬力 500 馬力、飛行速度 270 mph、排気ジェットによるスラスト 200 lb、プロペラ効率 80% で飛行中の燃料消費量が 400 lb/hr の場合の相当燃料消費率は次によって求められる：

注：実際に照らして使用する数値は必ずしも適切ではないかもしれないが、計算例としてこれらの数値を使用する。

$$\text{相当軸馬力} = SHPprop + \frac{Fn \times Va}{550 \times \eta p} = 500 + \frac{200 \times 270 \times 5{,}280}{550 \times 0.8 \times 60 \times 60} = 680HP\ (lb / hr / lb)$$

となるため、相当燃料消費率は式（5 - 15/2）から、

$$\text{相当燃料消費率}(ESFC) = \frac{\text{燃料消費量}(lb/hr)}{\text{相当軸馬力}(ESHP)} = \frac{400}{680} = 0.59\ (lb / hr / lb)$$

h. 比推力

高バイパス比ターボファン・エンジンの静止離陸出力時の下記諸データの場合の比推力は式（5 - 16）から次のように求められる：

一次吸入空気流量 Wap=292 lb / s　　ファン空気流量 Waf=1,476 lb / s

タービン排気速度 Vjp=1,232 ft / s　　ファン排気速度 Vjf=985 ft / s

飛行速度 Va=0

$$\text{比推力} = \frac{Wap\,(Vjp - Va) + Waf\,(Vjf - Va)}{g\,(Wap + Waf)} = \frac{292\,(1{,}232 - 0) + 1{,}476\,(985 - 0)}{32.2\,(292 + 1{,}476)} = 31.9$$

i. 推力重量比（Thrust Weight Ratio）または出力重量比

b 項のターボファン･エンジンの静止離陸出力時の諸データにおいてエンジン乾燥重量（W）が 9,287 lb の場合の推力重量比は式（5 - 17）から次のように求められる：

$$\text{推力重量比} = \frac{\frac{Wap}{g}(Vjp - Va) + \frac{Waf}{g}(Vjf - Va)}{W} = \frac{292\,(1{,}232 - 0) + 1{,}476\,(985 - 0)}{32.2 \times 9{,}287} = 6.06$$

j. バイパス比（Bypass Ratio）

静止離陸出力時の一次吸入空気流量（Wap）が 292 lb/s、ファン吸入空気流量（Waf）が 1,496 lb/

sのターボファン・エンジンのバイパス比は式（5 - 18）から次式のように求められる：

$$バイパス比 = \frac{Waf}{Wap} = \frac{1{,}496}{292} = 5.05$$

5-2　推力・軸出力設定のパラメータ

排気ジェットにより推力を得るターボジェットおよびターボファン・エンジンにおいては、飛行中はラム抗力（Ram Drag）の発生により機体を推進する正味スラスト（F_n）を正確に計測することが困難なため、スラストと比例関係にある**推力設定パラメータ**を使ってエンジン推力を設定 / 計測する。

民間航空用タービン・エンジンにおいては推力の測定または推力設定に、伝統的にエンジン圧力比（EPR）が使用されてきたが、ファンにより推力の大きな割合を創り出す高バイパス比ターボファン・エンジンの出現により、現在は次の 4 種類の推力設定パラメータのいずれかが各高バイパス比ターボファン・エンジンの特色の一つとしてエンジン製造会社により選択され使われている。

a. EPR（エンジン圧力比）

コンプレッサ入口総圧に対するタービン出口総圧の比である**エンジン圧力比**（EPR：Engine Pressure Ratio）は、エンジンが発生する推力の変化に比例することから、エンジン推力の指示または設定パラメータとして使用されている。

EPR= タービン出口全圧 / コンプレッサ入口全圧

EPR はガス・ジェネレータ（高温高圧ガス発生部分）のみのエンジン圧力比であり、バイパス比が大きくなるほどファンで創られる推力が増えるためファンを駆動するタービンが吸収するエネルギが大きくなり、タービン出口の全圧が減少して EPR の値は小さくなる。

b. IEPR（Integrated Engine Pressure Ratio：総合エンジン圧力比）

基本的に EPR（エンジン圧力比）と同じ考え方であるが、高バイパス比ターボファン・エンジンはファンで創り出される推力が全推力の大きな比率を占めることから、ガス・ジェネレータのエンジン圧力比（EPR）だけでなく、大きな推力を創り出すファン圧力比を考慮して、ファン圧力比とガス・ジェネレータのエンジン圧力比を各出口面積に応じて比例配分した圧力比が使用されており、これを IEPR とよぶ。IEPR は次式のように表される。

$$IEPR = \frac{ファン排気ノズル面積 \times \dfrac{ファン排気全圧}{インテーク全圧} + タービン排気ダクト面積 \times \dfrac{タービン排気全圧}{インテーク全圧}}{ファン排気ノズル面積 + タービン排気ダクト面積}$$

c. N_1（ファン回転数）

高バイパス比ターボファン・エンジンがダクト付固定ピッチ・プロペラに近いと考えられ、ファン回転数（N_1）が推力に良く比例（誤差が±1％より小さい）する。またN_1が単純な回転数の計測で、非常に高い精度で正確な計測と指示をすることが可能であることから、推力設定パラメータとして使用されている。

d. TPR（Turbofan Power Ratio）

ターボファン・エンジンの推力設定パラメータは従来EPR、IEPR、N_1が使われてきたが、EPRでは数値が小さくなることやIdleとMax Power間の領域が非常に小さくなり、またN_1回転数ではエンジン劣化の影響を受け易く同推力を得るためにオーバー・ブーストの必要が発生することから、最新の高バイパス比ターボファン・エンジンであるトレント1000ではエンジンの推力設定パラメータとしてTPR（Turbofan Power Ratio）が採用された。TPRは下記数値に基づいてFADECのEEC（電子制御装置）により次式で算出される。

$$TPR = \frac{P30 \times \sqrt{TGT}}{P20 \times \sqrt{T20}}$$

P20：エンジン入口圧力（Engine Inlet Pressure）
P30：高圧コンプレッサ吐出圧力（HP Compressor Discharge Pressure）
T20：エンジン入口温度（Engine Inlet Temperature）
TGT：排気ガス温度（Turbine Gas Temperature）

TPR（Turbofan Power Ratio）使用の利点としては、

・EPRやN_1よりもエンジンの劣化に鈍感。
・劣化がEPRエンジンと同様EGTで現れる。
・N_1よりも湿度による影響を受けにくい。

もし、EECがTPRを計算することが出来なくなるか、エア・データが欠如した場合は、EECは代替方法としてN_1コントロールになるが、この場合は搭載されている他のエンジンもN_1コントロール・モードにして運用しなければならなくなる。

e. ターボプロップ / ターボシャフト・エンジンの出力設定パラメータ

ターボプロップやターボシャフト・エンジンでは、エンジンが地上および飛行中に出す出力のレベルの設定･指示のためには通常トルク・メータの値が使用される。**トルク**（Torque）は馬力に比例し、出力軸減速装置を介して伝達される。最近のエンジンではトルクの読みを表示するよう較正されているものや、軸馬力を直接表示させるものもある。

5-3　出力に影響を及ぼす外的要因

タービン・エンジンは、様々な大気状態、速度、および高度において運用されるが、これらの要因がタービン・エンジンに及ぼす影響について以下に説明する。

5-3-1　大気状態の影響：気温、気圧、湿度

タービン・エンジンの出力は空気流量の増減によって変化し、空気流量は空気密度（重量＝密度×体積）と密接に関連するため、空気の状態の変化によって出力が増減する。理想状態のガスにおいては空気密度は次式で表される。

$\rho = P / RT$　　　　ここで、ρ は密度、T は静温度、P は静圧、R はガス定数

したがって、密度は圧力に比例して増大するが、温度上昇に反比例して減少する。
ピストン・エンジンでは影響が大きい湿度については、タービン・エンジンでは下記の理由からその影響は極めて少ない。

a. 大気温度の影響

大気温度が低下すると空気密度が増加して単位体積あたりの空気重量が増える。コンプレッサ体積すなわちエンジン体積は一定であるため一定回転数では、単位体積当りの空気重量の増加によって吸入空気流量は大きくなり、推力は大きくなる。反対に大気温度が高くなった場合は、吸入空気量は減少して推力は低下する。

タービン・エンジンは外気温度の変化に非常に敏感である。特定の定格における運転で、外気温度が高い場合と低い場合では出力は± 20 % 程度変化する。

b. 大気圧力の影響

大気圧力が増加すると空気密度が増加して単位体積あたりの空気重量が増えるため出力は大きくなる。逆に大気圧力が低下すると出力は減少する。

c. 湿度の影響

一般に湿度（Humidity）による内燃機関の出力への影響は次の二つの理由による。

・大気中の湿度が増加するとその水蒸気圧力分だけ単位体積あたりの空気量を減少させるため出力はわずかに低下する。

・水蒸気圧力による単位体積あたりの空気量の減少により、混合気の燃料が濃くなって不適切な空燃比となり、熱エネルギの損失を生じて出力はさらに低下する。

タービン・エンジンでは多量の空気中で連続燃焼するため、湿度の増加による適正な空燃比に必要な空気量の不足は冷却・希釈空気流により補充され、一定量の混合気を限定された容積内で燃焼させるピストン・エンジンのような不適切な空燃比による熱エネルギの損失を生じて出力が低下する問題はない。したがって、タービン・エンジンでは湿度の推力に及ぼす影響は、水蒸気圧力分の空気量の減少による影響のみであり、出力の低下はわずかに生ずるが極めて小さい。

5-3-2　飛行速度の影響

エンジンが前進する場合の空気の押し込みによるインレット・ダクトでの空気の圧力上昇を**ラム圧**（Ram Pressure）とよび、これにより吸入空気密度が増加する。ラム圧の上昇に伴い**ラム温度**も上昇し空気密度は減少するが、ラム圧による空気密度の増加はこれよりはるかに大きい。この両者を合わ

せて**ラム効果**（Ram Effect）（**図 5-3**）とよぶ。

吸入空気を速度 0 から機速 Va まで加速するために必要な損失スラストをラム抗力（Ram Drag）とよぶ。

航空機の速度の増大に伴ってエンジンの正味スラストは、インレット･エアのラム抗力の増加によって**図 5-4**、線 A のように減少する。機速の増加に伴う推力の減少の割合を**推力逓減率**とよぶ。

これは正味推力の式（5 - 7）からも確認でき、ジェット速度（V_j）の変化なしに機速（V_a）が増加するにしたがって、（$V_j - V_a$）が減少するため推力は減少する。

一方、飛行速度が増加するとラム効果により吸入空気密度が大きくなるため、空気流量（W_a）およびジェット速度（V_j）が増大し、この両方によって推力は機速の増加にしたがって**図 5-4**、線 B のように増大する。この結果、実際の推力はこれらの影響が合成されて**図 5-4**、線 C のように、推力はラム抗力によりある飛行速度までは一時的に減少するが、機速の増加に伴ってラム効果の影響が優るため推力は増加する。

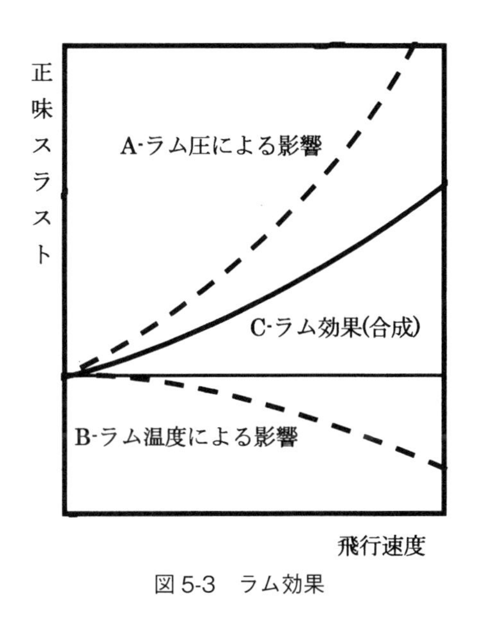

図 5-3　ラム効果

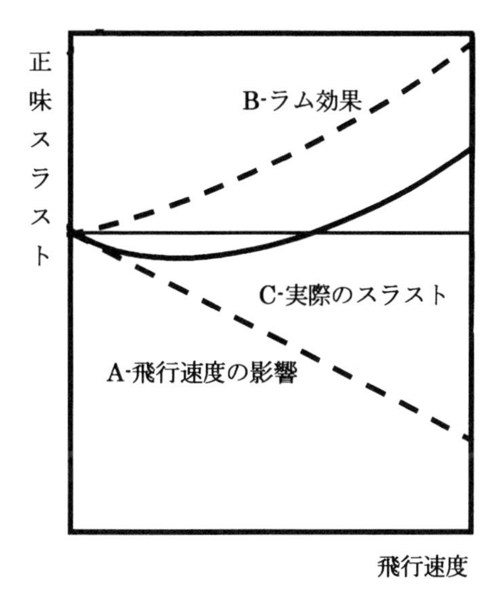

図 5-4　飛行速度の影響

5-3-3　飛行高度の影響

推力の高度による影響は空気密度の関数である。飛行高度が高くなると気温の低下により推力が増加（**図 5-5**、線 A）し、気圧の低下により推力が減少（**図 5-5**、線 B）するが、気温の低下の影響よりも気圧の減少の影響の方がはるかに大きいため、空気密度は気圧の低下による減少と、気温の低下による増加の差の分が減少して、飛行高度の増加とともに実際の推力は低下（**図 5-5**、線 C）する。しかし、高度 36,000 feet（11,000 m）以上になると**成層圏**を形成しているため気温は － 56.5℃ で一定となるが、気圧はそれ以降も降下を続けるので、推力は気圧の低下のみの影響により線 B と平行に急速に低下（**図 5-5**、線 C）する。

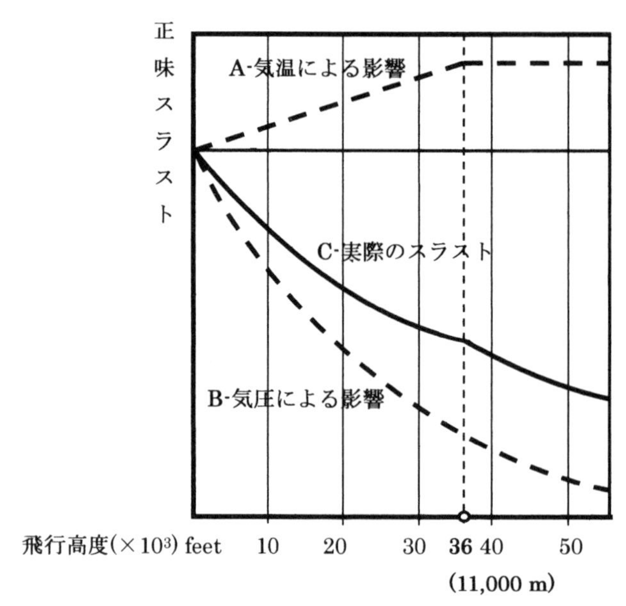

図 5-5　飛行高度による影響

5-3-4　レイノルズ数効果（Reynolds Number Effect）

飛行高度の影響を考えるために**レイノルズ数**が使われる。レイノルズ数（Reynolds Number）は空気流の慣性と粘性に関連したパラメータであり、次式で表される。

$$\text{レイノルズ数} = \frac{\text{空気密度}(\rho) \times \text{表面の長さ}(L) \times \text{表面上を流れる空気速度}(V)}{\text{空気の粘性係数}(\mu)}$$

空気密度（ρ）は温度と圧力により変化し、粘度（μ）は温度によってのみ変化するが、高度36,000 ft（11,000 m）以下では気圧降下が気温低下より大きいため空気密度（ρ）は比較的穏やかに減少し、粘度（μ）が穏やかに増加して、レイノルズ数は比較的穏やかに減少するが、高度 36,000 ft（11,000 m）以上では気温が一定となり粘度（μ）は一定となるが、気圧は降下を続けるので空気密度（ρ）は大勾配で減少してレイノルズ数は急激に低下する。

レイノルズ数が**臨界レイノルズ数**より大きい場合は、ブレード上の空気流は層流から乱流へ移行して、自由流れから多くのエネルギを取得して剥離せずに流れるが、高度が増加してレイノルズ数が臨界レイノルズ数より小さくなると粘性力が優勢となり、乱流へ移行出来ず境界層は剥離し始める。この結果、高度 36,000 ft（11,000 m）以上では、ブレードの抵抗と摩擦損失が増加してコンプレッサ効率は顕著に低下する。

高度の増加により、レイノルズ数が小さくなるに従ってコンプレッサの効率が低下する現象を**レイノルズ数効果**（Reynolds Number Effect）という。

5-4　タービン・エンジンの効率

熱力学の第一法則は、熱と仕事はエネルギの二つの形であり、これらは相互に変換出来ることを述べている。熱から仕事への変換には損失を伴い、仕事は与えられた熱エネルギから行程の効率に応じて創り出される。例えば、最も効率の良いエンジンでは可能とする最高の温度を受け入れ、可能な限り最も低い温度のガスを排出することになる。

すべての推進装置は、機械エネルギを有効に推力に変換するシステムと組み合わせて、燃料エネルギ（熱エネルギ）を航空機の有効推進仕事に変換するが、供給した燃料エネルギに対する航空機の有効推進仕事の比を**総合効率** η_O（Overall Efficiency）とよぶ。

総合効率 η_O は、エンジンの熱効率 η_{th}（Thermal Efficiency）とエンジンが創り出す推力が有効に推進に使われていることを示す推進効率 η_P（Propulsive Efficiency）との積となる。

総合効率が高いほど燃料消費率が減少して、同一搭載燃料量で航続距離を長くすることができる。また、同一航続距離に必要な搭載燃料量の減少分を減らすことにより、有償荷重を増加することが出来る。これにより、エンジン効率の向上は航空機の飛行性能および経済性を大きく改善する。

5-4-1　タービン・エンジンの効率・向上策

a. 熱効率

エンジン性能の主要な要素の一つである**熱効率**（η_{th}：Thermal Efficiency）は、供給燃料エネルギに対するエンジン出力エネルギの比である。熱効率は機体において直接測定出来ないが、必要によりコクピットの燃料流量の指示から計算することが出来る。熱効率（η_{th}）は次式で表される：

$$\text{熱効率}\,\eta_{th}(\%)=\frac{\text{エンジン出力エネルギ}}{\text{供給燃料エネルギ}}\times 100=\frac{\text{エンジン軸馬力}}{\text{供給燃料相当馬力}}\times 100\quad(\%)$$

有効推進仕事は推力と飛行速度との積であるため {Wa / g ×（Vj − Va)} × Va であり、後流に捨て去られるエネルギは排気速度（Vj）と飛行速度（Va）の差の部分となることから、後流に捨て去られる空気に与えられるエネルギは、空気の運動のエネルギの式（$Ke=1/2\ mu^2$、m：空気の質量、u：空気が得た速度）から $Wa / 2g \times (Vj - Va)^2$ となる。

また、供給燃料エネルギは熱の仕事当量（J）、燃料の低発熱量（H）および燃料流量（Wf）の積であるため、J × H × Wf となる。これらを上式に代入すると熱効率 (η th) は、

$$\eta_{th}(\%)=\frac{\frac{Wa}{g}(Vj-Va)V_a+\frac{Wa}{2g}(Vj-Va)^2}{J\cdot H\cdot Wf}\times 100=\frac{Wa\ (Vj^2-Va^2)}{2\,g\cdot J\cdot H\cdot Wf}\times 100\quad(\%)$$

…… (5 - 19)

ここで、J ：熱の仕事当量〔778 ft・lb / Btu または 427 kg・m / kcal〕

H：燃料の低発熱量〔18,400 Btu / lb または 10,220 kcal / kg〕

この式からジェット・エンジンの熱効率は、飛行速度 V_a に関係して変化することが判る。

b. 推進効率

航空機の推進に用いられた有効推進仕事とエンジン出力エネルギとの比を、**推進効率**（η_p：Propulsive Efficiency）とよぶ。これはまた排気ジェット速度（ジェット後流またはプロペラ後流）対機体速度の比較として表すことができる。

推進効率 η_p を以下の式で示す：

$$\eta_p(\%) = \frac{\text{有効推進仕事}}{\text{エンジン出力エネルギ}} \times 100 = \frac{\text{有効推進仕事}}{\text{有効推進仕事} + \text{後流に捨て去ったエネルギ}} \times 100 \quad (\%)$$

$$= \frac{\frac{Wa}{g}(Vj - Va)Va}{\frac{Wa}{g}(Vj - Va)Va + \frac{Wa}{2g}(Vj - Va)^2} \times 100 = \frac{2}{1 + \frac{Vj}{Va}} \times 100 \quad (\%) \cdots (5-20)$$

上式から V_j / V_a が 1、すなわち $V_j = V_a$ に近づくと推進効率は 100 % に近づくことがわかる。

図 5-6 に機体速度に対する各型式のエンジンの推進効率の推移を示す。グラフでは、可変ピッチ・プロペラが大きな質量の空気流を移動させることが出来ることから、いかにプロペラ駆動航空機が低い機速で高い推進効率が得られるかを見ることが出来る。各グラフの曲線は、排気速度を創り出すためにより多くの燃料エネルギが導入されたときに最大となり、機速の増加の形で現れる。

各グラフの曲線は次のように理解できる：

①プロペラ使用のターボプロップ航空機は、約 375 mph（マッハ数約 0.5）で推進効率は 80% を超える頂点を形成し、その後プロペラ効率が低下する。これは、供給燃料エネルギによりプロペラ後流速度は引き続き増加するが、機体速度は比例して増加しない。機速が約 375 mph に到達した後、推進効率は減少し始めることに注目しなければならない。ここで空力抵抗および先端失速が生じて 500 mph までに推進効率は 65% まで減少する。

②大型機や中型機に幅広く使用されている高バイパス比ターボファン・エンジンの推進効率は、高亜音速領域（マッハ数 0.8 ～ 1.0 付近）で頂点を形成する。

③低バイパス比ターボファン・エンジンでは、高バイパス比ターボファン・エンジンより高い速度領域で推進効率が最大となる。

④ターボジェット・エンジンは排気ジェット速度が極めて高速になるため、超音速（マッハ数 1.2 ～ 3）で高い推進効率を示すが、低抵抗形状の採用やアフタ・バーナの使用によりさらに速度を増加することが出来る。

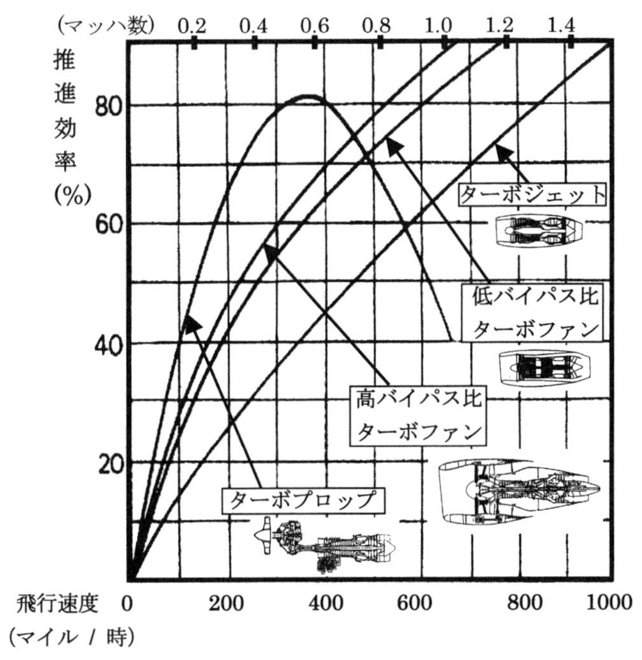

図 5-6　推進効率

c. 総合効率

前述のように、タービン・エンジンの**総合効率** η_O（Overall Efficiency）は推進効率 η_P と熱効率 η_{th} との積であり、次式のように表される：

$$\text{総合効率}\,\eta_O(\%)=\left\{\text{推進効率}\ (\eta_P)\times\frac{1}{100}\right\}\times\left\{\text{熱効率}\ (\eta_{th})\times\frac{1}{100}\right\}\times 100$$

$$=\left(\frac{\text{有効推進仕事}}{\text{エンジン出力エネルギ}}\right)\times\left(\frac{\text{エンジン出力エネルギ}}{\text{供給燃料エネルギ}}\right)\times 100$$

$$=\left(\frac{\text{有効推進仕事}}{\text{供給燃料エネルギ}}\right)\times 100=\frac{\dfrac{Wa}{g}(Vj-Va)Va}{J\cdot H\cdot Wf}\times 100\quad(\%)\qquad\cdots\cdots\cdots\cdots(5\text{-}21)$$

d. ガスタービンの効率向上策

エンジンの総合効率は推進効率（η_P）と熱効率（η_{th}）との積であることから、推進効率、熱効率またはその両者を向上させることにより総合効率は向上するが、これについては次のような**効率向上策**がとられている。

(1) 熱効率の向上策

ガスタービン・エンジンにおいては、投入される熱エネルギの大きな割合がコンプレッサ・ロータの駆動に使われる。したがって、熱エネルギの投入を増加することなく燃焼室への空気流量と空気圧を増加させる手段をとることによって熱効率が改善される。

熱効率の向上を図る主な方法は、コンプレッサおよびタービンなどの各構成要素の効率の向上、コンプレッサ圧力比の増加および燃焼室出口温度（タービン入口温度）の増大である。

コンプレッサおよびタービンなどが少ない損失で空気流量と空気圧を増加する能力が向上できるならば、少ないエネルギ投入で同じ空気流量と圧縮比が得られることから、少ない燃料流量で同じ推力が得られる。

コンプレッサ圧力比の増加により熱効率が向上することは第 4 章で述べるように判っており、またタービン入口温度を増加すると排気ノズルでの排気速度が増加して高い熱効率が得られるが、各タービン入口温度での圧力比に対する熱効率曲線はピークを形成しており、圧力比が高過ぎると熱効率は低下することから、タービン入口温度に応じた最適圧力比が存在する。したがって、熱効率を高めるためには圧力比とそれに応じてタービン入口温度を高める必要がある（図 5-7）。

タービン入口温度を増加するためには、タービン冷却技術や耐熱材料の改善が必要であるため、これらを考慮して総合的に圧力比やタービン入口温度を選定することが必要になる。

また、ジェット・エンジンの熱効率は、空気速度によるラム効果（Ram Effect）によっても改善される。ラム圧（Ram Pressure）により空気流量および燃焼室圧力を改善することから、コンプレッサ駆動軸へのエネルギ投入を増加せずに推力出力を増大する。空気速度によって、大きな熱エネルギの投入をせずに得られる有効出力の増加によって熱効率は向上する。

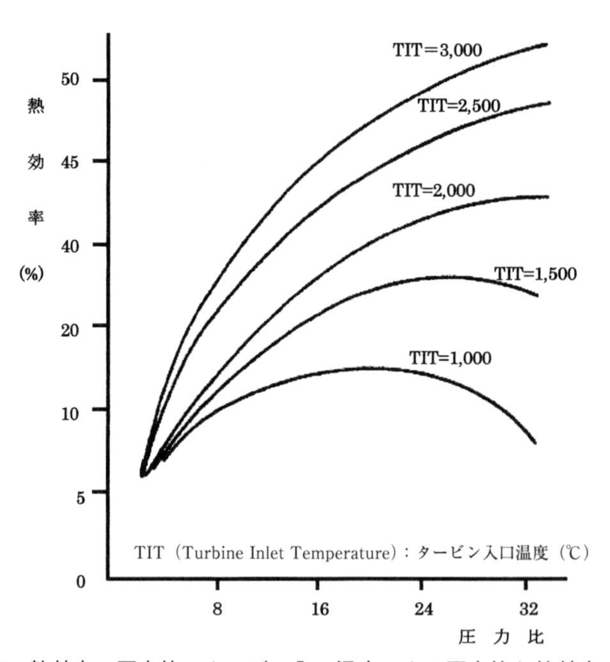

図 5-7　熱効率：圧力比－タービン入口温度による圧力比と熱効率の関係

(2) 推進効率の向上策

前述のように、推進効率は排気ジェット速度と飛行速度が近くなるほど向上し、排気ジェット速度と飛行速度が同じになったとき 100% となる。

各タイプのエンジンの推進効率は前記の図 5-6 に示すように分布しており、推進効率を改善するためには、航空機の巡航速度に最も適した排気ジェット速度を持つエンジンの選定が必要になる。

歴史的には、高亜音速領域を飛行するジェット旅客機に当初ターボジェット・エンジンが装備されていたが、排気ジェット速度が大き過ぎて推進効率が悪いことから、ターボファン・エンジンが採用され、バイパス比の増加とともに推進効率は大きく改善された。

5-4-2　エンジン効率の計算例

a. 熱効率

(1) 総吸入空気流量が 315（lb/s）、平均排気速度が 1,430（ft/s）、燃料流量が毎時 2.28（lb）のターボファン・エンジンの静止状態での熱効率は、燃料の低発熱量を 18,400（Btu/lb）、熱の仕事当量を 778（ft-lb/Btu）とすると、次のように求められる。

式（5-19）から、$\eta_{th} = \dfrac{\text{エンジン出力エネルギ}}{\text{供給燃料エネルギ}} \times 100 = \dfrac{Wa\,(Vj^2 - Va^2)}{2g \times J \times H \times Wf} \times 100$

$= \dfrac{315\,(1{,}430^2 - 0^2)}{2 \times 32.2 \times 778 \times 18{,}400 \times 2.28} \times 100 = 30.6$（%）となる。

(2) 725 軸馬力を発生するターボシャフト・エンジンで、燃料流量が 300（lb/h）、低発熱量が 18,730（Btu/lb）、熱の仕事当量が 778（ft-lb/Btu）の場合の熱効率は次のように求められる。

熱効率 $\eta_{th} = \dfrac{\text{エンジン出力エネルギ}}{\text{供給燃料エネルギ}} \times 100 = \dfrac{\text{エンジン軸馬力}}{\text{供給燃料相当馬力}} \times 100$ で表すことが出来、

熱の仕事当量が 778（ft-lb/Btu）から、燃料流量 300（lb/h）の仕事量は、

300（lb/h）× 18,730（Btu/lb）× 778（ft-lb/Btu）であることから、

供給燃料相当軸馬力 $= \dfrac{300 \times 18{,}730 \times 778}{550 \times 60 \times 60} = 2{,}208$ Hp となり、

熱効率 $\eta_{th} = \dfrac{725\ \text{Shp}}{2{,}208\ \text{Hp}} \times 100 = 32.8$（%）となる。

b. 推進効率

平均排気速度 1,664（ft/s）、飛行速度 832（ft/s）で飛行しているタービン・エンジンの推進効率は、次のように求められる。

式 5-20 から、推進効率 $= \dfrac{2Va}{Vj + Va} \times 100 = \dfrac{2}{\dfrac{Vj}{Va} + 1} \times 100 = \dfrac{2}{\dfrac{1{,}664}{832} + 1} \times 100 = 66.6$（%）

となる。

c. 総合効率

(1) 正味推力 11,000 lb、時速 561 mph で飛行中のターボファン・エンジンで、燃料流量が毎時 5,600

lbの場合の総合効率は、燃料の低発熱量を18,780 Btu/lb、熱の仕事当量を778 ft-lb/Btuとすると、次のように求められる。

$$\text{総合効率}(\eta_o) = \frac{\text{有効推進仕事}}{\text{供給燃料エネルギ}} \times 100 = \frac{\text{正味推力} \times \text{時速}}{\text{供給燃料仕事当量}} \times 100$$ であり、

1 Mile = 5,280 Feetから、

$$\text{総合効率}(\eta_o) = \frac{1{,}1000 \times 561 \times 5{,}280}{5{,}600 \times 18{,}780 \times 778} \times 100 = 39.8\%$$ である。

5-5　タービン・エンジンの一般特性

5-5-1　エンジン内部の作動ガスの流れ状態

エンジンのガス・ジェネレータ内部を流れる空気流の、コンプレッサ、燃焼室およびタービンを通過して排気ノズルから後方へ噴出されるまでの各部における圧力、温度および速度の状態の変化の傾向を図5-8に示す。

コンプレッサで断熱圧縮され、空気流にエネルギが付与されて圧力と温度が上昇するが、さらにコンプレッサ出口のディフューザで速度のエネルギが圧力のエネルギへ変換されて、圧力はディフューザ出口で最高となる。軸流コンプレッサは各段で速度エネルギを圧力エネルギに変換して圧縮されるため、コンプレッサを通して速度変化は無い。

燃焼室において等圧燃焼（実際には燃焼室出口で圧力がわずかに低下するよう流路が設定されている）が行われ、熱量が付与されて温度が上昇するが、最高温度はタービンが耐えられる温度に制限される。燃焼室内では、燃焼により火炎温度は2,000℃付近となるが、構成部品は多量の冷却・希釈空気で保護されるため温度は低く、後方に行くに従って徐々に上昇し、燃焼室出口のタービン入口（1段タービン・ノズル・ガイドベーン）で最も高温となる。

作動ガスの圧力と温度は、タービン・ノズルにおける膨張により急激に低下して速度エネルギに変換され、速度はタービン・ノズル部で最高に達するが、ロータで仕事量が抽出されて速度は低下する。以降、タービン段の数についてこれを繰り返す。残った圧力と温度のエネルギは排気ダクトの形状により速度のエネルギに変換され、排気ノズル出口でさらに急上昇する。

ターボシャフト・エンジンでは一般的に、パワー・タービン（フリー・タービン）を出た排気は加速されずにそのまま排出される。

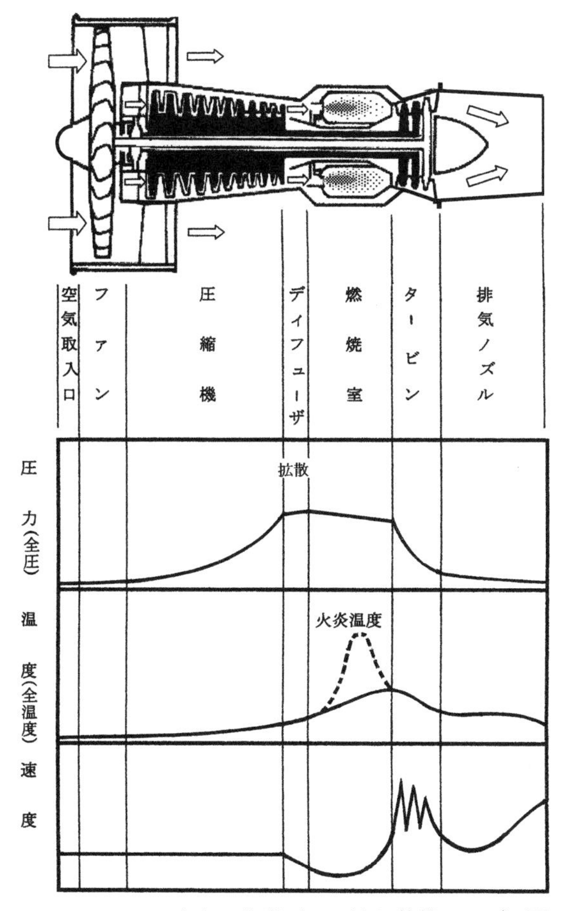

図 5-8　エンジン内部の作動ガスの流れ状態のモデル図

・ターボシャフト・エンジンの作動ガスの流れの状態

ターボシャフト・エンジンにおける作動ガス流の流れの状態は、前述のジェット・エンジンの作動ガスの流れと基本的に同じであるが､ターボシャフト･エンジン固有の違いは遠心式コンプレッサ（または軸流・遠心コンプレッサ）が多用されていることと排気が出力として使用されないことにあり、典型的なエンジン内部の作動ガスの流れの状態は図 5-8-1 の事例のようになっている。

軸流コンプレッサが各段の動翼により加速された空気流速度のエネルギを圧力エネルギに変換して圧縮するため空気流速度はほぼ一定であるのに対して、事例に示す遠心式コンプレッサはインペラで空気流を加速・圧縮してさらにディフューザで速度エネルギを圧力エネルギに変換して圧縮するため空気流速が大きく加速されるが、インペラによる加速は１段タービン・ノズル・ガイド・ベーンにおける膨張による速度よりは小さい。また排気は出力として使用しないため、作動ガスは排気ノズルでは加速されない。

遠心式コンプレッサを使用したターボシャフト・エンジンでは、遠心式コンプレッサのディフューザはインペラ・ケースに固定されているため、遠心式コンプレッサと燃焼室の間はマニホールドで結合されている。

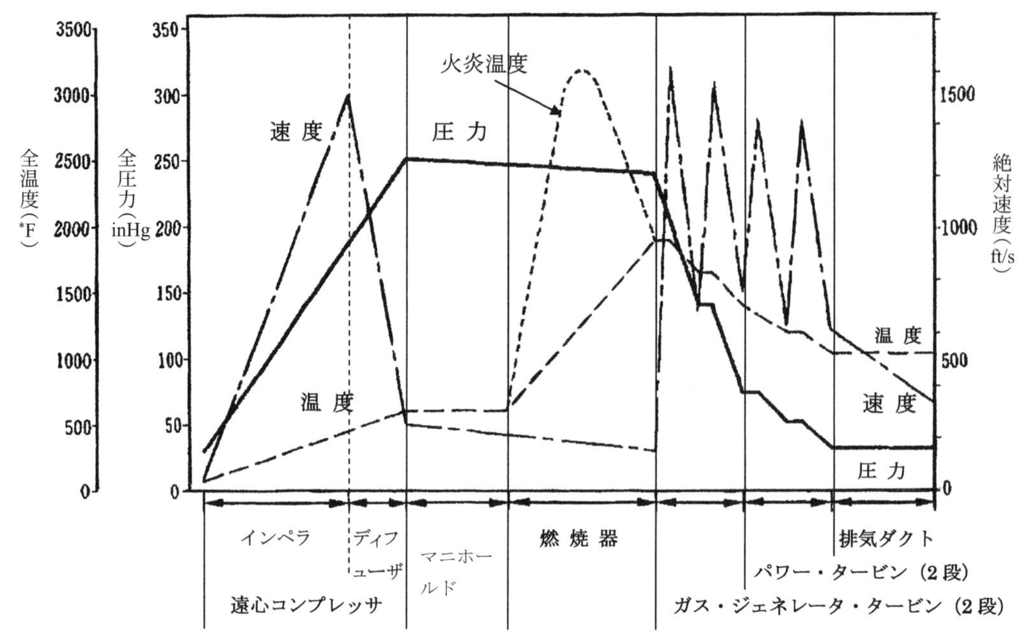

図 5-8-1　ターボシャフト・エンジン内の作動ガス流の状態例

5-5-2　エンジン・パラメータの種類

エンジンの出力の設定や運転状況の監視のために使用されるエンジンの性能諸元を**エンジン・パラメータ**（Engine Parameter）と呼ぶ。エンジン・パラメータは、一般にエンジン出力の設定 / 監視パラメータとエンジン状態指示パラメータの二つのカテゴリに大別される。

エンジン圧力比（EPR または IEPR）、ファン回転数（N_1）、およびトルク値などは、エンジン出力の設定 / 監視パラメータに分類される。回転数（N_1 および N_2、推力設定パラメータとして N_1 を使用の場合は N_2）、排気ガス温度（EGT）、燃料流量などは、エンジン状態指示パラメータに分類される。以下に、基本的エンジン・パラメータを説明する。

・**エンジン出力の設定 / 監視パラメータ**（5 - 2　推力・軸出力設定のパラメータ参照）

ターボジェット、ターボファン・エンジン：EPR、IEPR、N_1 または TPR

テスト・セルでは、スラストは通常、スラスト計で直接計測される。航空機に搭載された飛行状態では正味推力の測定が困難であるため、正味推力とほぼ直線的に比例する EPR、IEPR またはファン回転数（N_1）がスラスト設定監視 / パラメータとして使用される。

軸出力エンジン：トルク油圧（psi）、トルク（ft-lb または % トルク）、または軸出力（HP または PS）を使用する。

・**エンジン状態指示パラメータ**

・**エンジン回転速度**：N（N_1 および N_2、推力設定パラメータとして N_1 を使用の場合は N_2）

2軸エンジンでは低圧ロータをN_1、高圧ロータをN_2、3軸エンジンでは低圧ロータはN_1、中圧ロータはN_2、高圧ロータはN_3で表示する。

またフリー・タービン使用のターボプロップ、ターボシャフト・エンジンでは、一般にガス・ジェネレータ回転数をN_1、パワー・タービン回転数をN_2で表示する。

テスト・セルでは直接、回転速度〔rpm〕を用いるが、航空機では最高回転速度を100%とした計器により、%で指示される。

・**排気ガス温度**：EGT（TGT：タービン・ガス温度が使われる場合もある。）

テスト・セルでは、℉で指示されるが、航空機では通常℃で指示される。

フリー・タービン使用のターボシャフトまたはターボプロップ・エンジンでは、ガス・ジェネレータ・タービン出口温度が指示される。

・**燃料流量**〔lb / hr または kg / hr〕：

1時間当たりの燃料重量流量が指示される。

テスト・セルでは、1時間当たりの燃料重量流量と正味推力から推力燃料消費率が求められる。

上記以外に、エンジンの運転状況を監視するために、滑油圧力、滑油温度、滑油容量、燃料圧力、エンジン振動計が利用される。

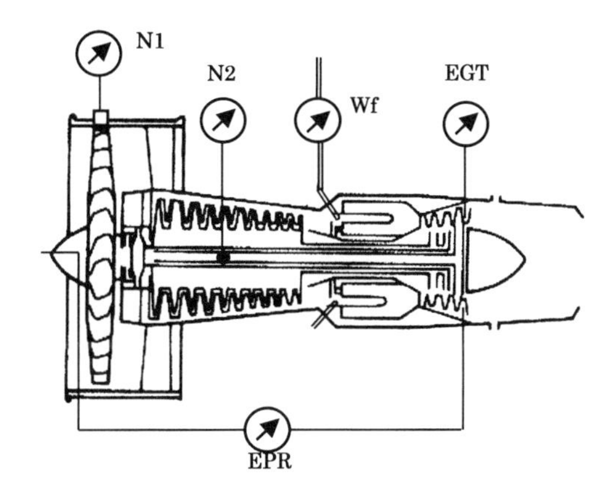

エンジン基本パラメータ

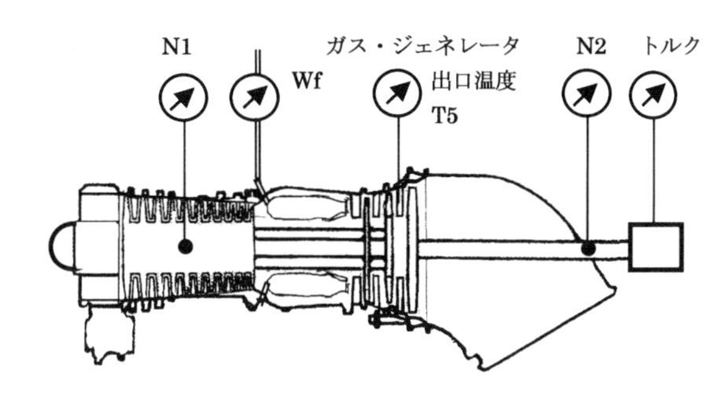

ターボシャフト・エンジンの基本パラメータ

図5-9　エンジン・パラメータ

5-5-3　エンジン定格

タービン・エンジンの「離陸推力」および「離陸出力」は**耐空性審査要領**では、次のように定義されている。

・タービン発動機の「**離陸推力**」とは、各規定高度及び各規定大気温度において、離陸時に常用可能な発動機ロータ軸最大回転速度及び最高ガス温度で得られる静止状態におけるジェット推力であって、その連続使用が発動機仕様書に記載された時間に制限されるものをいう。

・タービン発動機の「**離陸出力**」とは、各規定高度及び各規定大気温度において、離陸時に常用可能な発動機ロータ軸最大回転速度及び最高ガス温度で得られる静止状態における軸出力であって、その連続使用が発動機仕様書に記載された時間に制限されるものをいう。

タービン・エンジンの「**緩速推力**」は耐空性審査要領では次のように定義されている。

・「緩速推力」とは、発動機の出力制御レバーを固定しうる最小推力位置に置いたときに得られるジェット推力をいう。

エンジン定格（Engine Rating）はエンジン運転時に保証される最大推力である。

タービン入口温度は、燃焼室に送り込まれる燃料流量の関数であり、タービン・ロータが回転による高い応力に耐えることが出来る実質的最大許容温度が存在するため、この許容温度によって定格が設定される。タービンが限定された時間内で耐えられる最大温度が離陸定格となる。

・**離陸定格**（Take-off Rating）：この定格は、離陸のために定められた制限時間内（通常5分間）に出すことが保証されている最大推力である。

　水噴射装置を装備したエンジンで水噴射を使用したときの定格をウエット離陸定格（Wet Take-off Rating)、使用しないときの定格をドライ離陸定格（Dry Take-off Rating）とよんで区別しているが、水噴射は最近ではほとんど使用されていない。

・**最大連続定格**（Maximum Continuous Rating）：緊急時の使用を想定した地上または空中で連続して出すことが出来る最大推力で、離陸推力の90％前後の出力である。

・**最大上昇定格**（Maximum Climb Rating）：上昇時に保証されるエンジンの最大推力で、使用時間の制限は無い。

・**最大巡航定格**（Maximum Cruise Rating）：巡航時に保証されるエンジンの最大推力で、通常離陸定格の80％前後の出力。

・**アイドル**（Idle）：これはエンジン定格ではないが、地上または空中に適合した最小推力（緩速推力）の出力レバー位置で、**グランド・アイドル**と**フライト・アイドル**がある。

・**グランド・アイドル**（Ground Idle）は、地上でエンジンが安定して回転し得る最小出力状態で、離陸定格の5～8％の出力の場合が多い。この回転数が低過ぎるとエンジンが自立運転できなくなるとともに、補機類も正常に機能しない。グランド・アイドル回転数が規定値よりも高い場合は地上走行時の速度が速くなって、ホイール・ブレーキ（Wheel Brake）の多用によりブレーキの摩耗が促進される。

・**フライト・アイドル**（Flight Idle）は、着陸復行（Go-around）時の適切な加速応答とフレーム・アウトを防ぐようグランド・アイドルより１～７％高く設定されており、燃費と騒音を出来るだけ少なくしている。フライト・アイドルへは、通常、降着装置（Landing Gear）のオレオ・スイッチ（Oleo Switch）などによって自動的に切り替えられるようになっている。

フラット・レート（Flat Rate）

定格推力は外気温度が低い領域では外気温度に関係なく最大出力を一定に設定しており、これに合わせて圧縮機等のエンジン構造強度が決められる。しかし、外気温度が増加するとタービン入口温度もまた増加するため、通常、特定の外気温度以上ではタービン入口温度は最大許容温度に到達してしまうことから、エンジンはこの最大許容温度曲線を超えないよう最大許容温度曲線に沿って出力を下げた定格として設定されている。

したがって、特定の外気温度までは出力が一定であり、特定の外気温度以上ではタービンの最大許容温度以下となるよう出力を減少するよう設定されている。

「推力－外気温度 曲線」は、上部が平らとなることからフラット・レート（Flat Rate）とよぶ。今日、多くのタービン・エンジンはフラット・レートを使用している。

図 5-10 にこの概念を示す。

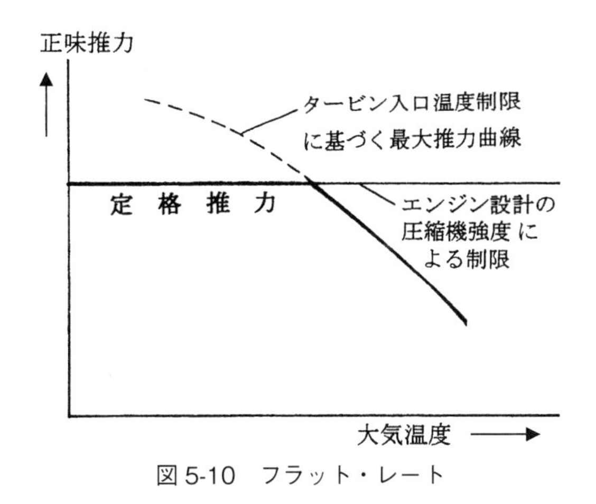

図 5-10　フラット・レート

5-5-4　回転翼航空機の定格

回転翼航空機においては、エンジン定格出力は次のように設定されている。

・**離陸定格出力**（Take-off Rating）：離陸時の最大定格で、通常５分間の連続運転に制限される。

・**最大連続定格出力**（Maximum Continuous Rating）：時間制限なしに使用できる最大定格である。

・**最大巡航定格出力**（Maximum Cruise Rating）：巡航時に使用できる最大定格である。

また、さらにエンジンを２基以上装備した回転翼航空機においては１つのエンジンが停止（OEI：

One Engine Inoperative）した場合の非常定格出力として、1963年および1964年に制定された従来のOEI定格、および最寄りの空港までの飛行に30分では不足であるとの考えから1988年に30分OEI Ratingの時間を延長する形で採用されたContinuous OEI Ratingと、1996年に採用された新しいOEI定格の二種類の**OEI非常定格出力**（One Engine Inoperative Rating）が定められており、1発動機不作動時には該当する型式のエンジンに承認されたどちらかのOEI非常定格出力を使用することができる。

○従来から使用されているOEI非常定格

a. 1発動機不作動時の2分30秒間出力定格

発動機に設定された運用限界内の規定の高度および大気温度における静止状態で得られる承認された軸出力であって、多発回転翼航空機の1発動機故障または停止後2分30秒以内の使用に制限されるものをいう。離陸出力より大きい定格である。

b. 1発動機不作動時の30分間出力定格

発動機に設定された運用限界内の規定の高度および大気温度における静止状態で得られる承認された軸出力であって、多発回転翼航空機の1発動機故障または停止後、30分以内の使用に制限されるものをいう。

c. 1発動機不作動時の連続出力定格

発動機に設定された運用限界内の規定の高度および大気温度における静止状態で得られる承認された軸出力であって、多発回転翼航空機の1発動機故障または停止後、飛行を終えるのに要する時間までの使用に制限されるものをいう。

○新しく追加されたOEI非常定格

d. 1発動機不作動時の30秒間出力定格

発動機に設定された運用限界内の規定の高度および大気温度における静止状態で得られる承認された軸出力であって、多発回転翼航空機の1発動機故障または停止後の飛行を継続する間において、1飛行当たり30秒以内の使用を3回までとし、その後に必須の検査および規定の整備作業を実施するものをいう。

e. 1発動機不作動時の2分間出力定格

発動機に設定された運用限界内の規定の高度および大気温度における静止状態で得られる承認された軸出力であって、多発回転翼航空機の1発動機故障または停止後の飛行を継続する間において、1飛行当たり2分以内の使用を3回までとし、その後に必須の検査および規定の整備作業を実施するものをいう。

1発動機故障の場合、30秒間定格は機体姿勢を回復し、確実な上昇率を確保するに充分な時間と出力を有する。2分間定格は上昇用の出力となる。

5-5-5　エンジン性能の修正

a. エンジン性能の修正式

タービン・エンジンは、吸入空気温度の変化に対してピストン・エンジンよりもはるかに敏感であり、大気圧と大気温度によって大きく影響を受ける。したがって、異なった大気状態のもとで得られたエンジン・パラメータの値はそのまま比較できないため、通常、海面上国際標準大気状態に補正して比較を行う。エンジン性能の仕様は通常、海面上標準大気状態に基づいた値になっている。

タービン・エンジンでは、大気圧と大気温度が異なる条件下で運転されたエンジンの実測データを修正するためには、通常、実測値と標準状態の二つの運転状態についての流体の相似理論（詳細は省略）から得られたc. 項の式によって修正を行う。標準修正係数として、圧力修正係数δと温度修正係数θが使用されるが、δおよびθの値は表から得るか、b. 項の式から計算で求めることが出来る。

b. 標準修正係数

（1）圧力修正係数

$$\delta = \frac{P}{P_0} = \frac{P\ (\text{in Hg})}{29.92} \quad \text{（フート・ポンド法）} \cdots\cdots (5-22)$$

$$\delta = \frac{P}{P_0} = \frac{P\ (\text{mmHg})}{760} \quad \text{（メートル法）} \cdots\cdots (5-23)$$

P_0：海面上標準大気の絶対圧力　　P：測定時の大気（エンジン入口）の絶対圧力

（2）温度修正係数

$$\theta = \frac{T\ (^\circ R)}{T_0\ (^\circ R)} = \frac{t\ (^\circ F) + 460}{519} \quad \text{（フート・ポンド法）} \cdots\cdots (5-24)$$

$$\theta = \frac{T\ (^\circ K)}{T_0\ (^\circ K)} = \frac{t\ (^\circ C) + 273}{288} \quad \text{（メートル法）} \cdots\cdots (5-25)$$

T_0：海面上標準大気の絶対温度　　T：測定時の大気（エンジン入口）の絶対温度

t：測定時の大気（エンジン入口）の温度（℉または℃）

c. 修正式

（1）修正正味スラスト

$$F_{nc} = \frac{F_n}{\delta} \cdots\cdots (5-26)$$

（2）修正回転速度

$$N_c = \frac{N}{\sqrt{\theta}} \cdots\cdots (5-27)$$

(3) 修正軸出力

$$SHP_c = \frac{SHP}{\delta\sqrt{\theta}} \quad \cdots\cdots (5-28)$$

(4) 修正排気ガス温度

$$EGT_c = \frac{EGT}{\theta} = \frac{EGT(°F)+460}{\theta} \ [°R] \quad \cdots\cdots (5-29)$$

または

$$EGT_c = \frac{EGT}{\theta} = \frac{EGT(°C)+273}{\theta} \ [°K] \quad \cdots\cdots (5-30)$$

(5) 修正吸入空気流量

$$Wac = \frac{Wa\sqrt{\theta}}{\delta} \ [\text{lb / s または kg / s}] \quad \cdots\cdots (5-31)$$

(6) 修正燃料流量

$$Wf_c = \frac{W_f}{\delta\sqrt{\theta}} \ [\text{lb / hr または kg / hr}] \quad \cdots\cdots (5-32)$$

(7) 修正推力燃料消費率

$$TSFC_c = \frac{TSFC}{\sqrt{\theta}} \ [\text{lb / hr / lb または kg / hr / kg}] \quad \cdots\cdots (5-33)$$

または

$$TSFC_c = \frac{W_f}{F_n\sqrt{\theta}} \ [\text{lb / hr / lb または kg / hr / kg}] \quad \cdots\cdots (5-34)$$

5-5-6　エンジン性能曲線

エンジン性能は、エンジン性能曲線によって表示される。通常、エンジン性能曲線は、静止状態の海面上高度の標準大気状態に補正した値が、アイドルから離陸スラストまでのスラストに対応して表示される。エンジン性能の比較には**エンジン性能曲線**が使われる。

また目的に応じて、飛行高度およびマッハ数(飛行速度)の各領域に対応した性能曲線が使用される。

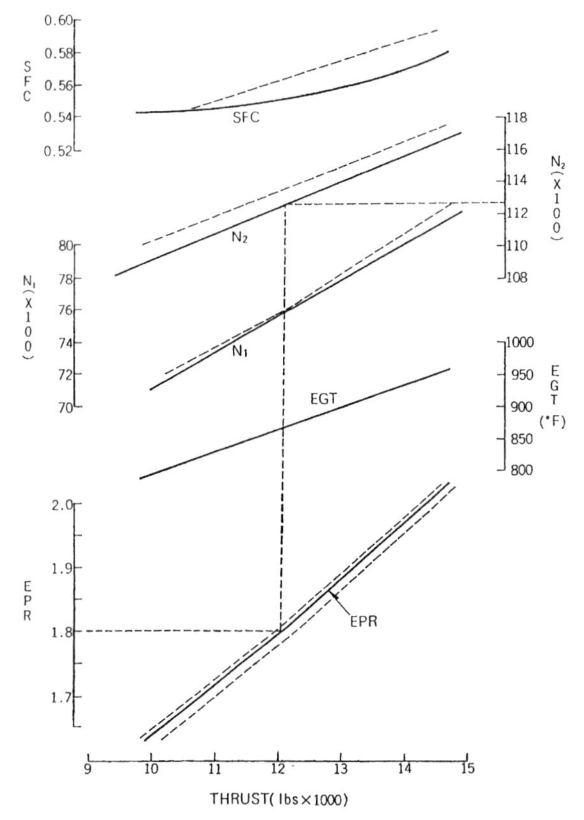

図 5-11 ターボファン・エンジン静止性能曲線例

5-6 エンジンのステーション表示

一般に、エンジンの主要な各構成要素の各位置におけるガスの状態やエンジン性能の把握などを容易にするために、構成要素を区分する長さに沿った位置、またはガス流路の各位置にステーション番号（Station Number）が付けられている。

ステーション番号は、図 5-12 に示すように、通常エンジン・インテーク前方のエンジンの影響のない位置を示すステーション 0（または am：大気中）からはじまって、バイパス・ダクトのステーション番号も基本的に同じであるが、この場合は 2 桁の番号が使われており、通常頭に 1 が付けられて、ファン先端部の 12 から始まりファン排気ノズルの 19 で終わる。

この方法は、航空業界および関連する研究機関に認められたものであるが、製造メーカ（国）やエンジンの型式によっては多少異なっている。

最新の高性能高バイパス比ターボファン・エンジンでは、図 5-12 に見られる新しいステーション番号が使われている。一部のエンジンでは、これを二桁の数字として使っているものもある。

また、ターボシャフトまたはターボプロップ・エンジンでは、小型化のために構造が複雑となっていることから、図5-13に見られるように、長さに沿った位置ではなく、ガス流路に沿った各位置にステーション番号が付与されたものがある。

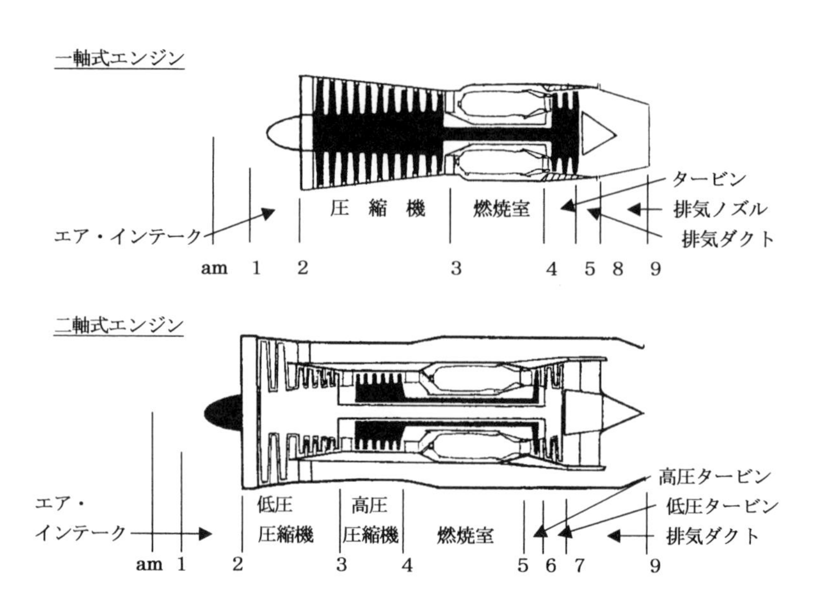

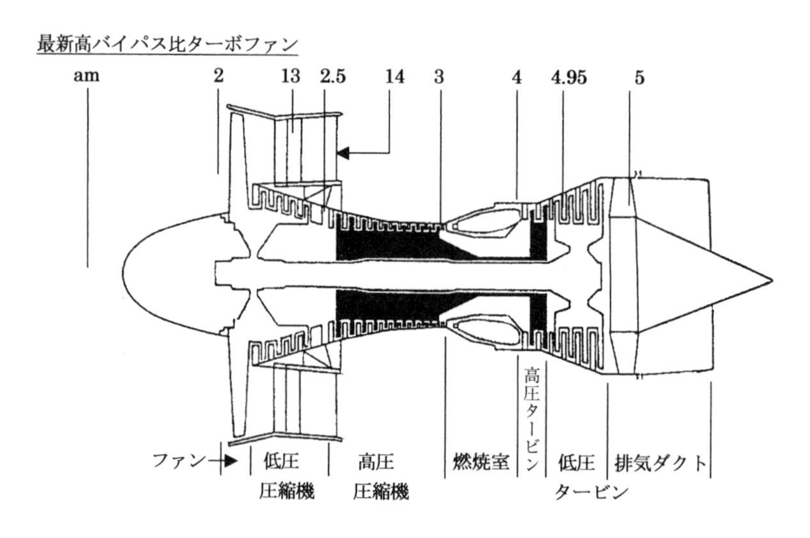

図5-12　エンジン・ステーション

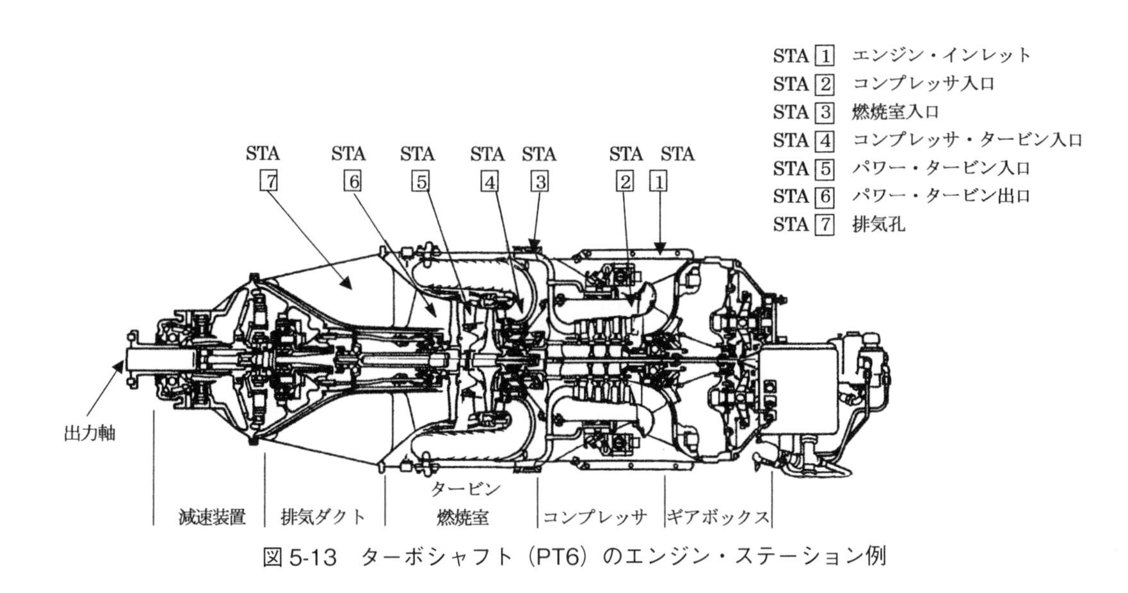

図 5-13 ターボシャフト（PT6）のエンジン・ステーション例

またガスの状態を示す略号として、圧力を示す場合は頭に大文字のP、温度を示す場合はTが使われ、これに続いて静（static）を示す小文字のsまたは全（total）を示すtが付けられ、最後の数字はステーション番号を示す。したがって、事例として P_{s2} はステーション2（低圧圧縮機またはファン入口）における静圧を表し、Tt7 はステーション 7（低圧タービン出口）における全温度を表す。エンジン圧力比（EPR）は、タービン出口全圧（P_{t7} または P_{t5}）と圧縮機入口全圧（P_{t2}）の比である。

5-7 リデュースト・テイクオフ・レーティング (Reduced Take-off Rating)

エンジンの寿命延長の目的で、定格離陸推力より低い離陸推力を使用する方法が一般的に使用されている。これを**リデュースト・テイクオフ・レーティング**（Reduced Take-off Rating：減格離陸推力）と呼び、次の二つの方法が一般に使われている。

a. リレーティング（Rerating）

エンジンの持つ定格離陸推力よりも低い離陸推力でエンジン型式証明を受け、これにより常時、低い推力での運用が義務付けられる。エンジン型式番号等により基になったエンジンと区分される。事例として、ジェネラル・エレクトリック社製 CF6-45A2 エンジン（最大離陸推力 46,500 lb）と CF6-50E2 エンジン（最大離陸推力 52,500 lb）があり、基本的に同じエンジンであるが、異なった最大離陸推力で型式証明が取得され、それぞれ別の定格推力で運用しなければならない。

b. ディレーティング（Derating）

航空機の搭載重量が少ない場合などで離陸推力に余裕がある場合に、状況に応じて定格離陸推力より低い離陸推力（最大25%低減に制限される）を使用する方法である。現代の航空機においては、状況に応じた離陸推力による運用の適用を容易にするために、航空機側の推力設定系統にDERATE I、DERATE II などの減格離陸推力のレベルが設けられている。

5-8　推力増強法（Thrust Augmentation）

距離の短い滑走路、または高気温などでの離陸などにおける安全離陸速度や高加速を得るために、エンジンの推力を通常の推力レベル以上に増加することが必要になる場合がある。

高推力はより強力なエンジンによって容易に得られるが、短時間の使用や使用頻度が少ない場合は重量増加などを伴うため、そのようなエンジンの装備は不可能である。

このためエンジン出力を一時的に増加させる方法として、一部のエンジンで水噴射（または水・メタノール噴射）、あるいはアフタバーナ（再加熱装置）による方法が使用されている。

実際には、民間航空機では過去において離陸推力を増強するために水噴射が使われており、また超音速航空機では推力増強が特徴的形態となっている。

5-8-1　水噴射（Water Injection）

水噴射は1970年代までの民間航空機で広く使われた方法で、現在ではほとんど使われなくなっているが、この基本的原理について簡単に触れておく。

水噴射（Water Injection）は、タービン・エンジン内に吸入された空気流に水を噴射することによって、エンジン空気流の温度を下げ、水が蒸発する際の気化熱によって温度が低下することにより、密度、すなわち空気の質量を増大し、エンジン内の作動温度と圧力は、気温が低い場合と同じ状態になる効果を得ることにより、さらに推力を得るものである。

高バイパス比エンジンが出現して、その大きな推力が得られるようになってから、水噴射方式は新しい技術進歩に取って代わられたが、この方法は一時的に高い推力を得るための興味ある方法である。水噴射方式で使われる水には、通常アルコールと水との混合液（Water-Methanol）が使われる。

5-8-2　再加熱（Reheat：アフタバーナ）

推力増強策として有効で広く使われている方法は、アフタバーナ（Afterburner）による方法で、推力を50パーセント程度まで増強することが出来る。

アフタバーナは、タービンを通過した高温ガスに再度燃料を噴射して燃焼させることにより、排気ノズルでの膨張に使用できる高レベルのエネルギを得て推力を増強するもので、タービンを通過した排気ガスには、燃焼が出来る充分な量の酸素が残っていることを利用したものである（コンプレッサから吐出された空気のほんの一部だけが燃焼に使われ、大部分の空気は冷却の目的に使われているため)。

超音速旅客機を除けば、アフタバーナは軍用超音速機に使用されており、航空機の超音速飛行が可能となるのみならず、離陸滑走距離を減らすことが出来る。アフタバーナを使用してのみ高い超音速飛行が可能になる（一部の最新鋭戦闘機では、アフタバーナを使用することなく超音速飛行が可能)。

アフタバーナの使用により排気騒音レベルが一段と大きくなることと、燃料消費率が増加する欠点がある。将来の民間航空機へのアフタバーナの使用はこれらの問題が障壁になると思われる。

5-9　エンジン使用時間とエンジン使用サイクル

整備管理上エンジンの点検間隔や限界使用時間の設定などには、エンジン使用時間（Engine Operation Hour）の他にエンジン使用サイクル（Engine Operation Cycle）が使われる。

通常、航空機をオペレーションする場合には、エンジンの始動から停止までの間にエンジン定格に基づき始動、タキシング、離陸、上昇、巡航、降下、着陸および停止の各定格出力を組合せた運用が行われるが、この一連の出力過程を1エンジン使用サイクル（Engine Operation Cycle）とよぶ。エンジン使用サイクルは、一般的に図 5-14 に示すような標準的エンジン・オペレーションに基づく出力の組合せが想定されており、運転中にエンジンおよび構成部品などが最大応力や最大熱応力を受ける回数に相当する。

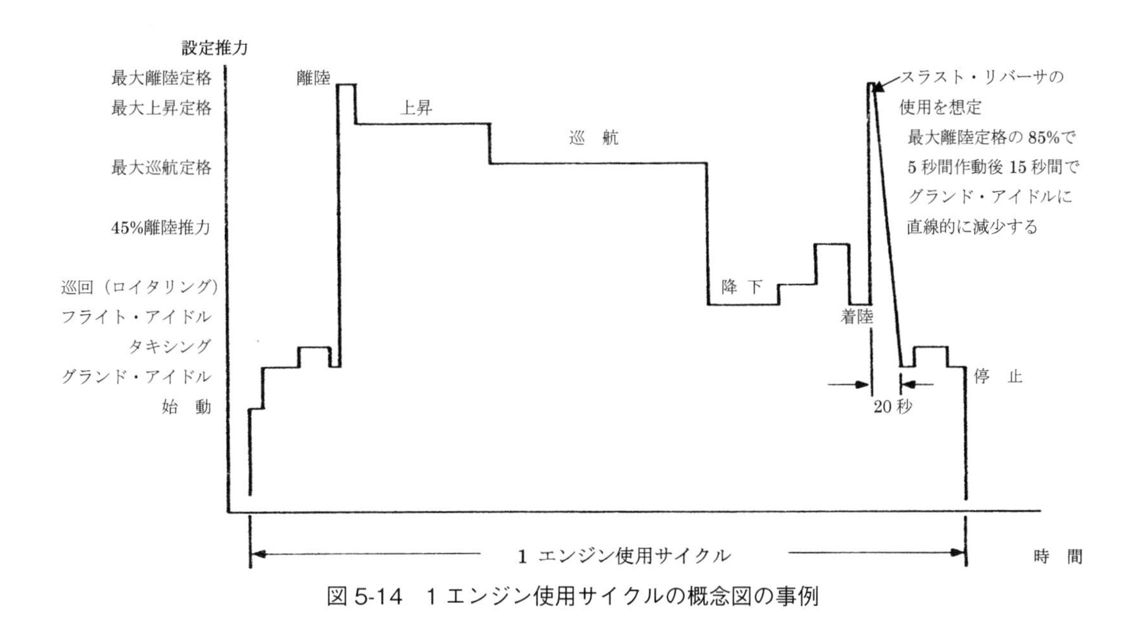

図 5-14　1 エンジン使用サイクルの概念図の事例

1エンジン使用サイクル当たりの時間は航空機の就航路線の長さ（Stage Length）によって変化し、1エンジン使用サイクルの時間は最も短い30分程度から最も長い14時間程度の範囲までの幅がある。すなわち、1エンジン使用時間当たりに受ける最大応力や最大熱応力の回数は、就航路線の最も長い場合の0.07回から就航路線の最も短い 2 回程度までの幅があり、就航路線が短いほど最大応力や最大熱応力を受ける回数は多くなる。

また減格離陸推力の適用など運用によって適用される各定格出力の大きさや適用時間などが異なることから、同じエンジンであっても使用サイクルの内容はオペレータや装備機種によっても異なり、これによりエンジンおよび構成部品が受ける過酷度（Engine Severity）が異なるため構成部品の寿命時間や不具合の発生時期にも違いを生ずる。

熱応力の繰り返しにより発生するロー・サイクル・ファティーグなどは累積使用時間または累積使用サイクルのいずれか先に到達した方で使用限界が設定されている（9 - 3 - 2 参照)。

一般にエンジンの地上試運転などの運転では、運転内容の状況によって1エンジン使用サイクルより小さい使用サイクル（短縮サイクル）が適用される。

エンジン・メーカにおける主要エンジン構造の設計寿命においても図に示されるような定格出力の組み合わせを想定したエンジン使用サイクルが基準とされている。

また、回転翼航空機ではその飛行運用方法が異なっており、エンジンの始動後エンジンを止めることなく何回も離着陸を繰り返すことがあるため、始動回数を基準とした完全サイクルの他に、回転翼航空機固有の運用などでは始動回数と飛行回数を基準とした短縮サイクルが使用されるなどのターボシャフト･エンジン特有の使用サイクルの算定方法がエンジン型式によってそれぞれ定められている。したがって、限界使用サイクルの適用にあたっては、エンジン・メーカが指定する方式に従って使用サイクルを算定しなければならない。

（以下、余白）

第6章　タービン・エンジン本体の基本構成要素

概　要

本章では、各タービン・エンジンの基本構造、構造上の用語と構造区分、タービン・エンジンの構成に使われるエンジン・マウント、モジュール、軸受とシール、変速装置などの各要素、ならびにエンジンを構成する主要なコンポーネントであるファン、コンプレッサ、燃焼器、タービン、およびノズルの概要と作動原理について解説する。

6-1　基本構造一般

「**動力装置**」および「**動力部**」は、耐空性審査要領では次のように定義されている。

・動力装置とは、航空機を推進させるために航空機に取り付けられた動力部、部品およびこれらに関連する保護装置の全系統をいう。

・動力部とは、1個以上の発動機及び推力を発生するために必要な補助部品からなる独立した1系統をいう。ただし、短時間推力発生装置ならびに回転翼航空機における主回転翼および補助回転翼の構造部分を除く。

6-1-1　基本構造

タービン・エンジンは、吸気、圧縮、燃焼、膨張および排気の各行程の仕事を機能的に配置された個別の部位で専門的に行うことによって連続的に出力を発生するよう設計されたエンジンで、基本的にエンジン本体は図6-1のように構成される。

タービン・エンジンは、排気ジェットの反力を直接航空機の推進に使うジェット・エンジンと、発生ガスを軸出力に変換して取り出し、プロペラまたは回転翼を駆動して推力を得る軸出力タービン・エンジンに分類されるが、この代表的基本構成を以下に示す。

C：コンプレッサ　B：燃焼室　T：タービン　L：出力
T_G：ガス・ジェネレータ・タービン　T_P：パワー・タービン

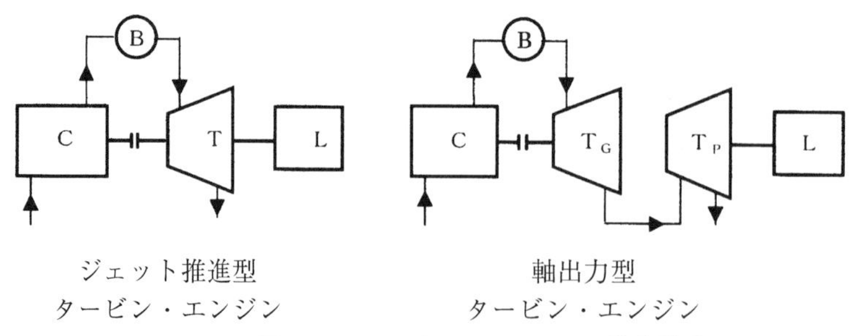

図6-1　タービン・エンジンの基本構成

エンジンを構成する構造は、機能的に高温高圧空気流を包含する圧力容器になっている。エンジン構造は、ファン、コンプレッサ、タービンを支持する主構造部材で構成されており、これをコンプレッサ・ケースおよびタービン・ケースなどで相互に結合して、エンジン全体の支持構造を形成する。主構造部材には、各ロータを支持する主軸ベアリングが取り付けられ、ロータの安定性とブレード・チップ・クリアランスが確保される。各ロータの回転質量が発生する負荷はベアリングから支持構造に伝わり、外部静止構造に伝達される。エンジンを機体に搭載するエンジン・マウントは、前方および後方の主構造部材に取付けられており、エンジンが発生する前方推力または逆推力、エンジンの垂直荷重と横荷重および回転・トルクを機体構造に伝達する。各構造部材は、エンジンの安全で確実な運転のために、広範囲の厳しい状態に耐えることが要求される。エンジン内部で大きな質量と運動量を持つロータが破損した場合、飛散部品の破片の持つ大きな運動エネルギによりケーシングを突き破り飛散する故障（**アンコンテインド・エンジン・フェイル**：Uncontained Engine Fail）から、ファン・ケース、コンプレッサ・ケース、タービン・ケースおよび支持構造が航空機を保護しなければならない。

主構造部材は、一般的に環状に構成されており、空気流路部分はストラットまたはベーン構造で外部構造と中央部のベアリング支持構造部を繋ぐ構成になっている。支持構造の最も内側のベアリング・サンプはベアリングに望ましい環境となっており、内側に設けられたオイル・ノズルがベアリングとギアに潤滑油を供給する。シャフト前後のシールによりオイルの漏洩を防ぎ、ベアリング・サンプに高温の空気が入り込むことを防ぐ。ベアリングへの滑油の供給、排油、空気とオイルの排出、およびスピード・プローブなどの配線はストラットまたはベーンの内部を通して行われる。

a. ターボファン・エンジンの構成

図6-2にCFM56ターボファン・エンジンの構造の事例を示す。

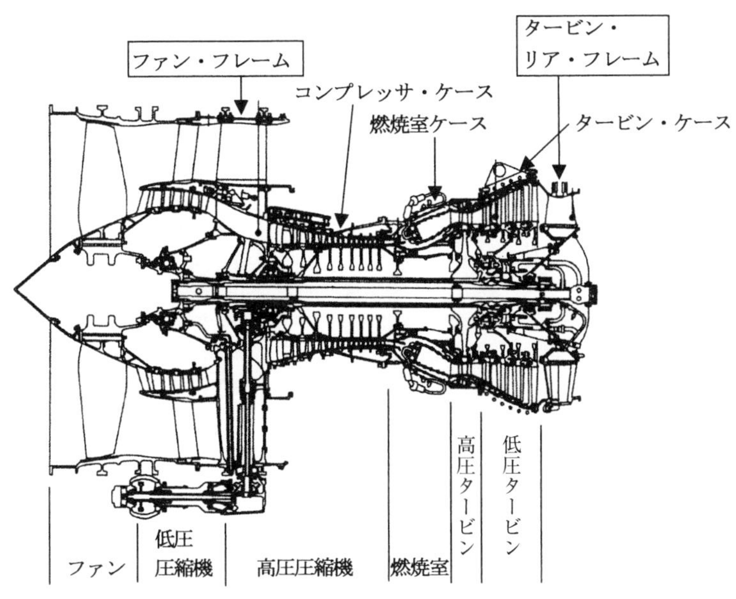

図 6-2　ターボファン・エンジンの構成例（CFM56）

CFM56 ターボファン･エンジンは、**ファン･フレーム**（Fan Frame）、および**タービン･リア･フレーム**（Turbine Rear Frame）の主構造部材で構成され、これをコンプレッサ・ケース、燃焼室ケースおよびタービン・ケースにより相互に結合されてエンジン全体の支持構造を形成している。

○**ファン・フレーム**（Fan Frame）：エンジンの前方主構造部材であり、ファンおよび低圧コンプレッサ・ロータ・ベアリング（ボール・ベアリングおよびローラ・ベアリング）、高圧系ロータの前方ベアリング（ボール・ベアリング）、およびコンプレッサ・ステータを取付けたコンプレッサ・ケースを支持する。機体側パイロンに取り付ける前方エンジン・マウントは、コンプレッサ・ケースとの接合部に取付けられている。その他、アクセサリ･ギア･ボックスおよびトランスファ･ギア･ボックス、インテーク・カウル、スラスト・リバーサ、エンジン・カウルの前方を支持する。

○**タービン・リア・フレーム**（Turbine Rear Frame）：エンジンの後方主構造部材であり、高圧系ロータの後方ベアリング（ローラ・ベアリング）および低圧タービン・ロータ・ベアリング（ローラ・ベアリング）を支持する。また、タービン・リア・フレームには後方エンジン・マウントが取付けられているほか、排気ダクトおよび排気ノズルを支持する。

b. ターボシャフト・エンジンの構成

ターボシャフト・エンジンにおいても、コンプレッサ、タービンを支持する主構造部材およびアクセサリ・ギア・ボックス・ケースなどを主構造部材として構成されており、これをコンプレッサ・ケースおよびタービン・ケースなどで相互に結合して、エンジン全体の支持構造を形成している。

また、エンジンを可能な限り小型とするため、多くのターボシャフト・エンジンではリバース・フロー型燃焼室を採用したり、図 6-3 の事例のような特殊な構成の燃焼室が採用されている。

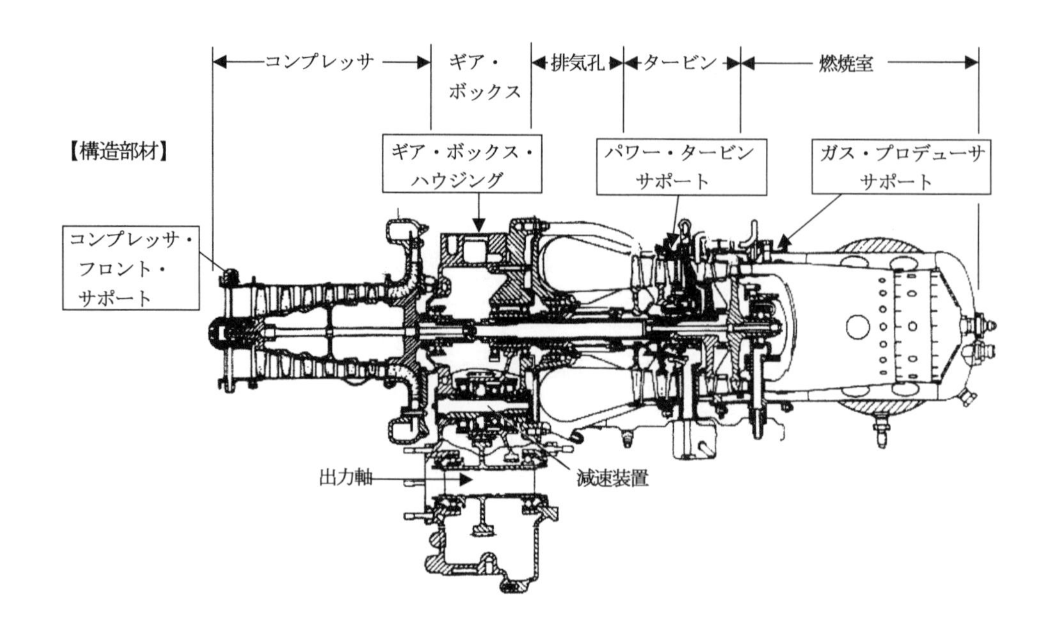

図6-3　ターボシャフト・エンジンの構成（アリソンC250-C20）

6-1-2　構造上の用語と構造区分

a. ガス・ジェネレータ（Gas Generator）

フリー・タービン（パワー・タービン）を使ってプロペラ、または回転翼を駆動する構成のエンジンでは、フリー・タービン（パワー・タービン）を駆動するためのガス流を創り出す圧縮機、燃焼室およびガス・ジェネレータ・タービンで構成される部分を**ガス・ジェネレータ**（Gas Generator）とよぶ。

ターボファン・エンジンは、フリー・タービンでファンを駆動するエンジンは少なく、通常は低圧タービンでファンおよび低圧コンプレッサを駆動する構成であるため、通常あまりガス・ジェネレータという用語は使用されない。

ターボプロップ・エンジンはプロペラ及び減速装置を除いたエア・インテーク、圧縮機、燃焼室およびガス・ジェネレータ・タービンで構成される部分、ターボシャフト・エンジンではエア・インテーク、圧縮機、燃焼室およびガス・ジェネレータ・タービンで構成される部分をいう（図6-4）。

テール・コーンは通常、排気ダクト内の断面積が急激に変化しないようフリー・タービンの後方に取り付けられるためガス・ジェネレータには含まれない。

b. コア・エンジン（Core Engine）

ターボファン・エンジンのエア・インテークとファン・セクション、およびファン・ダクトを除いた、ターボジェットに相当する中心部分を**コア・エンジン**（Core Engine）という。

機能的に似ていることからガス・ジェネレータとよばれる場合もある。

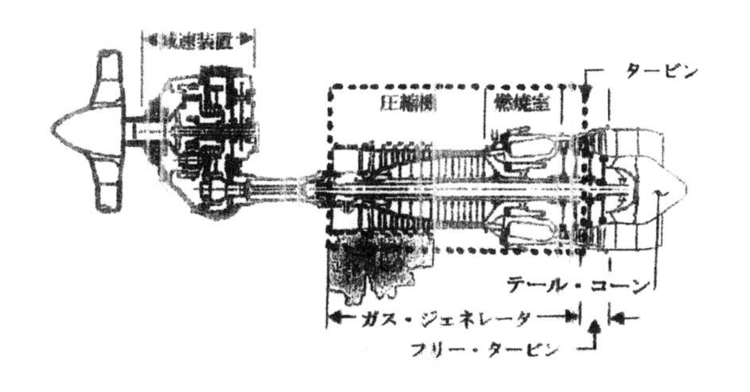

(a)ターボプロップ・エンジン

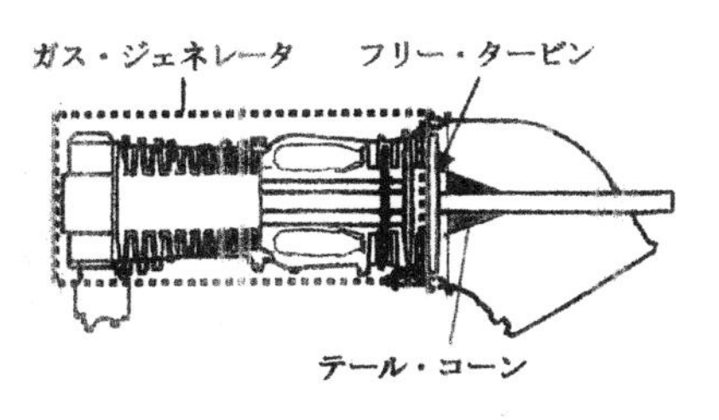

(b) ターボシャフト・エンジン

図 6-4　ガス・ジェネレータ

c. ホット・セクションとコールド・セクション

エンジンを構成する各セクションのうち、直接高温の燃焼ガスにさらされる燃焼室、タービンおよび排気ノズルの部分を**ホット・セクション**(Hot Section)とよぶ。それ以外の部分は**コールド・セクション**（Cold Section）とよぶ。

ホット・セクションは高温ガスにより大きな熱応力を受けるため、エンジンの劣化、寿命に及ぼす影響が大きく、整備上コールド・セクションとは区別して取り扱うことが必要なことから使われている用語である。

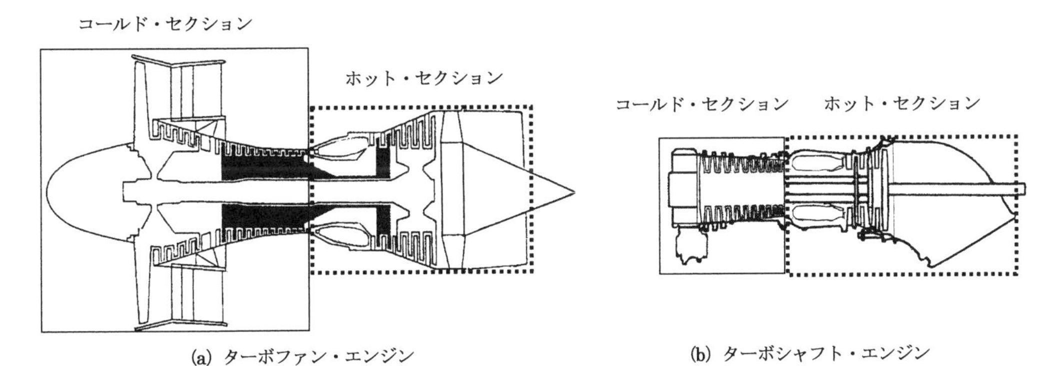

(a) ターボファン・エンジン　　(b) ターボシャフト・エンジン

図 6-5　ホット・セクションとコールド・セクション

d. エンジンの構造区分

タービン·エンジン本体を構成する各セクションは一般に、ATA（米国航空運送協会）規格（ATA iSpec 2200）に基づいた構造区分が使われている。**ATA 規格**（ATA iSpec 2200）は、米国航空運送協会（Air Transport Association of America）が航空機の各系統を系統別に分類し、システム(System)、サブ・システム（Sub-System）および定義（Definition）が設定されたもので、マニュアルの構成、整備および関連する管理などを行うための世界共通の基準として使われている。

動力系統（Power Plant）は、システム番号 70 ～ 80 番代として分類されている。このうちエンジン本体はシステム番号72として制定され、下表のように区分される。

システム番号および サブシステム番号	構　造　区　分
72-00	エンジン一般
72-10	プロペラ軸および減速装置 （前方搭載ギア駆動推進装置）
72-20	エア・インレット
72-30	ファンおよびコンプレッサ
72-40	燃　焼　室
72-50	タービン
72-60	アクセサリ・ドライブ
72-70	バイパス・セクション
72-80	後部搭載推進装置（ギアまたはタービン駆動推進装置、および大エネルギ発生推進装置）

6-1-3　モジュール構造

現代のエンジンでは、エンジンの状態を常時監視して、必要に応じて不具合のある部分を分解整備する方式が採用されたことから、分解整備を要する部分を容易に交換する必要が出てきた。この理由から、エンジンを機能別に数個の独立したユニットに分割し、それぞれが単独で交換出来る構造が採用されており、これを**モジュール構造**（Module Construction）とよぶ。

モジュール構造では、エンジン本体を前述の構造区分にほぼ沿った形で機能別に、ファン、コンプレッサ、燃焼室、タービン、アクセサリ・ギア・ボックスおよび減速装置などのいくつかの独立したユニットに分割した形で構成され、エンジン全体を分解することなしに、整備を要する部分のみを単独で交換することを可能とした。これにより、臨機応変なエンジン整備が短い工期で可能となり、整備性の向上がはかられている。

構成する個々のユニットを**モジュール**（Module）とよび、完全に独立した一つのユニットとなっている。各モジュールは基本的に互換性を持っており、それぞれが部品番号、シリアル番号を持ち独立したユニットとして単体で管理出来るようになっている。**図6-6**、**図6-7**にターボファン・エンジンおよびターボシャフト・エンジンのモジュールの構成の事例を示す。

またエンジンによっては、主モジュールを、さらに**ミニ・モジュール**（Mini-Module）または**エンジン・メンテナンス・ユニット**（EMU：Engine Maintenance Unit）などとよばれる細分化された単位に分割された構成が取り入れられており、モジュール同様単体として管理することが出来、より整備性の向上がはかられている。一般的に、エンジン、モジュール、ミニ・モジュールまたはエンジン・メンテナンス・ユニット（EMU）は次のような構成となる。

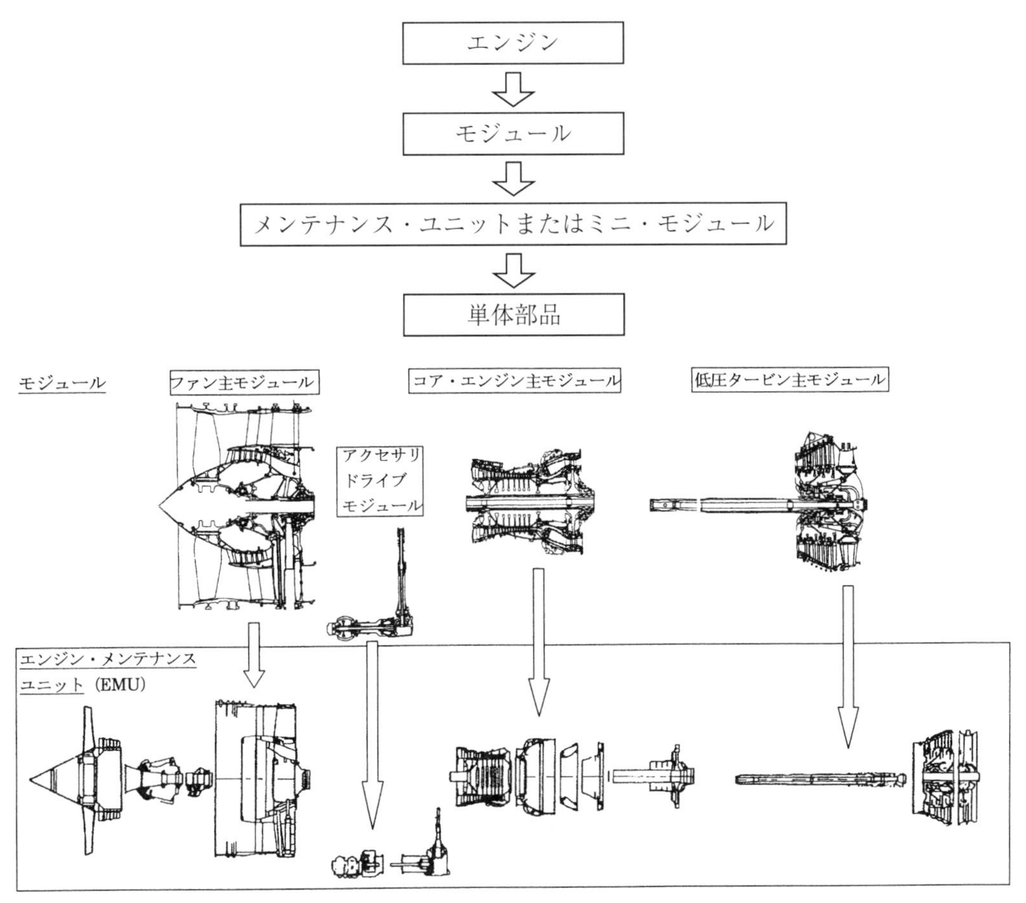

図 6-6 ターボファン・エンジン・モジュール構成図（CFM56）

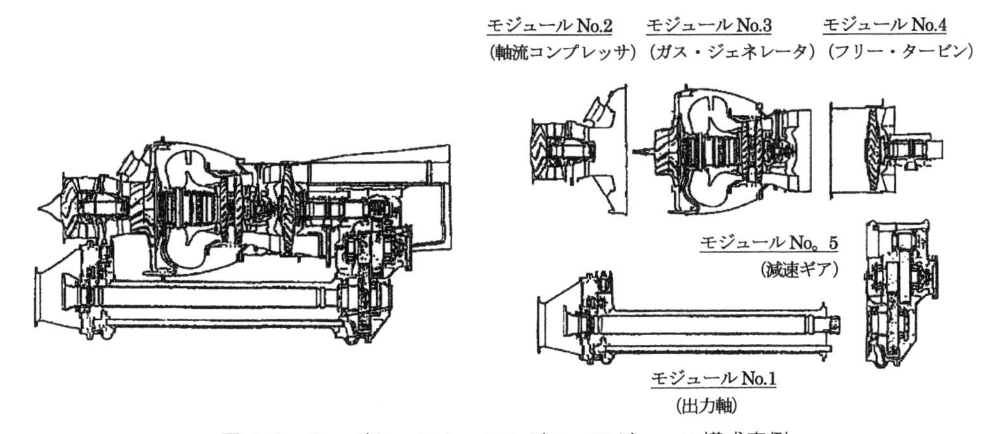

図 6-7 ターボシャフト・エンジン・モジュール構成事例
（アリエル・ターボシャフト・エンジン）

6-1-4　エンジン状態監視のための構造

タービン・エンジンの整備においては、前述のように個々のエンジンの状態を常に把握することが前提となることから、現代のエンジンでは、エンジンを分解することなしに機体に装備した状態でエンジン内部の状況を把握できるよう、構造上**ボア・スコープ点検孔**（Borescope Inspection Hole）が導入されている（ボア・スコープ点検の詳細は11 - 2ボア・スコープ点検を参照）。

ボア・スコープ検査は、エンジンを機体に搭載した状態で、医療用内視鏡に類似した**ボア・スコープ**（Borescope：内視鏡）を挿入してエンジン内部の状態を直接検査する方法で、コンプレッサおよびタービンの全段のロータ・ブレードおよび、燃焼室内部、燃料ノズルおよび1段タービン・ノズル・ガイド・ベーン（タービン入口）などの全周について検査を行うことが可能である。

エンジンのボア・スコープ点検孔は、図6-8の事例のように、一般的にコンプレッサおよびタービンのすべての段のロータおよび燃焼器 / タービン・ノズルガイドベーン全周が点検可能となるよう設けられている。特に、燃焼器 / タービン・ノズルガイドベーンについては静止部品であるため、全

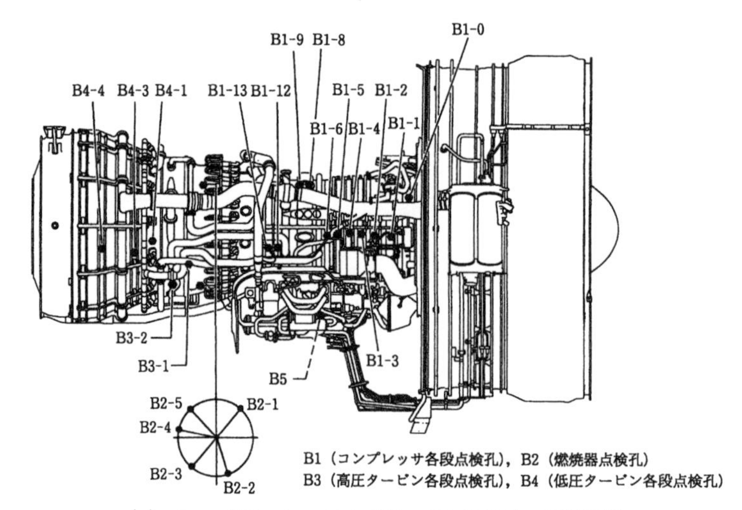

(a) ターボファン・エンジン（CF6-80）の配置例

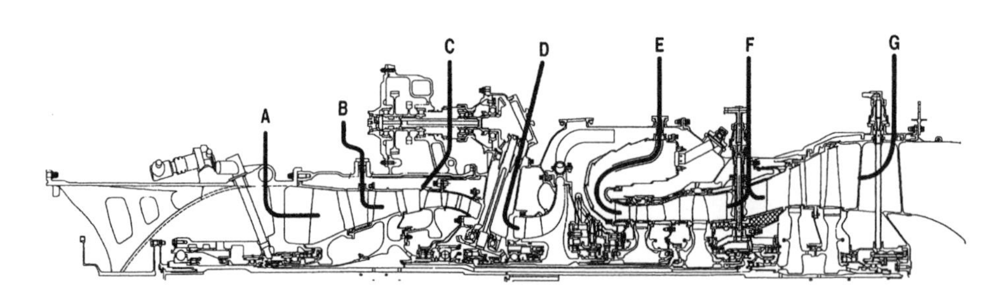

ボア・スコープ点検孔：A, B, C, D：コンプレッサ点検孔
E：燃焼室、ガス・ジェネレータ・タービン点検孔
F,G：ガス・ジェネレータ・タービン/パワー・タービン点検孔

(b) ターボプロップおよびターボシャフト・エンジンの配置例

図6-8　ボア・スコープ点検孔位置

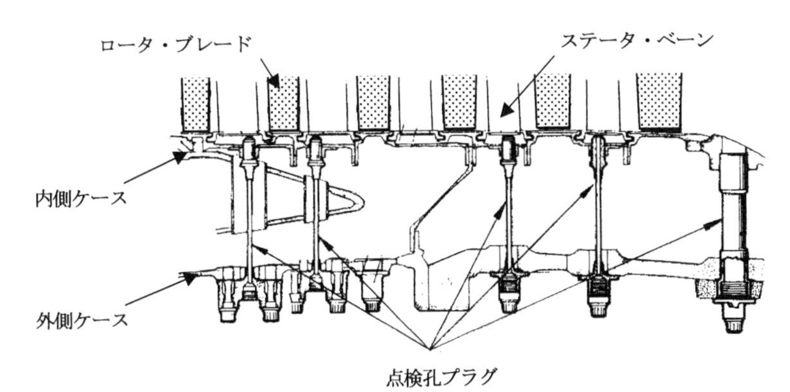

図 6-9　ボア・スコープ点検孔構造例

周にわたって点検できるよう周囲数箇所にボア・スコープ点検孔が設けられている。

ボア・スコープ点検孔は点検孔とプラグ（Plug）で構成されており、図 6-9 のように点検時以外はプラグをねじ込み、当該点検孔を塞いでガスの漏洩を防ぐ構造となっている。

6-1-5　エンジン・マウント

(1) エンジン・マウント一般

エンジン・マウント（Engine Mount）は、エンジンを機体に搭載してエンジンが発生する推力を機体の構造部材に伝達するとともに、エンジンの垂直荷重と横荷重および回転軸の反トルクを支持する装置である。また、エンジンの温度変化による半径方向および軸方向の膨張・収縮の吸収、エンジン・ケースの変形を防止し、機体側エンジン・マウントへの着脱が容易に確実に行えることが必要である。

エンジン・マウントは一般的に機体側構造であるが、高バイパス比ターボファン・エンジンにおいては、エンジン本体と機体側エンジン・マウントとの間にエンジン側マウントが設けられている。

エンジン・マウントは前方エンジン・マウントと後方エンジン・マウントで構成されており、取り付け位置およびマウントの方式はエンジン形式によって様々な工夫がなされている。

高バイパス比ターボファン・エンジン以外は、前後のエンジン構造部材に取付けられた取付け用部品を介して、直接機体側エンジン・マウントに取付けられる。

エンジン前方マウント

前方エンジン・マウント（Forward Engine Mount）は、多くの場合、主構造部材であるファン・フレームまたはファン・フレームとコンプレッサ・ケースとの接合部の 12 時位置に取り付けられており、垂直荷重、横荷重および推力・逆推力を伝達する構造となっているのが一般的である。

機体側エンジン支持構造と結合するエンジン側取付マウントは、ファン・フレームに取り付けられ、リンク（Link）により補強されている。各リンクの取付けには、熱膨張による動きを吸収するために球面ブッシュ（Spherical Bush）などが使用されている。エンジン側前方取付マウントと機体側マウントとは、スラスト・ピンと複数のボルトで接続される。

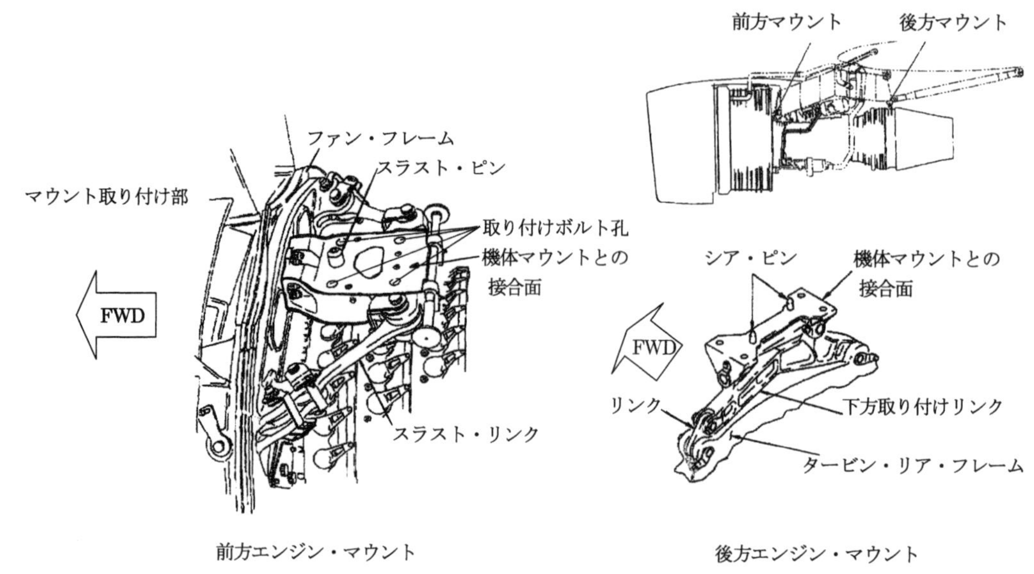

図6-10　エンジン・マウント

エンジン後方マウント

後方エンジン・マウント（Aft Engine Mount）は、タービン・ケースなどのエンジン後方構造に取り付けられて垂直荷重、横荷重を受け持ち、ジェット・エンジンではわずかであるが、回転トルク荷重は後方エンジン・マウントが受け持っている。

機体側後方マウントに結合するエンジン側取付マウントは、二組のリンク（Link）によりエンジン後方支持構造に取付けられる。熱膨張による動きは、ユニ・ボール・フィッティング（Uni-Ball Fitting）などを使用して吸収される。エンジン後方取付マウントと機体側マウントとは、前方マウントと同様、シア・ピンと複数のボルトで接続される。

6-1-6　ベアリングとシール

6-1-6-1　ベアリング（Bearing：軸受）

航空用タービン・エンジンの主軸受にはボール・ベアリング（Ball Bearing）とローラ・ベアリング（Roller Bearing）の二つのタイプのベアリングが使用される。タービン・エンジンは高速で回転するため摩擦熱の蓄積を防ぐため、プレーン・ベアリング（Plain Bearing：平軸受）は主軸には使用されない。

ボール・ベアリングとローラ・ベアリングには次の特徴がある。

【長所】
a. 高速回転に適する。
b. 摩擦熱の発生が少ない。
c. 駆動トルクが小さい。
d. ボール・ベアリングはスラストおよび

【短所】
a. 外形寸法が大きくなる。
b. ケージ等に大きな遠心力が働き破損を生じやすい。
c. 衝撃荷重に弱い。

ラジアル荷重を同時に支持できる。　d. 騒音を発生する。
e. エンジン・オイルの量が少なくてよい。

主軸受には通常のエンジン・ロータの重量以外に、運転中の半径方向の重力加速度Gにより増幅された回転体の重量、出力変化やスラスト荷重による軸方向の力、機体姿勢の変化に伴うジャイロ効果による荷重、熱膨張によるケースとロータ間の圧縮と引っ張りおよび空気流、航空機やエンジン自体から誘発される振動などが作用する。

ベアリングは一般に回転体と支持構造部材との間に使用されるが、二つの回転部品の間に使用される場合もある。

タービン・エンジンの主軸受の数はエンジンによって異なるが、通常エンジンの前方から順にNo.1 、No.2 、No.3 ベアリング…と呼ばれる。主軸受の数が少ないエンジンではエンジンを静止状態で移動する場合（エンジンの輸送等）にブリネリング（Brinelling）などのベアリングの損傷を防ぐために振動などで発生する上下方向の重力加速度Gの値が厳しく制限される。

ボール・ベアリングはスラスト荷重とラジアル荷重を支持し、ローラ・ベアリングはラジアル荷重を支持するとともに熱膨張による軸方向の動きを吸収できるため、各ロータ系では、一般的にボール・ベアリングによりロータ位置を固定してラジアル荷重とスラスト荷重を受け、他方および中間部にはローラ・ベアリングを使用してラジアル荷重を受けるとともにエンジン運転中の熱膨張・収縮による軸方向の移動を吸収するようボール・ベアリングとローラ・ベアリングが組み合わされて使用される。

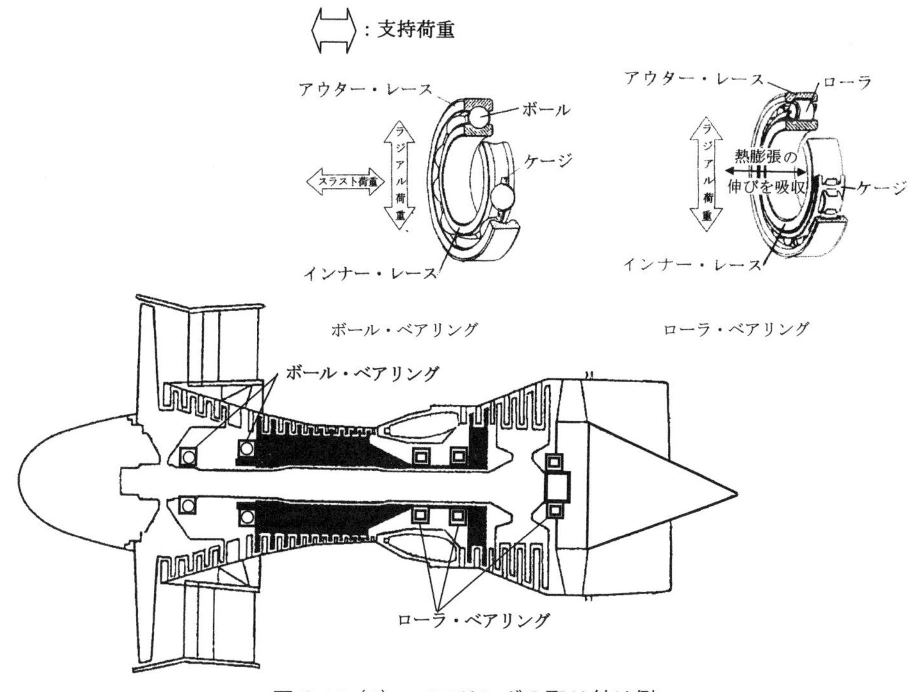

図 6-11-(1)　ベアリングの取り付け例

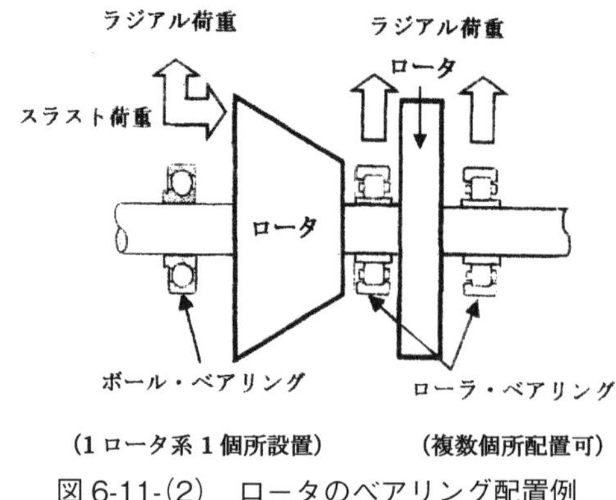

図6-11-(2)　ロータのベアリング配置例

ボール・ベアリング（Ball Bearing）およびローラ・ベアリング（Roller Bearing）はインナー・レース（Inner Race）とアウター・レース（Outer Race）の間を回転要素が転走する構造になっており、回転要素間の空間を保持するためにケージ（Cage）が使用され、回転要素がケージのポケットに収められている。ケージは回転要素の潤滑のために潤滑油を集めて導き入れる形状となっている。

(1) ボール・ベアリング（Ball Bearing）

ボール・ベアリングは回転要素にボール（Ball）が使用されており、インナー・レースとアウター・レースの溝をボールが転走する構造で、スラスト荷重（Thrust Load）とラジアル荷重（Radial Load）を支持することができる。

ベアリングの分解検査を容易にするために分離型インナー・レースなどを採用したものもある。

スラスト荷重が大きい場合には2つのボール・ベアリングを隣接配置する場合があり、これをタンデム・ベアリング方式と呼ぶ。

ボール・ベアリングはスラスト荷重とラジアル荷重を受けるためローラ・ベアリングに較べて発熱量が多く、ベアリングを許容温度以下に保つために通常はエンジンの燃焼器より前のコールド・セクションに設置されている。

(2) ローラ・ベアリング（Roller Bearing）

ローラ・ベアリングは、回転要素にローラ（Roller）を使用する。ローラはボールより接触面が大きいためより大きなラジアル荷重を支持できるがスラスト荷重を支持することはできない。

ローラはアウター・レース（Outer Race）の面上の溝内を転走するが、インナー・レース（Innner Race）側はフラットになっており、ラジアル荷重を支持するとともに熱膨張によるシャフトの軸方向の移動を吸収することができる。

(3) スクイズ・フィルム・ベアリング（オイル・ダンプド・ベアリング）

スクイズ・フィルム・ベアリングは、図6-12のようにベアリング支持構造のベアリング・ハウジングとベアリング・アウタ・レースとの間に圧力油を充填した半径方向の小さな空間を設けることにより回転体が発生する半径方向の動的負荷（振動）を減衰してベアリング・ハウジングに伝達するものである。これにより振動レベルの減少やエンジンの共振点を変えて疲労による損傷の可能性を減らすもので、米国ではオイル・ダンプド・ベアリング（Oil Dumped Bearing）とも呼ばれている。圧力油は**図6-12**のようにベアリング支持構造の半径方向に閉鎖された空間に充填される。ベアリング・アウタ・レースは回り止め構造とし、半径方向にのみダンピングする構造となっている。

スクイズ・フィルム・ベアリングは、ボール・ベアリングとローラ・ベアリングの両方に適用できるが、ボール・ベアリングは軸方向のスラスト負荷をベアリング支持構造に伝達するため、スラスト負荷を伝達できる構造が追加されている。

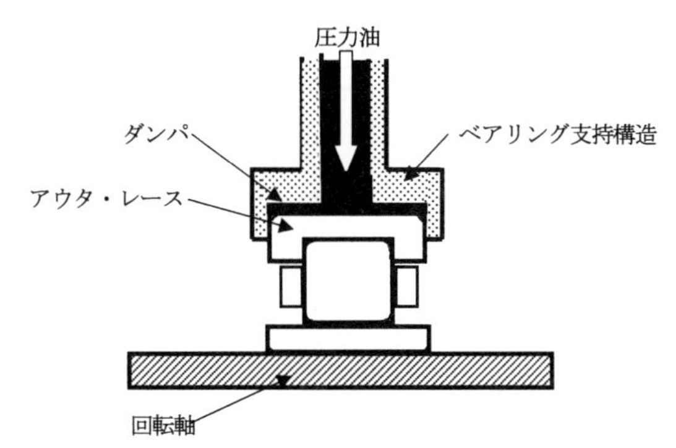

図6-12　スクイズ・フィルム・ベアリング（オイル・ダンプド・ベアリング）

(4) ベアリングの材料

ベアリングには一般的に鍛造製低合金鋼（M50）が使われており、回転要素とレースとの間の接点は高い局所的応力で作動することから、使用する材料の表面に高レベルの硬度、高温と摩耗に対する耐性が求められるとともに中心部は強靭であることが要求される。このため適用状態に応じて表面硬化または焼入れしたスチールで製造されている。用途によっては耐腐食性と損傷許容が重要な特性となる。

多くのベアリングでは、ケージの材料に高品質のスチールが使われているが、重要度の低いベアリングでは燐酸銅または真鍮製ケージが使用される。シルバー・メッキまたは燐酸コーティングによってスチール製ケージの摩擦、潤滑および摩耗特性を高めているものがある。

6-1-6-2　シール（Seal）

ベアリング・ハウジングには、ガス通路にオイルが漏れ出ないように、あるいは外部の高温ガスが入り込まないよう**シール**（Seal）が取付けられる。オイル・シールには、ラビリンス・シール（Labyrinth Seal）とカーボン・シール（Carbon Seal）およびブラシ・シール（Brush Seal）が主として使われており、これらは取付け位置の温度環境によって使い分けられている。ラビリンス・シールを高温部分に使用すると、シールが膨張してシールの回転部分が接触・摩耗し、ベアリング・ハウジングに高温の空気が流入するなどの問題が生ずるため、一般にラビリンス・シールはコールド・セクションに使用され、ホット・セクションにはカーボン・シールが使われる。最新のエンジでは、ラビリンス・シールに代えてブラシ・シールが使われている。

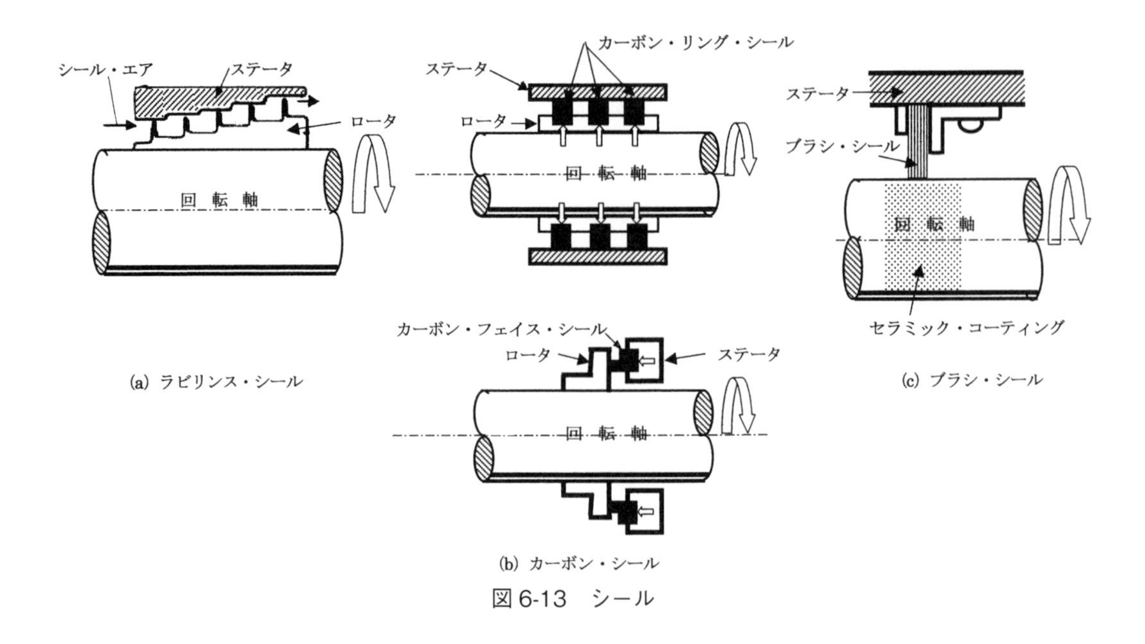

図6-13　シール

(1) ラビリンス・シール（図6-13 (a)）

ラビリンス・シール（Labyrinth Seal）は図6-13 (a) に示すように、軸に取付けられた多数のナイフ・エッジ（Knife Edge）で形成されるシール・ダム（Seal Dam）を持つロータと、これを受けるステータとで構成されており、ロータ・ナイフ・エッジとステータが形成する小さな間隙に、外部からベアリング・ハウジング内に向けてシール・エアを流してシールする非接触型シールである。したがって、ハウジング外部からベアリング・ハウジング内に向けてシール・エアが流れるよう圧力差がつけられ、ロータのナイフ・エッジの**シール・ダム**が、エンジンのガス流路からベアリング・コンパートメント内に流れる空気流量を調量する。

(2) カーボン・シール（図6-13 (b)）

カーボン・シール（Carbon Seal）は、カーボンおよびグラファイト製シール・リングを使った接触型シールである。構造上、回転軸に取付けてシールする**カーボン・リング・シール**（Carbon Ring Seal）と、カーボン・シール・リングをロータ側シール・プレート側面に接触させてシールする**カーボン・フェイス・シール**（Carbon Face Seal）がある。

カーボン・シールには通常スプリング負荷がかけられるが、シール能力をより向上させるために、シール前後の空気の圧力差によりシール面に負荷をかけるものや、カーボン・シール・セグメントを磁化して磁力により密着を図るものなどがある。

(3) ブラシ・シール（図6-13 (c)）

最も新しいシールとして、現代のタービン・エンジンでは**ブラシ・シール**（Brush Seal）が使われている。ブラシ・シールは、静止側の金属製剛毛エレメントが回転側の**ラブ・リング**（Rub Ring）と接触してシールするブラシ・タイプである。ラブ・リングが接触する回転側の表面には、通常セラミック・コーティング（Ceramic Coating）などの耐摩耗性コーティングが施されている。

その機能は、静止側の剛毛部分（Stationary Bristle）と回転側のラブ・リング（Rotating Rub Ring）との接合面の前後に圧力差をつけることから、ラビリンス・シールと非常に似ている。シールの剛毛がその回転体との接触を維持するため、シール・エアが流入する割合はラビリンス・シールよりも少なく、ロータに熱や機械的負荷の変化による偏心を生じてもシール・クリアランスが恒久的に広がることがなく半径方向と軸方向の両方でロータの偏移に適応出来る利点がある。

ブラシ・シールは、オイル・シール以外にロータのエア・シールとしても使われている。

6-1-7　出力軸減速装置

タービン・エンジンの回転数は一般的に非常に高く小型エンジンほど高いことから、軸出力発生型タービン・エンジンでは、プロペラまたは回転翼の効率を損なうことなく駆動するためには、出力減速装置（Reduction Gearbox）により回転数を減速する必要がある。

ターボプロップ・エンジンでは、プロペラ軸の必要回転速度まで減速しなければならない。回転翼航空機では主減速装置は機体側に装備されているが、エンジンで一旦6,000 rpmに減速したうえで機体側減速装置に接続されているエンジンもある。

減速装置には、平歯車減速装置、遊星歯車変速装置または平歯車と遊星歯車とを組合せた減速装置が使われている。

6-1-7-1　平歯車減速装置（Spur Gear System）

平歯車減速装置は基本的に、減速比に応じて入力軸側を歯数の少ない歯車とし、プロペラ軸（または出力軸）側を歯数の多い歯車として組合せることにより減速するもので、簡素な機構で構成される。平歯車減速装置には次のような特徴がある。

○平歯車の特徴

⑴ 構造が簡素であり、減速比の選定が容易である。

⑵ 入力軸とプロペラ軸（または出力軸）が同一線上とならない。

⑶ 噛合歯数が少ないためギア1枚あたりの歯面荷重が非常に大きくなり、減速装置の重量が大きくなる。

○平歯車装置の回転比（Gear Ratio of Spur Gear System）

平歯車（Spur Gear）の回転比（Gear Ratio）は駆動歯車（Drive Gear）と被駆動歯車（Driven Gear）の歯数との比になり、回転方向は逆になる。

駆動歯車の歯数をNa、被駆動歯車の歯数をNbとすると、**図6-14(a)** の回転比Rは次式で表わされる。

$$\text{歯車の回転比（R）} = \frac{\text{駆動歯車の歯数}}{\text{被駆動歯車の歯数}} = \frac{\mathrm{Na}}{\mathrm{Nb}}$$

図6-14(b) のように歯車の間に入って噛み合う歯車を遊び歯車（Idler Gear）とよび、遊び歯車の

歯数をNiとすると最終歯車の回転比（R）は次式のようになり、最終歯車の回転方向は変わらない。

$$\text{最終歯車の回転比（R）} = \frac{\text{駆動歯車の歯数}}{\text{遊び歯車の歯数}} \times \frac{\text{遊び歯車の歯数}}{\text{最終歯車の歯数}} = \frac{Na}{Ni} \times \frac{Ni}{Nb}$$

歯車の回転比（R）に駆動歯車の回転数を掛けると最終歯車の回転数が得られる。

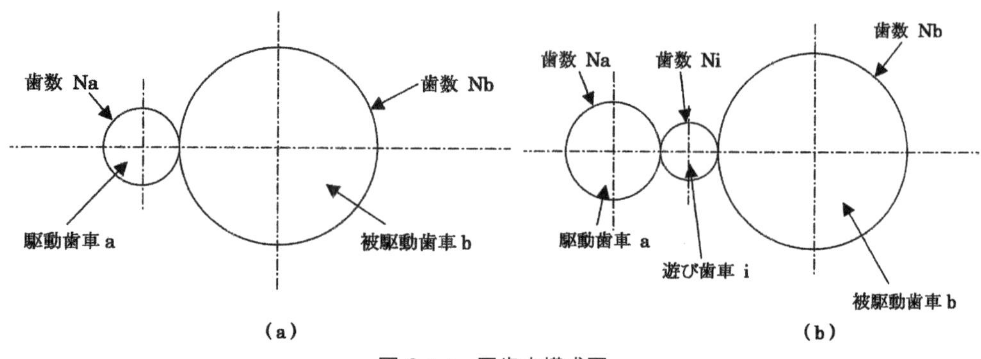

図6-14　平歯車構成図

6-1-7-2　遊星歯車変速装置（Planetary Gear System）

最も単純な遊星歯車変速装置は、図6-15のように太陽歯車（Sun Gear）、太陽歯車の周囲を回転しながら環状内歯歯車に噛み合った複数の遊星歯車（Planetary Gear）、およびすべての遊星歯車を支持して回転するキャリア（Carrier）、遊星歯車と噛み合う外側の環状内歯歯車（Internal Ring Gear）の4つの歯車要素で構成される。

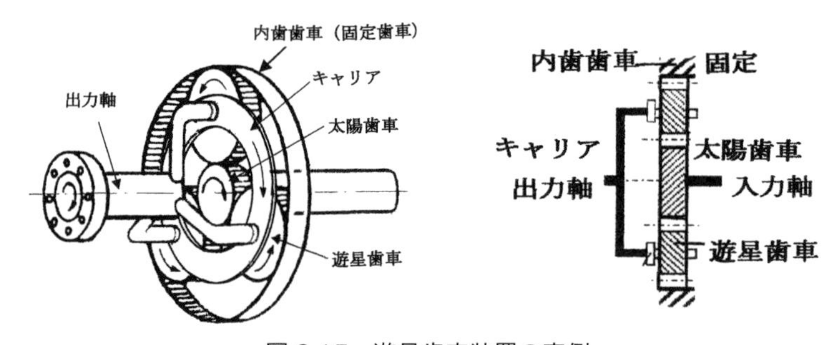

図6-15　遊星歯車装置の事例

○遊星歯車変速装置の特徴

(1) 構造が複雑で部品点数が多く、変速比の選定で若干の制約がある。

(2) 入力軸と出力軸を同一線上にできる。

(3) 噛合歯数が多いためギア1枚当たりの歯面荷重が小さくなり、負荷伝達能力が高く、全体としてコンパクトでかつ大きな変速比が得られる。

○遊星歯車の変速比

遊星歯車機構は使用目的により**入力軸**、**出力軸**および**固定軸**の基本軸を各歯車、キャリアへ割当てることにより減速装置のみならず増速装置または逆転変速装置としても使われる。一般に**キャリア**を**出力軸**、**入力軸**または**固定軸**とすることによって、**減速装置**、**増速装置**、**逆転変速装置**に区分できる（表6-1）。

ここでは太陽歯車、遊星歯車最とキャリア、環状内歯歯車で構成された最も簡素な構成の遊星歯車変速装置としての変速比を述べる。

・減速装置としての構成

キャリアを出力軸とする場合は、太陽歯車と環状内歯歯車のいずれが入力軸または固定軸となっても**減速装置**として働く。入力軸に対する出力軸の回転方向は同じ。

変速比（減速比）は遊星歯車の歯数にかかわらず、次のように示される。

$$\text{変速比（減速比）} = \frac{\text{入力歯車歯数}}{\text{入力歯車歯数} + \text{固定歯車歯数}}$$

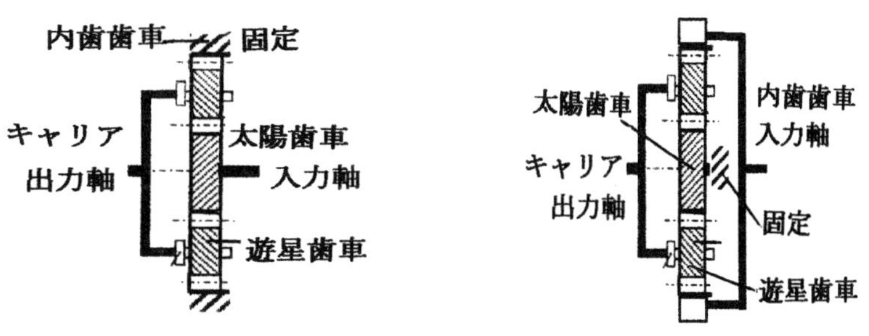

図6-15-1　減速装置の構成事例

・増速装置としての構成

キャリアを入力軸とする場合は、太陽歯車と環状内歯歯車のいずれが固定軸または出力軸となっても**増速装置**として働く。入力軸に対する出力歯車の回転方向は同じ。

変速比（増速比）は遊星歯車の歯数にかかわらず、次のように示される。

$$\text{変速比（増速比）} = \frac{\text{出力歯車歯数} + \text{固定歯車歯数}}{\text{出力歯車歯数}}$$

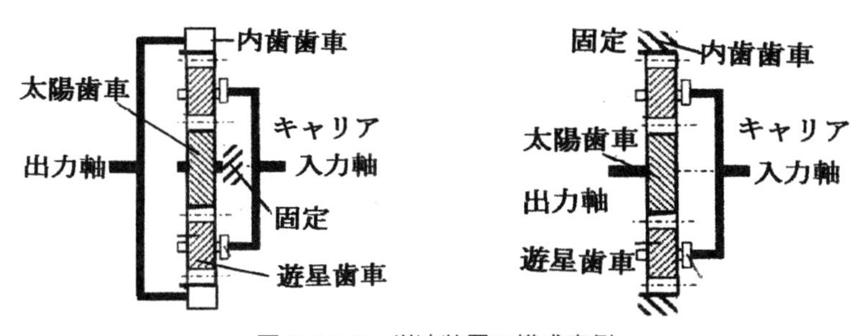

図6-15-2　増速装置の構成事例

・逆転変速装置としての構成

キャリアを固定軸とする場合は太陽歯車と環状内歯歯車は遊星歯車を介して平歯車装置と類似の組合せ（6-7-2　補機駆動機構参照）となる。**太陽歯車の歯数＜環状内歯歯車の歯数**であるため、**太陽歯車を入力軸**とし**環状内歯歯車を出力軸**とする場合は**逆転減速装置**となり、**環状内歯歯車を入力軸**として**太陽歯車を出力軸**とする場合は**逆転増速装置**となる。

変速比も平歯車の場合（6-7-2　補機駆動機構参照）と同様であるが、入力軸に対する**出力歯車の回転方向は反対**となり次式で示される。

$$変速比=\frac{入力歯車歯数}{遊星歯車歯数}\times\frac{遊星歯車歯数}{出力歯車歯数}=-\frac{入力歯車歯数}{出力歯車歯数}$$

（マイナスは、回転方向が反対のため）

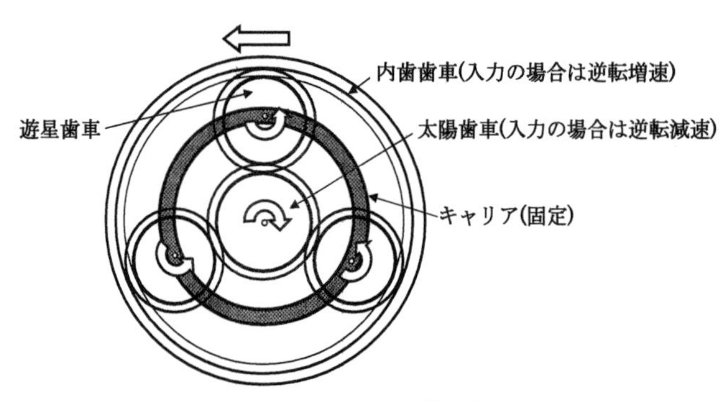

図6-15-3　逆転変速装置の構成事例

表6-1　遊星歯車変速装置の基本軸の組合せと変速比

区　分	太陽歯車	環状内歯歯車	キャリア	変　速　比
減速装置	入　力	固　定	出　力	$\frac{入力歯車歯数}{入力歯車歯数+固定歯車歯数}$
	固　定	入　力		
増速装置	固　定	出　力	入　力	$\frac{出力歯車歯数+固定歯車歯数}{出力歯車歯数}$
	出　力	固　定		
逆転装置	入　力	出　力	固　定	減　速　$-\frac{入力歯車歯数}{出力歯車歯数}$
	出　力	入　力		増　速

【Rolls Royce Dart 10減速装置の事例（参考)】

太陽歯車をエンジン回転の入力軸、内歯歯車を出力軸、遊星歯車が2段であり、キャリアが固定軸であるため逆転変速装置となるが、

入力軸の歯数＜出力軸の歯数

であることから**逆転減速装置**の構成(図6-15-3)となる。出力軸の回転方向は入力軸とは反対となる。

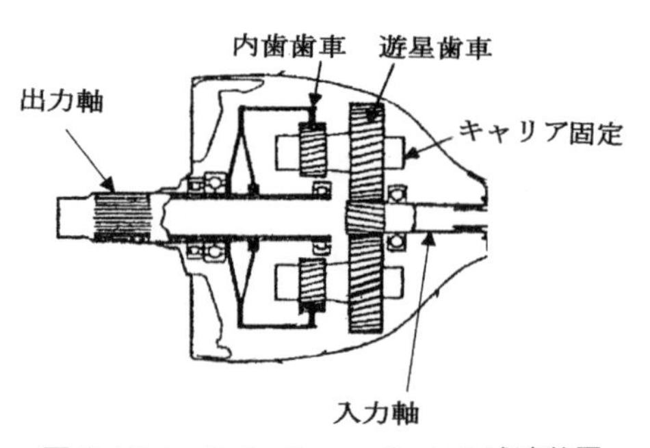

図6-15-4　Rolls Royce Dart10 減速装置

6-1-8　バランシング（Balancing）

タービン・エンジンは回転体で構成されているため、ロータ等に不釣合（Unbalance）があると高速回転時に回転数の二乗に比例した振動と応力を発生し、エンジンや機体構造に悪い影響を及ぼすことから、回転体の組立に際しては正確なバランシングが必要となる。エンジンの分解整備作業の後、主要回転部品にたとえ新しい部品が取り付けられていなくても再度バランシングが行われるのが一般的である。バランシング(Balancing)とは回転体の不釣合の計測と、重さの異なるブレードの入替やカウンタ・ウエイト（Counter Weight）を使った不釣合修正などの補正作業をいう。

バランシングで通常使われる二つの用語は、静不釣合（Static Unbalance）と二面不釣合（Couple Unbalance）（または動不釣合（Dynamic Unbalance））である。(図6-16参照)

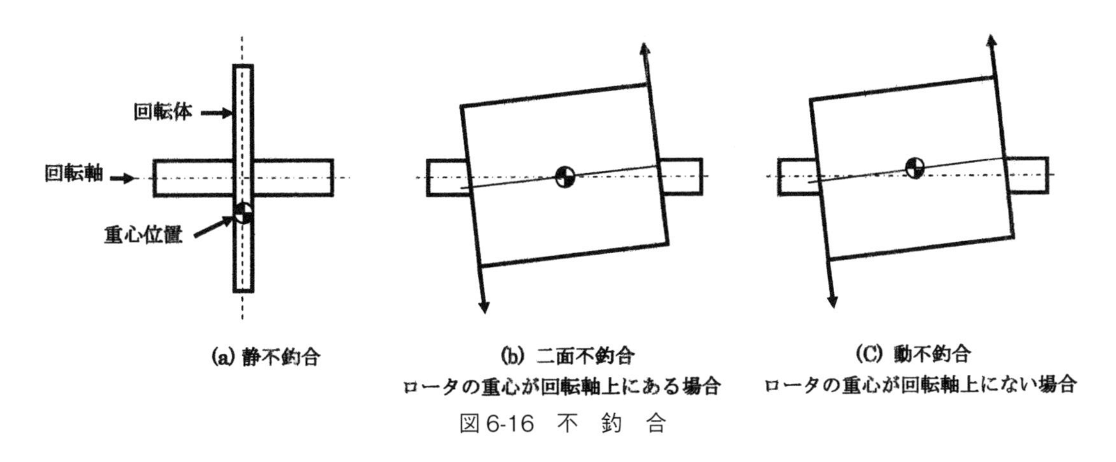

図6-16　不　釣　合

静不釣合（Static Unbalance）とは部品の回転軸と直角をなす部品中心面上に不釣合があり、ロータの重心がベアリングによって定められた回転軸から外れている場合（図6-16（a）参照）に発生するが、ブレードを取付けた状態のコンプレッサ・ディスクやタービン・ディスク単体のバランシングがこれに該当する。

またブレードを取付けたディスク類を組上げたコンプレッサまたはタービン・ロータ等に静不釣合がある場合（ロータの重心が回転軸から外れている場合）は当然回転時に振動と応力を発生するが、ロータには軸方向の長さがあるため回転軸に対するロータの静不釣合が検出出来なくても高速回転すると動揺した動きによる応力と振動を生ずる場合がある。

図6-16-1のように同じ大きさの不釣合が軸方向の異なる位置の回転軸に対称な位置（AおよびB）にある場合は、回転軸に対する静不釣合いは検出されないがロータが回転するとそれぞれが互いに反対方向の遠心力による偶力を生じ、回転速度による動揺した動きを生ずる。このような不釣合は一面内での計測および補正はできず、回転軸に垂直な両端の二面などにより二つの不釣合いの組合せのみとして表わすことが出来るが、これを**二面不釣合**（Couple Unbalance）とよぶ。二面不釣合は主要慣性軸がベアリング軸に対して傾いているときに存在するが、重心がベアリング軸上にあるため静不釣合としては検出出来ないが、回転速度により動揺した動きを生ずる。静不釣合と二面不釣合の組合

せをしばしば動不釣合（Dynamic Unbalance）とよぶ。不釣合はoz・inで表わされ、1 ozの不釣合が軸から2 inのところにあれば、2 oz・inの不釣合となる。

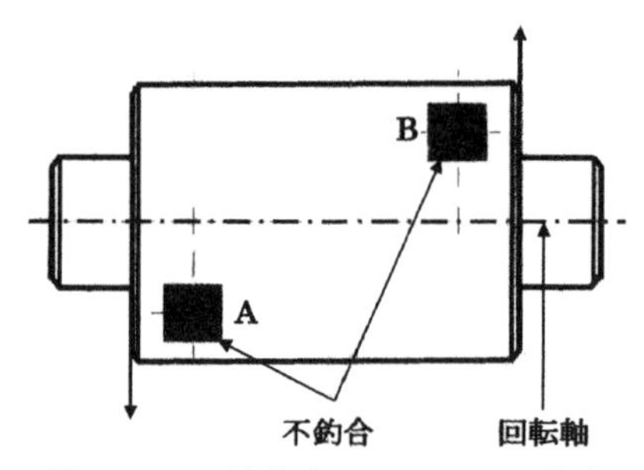

図6-16-1　遠心力による二面不釣合

一般的な動不釣合を測定するバランシング・マシンは各面での不釣合の量と各方位を示し、不釣合の修正は、カウンタ・ウエイトの再配分、追加、除去の組合せにより行う。

不釣合の修正は重さの違うブレードの位置を入替えたり、ディスク円周上にカウンタ・ウエイト取付タイプではカウンタ・ウエイトの付け替えにより不釣合の修正が可能となるが、部品のバランス用削り代を削って修正する方法もある。

現代のエンジンではモジュール構造が採用されており、コンプレッサまたはタービンがそれぞれ一つのモジュールとなっている場合があるが、これらは個別に交換されるためコンプレッサとタービンは多くの場合個別にバランスを取る必要が出てくる。

このためコンプレッサとタービンにはダミー・ロータを使ったバランス方法（図6-17）が必要となる。ダミー・ロータは軸受スパン、重さ、重心位置、動特性が再生でき、それ自体が不釣合いに及ぼす影響が最小になるよう造られている。コンプレッサ又はタービンのそれぞれ独自の動特性をつかむために図のように対をなすダミーが取り付けられる。この状態でコンプレッサおよびタービンのバランスをとると、自身のアンバランスおよび対になる回転体への幾何学誤差による影響を修正できる。

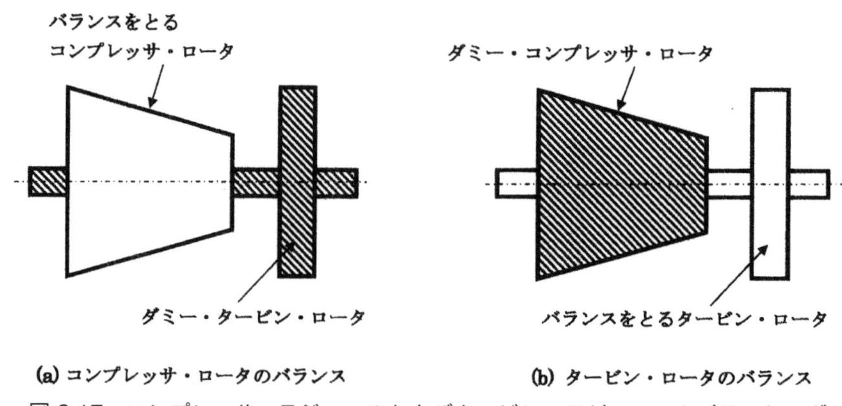

図6-17　コンプレッサ・モジュールおよびタービン・モジュールのバランシング

モーメント・ウエイト（Moment Weight）

最近のターボファン・エンジンは大型ファン・ブレードが導入されたことに伴い、ファン・ブレード交換時に三次元のモーメント・ウエイト（Moment Weight）による配置法がマニュアル上使われている。モーメント・ウエイト（Moment Weight）とは、各ブレードの重量とディスク中心に対するブレードの重心位置を測定して得る値であり、この方法により不釣合を除去するようディスク上に分散配置することが出来る。モーメント・ウエイト値は1 g･mm、またはoz･in等で表わされ、ディスクに組込まれたときのアンバランスへの影響を示す。この値により不釣合を打ち消す順にブレードが配置できる。

6-2　エア・インレット

6-2-1　エア・インレットの概要

エア・インレット（Air Inlet）の役割は、あらゆる飛行条件の下でエンジンが必要とする空気量を適切な流入速度で効率よくエンジンへ導くことである。エア・インレット・ダクト（Air Inlet Duct）は通常、機体製造会社の担当範囲であるが、エア・インレット・ダクトに生ずる損失はエンジン全体として大きな損失となることから、エンジン性能に対して非常に重要であり、エンジン全体として検討が必要である。

インレット・ダクトは、次の三つの機能を果たさなければならない。

・可能な限り空気流の総圧（ラム圧）を上げ、最小限の圧力損失で圧縮機へ送り込まなければならない。

・出来るだけ乱れのない状態の均一な分布の空気流を圧縮機に送らなければならない。

・ダクトの空気抵抗を最小限に保ちながら前の二つを達成しなければならない。

エンジンを地上のテスト・スタンドで較正する場合には、通常、外部の静止空気をファンおよびコンプレッサの前面に導くために、インレット・ダクトの代わりに**ベルマウス**（Bellmouth）（図6-16）が使われる。ベルマウスは厳密にはダクトではないが､非常に高い空力効率を得ることが目的である。基本的にベルマウスは、実際に空気抵抗を生じないよう、肩部を注意深く曲げたベル型漏斗状の形になっている。ダクト損失は非常にわずかであり、通常0と考えられている。

したがって、エンジンは機体用ダクトでは当たり前になっている、損失による複雑な結果を考慮しないで運転することが出来る。定格推力や燃料消費率などの性能データは、このベルマウスを使って得られる。

通常、インレットには保護スクリーンが取付けられる。この場合、非常に正確にエンジン・データを計測する場合は、空気がスクリーンを通過する時に生ずる圧力損失を考慮しなければならない。

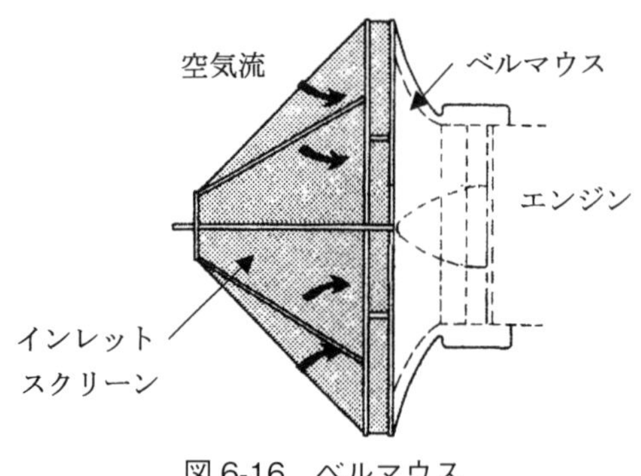

図6-16　ベルマウス

6-2-2　エア・インレット・ダクト

a. 亜音速エア・インレット（図6-17）

エア・インレット・ダクト（Air Inlet Duct）は、飛行速度にかかわりなくエンジンに流入する空気速度をエンジンが受け入れ可能な最高速度以下に保ち、ラム・エア速度をエンジン入口で高い静圧に変換することが必要である。一般的に、亜音速機ではエア・インレット・ダクトに断面積がダクトの前方からエンジン入口に向って徐々に増加する亜音速ディフューザ（Subsonic Diffuser）を使って拡散させることによって、コンプレッサまたはファンに到達する前に流入空気の速度を減少して静圧を上昇させる。

ディフューザは、外部の空気流を大きな抵抗損失無しに軸方向の流れに変えるために、ある程度の長さが必要で、迎角の影響を受けないような入口形状でなければならない。また、ダクト内部での空気流の剥離を防ぐために、内壁と平均的空気流との角度は3°以下でなければならない。反面、ディフューザが長すぎると過度の摩擦損失を生じるため、エア・インレット・ダクトの設計では考慮の必要がある。

エア・インレット・ダクト内で流入空気が乱れたり、流れの方向、速度、圧力および温度のいずれかが不均一な状態をインレット・ディストーションとよび、エンジン・ストール等の原因となる。

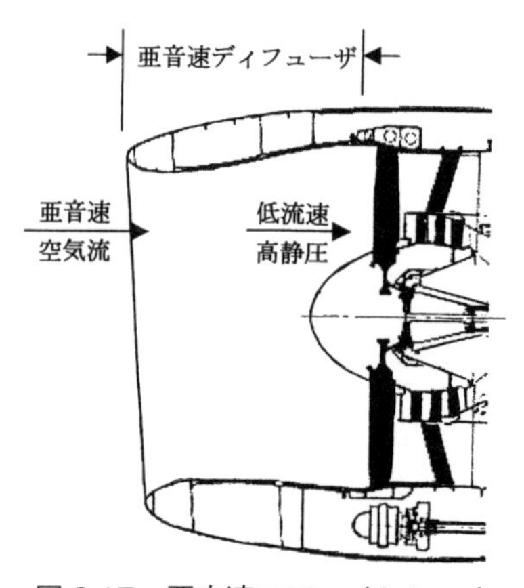

図6-17　亜音速エア・インレット

b. 超音速エア・インレット

超音速で飛行する航空機には、通常インレット・ダクトに超音速ディフューザ（Supersonic Diffuser）と亜音速ディフューザ（Subsonic Diffuser）を組み合わせた**コンバージェント・ダイバージェント・ダクト**（Convergent Divergent Duct）（図6-18）が使用される。ダクトの前半のコンバージェント・ダクト部分で超音速空気流の速度を一旦マッハ1.0まで減速し、音速となった空気流を後半のダイバージェント・ダクト部分でさらに減速して、エンジンに入る前にエンジンが要求する亜音速空気流とし、静圧を上昇させる。

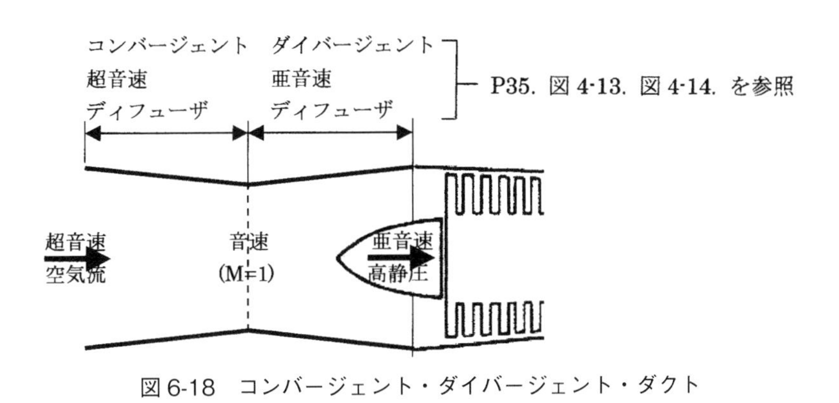

図6-18　コンバージェント・ダイバージェント・ダクト

6-2-3　可変エア・インレット・ダクト

超音速航空機では、衝撃波を形成させることにより吸入空気速度を減速する方法と、離陸から巡航までの飛行状態に合わせてコンバージェント・ダイバージェント・ダクトの形状をかえる可変エア・インレット・ダクトを組み合わせた方法が使われている。この場合、超音速飛行中は衝撃波により吸入空気速度は0.8程度まで減速し、さらにコンバージェント・ダイバージェント・ダクトの形状の変化による拡散により、吸入空気速度をエンジンが要求するマッハ0.5程度まで減速する方法が使われている。

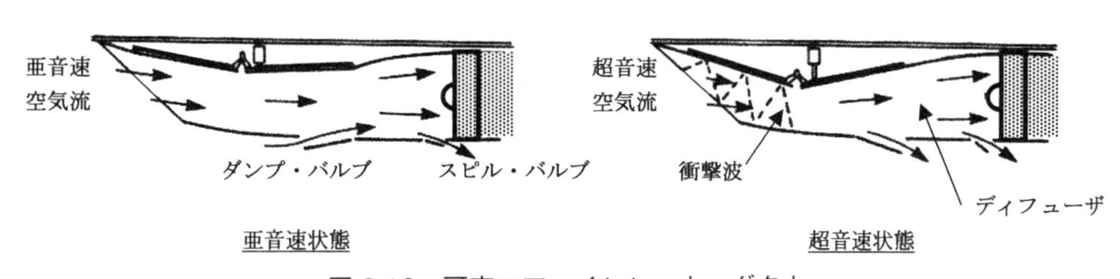

図6-19　可変エア・インレット・ダクト

6-2-4　ターボプロップ / ターボシャフトのエア・インレット（図6-20）

小型ターボプロップ機や回転翼航空機のエア・インレットは、基本的に前述と同じであるが、搭載されるエンジンが比較的小型で回転部品が小さく、しかも高速で回転することから、異物吸入による影響を受けやすい。大きな異物を吸入した場合には、直ちに回転部品を損傷してエンジンが急停止に至る恐れがあるが、砂などの小さな異物はコンプレッサ・ブレードにエロージョン（Erosion）を発生して、徐々にエンジン性能を低下しながら、非常にゆっくりとエンジンを損傷する。これは回転部品が小さく、回転速度が高いほど顕著となる。

砂塵や雪氷、その他の微粒異物がエンジンに吸入されることを防ぐために、ピストン・エンジンでは、吸入空気中の異物を除去するためにエア・フィルタを使ったエア・クリーナを使用しているが、タービン・エンジンではピストン・エンジンに比べて大量の空気を吸入するため、エア・クリーナとしてインレット・スクリーン、フィルタ、パーティクル・セパレータが使用されているが、エア・フィルタはインレット・スクリーンより圧力損失が大きくなる問題がある。パーティクル・セパレータの異物除去率は90 %～98 %くらいあり圧力損失も比較的小さく、パーティクル・セパレータには、異物の除去に遠心力を利用するものもある。

これらの問題を解決するために回転翼航空機では、吸入する空気流を小さな直径の渦巻羽根を持ったチューブを多数（二百数十個）取付けたパネルを通して、遠心力によって異物を分離し、エンジン・ブリード・エアにより機外に排出する方法が使用されている。しかし、この使用によりインレット・エア・プレッシャの低下やエア・ブリードにより、エンジンの利用可能出力はわずかに低下する。

このような装置は**パーティクル・セパレータ**（Particle Separator）とよばれている。一般に、エア・インレットにおける吸入空気の異物を除去する方法として、下図のような様々な方法が使われている。

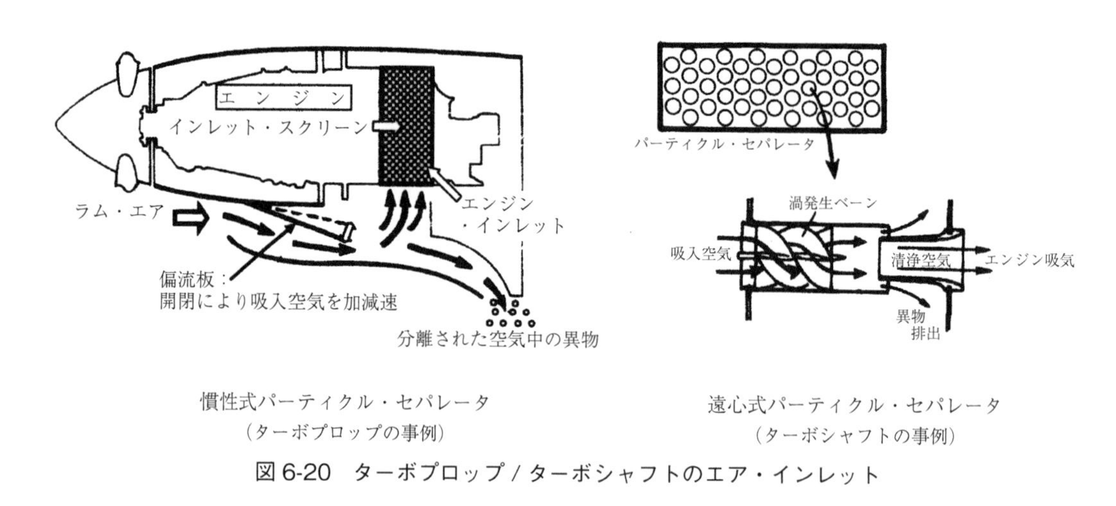

図6-20　ターボプロップ/ターボシャフトのエア・インレット

6-2-5　エア・インレット・セクション

ターボジェットおよび初期のターボファン・エンジンでは、エア・インレット・セクションに、翼型断面の**入口案内翼**（Inlet Guide Vane）が取付けられている。入口案内翼の役目は、エア・インレット・ダクトからの空気流をコンプレッサの前部に導くことで、多くの場合、入口案内翼は表面の氷結を防ぐため、エンジン内部からの高温抽気を循環できるよう中空となっている。また、入口案内翼の下側の一つは、ベアリング用の潤滑油のチューブなどを通すために使われている。

多くの高バイパス比ターボファン・エンジンでは、入口案内翼とファン・ブレードとの干渉によるサイレン効果によりファン騒音を発生することから、現代のエンジンでは入口案内翼は排除されている。低バイパス比・ターボファン・エンジンでは、ファン騒音の発生を軽減するために、入口案内翼と１段目のファン・ブレードの間隙を広く取る方法がとられている。

6-3　ファンおよびコンプレッサ

6-3-1　ファン

ターボファン・エンジンは、**ダクテッド・ファン**（Ducted Fan）を導入して処理する空気量を大きく増加することにより、高亜音速領域の飛行速度を損なわずに優れた作動効率と高い推力の能力を得ている。

ダクテッド・ファンはダクトに覆われたファンで構成されており、ファン・ブレードに作用する空気の流速が、前述のダイバージェント・インレット・ダクトによって機体速度より減速されラム圧が上昇するため、実質的にブレードのマッハ数が低速の場合と同じ状態に維持されることから、プロペラ使用の場合と違って、非常に大きな飛行速度まで高い効率を保持することができる。

現代の多くのターボファン・エンジンでは、ダクテッド・ファンをエンジン最前部に配置した**フォワード・ファン・エンジン**（Forward Fan Engine）が主流になっている。また、ダクテッド・ファンをタービンの周囲に組付けた型のものもあり、これを**アフト・ファン・エンジン**（Aft Fan Engine）とよんでいる。

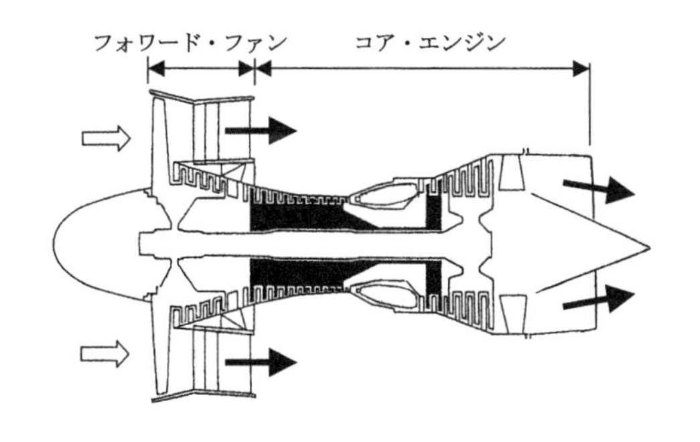

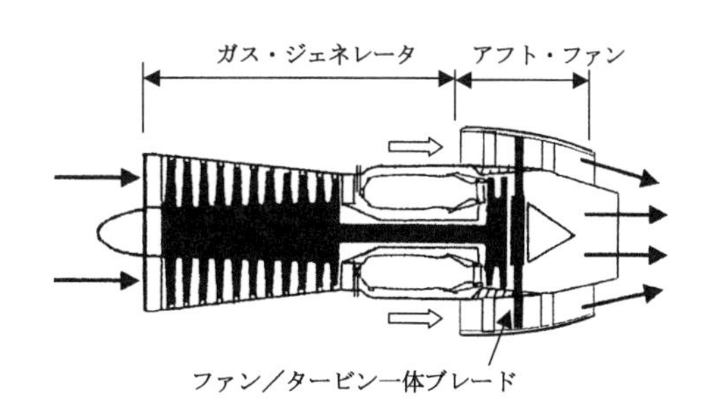

図 6-21-0　フォワード・ファン型およびアフト・ファン型ターボファン・エンジン

フォワード・ファン型では、ファンで加圧された空気流の一部がガス・ジェネレータで圧縮、燃焼されて高温高圧ガスを発生する一次空気流となり、残りの空気流が二次空気流となってファン・ダクト内をバイパスして流れる。フォワード・ファン型は、コア・エンジンへの空気の過給が可能である他、低圧タービンで駆動することにより、優れたファン効率とするに最適な先端速度で回転することが出来る。異物を吸い込んだ場合には、異物が半径方向に飛散してエンジンのコア部分に入らずにファン排気孔へ抜けるため、エンジンの損傷を軽減するなどの利点がある。

高バイパス比ターボファン・エンジンのファンは、ファンを1段としたものがほとんどで、2：1に近い圧力比が得られている。また、低バイパス比ターボファン・エンジンでは、ファンを1段または2段とし、圧力比は1.5：1～2：1程度となっている。

ファン・システムはエンジン型式証明試験において対鳥衝突、ファン・ブレード飛散、機体姿勢または横風による吸入空気流の偏流、高度、およびインテークとスラスト・リバーサとの適合性の各要求事項を満足しなければならない。騒音目標の達成も、また重要な項目となっている。

ファン・システムは、ファン・ブレード、ファン・ディスク、ファン・ケースおよび支持構造、ファン出口案内翼などで構成されており、通常これらが一つのモジュールを構成している。

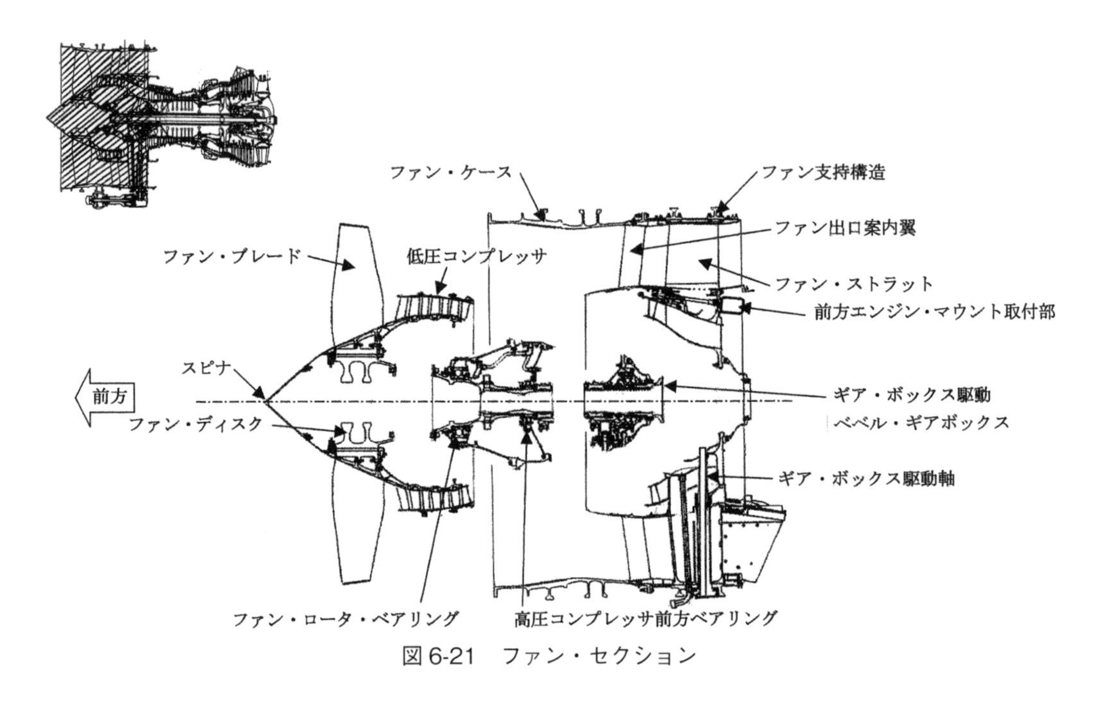

図6-21　ファン・セクション

a. ファン・ブレード

ファン・ブレード（Fan Blade）は、通常のコンプレッサ・ブレードより大きく長いため、運転中に空気流による捩れ、振動やフラッタを発生し易く、ブレードの翼長の高さ2/3の位置に付けられた**ミド・スパン・シュラウド**（Mid Span Shroud）とよばれるファン・ブレード間の支柱により、空気流による捩れ、振動やフラッタを防止している。これは**スナバー**（Snubber）とも呼ばれている。

ミド・スパン・シュラウドは、1枚のファン・ブレードに2箇所に設置されたものや、高圧コンプレッサ1段ブレードに設置されたものもある。

ミド・スパン・シュラウドの存在により空気流量や効率に悪影響を及ぼすことから、最新のブレードでは、ブレードのコードを増大することによりブレードの強度を増してシュラウドを無くした**ワイド・コード・ファンブレード**（Wide Chord Fan Blade）が主流となりつつあるが、シュラウドの排除により損失が減少して空力的に有効となるのみならず、鳥衝突時等に発生の可能性がある応力集中が無くなるなどの利点が得られる。

最新のエンジンでは、図 6-22 のように、従来のファン・ブレードに較べて後方に大きく後退し、ブレードの先端が多少前方に張り出した形状の**スウェプト・ファン・ブレード**（Swept Fan Blade）が導入されている。

スウェプト・ファン・ブレードは、作動中にブレードの中ほどに発生する衝撃波による速度変化を、ファン・ブレードの形状を変えることによって広い範囲での速度変化として穏やかにしたもので、衝撃波による損失を大きく減らして、ファン効率と安定性を向上させ空気量を増加させる。

ワイド・コード・ファン・ブレードの導入により、最近ではファン・ブレードの枚数が減少している。

スウェプト・ファン・ブレードの形状は空力的に注意深く整形されていることから性能上の利点が得られるのみならず、ファンが発生するトーン・ノイズの量をも減少させる効果がある。

ファン・ディスクへの取り付けは、ブレードの取付け部およびファン・ディスクの取り付け溝の断面形状が、鳩の尾の形状をしたダブテール・ロック（Dove Tail Lock）方式（図 6-31-3(a)参照）が最も一般的に使われている。

ファン・ブレードは、チタニウム合金の鍛造製が一般的であるが、最新のワイド・コード・ブレードでは、軽量化のため板材を拡散接合した中空構造のものや、複合材料製のものが実用化している。

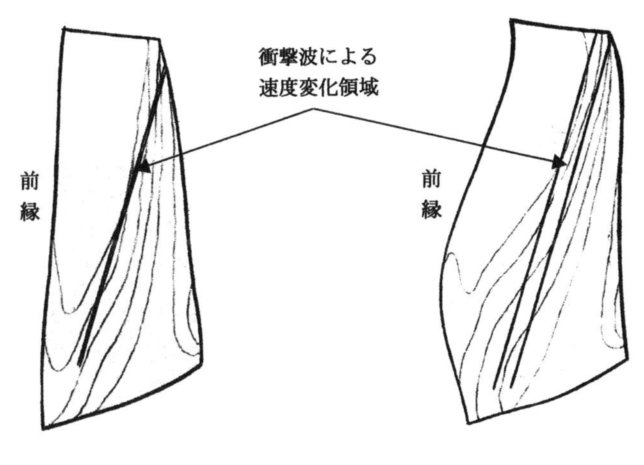

〔従来のファン・ブレード〕　〔スウェプト・ファン・ブレード〕

図 6-22　スウェプト・ファン・ブレード

b. ファン・ディスク

ファン・ディスク（Fan Disk）は、通常の運転状態およびファン・ブレード飛散時の運転の両方において、ファン・ブレードによる遠心力に耐えて保持し、衝撃負荷を吸収する役目を持っている。また、ファンを駆動する低圧タービン・ロータ軸への結合部を備えており、スピナや他の周辺部品の取付部ともなる。

ファン・ディスクは最も使用環境の厳しい部品の一つであり、ディスクが破損すると飛散して航空機を損傷する恐れがあるため、重要部品に分類される。ディスクは通常鍛造チタニウム合金製が使用されている。

c. ファン・ケースおよび支持構造

ファン・ケースの主要な機能は、空気流路の外壁の形成と、飛行中にファン・ブレードが飛散した場合に外部に飛び出さないよう包含することである。ケーシングは、ファン・ブレード全体のエネルギを吸収して、ブレードまたはケースの破片が飛散することなく、エンジンの強度を維持できなければならない。飛散するファン・ブレードのエネルギは非常に大きく、ファン・ケースは高い強度と高い延性が必要である。

ファン・セクションの構造部材はファン・フレームで、エンジンの主要支持構造の一つを形成している。ストラットを介して支持された内側ハブに、ファン・ロータ支持用ベアリングが取り付けられているだけではなく、コンプレッサ前端部の支持ベアリングおよびアクセサリ・ギア・ボックスを駆動するためのギア装置や駆動軸も取り付けられている。また、アクセサリ・ギア・ボックスおよび補機もファン・フレームに取り付けられたエンジンが多い。

ファン支持構造またはコンプレッサ・ケースとの結合部に、前方エンジン・マウントが装着されているエンジンが多く、コア・エンジンの推力を機体側に伝達する。ファン・ケースの前方フランジにはエア・インレット・ダクト、後方フランジには後方ケースまたはファン・リバーサが取付けられる。ケーシングには、ファンが発生する騒音を減衰させる複合材料製のハニカム構造のアコースティック・パネル（Acoustic Panel）が取付けられる。

ファン飛散防止システム（Fan Containment System）は、大きなファン直径を持つ高バイパス比エンジンほど重くなり、エンジンによっては、強度確保のため、一部にスチール・パネルを使用したファン・ケースや、強度を確保し軽量化を図るために、ケースに強度の高い複合材を巻き付けて固定する方法などが採用されている。

6-3-2　コンプレッサの種類と構造

コンプレッサの目的は、エア・インレット・ダクトまたはファンから受け入れた空気を圧縮してエネルギ・レベルを高めることにあり、空気流を機械的に圧縮して、要求される圧力と流量の空気を燃焼室に送り込む。燃焼により発生するエネルギは、使用する空気の空気量と空気圧に比例するため、燃焼サイクルの効率を増加するためには高い圧力が必要である。

コンプレッサは、大量の空気を処理できること、高い効率で高い圧力比が得られること、安定運転範囲が広いことが要求される。

コンプレッサには基本的に、遠心式コンプレッサあるいは軸流式コンプレッサのいずれか、またはこれらを組み合わせた型式が使われている。

a. 遠心式コンプレッサ

遠心式コンプレッサ（Centrifugal Compressor）は、回転する**インペラ**（Impeller）と空気の昇圧を図る**固定型ディフューザ**（Diffuser）および空気流の方向を燃焼室に導く**マニフォールド**（Manifold）で構成される。遠心式コンプレッサ出口から燃焼室までは**ディスチャージ・チューブ**（Discharge Tube）により空気流が送られる。

遠心式コンプレッサ中心付近のインペラ入口から吸入された空気流は回転による遠心力で外周方向に加速圧縮されてインペラから吐出され、外周に設けられたディフューザで空気流の運動エネルギが圧力エネルギに変換されて圧力上昇がはかられる（図6-23）。圧力上昇の半分はインペラによるが、残る半分の圧力上昇はディフューザで行われる。

遠心式コンプレッサは段当りの圧力比が大きく、効率80％で5：1程度の圧力比が得られる。回転数を上げると圧力比は上昇するが、インペラから吐出される空気流の円周速度が超音速となりディフューザ内で大きな損失を伴う衝撃波を生じて効率は急激に低下する。

インペラを直列に配置して段数を増やすことにより圧力比を増大することが可能であるが、一段目から次の段に空気を流すための空気流路が長くなり壁面との摩擦により圧力損失を生ずる問題などを生ずるが、ロールス･ロイス製ダート･エンジンではこの型を採用して成功している。片面コンプレッサの派生型として背面にもインペラを付けた両面型コンプレッサがあり、この型では処理する空気流に対して直径を小さくすることが出来るが、空気流を背面のインペラに流す方法に難点があることから、この型は今では航空機用エンジンでは使われなくなっている。

遠心式コンプレッサの利点は、1段で得られる圧力比が大きく空力的に安定した運転が得られる上、構造的に異物の吸入に対して強く、又製作が容易で製造コストが比較的安いことである。反面、空気流量に対する前面面積が大きく、高圧力比を得るための多段化が困難な欠点がある。

最新の小型ターボプロップおよびターボシャフト・エンジンでは、軸流式と遠心式コンプレッサを組合せて使用することにより良好な結果が得られており、数段の軸流コンプレッサの後段に1段の遠心式コンプレッサの組み合わせたものなどが多く使われている。

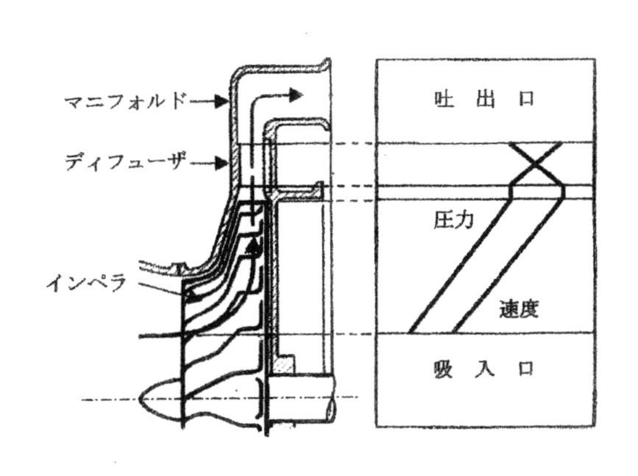

(a)遠心式コンプレッサの速度/圧力分布

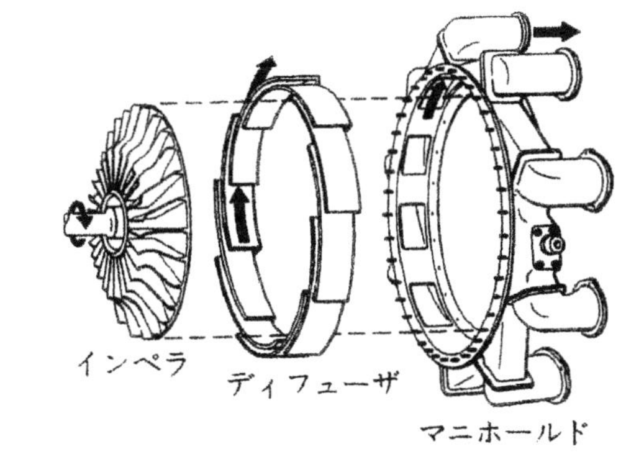

(b)遠心式コンプレッサの構成

図6-23　遠心式コンプレッサ

b. 軸流コンプレッサ

軸流コンプレッサ（Axial Flow Compressor）は、空気流が軸方向に連続したロータ・ブレード（Rotor Blade）と後続の**ステータ・ベーン**（Stator Vane）を通って圧縮されるコンプレッサで、**コンプレッサ・ロータ**（Compressor Rotor）と**コンプレッサ・ステータ**（Compressor Stator）で構成される。ロータと後続のステータの組合せを**段**（Stage）とよぶ。

コンプレッサ・ロータは、段ごとにディスク（Disc）またはドラム（Drum：数段のディスクを重ねて一体回転構造としたもの）の周囲に多数の翼型のブレードが取付けられて構成されており、高速で回転する。コンプレッサ・ステータは、各段のロータの後方に位置するよう、段ごとに多数のベーンがコンプレッサ・ケースに固定されて取付けられる。

コンプレッサに吸入された空気流は、軸方向に各段のロータとステータを通過して圧縮され、軸流コンプレッサの空気流路は、段から段へと圧縮されるにしたがって空気の容積が減少するため、流れの方向にしたがって断面積が減少している。空気流はコンプレッサを出た後、ディフューザの拡散作用により、燃焼室への適切な流入速度とすることにより、さらに圧力が上昇し送り出される。

軸流コンプレッサの長所は、前面面積が小さく多量の空気流を圧縮できる、高い効率で大きな圧力比が得られる、さらに空気流は一定方向に流れ、方向を変える必要が無いことである。しかし、段数の増加に伴って空力的な不安定を生じやすく、構造が複雑で部品点数が多くなり、製造コストや重量に影響する欠点がある。また異物吸入の場合に、損傷を受け易いなどの問題もある。

単軸式軸流コンプレッサは、要求する圧力比を創り出すために、理論的に多数の段で構成する必要があるが、多段化や高圧力比とした場合に運転上の不安定性が増加し、コンプレッサ・ストールを発生するなどの問題が生ずる。

この問題を解決するために、図 6-30-1 に示すように、コンプレッサを機械的に独立した複数のロータ・システムに分離して、それぞれを独自の別々のタービンで最も適した回転速度で駆動される多軸式軸流コンプレッサとすることにより、効率的に多段化や高圧力比を達成することができる。

現代のターボファン・エンジンでは 2 軸式が一般的になっており、3 軸式軸流コンプレッサが採用されたエンジンも使用されている。

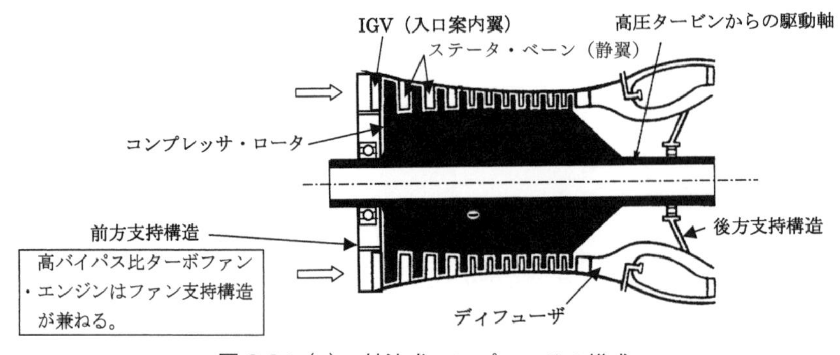

図 6-24（a）　軸流式コンプレッサの構成

多軸式軸流コンプレッサでは、次のような利点が得られる。

・コンプレッサ全体として高い圧力比が得られる。

・各コンプレッサ・ロータを比較的低い圧力比とすることができるため、運転上の不安定性が減少してコンプレッサ・ストールの発生の可能性が減少する。

・始動時の負荷が小さく、始動装置のサイズと重量を単軸式より小さくすることが出来る。

軸流コンプレッサのブレードとケースの間の間隙（クリアランス：Clearance）は、コンプレッサの効率を維持するために可能な限り小さく維持する必要がある。このため、作動中のブレードとケースの熱膨張を考慮してクリアランスが設定されるが、現代のエンジンでは、クリアランスを積極的に小さく維持するために、後述のコンプレッサ・ボア・クーリング（8-3-6　アクティブ・クリアランス・コントロール参照）などの方式が採用されている。

C. 軸流・遠心コンプレッサ（Axi-CF 型コンプレッサ）

軸流コンプレッサはサイズが小さくなるほどコンプレッサの空気流路に発生する境界層が発達して効率が低下する傾向があり、出口ブレードの高さが 1 cm 以下になると軸流式コンプレッサは効率的に作動しなくなる傾向がある。このため小型ターボプロップおよびターボシャフト・エンジンなどの非常に小型のコンプレッサでは遠心式コンプレッサを使用するかまたは数段の軸流コンプレッサの後段に 1 段の遠心式コンプレッサを組み合わせたコンプレッサが使用されているものがあり、この軸流コンプレッサの後段に遠心式コンプレッサを組み合わせたコンプレッサを Axi-CF 型コンプレッサ（axi-centrifugal compressor）と呼んでいる。

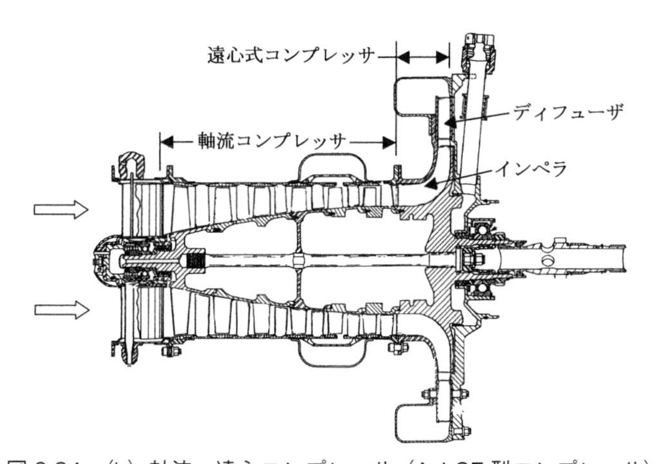

図 6-24　(b) 軸流・遠心コンプレッサ（Axi-CF 型コンプレッサ）

6-3-3　軸流式コンプレッサの作動原理

軸流コンプレッサは、タービンから機械エネルギを受けて動翼で加速された空気流の速度エネルギを、動翼と後続の静翼の翼列に形成されたダイバージェント（末広がり）流路における空力的拡散作用により圧力エネルギに変換して、圧縮を行うものである。

1段での圧力上昇に対する動翼での圧力上昇の比を**反動度**（Reaction Grade）とよび、初期のエンジンにおいては、反動度は0.7～0.8と静翼の負荷が非常に小さいものであった。現代のエンジンでは反動度は0.5程度となっており、動翼と静翼にほぼ同じ負荷を持たせた段が通常使われている。

図6-25のように、各段の動翼および静翼の羽根は断面が翼型であり、各羽根間の空気流路は入口が狭く、出口が広くなるように羽根が配置されたダイバージェント流路を形成している。ロータに流入した空気流は動翼で加速されるとともに、増速された空気流は動翼の翼列が形成する流路で拡散作用（Diffusion Action）により、速度エネルギの一部が圧力エネルギに変換されて圧力の増加が得られる。

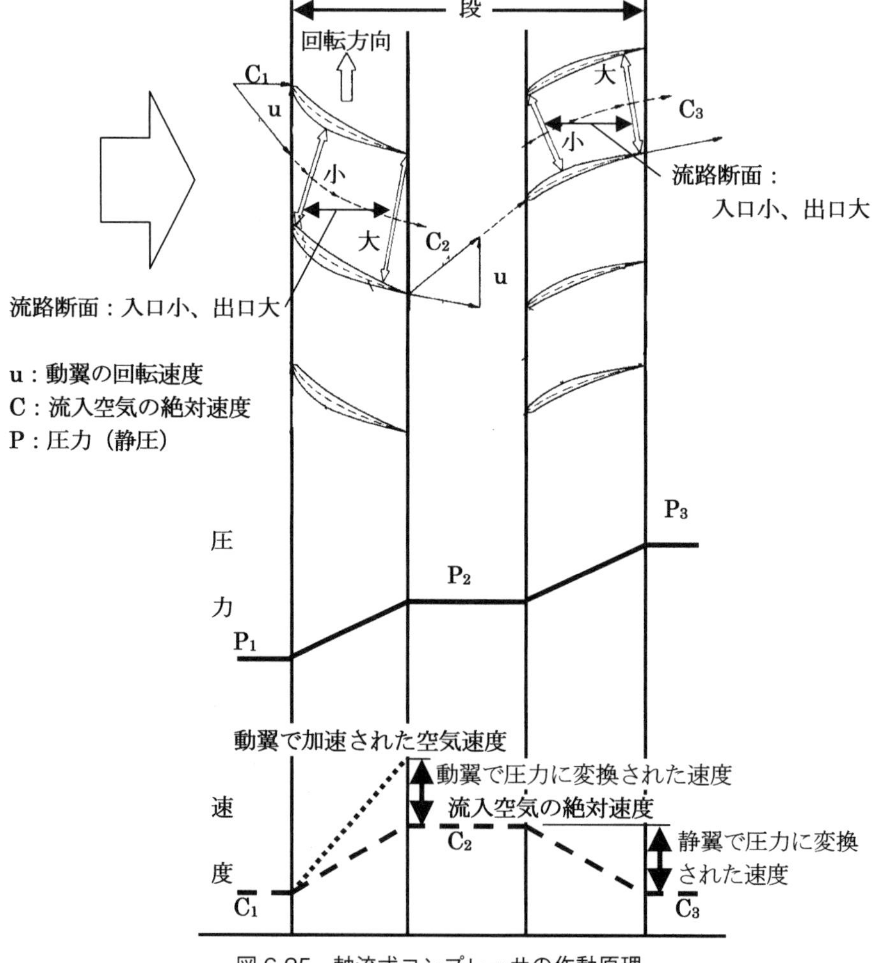

図6-25　軸流式コンプレッサの作動原理

動翼からの空気流は静翼に流れ、同様に静翼の翼列での拡散作用により、速度のエネルギが圧力のエネルギに変換されて圧力の上昇がはかられ、当該段における圧縮を完了する。静翼の出口においては、動翼で加速された空気流の速度の増加分は、動翼と静翼を通過する間にほぼ圧力に変換される。引続き次の段の動翼により、再び空気流が加速されて、動翼および静翼で速度が圧力に変換されて圧力の上昇がはかられ、以降コンプレッサの段の数だけこれを繰り返して圧縮が行われる。

連続した動翼と静翼のセットによる圧力蓄積に伴って容積が減少するため、圧力を維持するために流路の断面積を小さくする必要があり、コンプレッサ内の流路断面積は、図6-24のように、徐々に減少する。

コンプレッサ出口におけるディフューザ・セクション（Diffuser Section）で、燃焼室への流入速度を適正な速度にするため、拡散作用により空気流速度が減速され、燃焼室に入る前に、再び静圧が増加してエンジンの圧縮行程が完了する。

一般的に、軸流コンプレッサ内の空気流は拡散作用により圧力上昇をはかるため、空気流の乱れに敏感であり、高い圧力比と圧縮機効率を得るためには、1段あたりの拡散率を小さくとる必要があり、結果として多数のコンプレッサ段が必要となる。

6-3-4　コンプレッサの性能

コンプレッサは、タービンから機械エネルギを受けて空気流を加速し、速度エネルギを圧力エネルギに変換して圧力を上昇させる。必要とされるエネルギ量や、エネルギ変換後の状態は、下記のコンプレッサ性能パラメータで示される。

a. コンプレッサ圧力比

コンプレッサ圧力比（Compressor Pressure Ratio）は、コンプレッサ入口の全圧に対するコンプレッサ出口の全圧の比で定義され、次の式で表される。コンプレッサ圧力比は大きいほど、コンプレッサ性能が優れていることを示している。

$$\text{コンプレッサ圧力比} = \frac{\text{コンプレッサ出口全圧}}{\text{コンプレッサ入口全圧}}$$

b. コンプレッサ効率

コンプレッサ効率（Compressor Efficiency）は、理想的圧縮仕事に対する実際の圧縮仕事の達成率を表すもので、エネルギの変換において避けることが出来ない損失の量を示す。圧縮機の流れに摩擦等の損失がなければ理想的圧縮仕事となるが、実際には必ず摩擦等の損失があり、同じ圧力比で圧力上昇を行う場合、実際の圧縮仕事は理想的圧縮仕事より損失の分大きい仕事が必要となる。したがって、実際の圧縮仕事は理想的圧縮仕事より大きな値となるため、理想的圧縮仕事に対する実際の圧縮仕事の達成率を見るためにコンプレッサ効率の式は実際の圧縮仕事を分母とした次の式のように定義される。コンプレッサ効率は一般に80～85 %（離陸時）と言われている。

$$\text{コンプレッサ効率} = \frac{\text{理想的圧縮（断熱圧縮）仕事}}{\text{実際の圧縮仕事}} \times 100$$

c. 空気流量

空気流量（Air Flow Rate）のパラメータは、単位時間内に処理できる空気流の重量を示すもので、通常単位時間として秒が使われる。このパラメータは、熱サイクル解析で重要である。

6-3-5　コンプレッサの作動特性

a. 軸流コンプレッサの作動ライン

軸流コンプレッサの作動特性は、通常、吸入空気量に対するコンプレッサを通して発生する圧力比で示された**コンプレッサ特性マップ**で表される。

コンプレッサ特性のデータは試験装置により、コンプレッサ回転数一定の状態で、排気口断面積を変えることにより、空気流量を変化させて得られる。

コンプレッサ流入空気流に対する動翼の迎角は、流入空気の絶対速度と動翼の回転速度の合成ベクトルの方向が動翼と成す角である（図6-26）。このことから、回転数（修正回転数）一定の状態で、空気流量（修正空気流量）を減少させてゆくと、動翼に対する流入空気の迎角が増加して、圧力比が最大となった直後にストールを発生する。

ストールを発生する直前にコンプレッサ効率が最大となる点があるが、これはちょうど、飛行機の翼が失速角の手前で最大の揚力を発生するのと同じである。

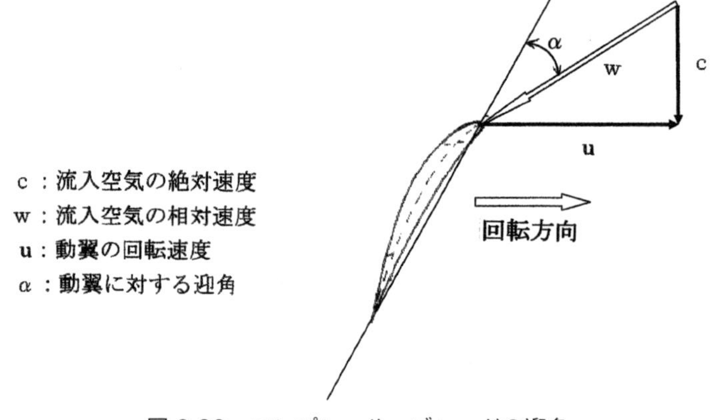

図6-26　コンプレッサ・ブレードの迎角

ストールを発生し始める各速度曲線上の点を結ぶことによって、コンプレッサ作動領域の制限ラインである**ストール・ライン**が定まる。

各回転数における特性曲線には、コンプレッサが示された条件で運転できる1つの点があり、この点を結んだ線をコンプレッサの**作動ライン**とよぶ。作動ライン上でコンプレッサ効率が最高となる領域があり、通常この領域が常用回転数（設計点）となるよう選定される。

これらのデータから、コンプレッサを通して発生する圧力比を、修正空気流量に対応してプロットすると、図6-27に示すコンプレッサ特性マップが設定される。

コンプレッサ特性マップには、高度変化によるコンプレッサの作動ライン、高度変化に伴うストール・ライン、コンプレッサ（N_1）の修正回転数のライン、エンジンが従う代表的加速および減速のラインが示される。正常な状態では、高度の増加に伴って運転ラインは上方へ、ストール・ラインは下方へ移動するが、これは主にレイノルズ数効果によるものである。

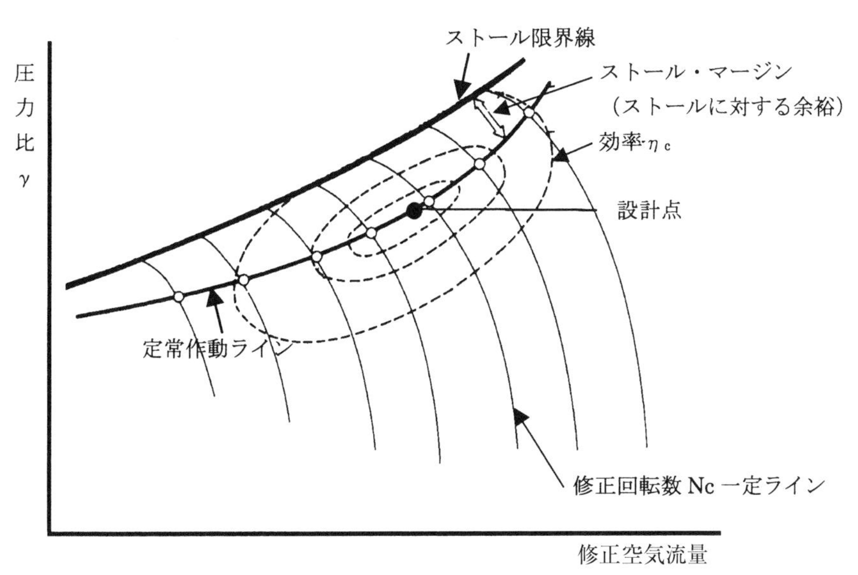

図 6-27　コンプレッサ特性マップ

b. 軸流コンプレッサの作動特性

(1) 回転数の影響

エンジンの回転数が設計回転数よりもはるかに低い状態では、コンプレッサの前段部は、後続の段が処理するのに多すぎる空気流量を供給するため、後段は空気流を受け付けず段の前方で塞がれる。これにより、前段部の流入空気の絶対速度が遅くなり、動翼に対する迎角が大きくなってストールを生ずる。また、後段部では前方段から処理するのに多すぎる空気が供給されるため、絶対速度が増加して迎角が小さくなり効率の低下となる。また、回転数が設計回転数より高くなると逆に反対のことが生じ、後段部でストールを発生しやすくなり、前段部の効率低下を生ずる。

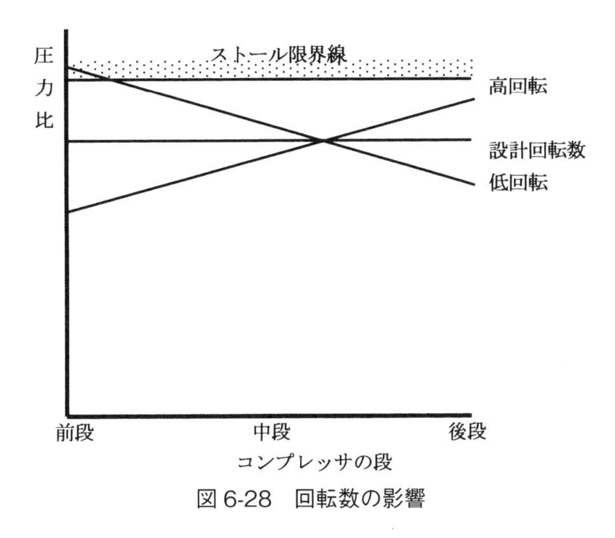

図 6-28　回転数の影響

(2) 流入空気温度の影響

軸流圧縮機の流入空気の絶対速度は、圧縮機入口における絶対速度の任意温度と標準状態の二つの運転状態の相似パラメータ（マッハ数）を一致させることにより、回転数一定の場合温度修正係数の平方根に比例することが示されており、次式で表される。

任意の温度における絶対流入速度＝標準温度での絶対流入速度×$\sqrt{\text{温度修正係数}\,\theta}$

（温度修正係数θについては5-5-5　エンジン性能の修正 参照）

温度修正係数＝流入空気の任意絶対温度／標準大気の絶対温度＝流入空気の測定絶対温度／288から、

流入空気の絶対速度＝ 標準温度での絶対流入速度×$\sqrt{\text{流入空気の測定絶対温度}/288}$

となり、流入空気の絶対速度は流入空気の測定絶対温度の平方根に比例する。

温度が上昇すると絶対流入速度は増加するため、迎角（α_h）は減少して圧力比は低下する。反対に温度が低下すると絶対流入速度は減少して迎角（α_l）は増加して圧力比は上昇する。

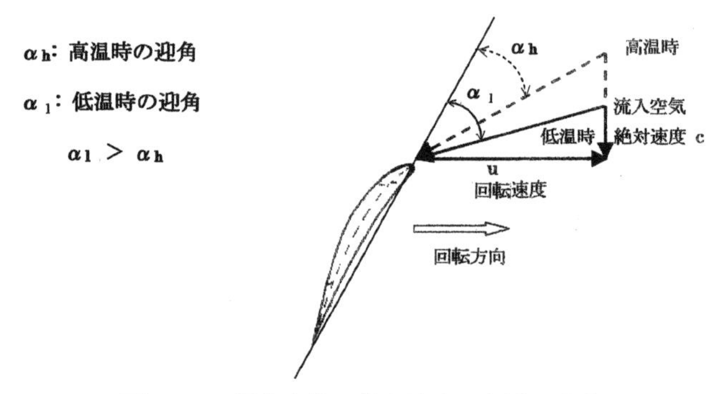

図6-29　温度変化に伴う速度三角形の変化

6-3-6　コンプレッサのストール

6-3-6-1　ストールの現象

前述のように、コンプレッサ・ブレードの迎角は、吸入空気の絶対速度とコンプレッサ回転数が組み合わされて形成するベクトルによって決まる。回転速度の変化と調和することなく空気流の絶対速度が変化すると迎角が変わり、迎角が大きくなりすぎるとブレードに**ストール**（Stall）を発生する。

ストールが発生すると、ストールの程度により、作動回転数に対してコンプレッサの空気流の完全な停止または逆流、あるいはエンジンが処理する空気流の急激な減少を生ずる特徴を持っている。

ストールの状態は通常、穏やかな空気の脈動または振動程度のものから、大きな脈動音、または激しいバックファイアや爆発音を伴う出力の低下、あるいは損傷やエンジン破損に至るものまである。

一般にストールという用語は個々のコンプレッサ・ブレードに発生する局部的現象の場合に使われるが､エンジン全体で反応して発生する場合を**サージ**（Surge）と呼ぶ。しかし､「ストール」と「サージ」の用語は厳密に区別して使われておらず、一般に「ストール」という用語が多く使われている。

6-3-6-2　ストールの原因

ストールを発生する可能性のある原因として、以下のものが挙げられる。

(1) インレット・ディストーション

インレット・ディストーション（Inlet Distortion）は、エア・インレット・ダクトの不適切な状態、急激な機体姿勢の変化、乱気流や強い横風との遭遇、または排気ノズル一体型の低バイパス比ターボファン・エンジンなどで、リバース時に高温排気を吸入した場合などに発生する。

エンジン・エア・インレットへの空気流の乱れによるコンプレッサ入口における流入空気の速度、方向、圧力または温度の不均一な分布により、局部的に流入空気の絶対速度のベクトルを減らし迎角が増加する。

(2) 加速時のストール

エンジンは、燃料の供給を増加することによって加速するが、急激なエンジン加速により過度の燃料が供給されると、燃焼室の背圧上昇による流入空気の絶対速度のベクトルが減少して迎角が増加し、ストールを発生する。

エンジンの加速中にアイドルから少し上の推力で、ストールを生じることがあるが、これをオフ・アイドル・ストール（Off Idle Stall）とよぶ。

(3) コンプレッサ・ロータのマッチング不良

二軸式コンプレッサでは、加速時に高圧コンプレッサが急速に加速して、回転質量の大きい低圧コンプレッサの加速は遅れる。このため、低圧コンプレッサ出口の圧力が低下して、高圧コンプレッサの絶対速度のベクトルが小さくなって迎角が増加し、また減速時には回転質量の大きい低圧コンプレッサの減速が遅れて、高圧コンプレッサ入口で空気流のチョークを生じ、低圧コンプレッサの絶対速度のベクトルが小さくなって迎角が増加するため、ストールを発生する。したがって、加速時には高圧コンプレッサ、減速時には低圧コンプレッサにストールが発生する。

(4) レイノルズ数効果

飛行高度が36,000 ft（11,000 m）以上になると成層圏を形成して気温は一定となり、気圧は降下を続けるため、レイノルズ数は急激に低下する。レイノルズ数が臨界レイノルズ数より小さくなると、粘性力が優勢となり乱流へ移行出来ないため、空気流からのエネルギの授受が行われず、境界層は剥離し始め、ストールを発生する。

高度の増加によるこの現象を、**レイノルズ数効果**（Reynolds Number Effect）という。詳細は5-3-4項による。

6-3-7　コンプレッサのストール防止構造

軸流圧縮機において、高い圧力比を得るためにはストール防止策を導入することが必要となる。現代のエンジンにおいてはストール防止構造として、抽気、多軸エンジンおよび可変静翼が使われており、それらが組合されて導入されている。

(1) 抽　気（Air Bleed）

エンジンの始動時や低出力時のコンプレッサ回転数が低いときには、コンプレッサの前段が後段へ送る空気流量が多すぎて閉塞を生ずるため、前段部の流入空気の絶対速度が遅くなり、前段部の動翼に対する迎角が大きくなってストールを生ずる。

これを防ぐために、軸流コンプレッサの中段またはそれ以降の段に抽気弁（Air Bleed Valve）または可変抽気バルブ（VBV：Variable Bleed Valve）を設け、始動時や低出力時の低回転時に圧縮空気の一部を外気へ抽気することにより、放出空気量分だけ流入空気の絶対速度が増加してストールを防止する。

軸流・遠心コンプレッサ（Axi-CF型コンプレッサ）を使用しているターボプロップおよびターボシャフト・エンジンでは、上記理由によるストール発生の他に、低出力時の回転数が低い状態における軸流コンプレッサに対する遠心式コンプレッサ段の能力差の影響により軸流コンプレッサの流入空気の絶対速度が遅くなってストールを発生する可能性もあるため、通常ブリード・バルブは軸流コンプレッサと遠心式コンプレッサの接合部付近に設けられている。

(2) 多軸エンジン（Multi Spool Engine）

軸流コンプレッサを、機械的に独立した複数のロータに分離して、個別のタービンで駆動する多軸式軸流コンプレッサとすることにより、それぞれのコンプレッサを、比較的低い圧力比とすることができるため、ストール防止効果が得られる。

また、軸流コンプレッサ全体で高い圧力比および高い効率が得られる。現用エンジンでは、多軸エンジンとして2軸式エンジンおよび3軸式エンジンが使われている。

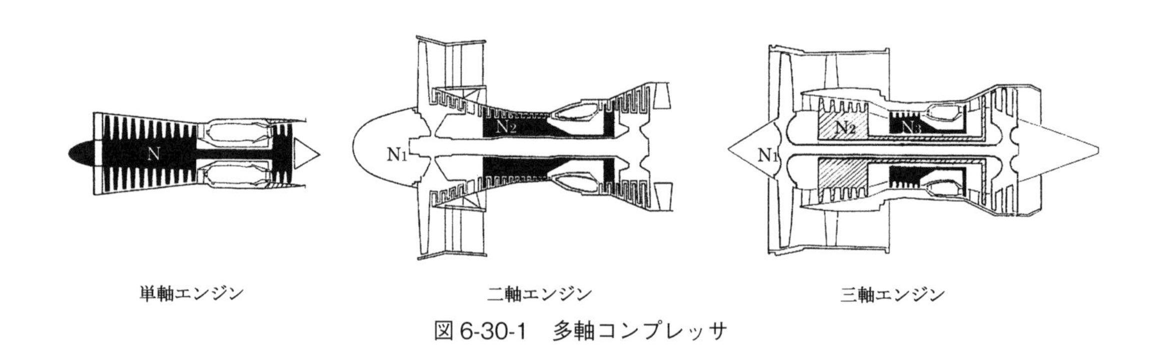

図6-30-1　多軸コンプレッサ

(3) バリアブル・ステータ・ベーン（VSV：Variable Stator Vane）

軸流コンプレッサの入口案内翼および一部のステータを可動にして、回転数の変化に伴う流入空気流量（空気流の絶対流入速度）の変化に応じて、ロータ・ブレードに対する迎角を常に最適な状態に保つバリアブル・ステータ・ベーン（VSV：Variable Stator Vane）が使われている。

ロータ・ブレードの迎角は、流入空気の絶対速度とロータ回転速度で決まるが、流入空気の絶対速度は空気温度の平方根に比例することから、バリアブル・ステータ・ベーンは、一般にコンプレッサ入口温度（CIT）と回転数（N）を関数として制御される。図 6-30-2（a）のようにアイドルでは流入面積を狭くして流入空気を制限して絶対速度を確保しているが、回転数の増加に伴う空気流量の増加にしたがって開度が増え、95% rpm で全開となる。

図 6-30-2（b）はコンプレッサ圧力比と空気流の質量流量 /RPM との関係を示す。コンプレッサの作動曲線は VSV の作動により上昇し、固定型ステータの場合に比べて、所定の回転数ではストールせずに高いコンプレッサ圧力比で作動することが可能となる。

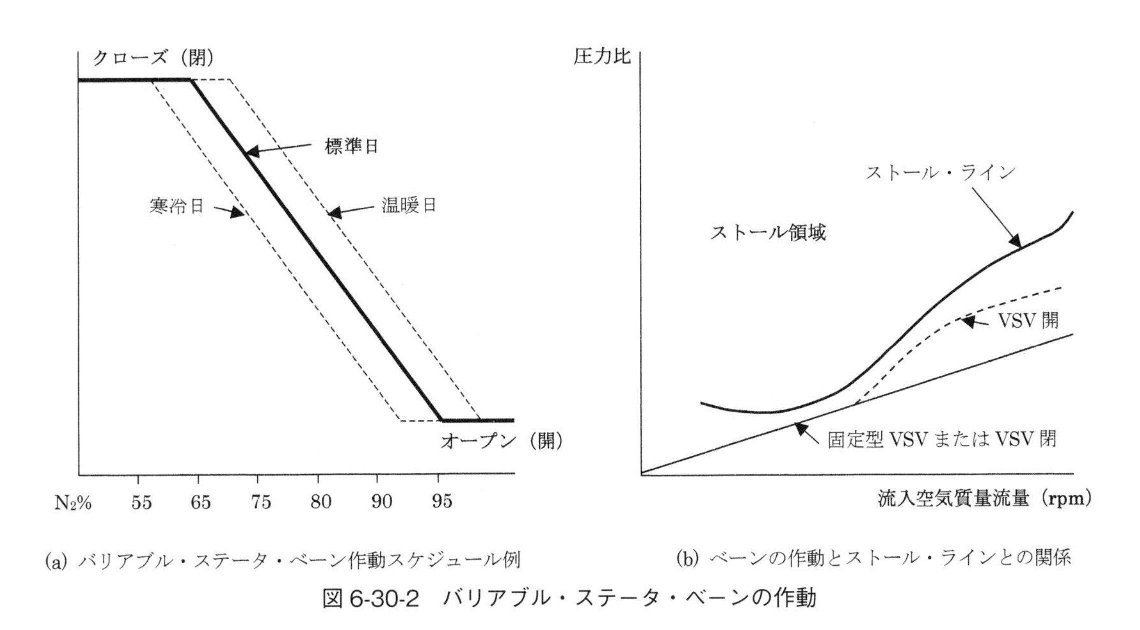

(a) バリアブル・ステータ・ベーン作動スケジュール例　(b) ベーンの作動とストール・ラインとの関係

図 6-30-2　バリアブル・ステータ・ベーンの作動

小型のタービン・エンジンなどでは、ストール防止システムとしてインレット・ガイド・ベーンのみを可動とした、バリアブル・インレット・ガイド・ベーン（Variable Inlet Guide Vane）が使われているものがある。

6-3-8 コンプレッサの構成

軸流コンプレッサは、通常、数多くの異なった機能を持った部品で構成されている。各エンジンによって多少異なっているが、概ね次の構成によりモジュールを形成している。

・コンプレッサ前方支持構造（高バイパス比ターボファン・エンジン以外）

・コンプレッサ・ロータ

・コンプレッサ・ステータおよびコンプレッサ・ケース

・コンプレッサ後方支持構造

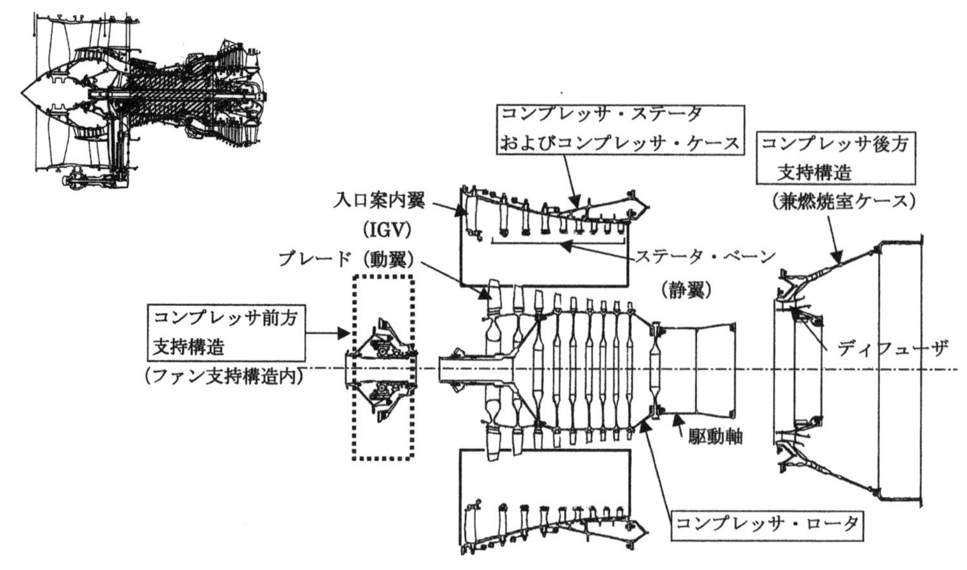

図 6-31-1　コンプレッサの構成例（CFM56）

6-3-8-1　コンプレッサ前方支持構造

高バイパス比ターボファン・エンジンでは、ファン支持構造がコンプレッサ前方支持構造の役割を有している。

コンプレッサ前方構造部材の役目は、ロータの前方ベアリングを保持し、ロータが発生する力を支持ストラットによって外側ケースに伝達することである。前方構造部材後面のフランジには、コンプレッサ・ケースが取付けられる。支持ストラット（Support Strut）は入口案内翼となっているが、入口案内翼の役目は、エア・インレット・ダクトからの空気流をコンプレッサの前部に導くことで、多くの場合、入口案内翼は表面の氷結を防ぐため、エンジン内部からの高温抽気を循環できるよう中空となっており、潤滑油の給油 / 廃油用配管や前方ベアリング・サンプ室用空気の供給 / 排気のための配管を通すためにも使われる。

エンジンによっては、コンプレッサ・ブレードへの空気流を最適な状態にするため、可変インレット・ガイド・ベーン（可変案内翼）が付けられたものがある。

6-3-8-2　コンプレッサ・ロータ

一般的に**コンプレッサ・ロータ**には、**ドラム型**（複数のディスクを重ねて一体化構造としたもの）または**ディスク型**、あるいはシャフトとディスク構造を組合せたものがある。個々のドラムまたはディスクの外周にブレードが取付けられる。

最新のエンジンでは、ディスクのリムに数多くの個別のブレードを取付ける代わりに、鍛造および機械加工によって、ブレードとディスクを一体のユニットとして製造された、ブリスク構造のロータが一部の段に使用されている。この方法では 40 ～ 60% の重量軽減が達成出来るとされている。

a. コンプレッサ・ブレード

コンプレッサ・ブレードは翼型断面となっており、周速の速いブレード先端から根元に向けて捩れ角をつけることによって空気流の先端から根元までの流速を一定にしている。

コンプレッサは減速流であるため剥離を生じやすく、流れの向き（転向角）を大きく変えられないことから、コンプレッサ・ブレードの翼型断面には、一般に亜音速圧縮機の薄肉尖頭の**円弧断面型翼型**が使われている。最新のエンジンでは、翼面上境界層の発達を最小限に食い止めることにより、全体の圧力損失を最小限に抑える、コントロールド・ディフュージョン・エアフォイル（CDA：Controlled Diffusion Airfoil）とよばれるブレードが使われている。

コントロールド・ディフュージョン・エアフォイル（CDA）は、従来の翼型に較べて前縁部の半径を大きくして前部を肉厚とし、大きなキャンバと後部のテーパを少なくした形状として、亜音速および遷音速の運転に適したものとしている。

これにより、境界層の遷移点までブレードの上面を連続的に加速して、ピーク・マッハ数を 1.3 より低く制限し、垂直衝撃波を緩やかな音速線として遷音速抵抗の上昇を最小とするとともに、翼面からの剥離防止と表面摩擦を最小限とするよう制御される。この結果、コンプレッサ効率が増加してブレード数を減らすことが出来、コンプレッサの重量、複雑さ、およびコストを軽減する結果が得られている。

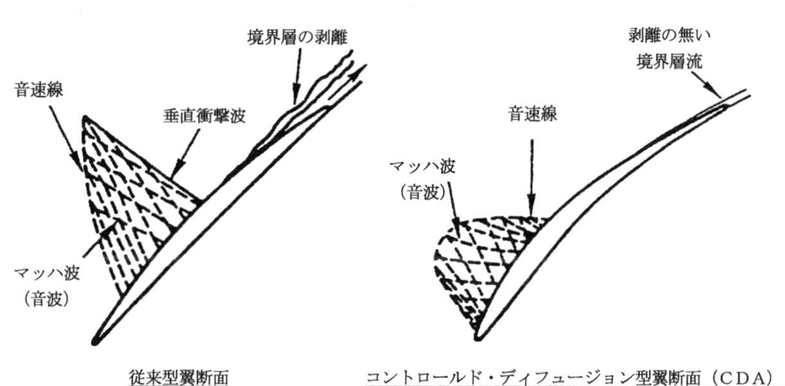

図 6-31-2　コンプレッサ翼断面（P&W 社提供）

コンプレッサ・ブレードのディスクへの取り付けには、ダブテール（Dove Tail）方式が一般的に多用されている。ダブテール型は**図 6-31-3** のように、ディスク外周に、軸方向または円周方向に切られたダブテール（鳩の尾）形状の溝に、同様の形状に加工されたブレードの根元をはめ込み、ブレード・ロックまたはブレード・リテイナで、ブレードが移動しないよう固定する方式である。

一般に、取付けが軸方向を向いたものは主に前方の段に使われ、後段には円周方向にダブテール形状に切削された型が使われている。

ダブテール方式以外には、空力的な乱れを受け易い位置のブレードの取り付けに、ディスク外周の円周方向に切られた溝にブレードの根元を挿入し、ディスクの溝の側面とブレード根元の孔にピンを通して固定する**ピン・ジョイント（Pin Joint）方式**が使われているものもある。

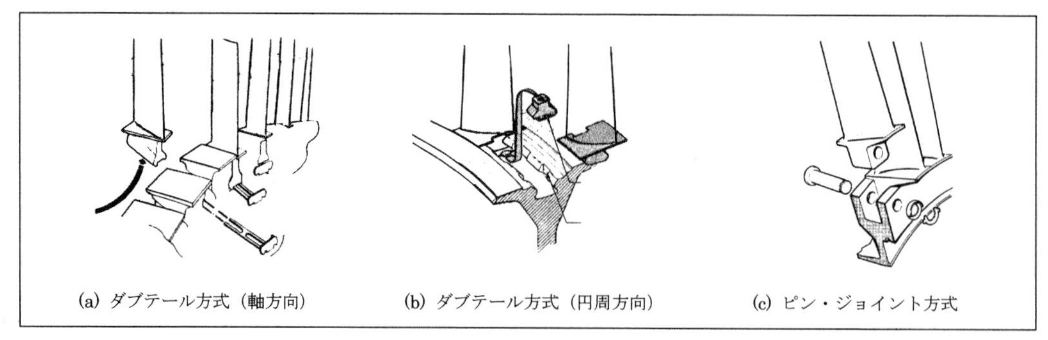

図6-31-3　コンプレッサ・ブレードの取り付け

小型エンジンおよび最近のエンジンではコンプレッサにブリスク（Blisk）とよばれるブレードとディスクを一体化した構造が一部に採用されているものがある。

前述のように、従来はコンプレッサ・ディスクに多数のブレードを個々に取り付け固定用部品で固定する方法がとられている。ブリスクではブレードとディスクを一体構造とすることにより、ブレードをディスクに取付けるために必要なディスク周囲の余分な材料や固定用部品を排除することができるため、同等の従来のブレード取付け型ディスクに較べてハブの直径を大きく減少することができる。これにより40～60％の重量軽減が可能とされている。

小型のブリスクは固体材料から機械加工により削り出して造られるものが多く、大型のブリスクではあらかじめ製造された構成部品をリニア・フリクション溶接などによる接合により造られている。

6-3-8-3　コンプレッサ・ステータ

コンプレッサ・ステータは、**ステータ・ベーン**（Stator Vane）と**ベーン支持構造**（Vane Support Structure）、および**コンプレッサ・ケース**（Compressor Case）で構成されている。

コンプレッサ・ケースは筒型になっており、代表的なものは、環状のケースをフランジ（Flange）でボルトによって結合したものや、組立や整備を容易にするために、軸方向に上下に二分割された構成のものなどがある。上下二分割型では、ロータをケースに組込んだ後、水平方向のフランジでボルトによって上下の各ケースを結合する。

コンプレッサ･ケース内面には、ステータ翼を取付けるための複数のT字型の溝が、機械加工によって円周方向に設けられている。可変式ステータ・ベーンが使われている場合は、ケースの円周上の支持リブの部分に、可変翼の支持ブッシングを取付けるための穴が半径方向にあけられている。

ステータ･ベーンは、ケースに設けられたT字型溝に直接挿入して取付けるか、取付けリングによってコンプレッサ・ケースに取付けられる。ステータ・ベーンを直接取付ける場合は、ステータ・ベーンの内側先端に、空気流の損失を最小限とするためのシュラウドが設けられている。

前方段での長いステータ・ベーンでは、ベーンの振動防止のために、いくつかのベーンとシュラウドを組合せて一体としたものが取付けられている。ベーンとシュラウドは回転しないよう、コンプレッサ・ケースに固定される。

コンプレッサで圧縮された空気の一部は、客室の与圧や暖房、防氷などの機体側のシステム、およびエンジン自体の構成部品の冷却や防氷などに使用するために、中空になったステータ翼を通って、ケースの円周上に配置された抽気マニフォールドに連続的に抽気される。抽気は遠心力により埃が集まる外周を避けて、エンジン中心近くから採取される。

バリアブル・ステータ・ベーンはベーンの外側回転軸がコンプレッサ・ケースに取り付けられ、その先端に取り付けられたベーン・レバーがコンプレッサ・ケースを1周する各段ごとのユニソン・リング（アーム・リング）に接続される。各段ごとのユニソン・リング（アーム・リング）はコンプレッサ・ケースの左右に取り付けられたアクチュエータで駆動されるレバー・アームに接続されて円周上を回転移動する。アクチュエータはレバー・アームの前方に取り付けられレバー・アームの後方はピボットであるため、ユニソン・リング（アーム・リング）は大きなストロークを要する前段が大きく動き、後段ほどストロークは小さくベーンの角度を変える。（図6-32　バリアブル・ステータの構成例）ベーンの内径側回転軸は支持リングで保持されるが、長さが短いベーンについては支持リングを使用せず片持構造としたものがある。

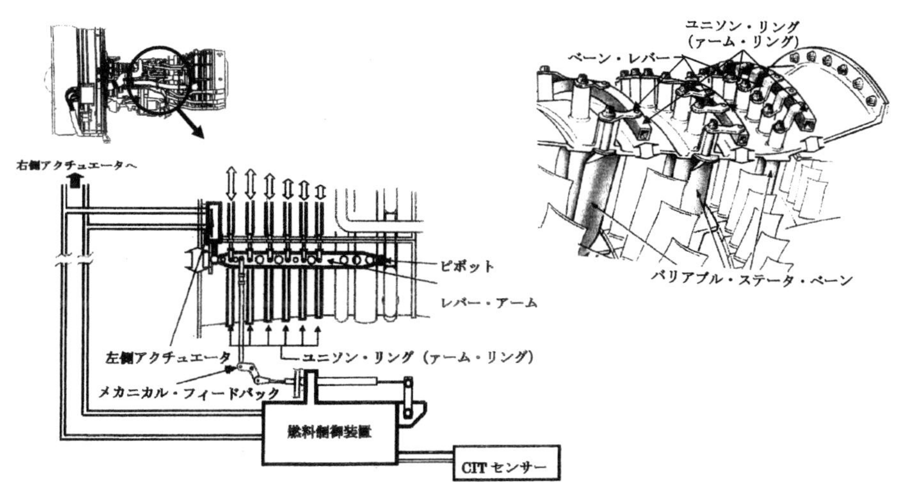

図6-32　バリアブル・ステータの構成例

6-3-8-4　コンプレッサ後方支持構造

コンプレッサ後部構造の基本的な役目は、コンプレッサ・ケースの保持と圧縮空気流を導いて燃焼器へ送り出すこと、およびコンプレッサ・ロータの後部を支持することである。燃焼室への適切な空気流入速度とするために、コンプレッサ後部構造の空気流路はディフューザ（Diffuser）を形成しており、空気流を燃焼室に送り込む。空気通路の形状は使われる燃焼器の型式によって多少異なっている。

コンプレッサ後部構造のストラットで支持された中央部分には、コンプレッサ・ロータの後方ベアリング・ハウジングが設けられており、ロータ後方を支持するためのベアリングが取付けられる。

コンプレッサ後部構造のストラットは、コンプレッサ全体の構造的強度を請負う役割を持っている他、ベアリングの潤滑や排気、抽気などの供給に使われる。

6-3-9　コンプレッサの性能回復

エンジンの長時間使用において、大気中の汚れなどがコンプレッサ・ブレードの表面に付着することによりコンプレッサ性能が低下し、排気ガス温度（EGT）の上昇により、EGT マージン〔排気ガス温度（EGT）の許容リミットに対する余裕温度〕が減少する。

EGT マージンが少ないと離陸推力発生時等に、外気条件によって排気ガス温度が許容リミットに達してしまう恐れがある。これによる性能劣化は、エンジン使用中のフライト・データ・モニタリング（11 - 1 - 1 参照）等に、高圧系ロータの回転数（N_2）や排気ガス温度（EGT）に上昇傾向を示すなどの現象となって現われる。この性能劣化は、機体に搭載された状態で処置することによって、ある程度回復させることが可能である。

性能回復の方法として、エンジンに水を散布して吸入させ、コンプレッサ・ブレードを洗浄する**エンジン・ウォータ・ウォッシュ**（Engine Water Wash）とよばれる方法が、現在一般的に使われている。

エンジン・ウォータ・ウォッシュによる方法は、エンジンをモータリング（エンジンを点火せずスタータのみでエンジンを回転させる方法）状態で、エア・インテークから散布用のノズルを用い規定流量の水を散布して吸い込ませることにより、コンプレッサ・ブレードに付着した汚れを除去するもので、洗浄効果をあげるために水だけではなく、洗剤を併用する方法を使う場合もある。

この場合、洗剤はエンジン内部に施されたメッキやコーティングなどに影響を及ぼさない承認された洗剤を使用しなければならない。また、冬季には洗浄後にエンジン内部に凍結を生じ、不具合を起こすことを防止するために、散布する水に凍結防止剤を混ぜて使う場合もある。

この方法以外に、エンジンの種類 / 型式によっては洗浄水の代わりに、エンジンの暖気運転（アイドル運転）状態で微細な石炭の粉末を吸入させて洗浄する**コーク・クリーニング**（Coke Cleaning）とよばれる方法や、胡桃の殻の粉末を吸入させる**カーボ・ブラスト**（Carbo Blast：MIL-D-5634）などの、ブラスト効果による性能回復方法が認められている。この方法による性能回復では、ウォータ・ウォッシュと同等の効果が得られるとされている。

コンプレッサの性能回復は、使う方法に関わらず該当するエンジンのマニュアルに従って、作業および影響する配管、およびセンス・ラインなどの接続の取外しなどを行なう必要がある。これらの方法で完全な性能回復が得られない場合には、該当するモジュールを取卸して、分解整備を行わなければならないことは言うまでもない。

6-3-10　ディフューザ・セクション

コンプレッサ出口と燃焼室との間は、**ディフューザ・セクション**（Diffuser Section）となっている。

ディフューザ（Diffuser）は、コンプレッサから吐出された空気流を、適正な流入速度として燃焼室へ送り込む末広がりのダイバージェント・ダクトを形成しており、コンプレッサから吐出された空気流の速度エネルギが静圧に変換されるため、ディフューザ出口では、エンジンの中で最も圧力が高くなる。

燃焼室に送り込む空気流の速度は、低すぎると空気流が壁面から剥離して乱流となる空力的問題を生ずるため、燃焼室への流入速度には下限がある。

6-4　燃焼室

燃焼室（Combustion Chamber）の役目は、タービンや排気ノズル・セクションにエネルギを供給するために、燃料と空気流を混合して燃焼させることにより、多量の空気流に熱エネルギを付与して高温ガスを創り出すことである。燃焼室が具備すべき条件として主に以下が要求される。

(1)　燃焼効率が高い。
(2)　圧力損失が小さい。
(3)　燃焼負荷率が高い。（小型軽量）
(4)　安定した燃焼が得られる。
(5)　高空での再着火が容易。
(6)　出口温度分布が均一。
(7)　耐久性が優れている。
(8)　有害排出物が少ない。

6-4-1　燃焼室の種類と特徴

燃焼室にはいくつかの異なった型式があるが、基本的に次の型式に分類できる。

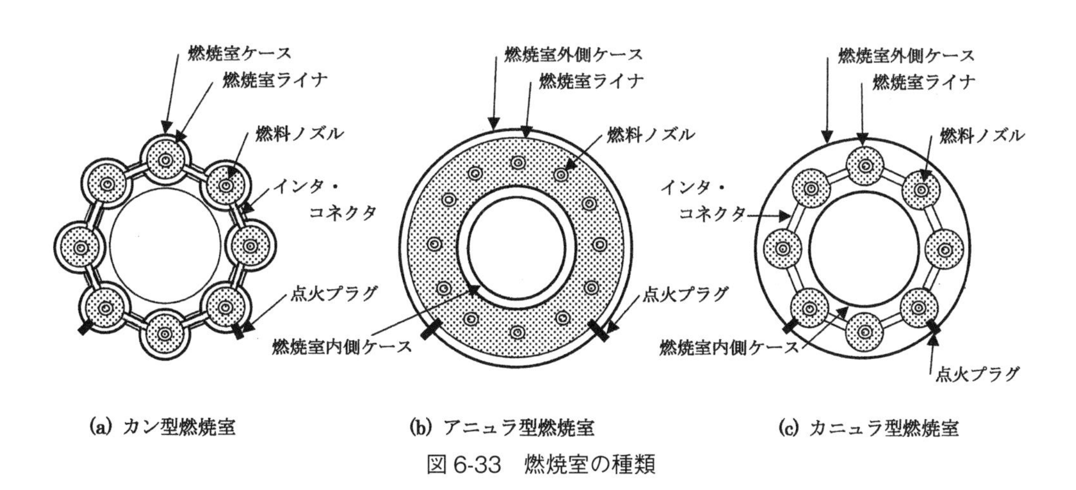

図 6-33　燃焼室の種類

a. カン型燃焼室

カン型燃焼室（Can Type Combustion Chamber）は、燃焼室ケースとライナで構成された筒状の燃焼缶が、エンジン軸を中心として円周上軸方向に、等間隔に配置して取り付けられた燃焼室である。

各燃焼缶は隣合う燃焼缶に、火炎を伝播するための**インタ・コネクタ**で結合されており、始動時は点火栓によって二本の燃焼缶にのみ点火されるが、インタ・コネクタによって他の燃焼缶の混合気にも点火される。

インタ・コネクタはまた、すべての燃焼缶が同じ状態で作動するよう、各燃焼缶の圧力を均等化する働きも行い、これによりタービンの不均等な負荷を防ぐ。燃焼缶の表面の大部分が湾曲した構造であるため、高い強度を持ち歪に対して強く、またエンジンの外部から接近し易く、整備性に優れている。反面、空間が効率的に使用できず、ガス流から求められる容積を満たすためには多量の材料を必要とし、重い燃焼室となる欠点がある。この型の燃焼室は、初期のエンジンに多く使われていた。

b. アニュラ型燃焼室

アニュラ型燃焼室（Annular Type Combustion Chamber）は、エンジン軸を取り巻くドーナツ状の一体型燃焼室で、燃焼室外側ケース、燃焼室ライナ、燃焼室内側ケースで構成される。アニュラ型燃焼室は、使用できる空間を最も有効に使うことが出来るため、同じ空気流量では直径を小さく出来る。燃焼室の構造は簡素であり、必要な容積を覆う板金の表面積が最少となるため軽量となる。

このため、他の型の燃焼室に較べてライナ冷却に必要な冷却空気は15%ほど少なく、この空気を燃焼行程に使用することによって､燃焼効率の向上と有害排気ガスの発生の減少に寄与できる。また、円周方向の均等圧力が得やすく、単体の大型燃焼室であるため、燃焼が燃焼ライナの中で均等に行われるなどの長所があり、小型タービン・エンジンでは従来から使用されていたが、現代の大型ターボファン・エンジンでは、現在アニュラ型燃焼室が主流となっている。

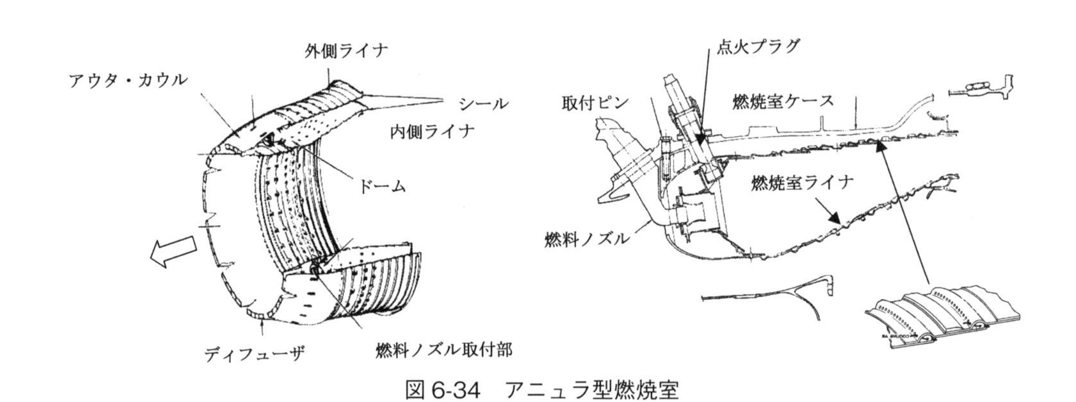

図6-34　アニュラ型燃焼室

c. カニュラ型燃焼室

カニュラ型燃焼室（Can-annular Type Combustion Chamber）は、カン型とアニュラ型の両方の特性を持った燃焼室で、両方の長所を備えている。カニュラ型燃焼室は、アニュラ型燃焼室と同じ燃焼室ケース内に、円周上等間隔で配置された燃焼ライナで構成されており、各燃焼ライナは火炎を伝播するためのインタ・コネクタで結合されている。各燃焼ライナは所定の位置に保持される。タービン入口への燃焼ガスの流路は、燃焼室出口ダクトによって形成される。

カン型燃焼室同様、始動時は点火栓によって二本のライナに点火されるが、インタ･コネクタによって他のライナの混合気にも点火される。各燃焼ライナそれぞれに燃料ノズルが取り付けられている。燃焼室への二次空気は、共通の燃焼室ケース内へ供給されるが、燃焼用の一次空気は、各ライナに設けられた旋回案内羽根（スワラー）から個々の燃焼ライナに取り入れられる。

この型の燃焼室は、1960年代に開発されたエンジンおよびその派生型エンジンに多く使われた。

d. リバース・フロー型燃焼室（アニュラ型）

リバース･フロー型燃焼室（Reverse Flow Type Combustion Chamber）は､基本的に直流型アニュラ燃焼室と同じ機能を持っているが、燃焼室の流れのみが異なる。

空気は燃焼室の前方から入る代わりに、ライナの上を流れて後方から入り、エンジンの空気流と逆方向に流れる。燃焼が行われた後、ガス流はデフレクタに流れて、そこで180度向きを変えて、エンジンの通常の流れの方向に流れて出て行く。

この構成では、タービン・ロータは従来のような縦列ではなく、燃焼室の内側に収められるため、エンジン全長を短く出来て重量が軽減され、またコンプレッサ吐出空気が燃焼室に入る前に予熱される利点があり、この利点がガスの燃焼中の方向転換により生ずる効率の損失を補う。

この型の燃焼室は、小型ターボプロップおよびターボシャフト・エンジンなどに多用されている。

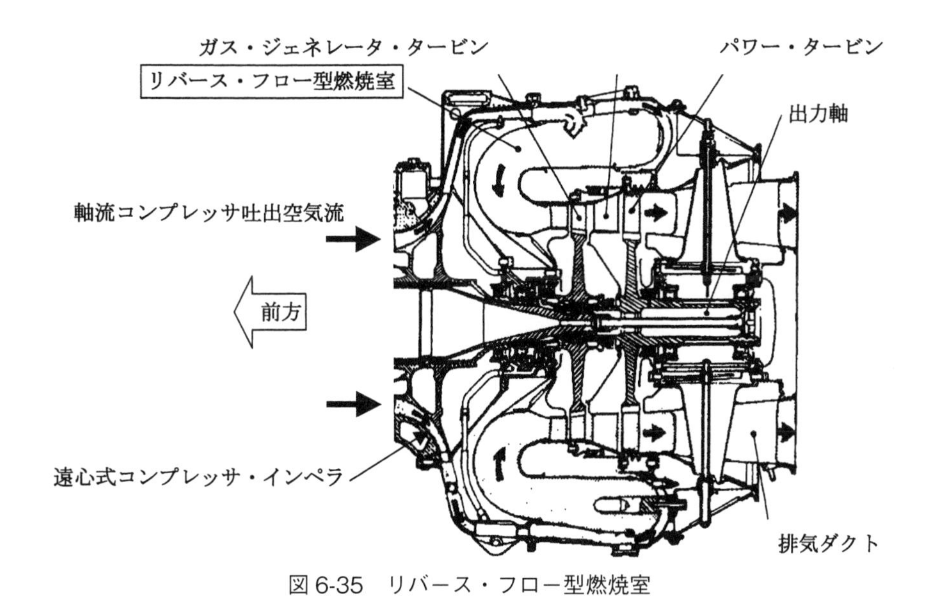

図6-35　リバース・フロー型燃焼室

6-4-2　燃焼室の作動原理

燃焼室において、空気流に熱エネルギの付与を効果的に行うため、次の行程で燃焼が行われる。

a. 燃料の噴射

燃料コントロールで制御された量の燃料が、燃料ノズルにより空気流と急速に混合できるよう、細かな霧状にして燃焼室の燃焼部分に噴射される。

b. 燃焼空気と冷却空気の区分

燃焼器では、燃料と空気が混ざり合った混合気を燃やして熱エネルギを発生させる。最も効率よく燃焼して熱量を発生する混合気の燃料と空気の比率（重量比）を空燃比（Air-Fuel Ratio）とよび、タービン・エンジンの燃料として通常使用されるケロシンの燃焼に必要な理論空燃比は15対1である。

燃焼室に送り込まれる空気流量の全量と噴射される燃料との総空燃比は40～120対1となり、この状態では混合気が希薄すぎて燃焼しない。

このため、燃焼領域で14～18対1の最適混合比となるよう、コンプレッサからの総空気量の25%を1次空気として、燃料ノズルの周りからオリフィス（Orifice）の機能を持った旋回案内羽根（Swirler）で分離調量して、燃焼領域に取り入れる。残りの75%の空気は、冷却・希釈用空気となり、燃焼室ライナの周囲を冷却しながらライナの内部に入って、燃焼ガスを希釈し加熱される。

旋回案内羽根（スワラー）から取り入れられた空気は、高い旋回速度が与えられることにより、直線速度は低くなって、燃焼室の前部において燃料との混合と燃焼に多くの時間をとることが出来、燃焼室の後半部分の混合・冷却領域において、冷却空気との良好な希釈混合が得られる。

取り入れる空気流に旋回を与えて燃焼室内速度を低くすることは、空中におけるエンジンの再スタート可能な機速と、高度の領域を増加させるためにも有効である。

燃焼は通常、点火プラグによって点火されるが、点火された後は自ら炎を保持して燃焼が継続される。燃焼はライナ内の前方の燃焼領域で行われ、燃焼領域の温度は2,000℃程になり、高温の炎からライナを保護するために、ライナの壁の小さな孔や溝から二次冷却空気を取り入れることにより、ライナの表面に冷却空気の膜を形成して、火炎が金属面に直接触れないよう炎を中央部に保つ。

c. 燃焼ガスの希釈

燃焼後、高温の燃焼ガスがタービン・ノズル・ガイド・ベーンに達するまでに、残りの空気を冷却空気として燃焼室内に取り入れて一様に混合して希釈し、タービン入口のガス温度を許容温度以下に下げる。

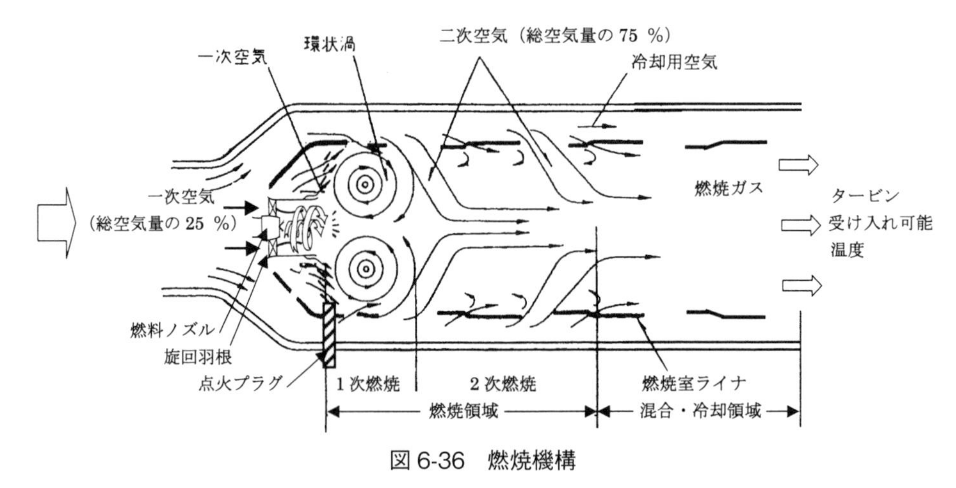

図6-36　燃焼機構

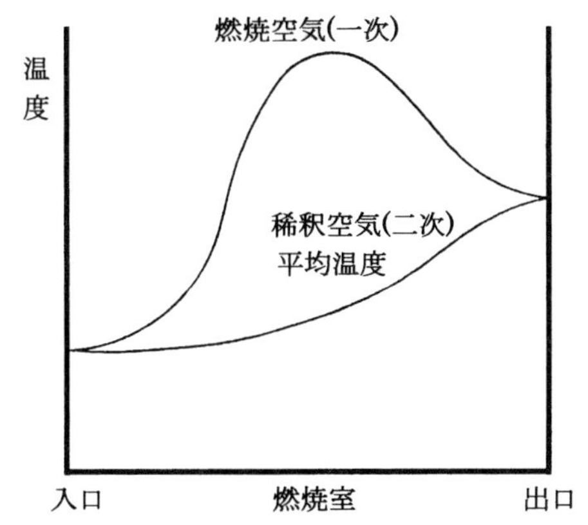

図 6 - 37　燃焼空気に対する稀釈空気流入の効果

6-4-3　燃焼室の性能

最適な燃焼を得るための条件は、飛行速度、高空巡航、離陸時の加速などの航空機の厳しい作動条件を満足しなければならない。燃焼器に求められる各性能について、以下に述べる。

a. 燃焼効率

一般に、供給された燃料は完全には燃焼せず、発生する熱量は理論的に発生可能な熱量に較べて小さくなる。これは、航空機の幅広い領域における運用状態において、完全燃焼に必要とする正確な空気量を配分することが困難なことによる。実際に燃料が有効に使用された度合を**燃焼効率**（Combustion Efficiency）といい、供給された燃料について、理論的に発生可能な熱量と実際に発生した熱量の比が、次式で表される。

$$\text{燃焼効率} = \frac{\text{実際に発生した熱量}}{\text{供給燃料が理論的に発生可能な熱量}} \times 100$$

タービン・エンジンの燃焼効率は、流入空気の圧力および温度が高いほど高くなり、海面高度での離陸出力時はほぼ 100%、巡航高度では 98% 程度となっている。

b. 圧力損失

燃焼室入口から出口までの間の総圧力損失を、**圧力損失**（Pressure Loss）という。これは、タービン・エンジン・サイクルの目的が一定圧力の下における燃焼であることによるもので、効率的な燃焼に必要な渦流の発生や摩擦による、ある程度の圧力損失は避けることは出来ない。これらの損失は、燃焼器の設計で最少限としなければならない。総圧力損失は次式のように、燃焼器入口における総圧に対する燃焼器出口の総圧の比で表される。

$$\text{圧力損失} = \frac{\text{燃焼室出口の総圧}}{\text{燃焼室入口の総圧}}$$

総圧力損失係数の代表的な値は 0.93 から 0.98 の範囲であり、これは圧力損失が 2 ～ 7% の間であることを意味している。

c. 燃焼負荷率

現代の大型エンジンは、小さな径のコア・エンジンで大きな出力を発生する必要があり、燃焼室における単位時間内の単位容積当りの発熱量が大きいことが求められる。これを**燃焼負荷率**（Combustion Load Factor）とよび、次式で表される。

$$\text{燃焼負荷率} = \frac{\text{燃焼による発熱量}}{\text{燃焼室内筒容積}}$$

燃焼による発熱量 = 燃料流量×燃焼効率×燃料発熱量

燃焼負荷率が大きくなるほど小型化出来るが、熱負荷が大きすぎると燃焼室の耐久性が悪くなる。アニュラ型燃焼室は、燃焼負荷率を最も大きくすることが可能である。

d. 燃焼安定性

燃焼安定性は、広い運転領域における滑らかな燃焼をする能力をいう。燃焼室には空燃比の増減の限界があり、限界を超えるとフレームアウト（燃焼火炎が消える現象）を生ずる。安定燃焼の空燃比の範囲は、図 6-38 のように空気流量の増加によって制限される。

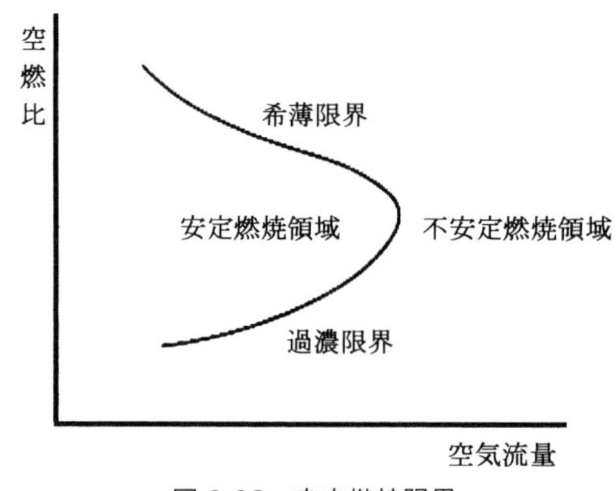

図 6-38　安定燃焼限界

e. 出口温度分布

タービン・ノズルやブレードが、均等に膨張することによって高い応力集中や、歪や亀裂の原因になる熱衝撃を生じないよう、ライナの出口断面におけるガス流の均等な温度分布が厳しく求められる。高温ガスに部分的な高温領域を生じた不均一状態がある場合は、タービン・ノズルやタービン・ブレードが焼損しないよう入口温度を下げなければならず、エンジン性能を大きく低下させることになる。

f. 空中再スタート性能

航空機用エンジンでは、飛行中の空中再スタートの能力が必須である。空中再スタートする場合、ジェット・エンジンの始動の間の燃料流量は一定であるため燃焼開始と冷却用の充分な空気流を確保するよう一定の燃焼室圧力が確保されなければならない。

燃焼室圧力は飛行高度の増加とともに低下し一定高度以上では再着火不能となる。燃焼室の一定の圧力は空中では飛行速度を増加させることによってのみ得ることが出来る。

したがって、空中再スタート可能領域は図 6-39 のように飛行高度と飛行速度によって制限され、領域の飛行マッハ数が低い領域では燃焼室の一定圧力が確保できないため、スタータ支援による空中再スタートとなる。再始動領域内のスタータ支援領域での再始動手順は､地上での始動と同じである。空中再スタート可能領域の右側は、風車回転（ウインド・ミリング）領域となっており、この領域では、高い飛行マッハ数でのラム効果によりエンジンは比較的速い回転速度で風車回転し、燃焼室に点火および着火に充分な圧力と質量流量が提供されることからスタータは使用しない。燃焼室内のガス速度が速過ぎると火炎は安定しないため、風車回転（ウインド・ミリング）領域の右側は燃焼室の安定性から制限される。図 6-39 に、空中におけるエンジンの再スタート可能領域の一例を示す。

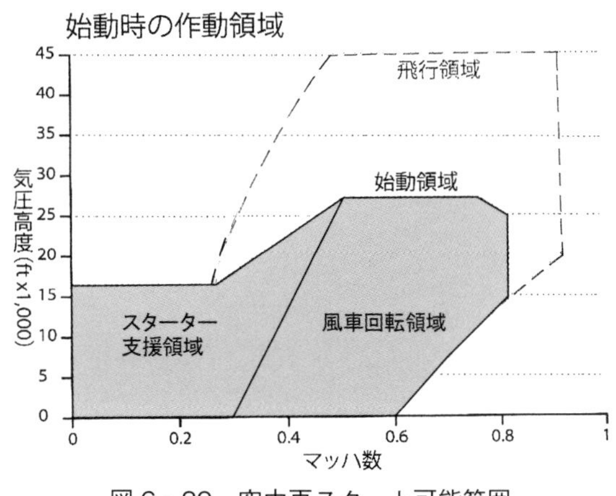

図 6 - 39　空中再スタート可能範囲

g. 有害排出物

現代の民間航空機用タービン・エンジンにおいては、燃焼によって発生する一酸化炭素、未燃焼炭化水素、窒素酸化物などの有害排出物の規制が年々厳しく規制されており、この規制を満足する必要がある。これらの有害排出物の規制および対策については、12 - 2「排出規制」に詳細を述べる。

6-4-4　燃焼室の構成

燃焼室は基本的に燃焼室ケースと燃焼室ライナで構成される。(図 6-33 および 図 6-34 参照)。

a. 燃焼室ケース

アニュラ型およびカニュラ型燃焼室では、**燃焼室ケース**は、燃焼室外側ケース（Combustion Chamber Outer Case）と燃焼室内側ケース（Combustion Chamber Inner Case）が組み合わされて構成されており、この間に燃焼室ライナが取り付けられる。燃焼室ケースはニッケル基耐熱合金である。

カン型燃焼室では、燃焼室ケースは個々の燃焼室ライナ（Combustion Liner）を包み込むよう構成されており、それぞれが独立した燃焼室を形成するようになっている。

エンジンの運転停止後に、燃焼室内に未燃焼の燃料が残留していると、次のエンジン始動時に燃料過多となってホット・スタートの原因になったり、温度が上昇し過ぎて燃焼室を焼損する恐れがあるため、残留燃料を燃焼室外に排出してドレン・タンクへ戻すために、燃焼室ケースの底部にドレン・バルブ（Drain Valve）が設けられている。

ドレン・バルブは、エンジン停止中は弱いスプリングの力で開いているが、運転中は燃焼室内の圧力で閉じている。

b. 燃焼室ライナ

燃焼室ライナ（Combustion Liner）は燃焼室の内筒で、燃焼領域、混合・冷却領域およびタービン入口に向う燃焼ガス流路を形成する。ライナは、通常ニッケル基耐熱合金の板金製の溶接構造であり、冷却用空気により効率的に冷却して高温の火炎から保護するために、**図6-34**のように表面を鎧状の構造として大小無数の孔を開け、孔を通って入ってきた冷却空気の流れを導くガイドが設けられた構造となっている。

今日のエンジンでは、ライナの内壁にセラミック・コーティング（Ceramic Coating）を施して、ライナ壁を保護する方法が使われている。

最新のエンジンにおいては、燃焼ライナの内壁にセラミックのタイルをボルトで取り付けた構造が採用されている。これにより、内壁保護のための冷却空気を減らして、燃焼ガス本流に流入させることにより、有害排気ガスのNOxの発生を抑えるとともに、ライナ修理時の整備性の向上もはかられている。

6-5　タービン

タービンの目的は、燃焼ガスの持つ熱エネルギおよび圧力エネルギを、コンプレッサや、プロペラ、回転翼および補機類を駆動する軸馬力に変換することにある。ジェット推進エンジンでは、タービンを駆動した後の、残りのガスの運動エネルギや圧力エネルギがエンジンの推力を創り出す。

タービンには次の必要条件が求められる：

・高い効率が得られること。

・1段あたりの膨張比が大きいこと。

・信頼性が高く寿命が長いこと。

6-5-1　タービンの種類と特徴

タービンには、ラジアル・タービンと軸流タービンの二つの型がある。

a. ラジアル・タービン

ラジアル・タービン（Radial Flow Turbine）は、円周上に固定されたノズルからタービン・ホイールの中央に向って燃焼ガスが噴射され、タービン・ホイールに回転を与えた後、中央部から軸方向に排出される構成である。この設計では、ガス流から運動エネルギを有効に抽出できるため使用されている。

ラジアル・タービンは、ガス流の方向と回転方向が逆であること以外は、遠心コンプレッサと似ており、製造が容易で低コストであることと、設計が簡素である長所を有している。ラジアル・タービンは単段で高い効率が得られるが、複数段では効率は低下する。また、ディスクの高い遠心荷重と高温負荷により使用寿命が短いこと、軸方向の排気速度が遅いなどの欠点がある。

これらの理由から、航空エンジンにはほとんど使用されておらず、主に補助動力タービン・エンジンに使用されている。

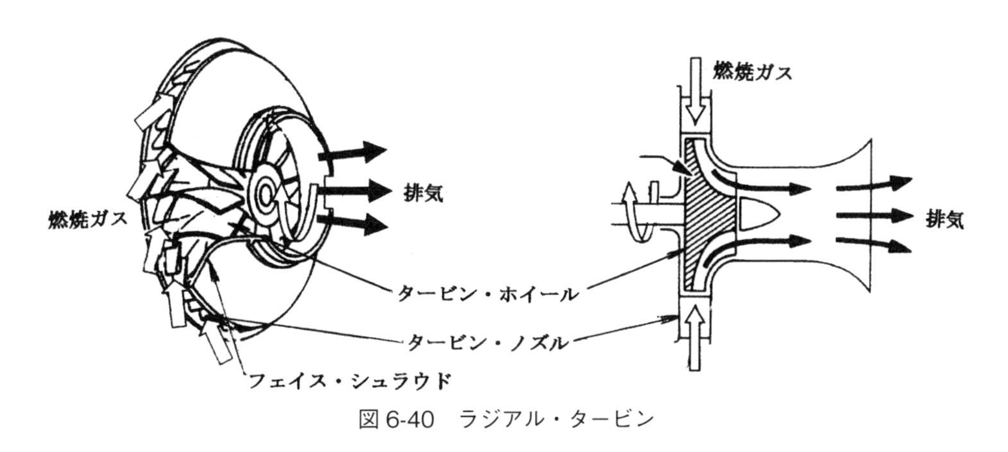

図 6-40　ラジアル・タービン

b. 軸流タービン

軸流タービン（Axial Flow Turbine）は、燃焼ガスがタービンを軸方向に流れて、エネルギを軸馬力に変換する。多量の空気流を処理できることから、航空エンジンでは専ら軸流タービンが使われている。

軸流タービンは、ノズル･ガイド･ベーン（NGV：Nozzle Guide Vane）とタービン･ロータ（Turbine Rotor）の二つの主要要素が組合わされて段が構成される。

ノズル･ガイド･ベーンは、タービン･ロータのブレードにガスを噴射するために、翼型断面のベーンがノズルを形成するよう、タービン･ケース内の円周上に、放射状に、固定される。このため、タービン段のノズル・ガイド・ベーンは、コンプレッサとは逆にロータの前に設置される。

燃焼ガスは、ベーンの翼列で形成されるガス流路で膨張して高速に加速されるとともに、ブレードに対して最適な角度で噴射するよう流れの方向が与えられる。このノズル効果から、個々のベーンをノズル・ガイド・ベーンとよび、これらを組み合わせたものをタービン・ノズル（Turbine Nozzle）とよぶ。

ノズル・ガイド・ベーンの後に位置するタービン・ロータは、タービン・ディスクの周囲に、翼型断面の動翼が多数取り付けられた構成となっており、タービン・ノズルで加速され最適な角度で噴射された燃焼ガスにより回転する。

タービンの段数は、コンプレッサの段数、燃焼ガスから抽出しなければならないエネルギ量、回転速度および許容されるタービンの最大直径によって設定されるが、高い圧力比を持つ現代のエンジンでは、複数の段となっている。

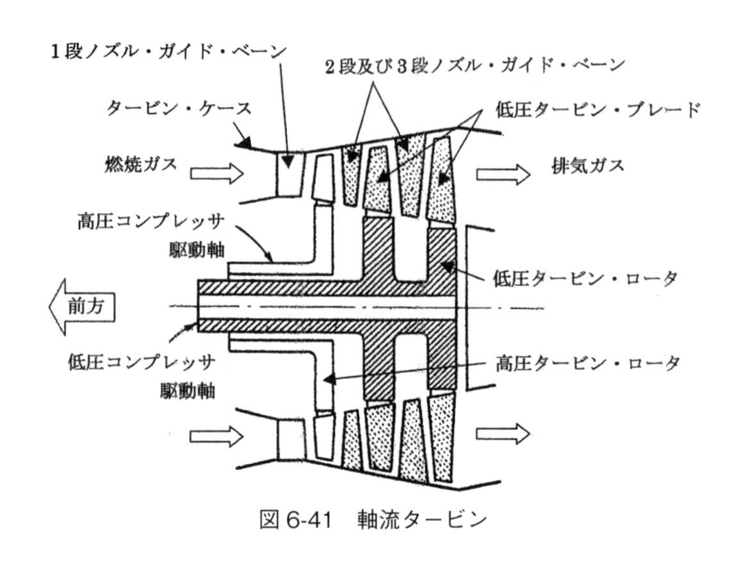

図6-41　軸流タービン

6-5-2　タービンの作動原理

軸流式エンジンに使われるタービンには、基本的にインパルス型（衝動型）とリアクション型（反動型）の二つの型があり、さらに、この二つの型を組み合わせたリアクション・インパルス型（反動衝動型）が使われている。

軸流タービンでは、段を構成するノズルと動翼における膨張のうち、動翼が受け持つ膨張の比率を**反動度**（Reaction Grade）とよび、次式のように表される。

$$\text{反動度}(\%)=\frac{\text{動翼による膨張}}{\text{段全体の膨張}}\times 100=\frac{(\text{ノズル出口圧力})-(\text{動翼出口圧力})}{(\text{ノズル入口圧力})-(\text{動翼出口圧力})}\times 100$$

反動度は、リアクション型（反動型）が最も大きく、次いでリアクション・インパルス型（反動衝動型）となり、インパルス型（衝動型）は反動度0（ゼロ）である。高い段効率を得るためには50%前後がよいことが実証されている。

a. タービン・ノズル

燃焼室から送り出される燃焼ガスが仕事を行うのに適するよう処理することが**ノズル・ガイド・ベーン**（Nozzle Guide Vane）の役割であり、これらは原理的に二つの機能を持っている。一つは、タービン・ブレードの駆動に充分な流速として噴射するために燃焼ガス流のエネルギを運動エネルギに変換する。二つ目は、最大の軸出力が得られるようロータに対してノズル・ガイド・ベーンは燃焼ガス流に適正な方向を与える。

タービン・ノズルにおける加速は、ベーンの翼列で形成される流路を先細として、圧力のエネルギを速度のエネルギに変換することによって行う（**ノズル効果**）。タービンでは断熱膨張が行われるため、速度の上昇に伴って静圧と温度は減少する。このエネルギ変換の程度は、ノズルの入口と出口の断面積の関係によるが、断面積は使われるタービン・ブレードの型によって決められる。

タービン・ノズル・ガイド・ベーンはタービン・エンジン内で最も流速の速い点として知られている。流速はベーン間の開口部の総面積によってコントロールされる。各タービン・ノズル・ガイド・ベーンは入口面積と出口面積を考慮した開口部面積を“クラス”として刻印された個々のサイズの開口部面積をそれぞれ有している。多くの場合、タービン・ノズル・ガイド・ベーンの組合せは個々のエンジンの必要な開口部面積とするために各ベーンの“クラス”を組合せて所定のクラス・リミットの範囲内とすることが出来る。

ノズル・ガイド・ベーンでは、開口部面積の選択が重要である。開口部面積が小さ過ぎる場合、空力的抵抗の増加によりコンプレッサ出口の背圧が増加し、この結果コンプレッサの作動ラインがサージ・ラインに近づいて、エンジン加速時にストールを生ずることになる。反対に、ノズル・ガイド・ベーンの開口部面積が大きい場合、エンジンの加速特性は改善されるが所定の燃焼ガス流速度とするために高い燃料消費率となる。ノズル・ガイド・ベーンの開口部面積の決定は、この相反する条件の調整によりなされる。整備に際して、ノズル・ガイド・ベーンの開口部面積は、各型式毎に許容範囲がメーカより指定される。

b. インパルス型（衝動型）タービン

インパルス型（衝動型）タービン（Impulse Turbine）は、動翼の翼列が形成する流路断面が一定であり、燃焼ガスの持つエネルギを運動エネルギに変換するためのガスの膨張は、その段のノズル・ガイド・ベーンでのみ行われ、動翼内では全く行われない。

ノズル・ガイド・ベーンから高速で噴射されたガスはロータ・ブレードに衝突し、これに伴いロータは、一定圧の下でロータ・ブレードによるガス流路が回転して運動量が変換される。動翼の翼列が形成する流路断面積は一定であるため、動翼では圧力は変化しない。衝撃型タービンは、原理的に風車と同じである。

高温ガスは絶対速度 C_0 でノズル・ガイド・ベーンに入り、これより、かなり速い絶対速度 C_1 でベーンの幾何学的形状に沿った方向へ出て行く（**図 6-42**）。円周速度 U のホイールの回転を合成すると、高温ガスは別の方向から異なった速度 W_1（相対速度）で流れてくる。

三つの速度（C、U、W）はロータの入口において速度三角形を描くことが出来る。高温ガスがロータのガス流路を通過するのに伴って方向を変えるが、相対速度は一定（$W_2=W_1$）である。ホイールの幾何学的形状から、ロータ出口の円周速度Uはロータ入口と同じであるため、ロータ出口における速度三角形は完全に形を変える。高温ガスからロータ翼に仕事が伝達されるため、絶対速度 C_2 はロータ入口の場合よりも小さくなる（これにより運動エネルギも小さくなる）ことに注意。

衝撃型タービンの段を通過するガスの特性は、ノズル・ガイド・ベーンにおいて高温ガスが膨張する結果､圧力（静圧）と温度は減少するが絶対速度は増大する。ロータにおける絶対速度Ｃの低下は、ガスの持つ熱力学エネルギがロータを回転する機械的エネルギに変換された結果による。静圧は一定のままであるが、温度は摩擦によって上昇する。インパルス型（衝動型）タービンは少ない段数で高い出力を得ることが出来る。

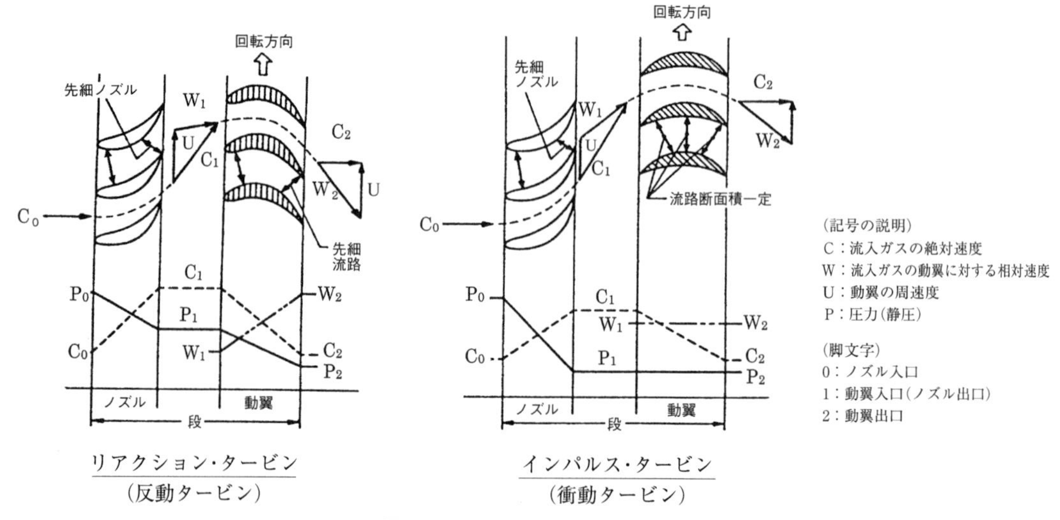

図6-42　タービンの作動原理

c. リアクション型（反動型）タービン

リアクション型（反動型）タービン（Reaction Turbine）は、ガスの膨張がノズル・ガイド・ベーンにおいてのみならず、ロータ回転翼を通過する際にも生ずる。ノズル・ガイド・ベーンを通過した後、燃焼ガスは加速されて温度と圧力は低下するが、その割合はインパルス型（衝動型）タービンより小さい。

ロータ翼においても、翼列が形成する通路断面が先細となっており、圧力のエネルギを速度のエネルギに変換することによって、流速をさらに加速するノズル効果を持っている。

この結果、ノズル･ガイド･ベーンからのガスの衝撃力と、動翼内で加速されたガスの反動力によってタービン・ロータを回転させる。

リアクション型（反動型）タービンの利点は、インパルス型（衝動型）タービンに較べて優れた効率を有していることである。

損失は、ガス流の旋回運動、摩擦、回転部品と静止部品との間からの漏れ、ブレード先端部の間隙などの数多くの要因によって生ずる。

d. リアクション・インパルス型（反動・衝動型）タービン

タービン・ロータにおいては、動翼の周速度は半径に比例して、根元から先端にゆくほど大きくなることから、動翼に対する燃焼ガスの相対速度は、根元から先端に行くほど減少する。タービン･ロータ全体をインパルス型（衝動型）とした場合、ブレード先端部分のベーンからの噴射作用の減少により、先端部分のブレード性能は大きく減少する。

このような性質を排除し、動翼を通過したガスの軸流速度と圧力分布を均一にするために、動翼の根元から先端までの、各位置での運動エネルギの抽出量を変化させるよう動翼にねじりを与えて、根元をインパルス型（衝動型）、先端をリアクション型（反動型）とすることにより、先端側部分において動翼内で加速されたガスの反動力を併用する**リアクション・インパルス型（反動・衝動型）タービン**（Reaction-impulse Turbine）が使われている。

現在、多くのタービン・エンジンのほとんどで実用されており、50% リアクション型（反動型）、50% インパルス型（衝動型）が最も効率的とされている。

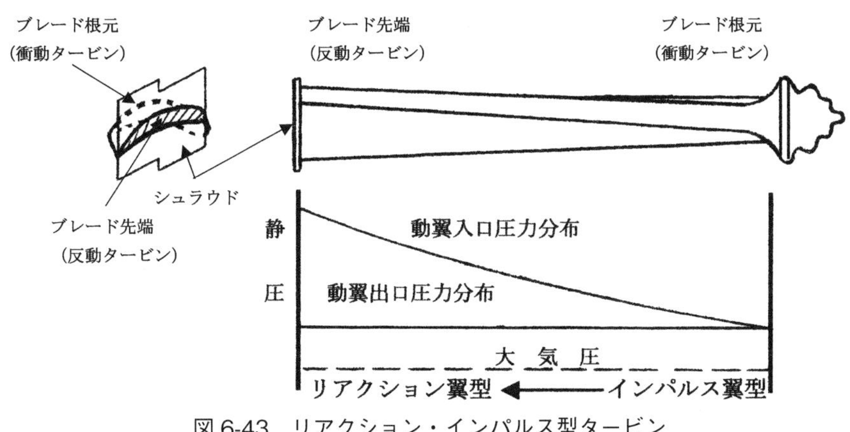

図 6-43　リアクション・インパルス型タービン

6-5-3　タービンの性能

a. タービン効率

タービン効率（Turbine Efficiency）は、タービンにおける損失の無い理論的に可能な膨張（断熱膨張）仕事に対する実際の膨張仕事との比で、実際の膨張仕事の達成率を示すもので次式のように定義される。これは**タービン断熱効率**ともよばれる。

$$\text{タービン効率（\%）} = \frac{\text{実際の膨張仕事}}{\text{断熱膨張仕事}} \times 100$$

実際のタービン内のガスの流動には必ず摩擦を生ずる。したがって発生するタービンの実際の膨張仕事は、摩擦の無い理想的な膨張で得られる断熱膨張仕事に較べると小さくなってしまう。タービン効率はタービン入口と出口の全圧の比であるタービン膨張比が大きくなるほど向上する。タービン効率は 78% から 92% の範囲の値である。

6-5-4　タービンの構成

タービンは、タービン・ノズルとタービン・ロータ、タービン・ケースおよび支持構造で構成される。また、フリー・タービン型タービン・エンジンでは、これにフリー・タービンが構成される。エンジンによって異なるが、通常、タービンは高圧タービン、低圧タービンとフリー・タービンは個別にモジュールを構成しているものが多い。

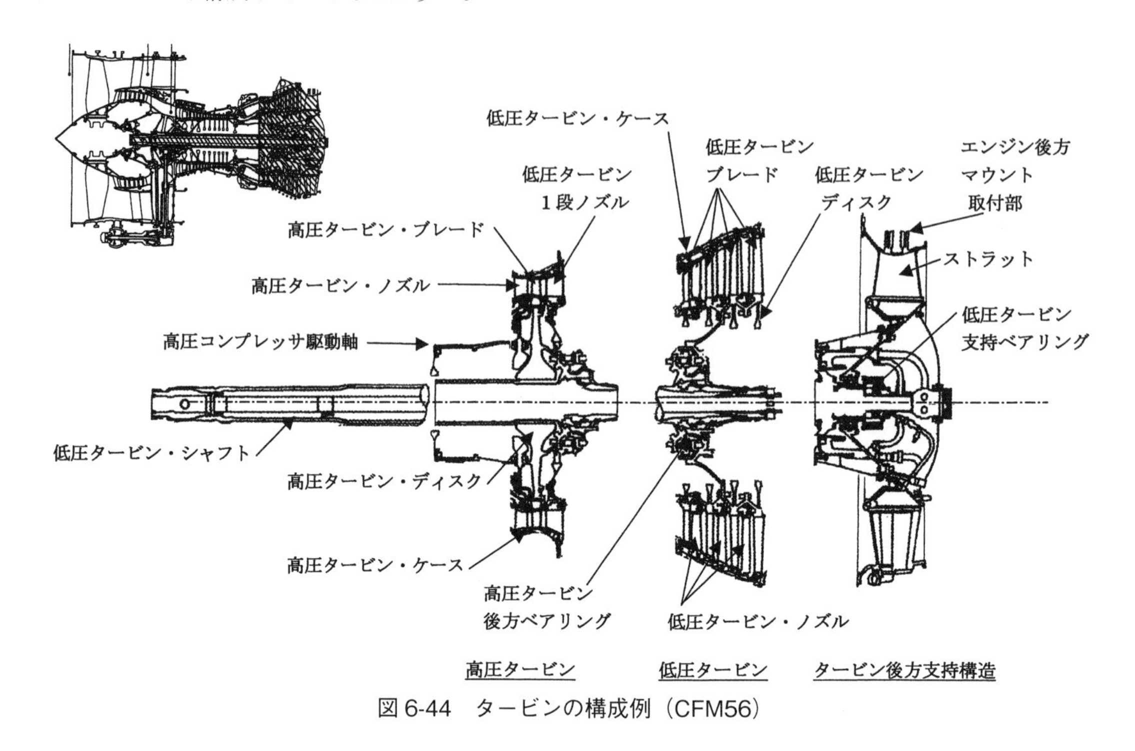

図6-44　タービンの構成例（CFM56）

6-5-4-1　タービン・ノズル

タービン・ノズルは、ノズル・ガイド・ベーン（NGV：Nozzle Guide Vane）とタービン・ノズル支持構造（Turbine Nozzle Support）で構成される。

各段のノズル・ガイド・ベーンは、タービン・ケース内側のタービン・ロータの前に取り付けられる。これらのベーンは円周上に放射状に取り付けられ、燃焼ガス流の持つエネルギを速度エネルギに変換するために、翼列が形成する通路断面が先細となるよう取り付けられており、角度を持ったジェットを噴射するノズルとして働く。ジェットは、運動エネルギを機械エネルギに効率的に変換するために最適な方向となるように、タービン・ブレードに向けられる。

ノズル・ガイド・ベーンは、コバルト基またはニッケル基耐熱合金製である。また、エンジンの中で最も高温にさらされる1段および2段のノズル・ガイド・ベーンには、一般的に、図6-48に示す対流（Convection）、吹きつけ（Impingement）またはフィルム冷却などによる空気冷却が行われている他、耐熱性を向上させる耐熱コーティングが施されている。

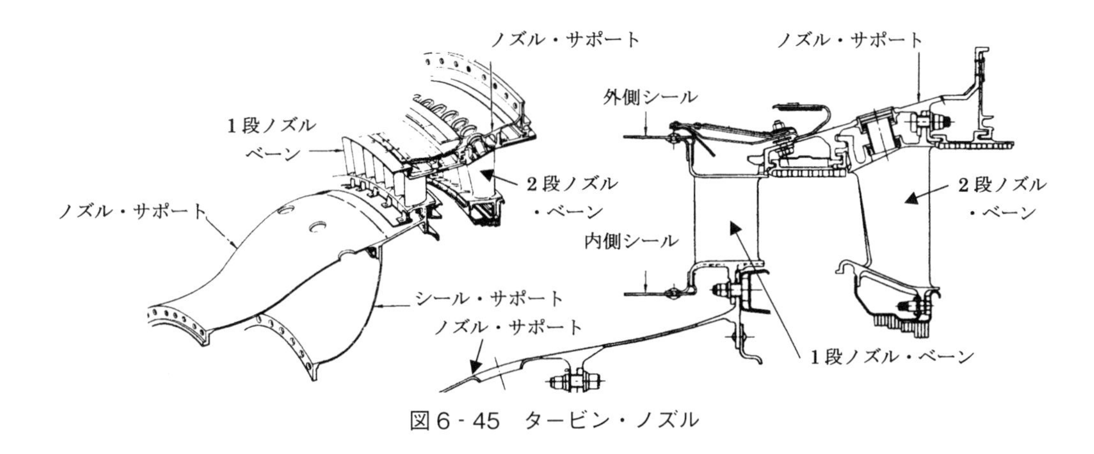

図6-45　タービン・ノズル

6-5-4-2　タービン・ロータ

タービン・ロータは、タービン・エンジンの中でも最も重要な役目を持ったエンジン構成部品の一つであり、回転による遠心力だけでなく、運転中の高温による過酷な負荷が働く。タービンが発達してきた過程における最も重要なものは、高い機械的強度と耐熱強度を持ったタービン材料の開発と、冷却方法の改良の二つである。

タービン・ロータは、ディスクとその周囲に取り付けられたタービン・ブレードで構成され、出力を伝達するシャフトがこれに取り付けられる。

a. タービン・ディスク

通常、**タービン・ディスク**は、高速回転による遠心力の蓄積が最小限となるよう、肉厚が変化した形（ディスクの肉厚が半径の増加にしたがって減少する）になっている。

多くのディスクは中央に孔を持っており、外周にブレードを取付けるリムを持った構造で、ブレードはリムの機械加工された溝に挿入して取付ける。

タービン・ブレードの取り付けには、ディスク・リムに軸方向に切られた「もみの木状」（クリスマス・ツリー型とも呼ばれる）の断面の溝に、これと同じ形状のブレードのプラットホームをはめ込み、リベット、ロック・タブなどを使用して、軸方向の動きを止める方法が多く使われている。

この方法では、大きな表面積に、より大きな遠心力を分散して確実に支持でき、ブレード根元への応力の集中を防ぐことが出来る上、熱膨張に対しても適当な逃げが得られることから、タービンの取り付けの多くにこの方法が使われている。

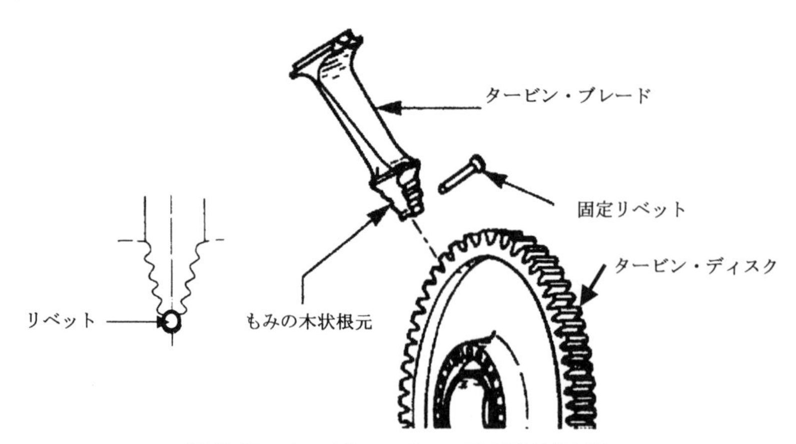

図 6-46　タービン・ブレードの取り付け法

b. タービン・ブレード

タービンは、増速されたガス流が流れるため剥離しにくく、流れの向き（転向角）を大きく変えることができるため、肉厚の翼断面型タービン・ブレードが使われている。転向角が大きくできるためエネルギ変換率が大きく、総段数はコンプレッサより少なくなっている。

最新のエンジンにおいては、性能向上を図るため三次元設計ブレードが使われている。三次元設計ブレードでは、半径方向の湾曲によって、特にブレードのハブ付近と翼端部分において、外壁面へ向うガス流の剥離とこれに伴う損失を大きく減少する。この三次元設計ブレードの使用により、推力重量比を含むエンジン性能、や推力燃料消費率（TSFC：Thrust Specific Fuel Consumption）の改善に有効である。

タービン・ブレードには、ブレードの先端に、ブレードが相互に支持し合ってブレードの振動を減少させるとともに、タービン・ブレードの先端の周りのガス・リークを減らす役目を持ったシュラウドを付けたものも使われている。

シュラウド（Shroud）は、タービン・ロータの外周に帯状の輪を形成し、ブレードが相互に支持し合って振動を減らすことが出来ることから、薄くてより効率的なブレードとすることが可能である。また、航空機の翼端板のような働きをして、ガス流の特性を改善し、タービンの効率を高める。

シュラウドは、その外周が円周方向にナイフ・エッジ状の形状になっており、タービン・ブレードの先端の周りのガス・リークを減らす構造になっている。しかし、高温で遠心力の大きな高圧タービン・ブレードには、高温と遠心力に耐えられるようシュラウドの無い強固なブレードが使われており、シュラウド付ブレードは低圧タービンに使われているものが多い。

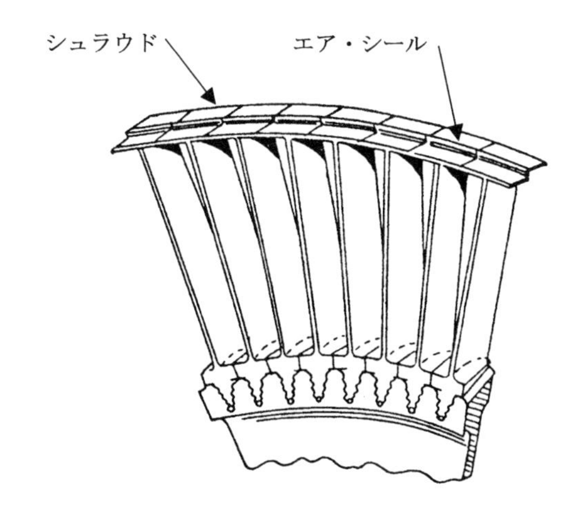

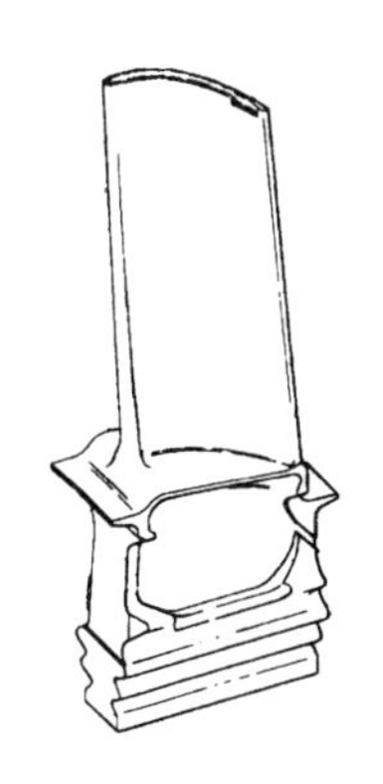

(a) シュラウド付タービン・ブレード　　(b) シュラウド無しタービン・ブレード

図 6-47　シュラウド型タービン・ブレード・シュラウド

最新のエンジンにおいては、性能向上を図るため**三次元設計ブレード**が使われている。三次元設計ブレードでは、半径方向の湾曲によって特に、ブレードのハブ付近と翼端部分において、外壁面へ向うガス流の剥離とこれに伴う損失を大きく減少する。

この三次元設計ブレードの使用により、推力重量比を含むエンジン性能や推力燃料消費率（TSFC: Thrust Specific Fuel Consumption）の改善に有効である。

6-5-4-3　空冷タービン・ブレードおよびノズル・ガイド・ベーン

タービンの設計においては、熱効率を向上させるために可能な限り許容タービン入口温度を増加することが求められており、これを達成するために耐熱合金の使用、耐熱コーティング（Thermal Barrier Coating : TBC）の採用およびタービン・ノズル・ガイド・ベーンとブレードの冷却などの方法が導入されてきた。

現代のエンジンで使われているブレード材料の溶解温度を超える運転温度範囲は、画期的冷却方法が発達して可能になった。冷却空気は外部冷却だけでは不充分で、部品内部の冷却も必要である。ベーンとブレードの冷却では、一般に、流入した燃焼ガスがタービンの１段でエネルギが抽出されて、燃焼ガス温度は許容できるレベルまで低下するため、冷却は前段部で必要になる。

冷却は、コンプレッサからの抽気をエンジン内部流路を通してタービン・エリアに導かれて行われる。コンプレッサの抽気はある程度の温度があるが、タービン入口領域の冷却に適している。

現在使用されている主なタービンの冷却法には、コンベクション冷却、インピンジメント冷却およびフィルム冷却の三つの方法が使われている。実際の冷却には、これらの方法を組み合わせて工夫された方法が使用されている。

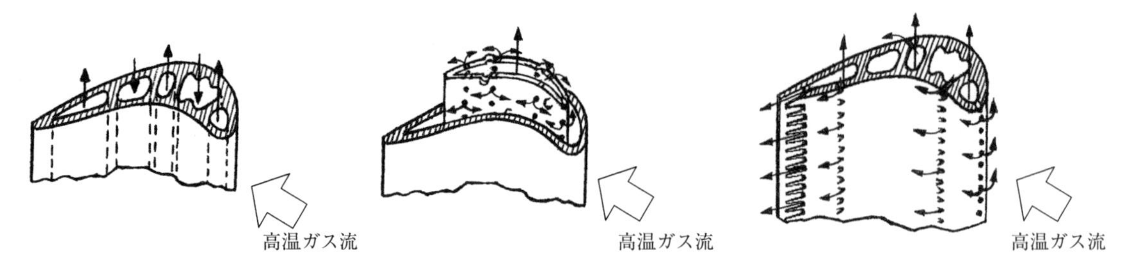

図6-48　タービン・ブレードおよびベーンの冷却方法

a. コンベクション冷却（Convection Cooling）

ブレードおよびベーン内部の空気流路に冷却空気を流して対流冷却した後、冷却空気をブレードおよびベーンの後縁またはブレードの先端から排出する方法で、最も簡素な冷却方法である。

b. インピンジメント冷却（Impingement Cooling）

ブレードおよびベーン内部に取付けられたチューブに、ブレード内壁に向けて開けられた孔から冷却空気を吹き出して、ブレードを内側から冷却する方法である。冷却空気はブレードおよびベーンの後縁またはブレード先端から排出する。

c. フィルム冷却（Film Cooling）

ブレードおよびベーン表面に開けられた多数の小孔から、冷却空気をブレードおよびベーンの境界層に吹き出して出来る冷却空気の膜により、ブレードおよびベーンを高温ガスから隔離する冷たい空気の層を形成して冷却する方法。

1段のノズル・ガイド・ベーンを高温による焼損から保護するために、ベーンには耐蝕性コーティングが施される他、一連の前縁のクーリング・ホールや、隣接した孔から出る空気流がベーン全体を覆う冷却空気の薄膜（フィルム）を形成し、ベーンを高温ガスから隔離して冷却する。ベーンの内側は二つの空間に分けられ、後半部分を流れる冷却空気は後縁の溝から排出される。（図6-49（b））。

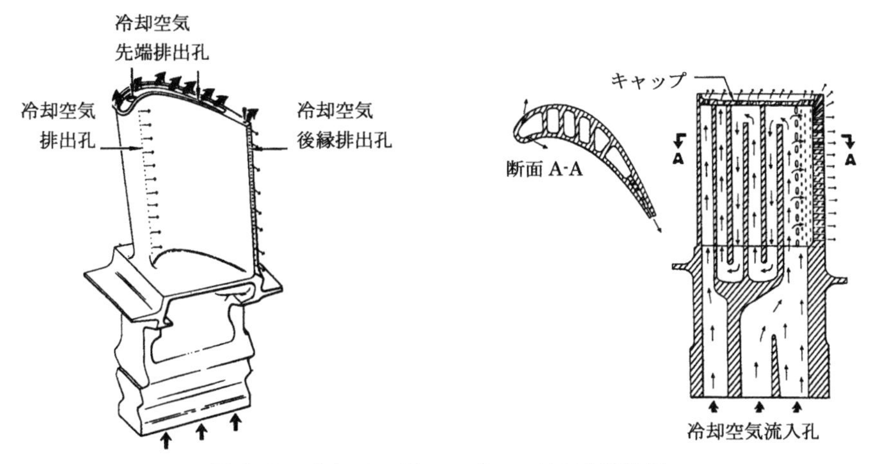

図 6-49　(a) タービン・ブレードの冷却事例

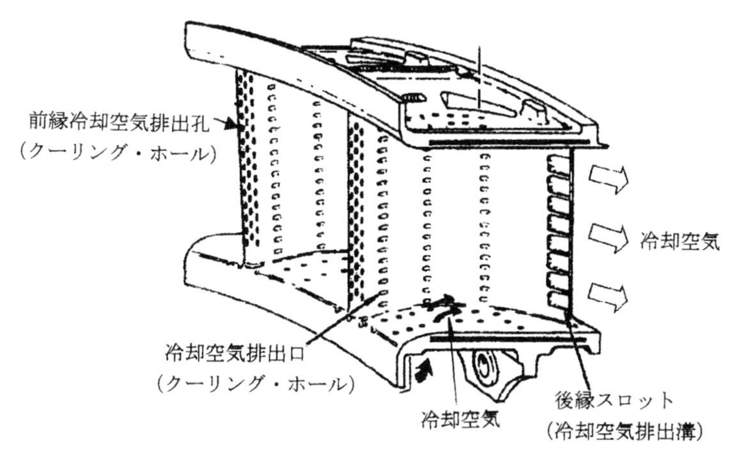

図 6-49　(b) ノズル・ガイド・ベーンの冷却事例

6-5-4-4　パワー・タービン (図 6-50)

パワー・タービン (Power Turbine) は、フリー・タービン型ターボプロップ・エンジンまたはターボシャフト・エンジンにおいて軸出力を取り出す目的で設置されたタービンで、ガス・ジェネレータ・タービンからの燃焼エネルギを機械エネルギに変換して、軸出力として取り出す独立したタービンである。

パワー・タービンは、ガス・ジェネレータ・タービンの後流に設置され、ガス・ジェネレータとは機械的な結合は無く、流体的にのみ接続されたタービンである。ガス・ジェネレータ・タービンとは異なったスピードで独自に回転することから "**フリー・タービン** (Free Turbine)" ともよばれており、ガス・ジェネレータで創られたガス・エネルギを受けて、このエネルギの大部分を、プロペラ減速ギア・ボックスまたは回転翼航空機の減速装置に伝達する。

一般にターボプロップ・エンジンでは、パワー・タービンにより出力の 90~95% 程度が軸出力として伝達されるが、高温排気には残りの5〜10%程度の推力を創り出すエネルギが残っている。ターボシャフト・エンジンではガス・エネルギのほとんどを軸出力としてのみ使用している。

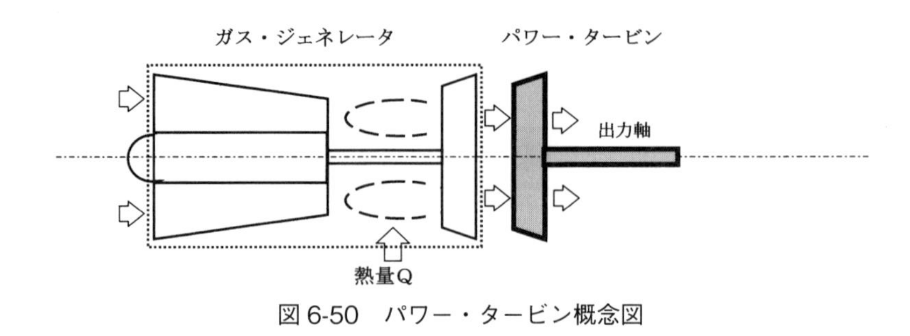

図6-50　パワー・タービン概念図

パワー・タービンは、ガス・ジェネレータで創られた高温高圧ガスで駆動され、ガス・ジェネレータを制御することにより要求するエンジン出力を得ることができる。要求する軸出力は､パワー･タービンの回転数および負荷の変動や過回転を感知して、ガス・ジェネレータの燃料流量を補正して確保される（燃料系統“ターボプロップ/ターボシャフト・エンジンの燃料制御系統”の項を参照)。

パワー・タービンは、ガス・ジェネレータ排気部に固定されたフリー・タービン・ノズル・ガイド・ベーン、タービン・ホイール、出力軸およびこれを支持するベアリング等で構成されている。

出力軸にフリー・タービンを使用することにより、次のような利点が得られる：

a. ガス・ジェネレータ・タービンとパワー・タービンの回転速度はそれぞれ個別に選択できることから作動上の柔軟性が増す。

b. 各タービンの効率を最適設計とすることができるので、エンジン全体の性能が改善される。

c. 始動時はガス・ジェネレータのみを回すため始動が容易で始動装置は小型軽量になる。

6-5-4-5　反転式タービン（Contra-Rotating Turbine）

最新のエンジンでは効率を大きく改善するために、高圧（HP）タービンの回転方向を後段のタービン（2軸式では低圧（LP）タービン、3軸式では中圧（IP）タービンおよび低圧（LP）タービン）の回転方向と反対に回転させる反転式タービン方式が採用されている。高圧（HP）タービンを反転させることにより高圧タービン・ブレードから流出した燃焼ガス流の方向を大きく変えずに後段のノズル・ガイド・ベーンに流すことが出来る（図6-51）ことから、後段のタービン・ノズル・ガイド・ベーンを偏向角の小さな形状（図6-51-1）とし枚数を減らすことが出来るためガス流偏向角減少によるエネルギ損失の低減、およびタービン・ノズル・ガイド・ベーンの枚数減少による重量軽減および形状変更による個々のノズル・ガイド・ベーンの持つ損失の減少、必要冷却空気量の低減などの効果を得ることが出来る。

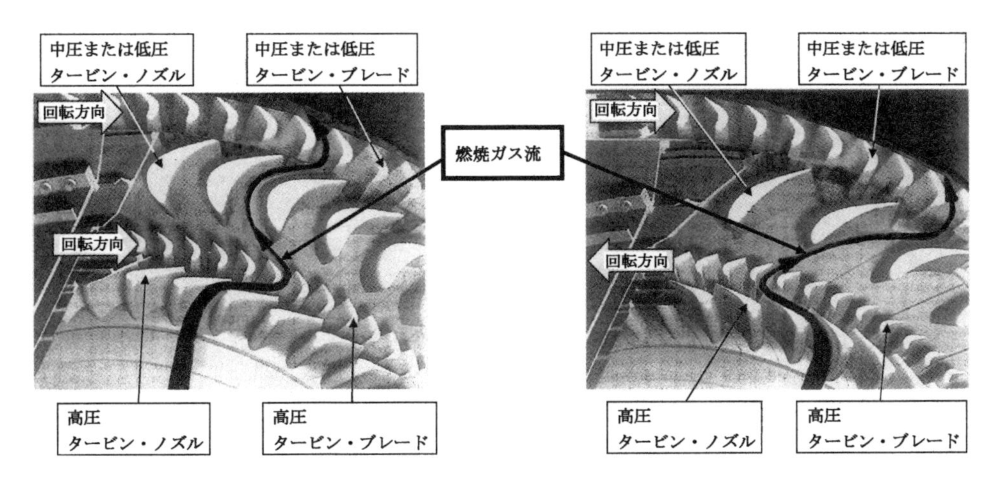

【同方向回転タービン】　　【反転タービン】

図 6-51　タービン燃焼ガス流

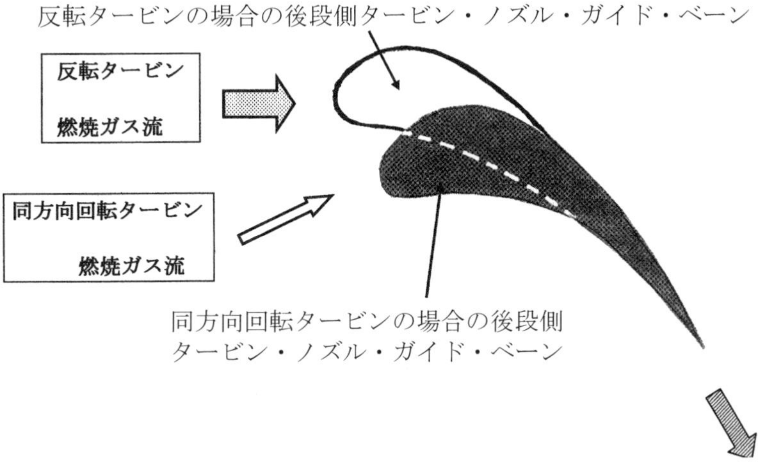

反転タービンの場合の後段側タービン・ノズル・ガイド・ベーン

反転タービン
燃焼ガス流

同方向回転タービン
燃焼ガス流

同方向回転タービンの場合の後段側
タービン・ノズル・ガイド・ベーン

図 6-51-1　同方向回転タービンと反転タービン後段側タービン・ノズルの形状の相違

6-5-4-6　タービン・ケースおよび構造部

ケーシングは、タービンの外部構造を形成しており、燃焼室からの高温ガスを囲む。ケーシングは、タービンの内圧に耐える強度を持つとともに、タービンによって生ずる軸方向の負荷やねじれ負荷に耐え、構造部材に伝達しなければならないため、通常、鍛造製の鉄基またはニッケル基耐熱合金で造られている。ケーシングはまた、タービン構成部品が破損した場合に、これらの破片を内包しなければならない。

構造部材は、内部のシャフト･ベアリング･サポートをケーシングに結合し、ベアリング負荷をケースに伝達するとともに、タービン部分の強度を支持する。通常、タービン支持構造部材には、エンジン後方マウントが設けられており、マウントを介して機体側マウントに結合される。

ベアリングの潤滑と冷却に必要な空気およびオイル・システムは、ケーシングおよび構造部材を通過する。

ケーシングに組み込まれる静止部品は、ノズル・ガイド・ベーン（NGV：Nozzle Guide Vane）、シール（ロータ通路をシールするセグメントなど）、およびサポート・リング（Support Ring）があり、**シール・セグメント**（Seal Segment）は、ブレードの先端が回転する周囲の摩擦材の円周リングを形成する。ロータ先端のフィンが、これらの部品の柔らかい摩擦ハニカム材に円周方向に切り込み、コントロールされたラビリンス・エア・シールを形成して、ロータ先端のフィンからのリークを最小限とする。

最適なブレード先端クリアランスを維持するために、シールの熱による変化を制御することが基本となる。

現代のエンジンでは、ケーシングの熱膨張はコンプレッサの抽気によって、エンジン運転のサイクル全体を通して、ブレード先端のクリアランスを最適に維持するアクティブ・クリアランス・コントロールが導入されている。アクティブ・クリアランス・コントロールについては、8-3-6項を参照されたい。

6-6　排気系統

排気系統（Exhaust System）には、排気ダクトと排気ノズル、排気消音装置、逆推力装置およびアフタ・バーナが該当する。排気系統は、エンジン性能上重要な役割を持っているが、航空機設計上の様々な要求事項から、エア・インレット・ダクトと同様、機体製造会社の担当領域になっている。

6-6-1　排気ダクトと排気ノズル

排気ダクトと排気ノズルの役目は、タービン最終段からのガス流を軸方向に真直ぐなガス流とし、ガス流の持つエネルギを、推力の発生に必要な運動エネルギ（ガスの速度）に変換することである。**排気ダクト**（Exhaust Duct）は、タービン最終段からのガス流を大気中へ放出する排気パイプ（Exhaust Pipe）またはテール・パイプ（Tail Pipe）をいい、排気ダクトの後端を**排気ノズル**（Exhaust Nozzle）とよぶ。

排気ノズルはオリフィス（Orifice）として作用し、断面積はエンジンから噴出されるガスの速度を決定する。

a. コンバージェント排気ノズル

排気ダクトには亜音速流を加速するために、断面が流れの方向に向って減少するコンバージェント・ノズル（Convergent Nozzle：先細型ノズル）が使われるが、排気口までのガス流路の断面積が急激に変化しないよう、ダクト内に**テール・コーン**が取り付けられ、排気ダクトとともに排気ガスの流路を形成する（図6-52）。

亜音速航空機用ターボジェット・エンジン、ターボファン・エンジンでは、通常、排気口面積が固定された固定面積型排気ノズルが使われる。この面積は重要で製造時に設定されており、排気ノズル面積の変更は、エンジン性能や排気ガス温度を変化させるため、現場で変更してはならない。

コンバージェント・ノズルでは、航空機が高空を飛行するのに伴って、排気ダクト内圧力と外気（大気）圧との差が大きくなり排気ガスの噴出速度は速くなる。排気ダクト入口の圧力が排気ノズルの圧力（大気圧）の1.89倍程度になると排気ノズルでのガスの流速は音速に達するが、これは無限に増大するわけではなくジェット排気が音速（マッハ1）に達したところで制約され、圧力の比がさらに大きくなっても音速の状態を維持する。ノズルの空気流量が最大になった時、空気流量がこれ以上増加出来ない「チョーク」とよばれる状態になる。このようなノズルを**チョークド・ノズル**（Choked Nozzle）という。

チョークド・ノズルにおいて、排気ジェット速度が音速（マッハ 1）に到達し排気ジェットが大気圧より高い静圧で排出される場合、排気ジェット速度の他に圧力が膨張することによっても推力が造られるが、これを圧力推力とよび、この状態での推力は次式のような形で表わされる。

推力 = 反動推力 + 圧力推力

圧力推力のジェット効率は低いため、排気圧力が大気圧より大きくなる場合には、通常後述のコンバージェント排気ノズルの後にダイバージェント排気ノズルをつけたコンバージェント・ダイバージェント排気ノズルを使用して、排気速度を超音速に加速する方法が使われる。

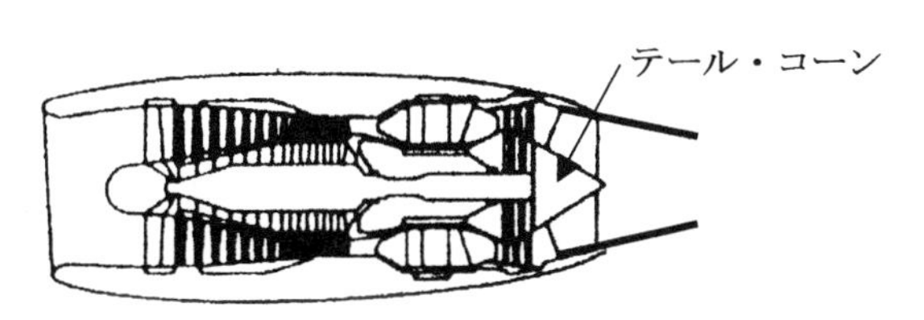

図 6-52　コンバージェント排気ノズル

b. コンバージェント・ダイバージェント排気ノズル

超音速飛行においては高い排気速度とする必要があり、これにはコンバージェント・ダイバージェント・ダクトが使われる。このノズルの幾何学的特徴は、前半部は断面積が減少してゆく形状（コンバージェント・ダクト）（Convergent-divergent Duct）で、後半部は後方に行くに従って断面積が増加する形状（ダイバージェント）になっている。

コンバージェント・ダイバージェント・ダクトでは、コンバージェント部分において亜音速状態のガス流をダクトのスロート部分でちょうど音速となるよう加速し、スロートから音速となって出たガス流は、ダイバージェント部分で引続き超音速まで加速する。これは、超音速におけるガス流の特性が亜音速の場合とは逆になるため、ダイバージェント・ノズルで加速される。

実際に超音速航空機では、離陸から着陸までの間に飛行速度が亜音速から超音速の間を連続的に変化することから、これに伴って排気ガス速度も変化させる必要がある。その方法として様々な方式が考えられているが、主として**エジェクタ・ノズル**（Ejector Nozzle）などの型式の可変面積排気ノズル（Variable Area Exhaust Nozzle）が、コンコルドをはじめ広範囲に使用されている。

エジェクタ・ノズルにはいくつかの方式がある。基本的に、亜音速飛行ではコンバージェント・プライマリ（1次）・ダクトでガス流を音速まで加速して噴出するが、排気ガスがチョークド・ノズルを出たとき放射状に広がって、マッハ1に固定されている軸方向への加速よりも早く（マッハ1より大きく）加速されることから、二次空気流が誘引され、超音速飛行ではセコンダリ・ノズルを開くことによって、実質的に二次空気流によってダイバージェント・ダクトが形成されて、1次ジェット流をスムーズに流すことによって連続的に超音速に加速する。二次空気流はノズル出口において、それ自体が音速に加速される。

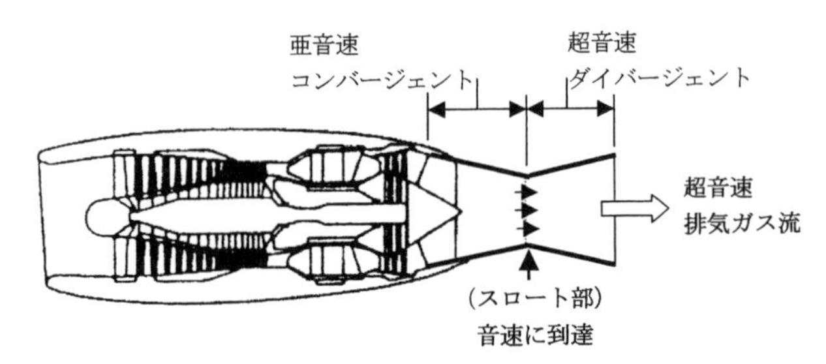

図 6-53　コンバージェント・ダイバージェント排気ノズル

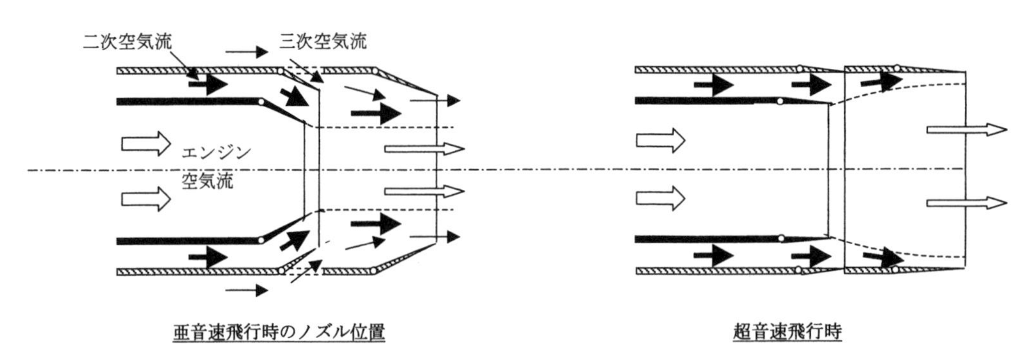

図 6-53-1　可変面積排気ノズルの事例

6-6-2　排気消音装置

初期のターボジェット・エンジンを動力とした旅客機においては、ターボジェット・エンジンが排気ノズルから多量の排気ガスを高速で排出して、排気による騒音が発生するため、排気ジェットを多数の小さな排気ジェットに分割して消音する、ローブ型排気ノズルなどが使用されていた。

ジェット排気騒音は、排気ノズルから大気中に高速で噴出された排気ジェットが大気と激しくぶつかり合って混り合うときに発生するもので、これはエンジンの外部で発生するため、発生の段階で抑制することが必要である。

排気消音装置を含むジェット排気騒音の低減対策については、第12章の12-1-3に、詳細を述べる。

6-6-3　逆推力装置

逆推力装置（Thrust Reverser）は、航空機の着陸接地後の制動あるいは離陸中止時などにおける緊急制動を行うために、エンジンの推力を制動力として利用するための装置である。

一般に、民間航空機では型式証明において逆推力装置（スラスト・リバーサ）の使用は考慮せず、着陸距離はアンチ・ロック・ブレーキおよびエア・ブレーキやドラッグ・シュートなどの空力的抗力装置の使用により決められる。しかしスラスト・リバーサは、緊急停止の場合や濡れているか氷結した滑走路などで安全性を向上させるために必要な重要装備品である。

逆推力を得るためには、クラムシェル・ドア（Clamshell Door）を使って噴射方向を転換する方法、ターゲット・システム（Target System）とよばれる外部ドアを使って噴射方向を転換する方法、およびファン・リバーサ（Fan Reverser）では、ブロッカ・ドア（Blocker Door）とカスケード（Cascade）を使って噴射方向を転換する方法が使われている。これによって、ジェット排気を半径方向に外側へ前方速度成分の大きなジェットとして排出する。排気ガス流を前方に変換することによって、前方推力成分がブレーキとして働く。

ターゲット装置は、通常運転時は**図 6-54**（a）のように、排気ダクトの外壁面を形成しているメカニカル・スポイラが、逆推力としたときに油圧で作動して排気ガス出口後方を塞ぎ、排気ダクトから噴出したガス流は斜め前方へ流れて、機体の動きを制する。

クラムシェル・ドア装置は、**図 6-54**（b）のように、通常運転時は排気ダクトの壁面を形成しているクラムシェル・ドアが、逆推力としたときに回転して排気ガス出口を塞ぎ、排気ガス流は円周上に設けられたカスケード、またはデフレクタ・ドアを通って斜め前方へ噴出して、機体の動きを制動する。

高バイパス比ターボファン・エンジンの**ファン・リバーサ**では、**ブロッカ・ドア**とカスケードを使ってファン・エアの方向を転換する方法が使われている。**図 6-54**（c）のように、通常運転時は、ブロッカ・ドアはトランスレート・カウル（Translate Cowl）のダクト内面を形成しているが、逆推力を選択すると、エア・モータ（Air Motor）の出力をフレキシブル・シャフト（Flexible Shaft）、ギア・ボックス、スクリュウ・ジャッキ（Screw Jack）を介して**トランスレート・カウル**が後方に移動してカスケード・ベーンが露出するとともに、トランスレート・カウルにつながれたリンクがブロッカ・ドアを引き揚げて、ファン・エアの流路を塞ぐ。流路をふさがれたファン・エアは、**カスケード・ベーン**を通って斜め前方に噴出されて、機体の動きに抗する。

高バイパス比ターボファン・エンジンにおいては、当初コア・エンジン後部にもタービン・リバーサが付けられていたが、使用環境が高温となるため故障発生率が高く、耐熱合金の使用が必要であり、製造コストが高くなるなどの問題がある。また、ファンが創り出す推力が大きな割合を占め、タービン・リバーサの発生する逆推力は全逆推力の 20 ～ 30% 程度にすぎないことから、最近の高バイパス比ターボファン・エンジンでは、タービン・リバーサは廃止されてファン・リバーサのみを装備するのが一般的となっている。

逆推力装置では、離陸時などにおいて、空力的圧力によりエンジン・ケースが変形することがあり、ファン・ブレードやタービン・ブレードなどの先端の間隙が不適切となり、性能上（主に燃料消費率の損失）悪影響を及ぼすため、リバーサ・ドアの剛性を高めて、外力によるケースの変形を防止している。これを**ロード・シェアリング・タイプ・スラスト・リバーサ**（Load Sharing Type Thrust Reverser）とよび、多く使用されている。

ターボプロップ機における逆推力の発生は、現代の航空機ではプロペラのブレード角をリバース・ピッチに変えることにより行われている。従来の航空機ではプロペラのブレード角を"0"ピッチに変えることにより形成される円盤抵抗を使って着陸後の機体制動を行う方法が使われていた。

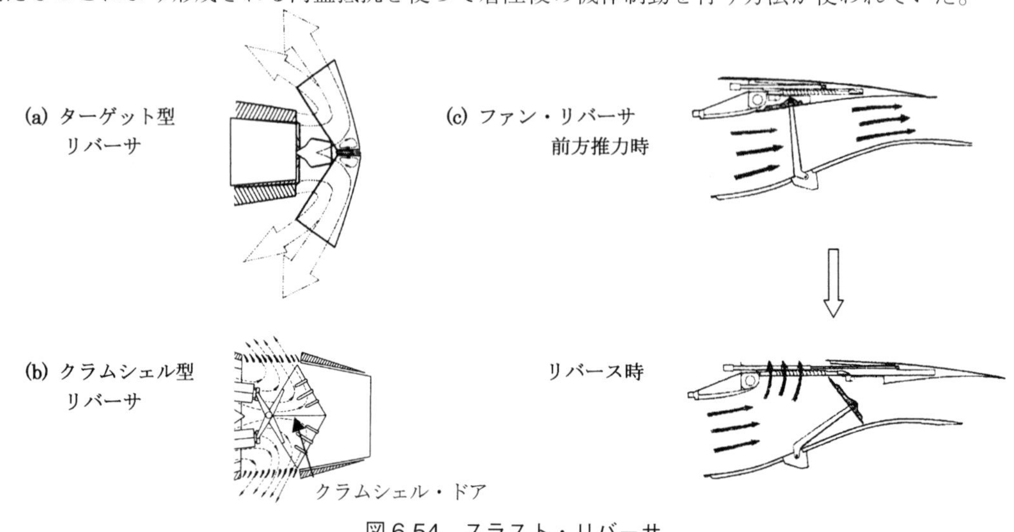

図6-54　スラスト・リバーサ

6-6-4　アフタ・バーナ

a. アフタ・バーナ　一般

超音速航空機の離陸時や超音速への加速などに必要な推力を得るために、エンジンの出力を一時的に増強させる方法として、アフタ・バーナが使われている。**アフタ・バーナ**（Afterburner）は、**オギュメンタ**（Augmenter）あるいは**リヒート**（Reheat）ともよばれ、主に軍用戦闘機のエンジンに使用されているが、超音速旅客機の離陸時や超音速への加速にも使用されていた。

アフタ・バーナは、タービンを出た排気ガス流に再び燃料を噴射して燃焼させることにより、排気ノズルでの膨張に使用できる高レベルのエネルギを得て高い噴出速度として、さらに大きな推力を発生する。エンジンを通過する空気流は25%（ターボファン・エンジンでは１次空気の25%）しか燃焼に使われないため、残る75%の空気流を、更に燃焼に使用することが出来る。

基本的にアフタ・バーナは、ターボジェットまたはターボファン・エンジンのタービン排気ケースに取り付けられたラム・ジェット・エンジンと考えることができ、エンジンのタービンから排出されるガスは、高出力設定では航空機の速度にかかわらず、ラム・ジェットに必要な充分な速度を有している。

アフタ・バーナの使用においては、推力増加の割に燃料消費率が極端に悪くなり、また大きな騒音を伴う問題があり、超音速旅客機で使われた例があるのみで、一般の旅客機では使用されていない。

b. アフタ・バーナの構造

アフタ・バーナで特筆すべき点は、その簡素さにあり、**アフタ・バーナ・ダクト**（Afterburner Duct）、燃料ノズルまたは**スプレー・バー**（Fuel Spray Bar）、**フレーム・ホルダ**（Flame Holder）、および**可変面積排気ノズル**（Variable-geometry Exhaust Nozzle）の主要機能部品で構成されている。

アフタ・バーナ・ダクトは、タービンの直後に取り付けられた筒状の構造部材で、前方は速度が速過ぎて炎が吹消されることを防ぐため、ガス流のマッハ数を0.5から0.2へ減少させるディフューザ（断面が大きくなる）となっている。アフタ・バーナが作動していないときは、アフタ・バーナ・ダクトはエンジンの排気ダクトとして働く。

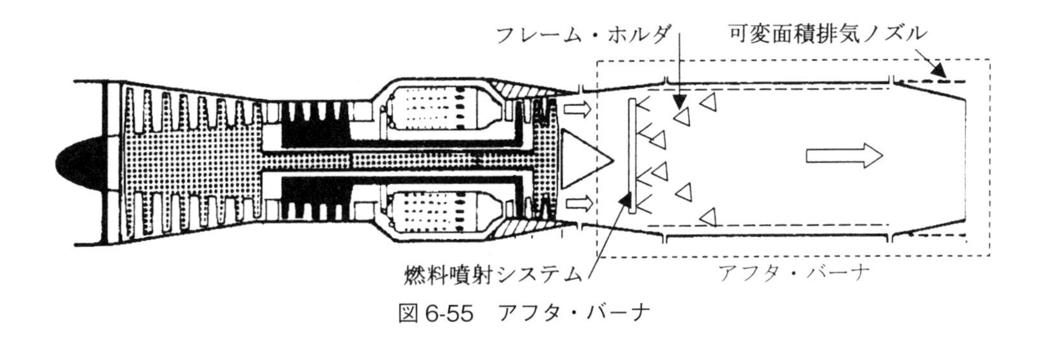

図6-55　アフタ・バーナ

6-6-5　ターボプロップ / ターボシャフトの排気系統

ターボプロップ・エンジンの排気系統は、軸出力の他に排気による推力を得るため、ジェット推進エンジンと同様の排気系統となっているが、後方に真直ぐ伸びたもの以外に、側面から出て後方に曲げられたものなどが使われている。

回転翼航空機のターボシャフト・エンジンの排気系統は、排気口における背圧をできるだけ小さくして、パワー・タービンでのエネルギ吸収を促進して、排気がスムースに行われる形状となっており、ホバリング性能を高めるために推力を無くすよう、通常、コンバージェント型ではなくダイバージェント型になっている。

高温の排気が機体構造に当たらないよう、排気ダクトを外側に曲げたものや、エンジン構成上の要求から断面が瓢箪（ヒョウタン）型となったもの、排気をエジェクタとして利用して、慣性力による吸入空気の異物除去や、エンジン室の換気を行うもの（図6-56）などがある。

回転翼航空機用の新しい排気系統においては、排気騒音の減衰を図るために、波板型の排気消音装置が導入されている。

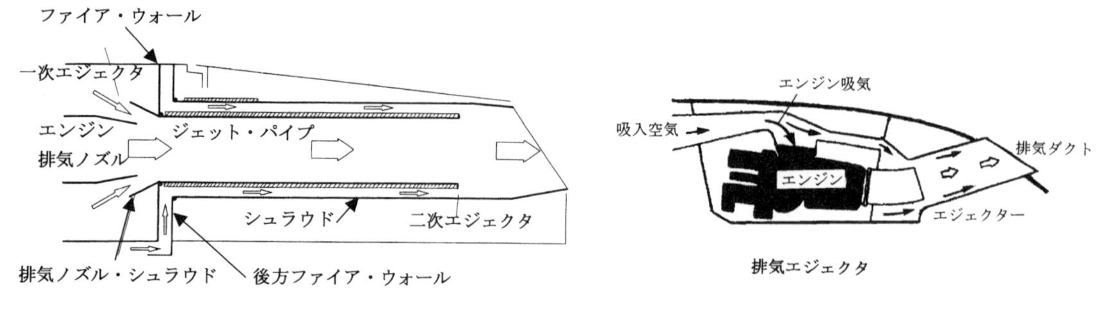

図6-56　ターボプロップ / ターボシャフトの排気系統

6-7　アクセサリ・ドライブ

6-7-1　アクセサリ・ドライブ一般

エンジン駆動アクセサリ・ギア・ボックス（Engine Driven Accessory Gear Box）は、アクセサリ・セクションの主要ユニットであり、燃料ポンプ、燃料コントロールなどのエンジンの運転に必須のエンジン補機、および油圧ポンプやジェネレータなどの機体側から要求される装備品などを駆動する。

エンジン駆動アクセサリ・ギア・ボックス（Engine Driven Accessory Gear Box）にはエンジン始動用のスタータが装着され始動時にはスタータからエンジン・ロータが駆動されるが、スタータは駆動システムの中でも高いトルクでエンジンを駆動することから、ギア・トレイン全体の強化によりギアボックスの重量が増加することを防ぐため、通常、スタータはエンジン・コアへの最短の動力伝達経路となるよう配置されている。

また補機ユニットのいずれかが故障した場合、回転を妨げて歯車列の歯のせん断によりギアボックス内部にさらなる破損を生ずることを防ぐために、通常、補機側駆動軸の一部に‘シア・ネック’とよばれる意図的に強度を下げた部分を設けて他の補機の駆動を保護するよう設計されている。オイル・ポンプなどの一次エンジン補機ユニットには、故障によりただちにエンジンが停止することを防ぐためにシア・ネック軸は設けられない。

多くのアクセサリ・ギア・ボックスでは、エンジン・オイル・システムの主要構成部品であるプレッシャ・オイル・ポンプ、スカベンジ・オイル・ポンプ、スカベンジ・フィルタなどが内部に組込まれているが、エンジンによっては整備性の向上を目的として、ギア・ボックスには組込まず、オイル・ポンプをライン間で交換可能な単体補機としてアクセサリ・ギア・ボックスに取り付けたものもある。

アクセサリ・ギア・ボックス（Accessory Gear Box）は多くの場合、独立したモジュールとなっており、コア・エンジンのコンプレッサやファン・ケース下部の近接し易い位置に装着されているが、エンジンを最小限の直径とし最少抗力の形態とするために、コンプレッサの側面や上に装備されたものがある。

アクセサリ・ギア・ボックスは、高圧系ロータ・シャフトで駆動されるベベル・ギア（Bevel Gear）に噛合ったラジアル・シャフト（Radial Shaft）で駆動される。

アクセサリ・ギア・ボックスの配置によっては、ラジアル・シャフトの途中に補助ギア・ボックスを使って、アクセサリ・ギア・ボックスを駆動する方法が使われている。

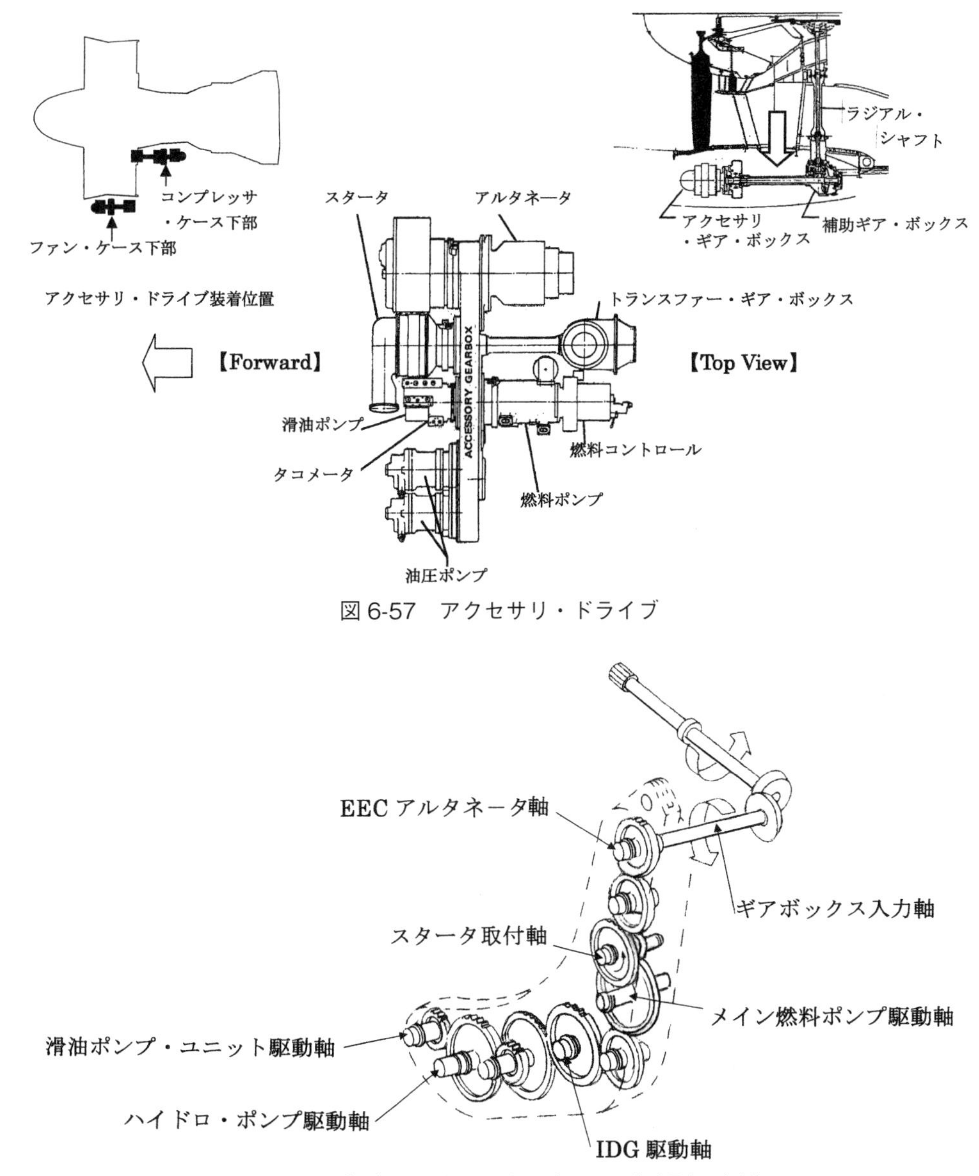

図 6-57　アクセサリ・ドライブ

図 6-58　大型エンジン・ギアボックス歯車列の事例

個々の補機および装備品の駆動用パッド（Pad）は、ロータ・シャフトの回転速度を必要に応じて減速した回転数で使用するよう設計されている。各アクセサリの回転数と回転方向は、ギアの歯数とギアの外側同士の噛合わせか、外側と内側の噛合わせによって決められる。

アクセサリ・ギア・ボックスは、通常、燃料ポンプ、燃料コントロール、滑油ポンプ、およびスタータなどのエンジンの運転に必須な補機類、およびハイドロリック・ポンプ、ジェネレータおよびコンスタント・スピード・ドライブ（CSD）または一体型（IDG）などの装備品が装着され駆動される。

個々の補機および装備品駆動用パッドには、滑油の漏洩を防ぐため駆動軸シールが取り付けられているが、ギア・ボックスからの滑油の漏洩、また燃料コントロールまたは燃料ポンプからの燃料、主滑油ポンプまたは排油ポンプからの滑油、ハイドロリック・ポンプからの作動油などの漏洩の可能性に備えて、シール・ドレン・チューブ（Seal Drain Tube）のシステムが各駆動パッドに接続されており、通常エンジン・カウリングの底部に配管されている。

アクセサリ・ギア・ボックスは、通常、マグネシウム合金またはアルミニウム合金で造られている。

6-7-2　回転翼航空機のアクセサリ・ドライブ

パワー・タービンを使用するターボシャフト・エンジンのアクセサリ・ドライブには、一般にガス・ジェネレータ・ドライブ・ギア・トレイン（Gas Generator Drive Gear Train）とパワー・タービン・ギア・トレイン（Power Turbine Gear Train）が組み込まれている。

エンジンの運転に直接かかわる燃料コントロール、燃料ポンプ、滑油ポンプ、スタータおよびN_1回転計は、ガス・ジェネレータ・ドライブ・ギア・トレインで駆動される。

回転翼航空機では、エンジンが停止してオートローテーション（Autorotation）で飛行する場合に油圧系統を使用して操縦されるため、エンジンが停止しても油圧系統を利用可能な状態とするために、ハイドロリック・ポンプは機体側トランスミッションに取り付けられて駆動されており、エンジン・アクセサリ・ギア・ボックスには装備されない。これは固定翼機と異なる大きな特徴である。

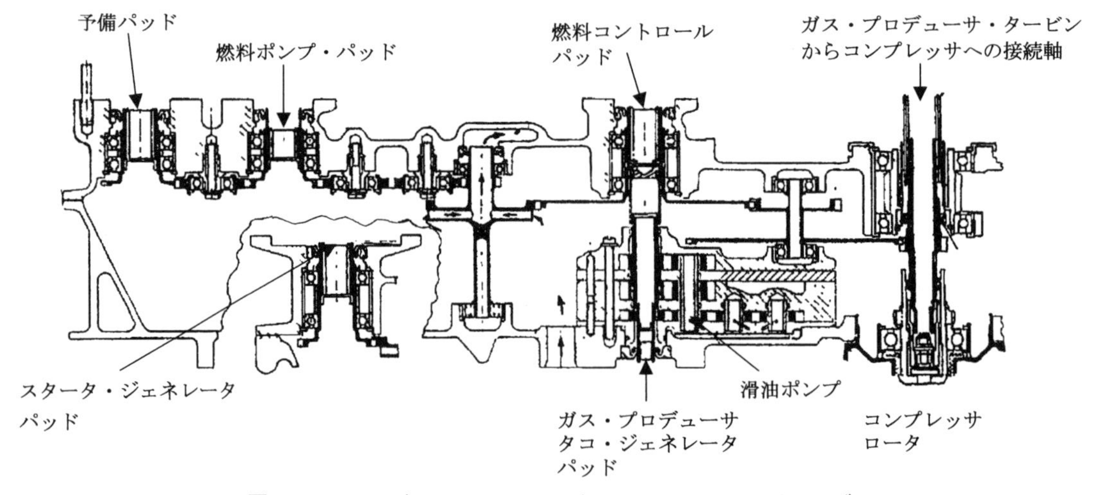

図6-59　ターボシャフト・エンジンのアクセサリ・ドライブ

6-8　バイパス・セクション

ターボファン・エンジンにおいて、ファンは多量の空気を吸入するが、ファンで加圧した後、空気流の大部分をガス・ジェネレータの周囲のダクト内をバイパスして排気ノズルから排出することにより、推力を発生する目的を果たす。

低バイパス比エンジンでは、ファンで加圧された空気流が、**全長型バイパス・ダクト**（単排気孔型）といわれるエンジン全長に渡って覆われたダクト内を流れ、ダクトの後端でガス・ジェネレータの出口案内翼（OGV）から出た高温高速ガスと混合された後、排気ノズルから大気中に放出される。空気流がエンジンから出るまでファン・ダクト内のガス・ジェネレータの周りを流れる場合は、表面摩擦が非常に小さく空力抵抗が減少する他、共通の排気ダクトにより、高温高速ガスがファン空気流により希釈されることによる騒音低減の特性も有している。

高バイパス比ターボファン・エンジンにおいては、多量の空気流を処理するためにファン直径がさらに大きくなるが、大直径の全長ファン・ダクト型は重量が重くなるという設計上の問題から、ファン排気ノズルとガス・ジェネレータの排気ノズルは分離されているのが一般的であり、全長型ファン・ダクトの高バイパス比ターボファン・エンジンはほとんどなく、ショート・バイパス・ダクトである。

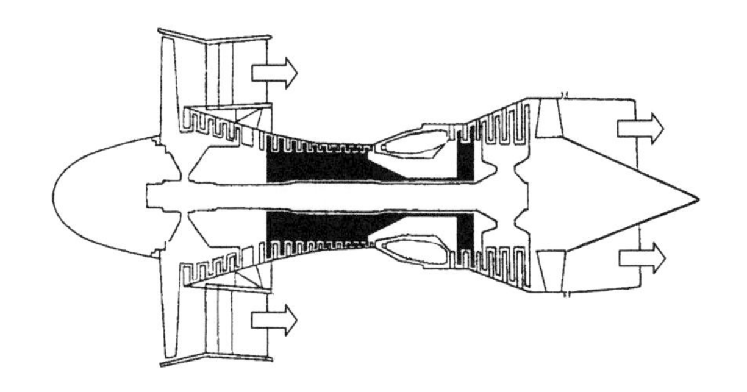

(a) ショート・バイパス・ダクト(複数排気孔型)

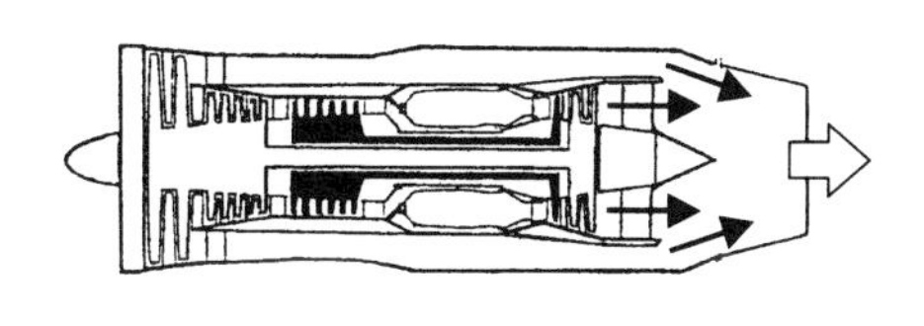

(b) 全長型バイパス・ダクト(単排気孔型)

図 6-61　ファン・バイパス・ダクト

第７章　タービン用燃料および
エンジン・オイル

概　要

本章では、航空用タービン・エンジンに使用される燃料およびエンジン・オイルに求められる具備要件、燃料およびエンジン・オイルの一般的内容、燃料の発熱量の定義とエンジン・オイルの状態を示す指標、燃料および滑油の規格と成分、およびタービン・エンジン用燃料およびエンジン・オイルの一般的添加剤を説明する。また、一部ターボシャフト・エンジンで使用が認められている緊急代替燃料使用時の制約を解説する。

7-1　ジェット燃料一般

航空用タービン・エンジンに使用される燃料は、有機成分の炭化水素の化合物であるケロシン（Kerosene）が主体で、これにナフサ（ガソリン）を混合した燃料も使われている。

タービン・エンジンに通常使用されている燃料には、**ケロシン**（Kerosene：灯油）系と**ワイド・カット**（Wide Cut：低蒸気圧ガソリン）系があり、タービン・エンジン用燃料は、**ジェット燃料**（Jet Fuel）ともよばれる。

ケロシン系燃料はケロシンを主体とした燃料でナフサ（ガソリン）は含んでおらず、主に民間用タービン・エンジンに使用されている。ワイド・カット系燃料は、ケロシン留分とナフサ（ガソリン）留分が混合された燃料で、非常に低い析出点と低い引火点を有している。

オクタン価の低い燃料では正常に作動しない高性能ピストン・エンジンとは違って、ガスタービン・エンジンは燃料の品質に対して多少の余裕を持っている。しかし最良のエンジン性能を得るためには、燃料は厳格な要求項目を満たしたものでなければならない。

7-1-1　ジェット燃料の具備すべき要素

タービン・エンジンの運用領域が広いことから、ジェット燃料に対しては、次のような要素を具備していることが求められる。

a. 発熱量が大きい。

タービン・エンジンの出力は発熱量に比例するため、高い発熱量の燃料が求められる。すなわち、単位重量当りの発熱量が大きいほど、同じ重量の搭載燃料でより遠くまで飛行することができ、また比重が大きいと単位容積当りの発熱量が大きくなり、同じ容量のタンクでより長い航続距離が得られる。航空機では重量よりも容積で制限を受けるため、一般的に、容積当りの発熱量の大きいことが重視される。燃料の発熱量は航続距離に直接影響する。発熱量については、7 - 1 - 3 に説明する。

b. 揮発性が適当である。

燃料の揮発性は、**ベーパ・ロック**、蒸発損失、低温始動、引火性および燃焼性を左右する。揮発性が高すぎるとベーパ・ロックを生じ、また逆に、揮発性が低いと低温時の始動性や高空での再着火特性が悪化することから、これらの相反する影響を最小限とするため、適度の揮発性でなければならない。揮発性の詳細は、7 - 1 - 4a に説明する。

c. 安定性が良い。

ジェット燃料は長期貯蔵が予想され、貯蔵中に分解または重合による変質を生じない化学的安定性が求められる。また、燃料はエンジンや IDG（Integrated Drive Generator：定速駆動発電機）などの潤滑油の冷却に使用されるなど、使用中、燃焼室に入るまでに熱を受けるため、熱による分解生成物を生じない熱安定性が必要である。安定性の詳細は、7 - 1 - 4b に説明する。

d. 燃焼性が良い。

燃焼性が良いということは、燃焼の持続性が良く、煤煙の生成や燃焼室内のカーボンの蓄積が少ないことをいう。燃焼性は燃料中の炭化水素のタイプに影響され、炭素 / 水素比の高い**芳香族炭化水素**は重量当りの発熱量が低く、燃焼性が劣る。これが燃料規格上、芳香族炭化水素の容量 % が規制される一つの要因となっている。また、**煙点**（Smoke Point）が燃焼性を評価する一つの尺度として使われている。煙点は、既定の条件でススを発生せずに燃焼する炎の最大長さを、mm で表す単純な試験方法が多く使われている。煙点が 10 mm を超えるあたりで生成沈積物は最も多く、40 ～ 50 mm 付近で最小となる傾向を示しており、通常は 19 ～ 25 mm 以上といわれている。

その他、燃焼性の良否を判定する方法として煙揮指数、ナフタレン含有量やルミノメータによる揮度を測定する方法も使われている。

e. 凍結しにくい。

高高度を飛行するジェット機において、低温特性は重要な性状である。低温では、燃料中の炭化水素の凝集によるフィルタ閉塞や燃料噴射時の粘度変化による影響があることを考慮して、燃料規格では**析出点**（Freezing Point）（燃料中の炭化水素が凝集析出しはじめる温度）と低温粘度が規定されている。一般にパラフィン系は析出点が高く、芳香族は低いといわれている。

粘度は噴射時の霧化性と貫徹性（微小油滴が燃焼室に広がる度合い）に関係し、燃料調節が充分可能な低温粘度であることが要求される。

また、燃料中の水分も問題であり、ごく少量の水分が燃料中に溶解水分として存在するが、極端な場合には遊離水として層になって分離しており、低温時に氷結してフィルタ閉塞を起す。

f. 腐食性が少ない。

燃料の腐食作用や燃焼生成物は、含有硫黄分、酸価の増加、水分含有量によって左右される。硫黄が燃焼して生成する硫黄酸化物が水と結合して活性硫酸ができ、タービン翼を腐蝕する。硫黄はどの炭化水素燃料にもつきもので完全に除去出来ないが、燃料規格では最大許容含有量は（質量％）0.3％以下と規定されている。

燃料が空気の酸化作用によって生じた酸の量を**酸価**（Acid Number）といい、酸価の増加は含有水分とともに金属腐蝕の原因になる。酸価は単位量の燃料の中和に必要な水酸化カリウムの試薬の量で示され、規格上は単位として mg KOH / g が使われる。

7-1-2　蒸留曲線（図 7-2）

燃料の揮発性を測定する方法として、通常 ASTM（American Society for Testing Material）蒸留法（図 7-1）が使われる。この方法は、規定された寸法の器材により、100 cc の燃料を加熱して温度が 10℃ 上昇するごとに凝結器を通して計量器に溜まる留出量を計るもの（図 7-1）で、留出量（横軸）と温度（縦軸）の曲線を ASTM 蒸留曲線（Distillation Curve）という。燃料が留出し始めたときの温度を初留点、以降 10% 留出するごとに % 留出温度とし、液体すべてが蒸発した温度を終点とよぶ。ASTM 蒸留曲線では、各 % 留出温度がジェット燃料の性状と関連しており、必要な値がジェット燃料規格仕様に規定されている。引火点は、火元があれば着火する蒸気を生ずる燃料温度である。

低温時の始動特性、蒸発損失、ベーパ・ロックおよび引火性は、10% および 20% 留出温度と密接に関係しており、高い場合は低温時の始動性が悪く、低い場合は蒸発損失、ベーパ・ロックおよび引火性に問題を生ずる。ジェット燃料規格では、ケロシン系燃料は 10% 留出温度、ワイド・カット系燃料は 20% 留出温度の最大値が規定されている。

50% および 90% 留出温度、終点は燃焼性と関係しており、これらの温度が高い場合は燃料の揮発が不十分のため不完全燃焼を起し、燃焼室の炭素の堆積や排気ガスのススの発生を起しやすい。

ワイド・カット系はジェット燃料規格で、50% および 90% 留出温度の最大温度が規定されており、ケロシンは定義上、120°F（50℃）の最低引火点と 572°F（300℃）までの終点と定められている。

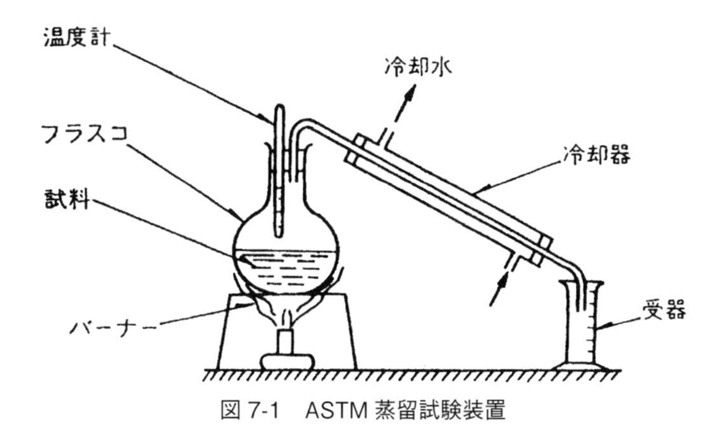

図 7-1　ASTM 蒸留試験装置

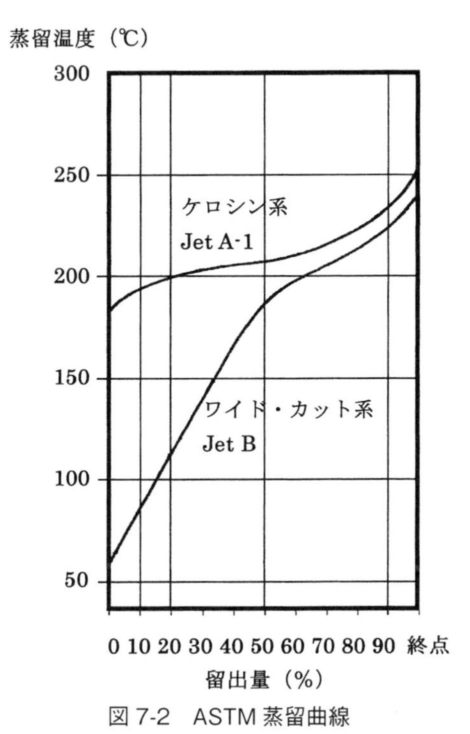

図 7-2　ASTM 蒸留曲線

7-1-3　発熱量

発熱量（Calorific Value または Heating Value）は、単位重量の燃料が完全燃焼したときに発生する熱量と定義される。

ジェット燃料が完全燃焼すると必然的に水（H_2O）と炭酸ガス（CO_2）を発生する。発生した水は環境温度によって蒸発するか、凝縮して水滴になる。

水が蒸発する場合には気化熱が必要であり、これに必要な気化熱は燃料の燃焼により得られた熱量から補われるため燃焼により使用可能となる熱量はこの分減少するが、これを**低発熱量**（真発熱量：Net Calorific Value）とよぶ。

また、発生した水が凝縮する場合には潜熱を発生するため、燃焼により使用可能となる熱量は燃焼発熱量に潜熱分が増加するが、これを**総発熱量**（高発熱量：Gross Calorific Value）とよぶ。発生した水が蒸発するか凝縮するかは燃焼領域の環境温度によって分かれる。環境温度は通常、水の沸騰温度 100℃ を基準に考え、これより高い場合は水が蒸発、低い場合は凝縮すると考える。

国際単位系では、この値は燃料 1 kg 当たりの kJ（キロジュール）で kJ/kg と示される。平均的タービン燃料の低発熱量（真発熱量）は、Hn ＝ 42,800 kJ/kg 以上である。英国単位系では、燃料 1 ポンド当たりの発熱量に英国単位系（BTU）が使われており、BTU/lb で示される。燃料規格では真発熱量および比重で規定されている。

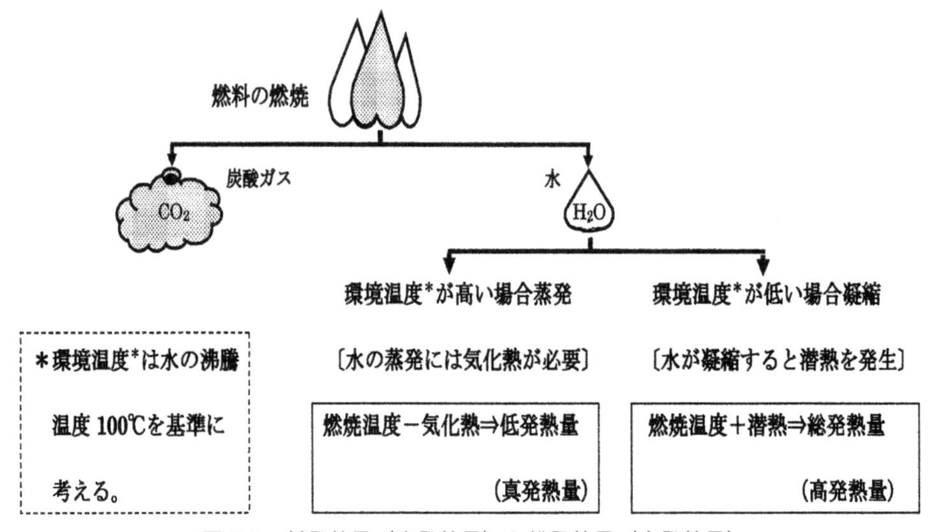

図 7-3　低発熱量（真発熱量）と総発熱量（高発熱量）

7-1-4　気化性および安定性

a. 揮発性

ジェット燃料の気化性すなわち揮発性が高いと、燃料温度が外気温度より高く気圧が低い高空では、燃料が配管、ポンプまたは部品内でベーパ（蒸気）を発生し、燃料の流れを制限するベーパ・ロック（Vapor Lock）を生ずる恐れがある。また逆に、揮発性が低い場合には、特に低温時の蒸発が悪くなり、低温時の始動性や高空での再着火特性が悪化する。

ベーパ・ロック、蒸発損失、低温始動性、引火性および燃焼性に影響するジェット燃料の揮発性は、通常、前述の ASTM 蒸留法によって測定される蒸留性状および**レイド蒸気圧**（Reid Vapor Pressure）によって表示される。レイド蒸気圧とは、規定の試験容器に入れて密閉した一定量の燃料の 37.8℃（100°F）における飽和蒸気圧のことである。

b. 安定性

（1）貯蔵安定性

燃料中に不安定な物質（オレフィン分）があると、貯蔵中に空気中の酸素によって酸化または重合して不溶解物質となって析出する。これをガム質といい、燃料製造段階ですでに入っている**実在ガム**（Existent Gum）と、貯蔵中に酸化して出来る**潜在ガム**（Potential Gum）がある。このため、燃料中の不飽和な炭化水素（**オレフィン族炭化水素**：Olefins Hydrocarbon）の含有量が制限される。

(2) 熱安定性

ジェット燃料は、エンジンや定速駆動発電機（IDG）の滑油の冷却に使用されるなど、燃焼室に入るまでに 200℃ 近くまで加熱される場合があり、熱交換器や燃料ノズルで分解生成物を生じることがある。燃料中の不飽和な炭化水素（オレフィン族炭化水素）の含有量が少ないほど、熱安定性も優れている。

7-1-5 燃料の規格と成分

a. 燃料規格（表 7-1）

ジェット燃料の国際的な規格として、A.S.T.M、MIL、および IATA などの規格があるが、日本では ASTM D 1655-81 に準拠して、日本の実情に合わせた日本工業規格 JIS K2209 が制定されている。JIS K2209 では、航空タービン燃料油（ジェット燃料）は次のように分けられている。

種類	記　号	タイプ	性質（特徴）
1 号	Jet A-1	灯油形（低析出点）	ケロシン系燃料　比重：0.7753～0.8398 揮発性が低く引火点の高い燃料である。
2 号	Jet A	灯油形	Jet A-1とJet Aは析出点（氷点）のみが異なり、Jet A-1は長距離高亜音速航空機用に開発されたJet Aより析出点が低い燃料である。（表7−1 参照）
3 号	Jet B	広範囲沸点形	ワイド・カット系燃料　比重：0.7507～0.8017 低温および高空における着火性に優れた燃料である。 ケロシン留分と軽質および重質ナフサ（ガソリン）留分が混合された低蒸気圧ガソリン系燃料である。

各航空タービン燃料油の JIS K2209-1991 品質規格を**表 7-1** に示す。

表 7-1　JIS K2209-1991 品質規格

航空タービン燃料油　　JIS K2209-1991

タイプ	灯油形(低析出点)	灯油形	広範囲沸点形
記号	Jet A-1	Jet A	Jet B
種類	1 号	2 号	3 号
全酸価　mgKOH/g	0.1 以下		—
芳香族炭化水素分　容量%	25 以下(1)		
メルカプタン硫黄分　質量% 又はドクター試験	0.003 以下 陰性(ネガティブ)		
硫黄分　質量%	0.3 以下		
蒸留性状			
10%　留出温度　℃	204 以下		—
20%　留出温度　℃	—		143 以下
50%　留出温度　℃	記録		187 以下
90%　留出温度　℃	記録		243 以下
終点　℃	300 以下		—
蒸留残油量　容量%	1.5 以下		1.5 以下
蒸留減失量　容量%	1.5 以下		1.5 以下
引火点　℃	38 以上		—
密度(15℃)　g/cm^3	0.7753〜0.8398		0.7507〜0.8017
蒸気圧(37.8℃)　$kPa\{kgf/cm^2\}$	—		20.7 以下{0.211 以下}
析出点　℃	−47 以下	−40 以下	−50 以下
動粘度(−20℃)　$mm^2/s\{cSt\}$	8 以下 {8 以下}		—
真発熱量　MJ/kg{cal/g}	42.8 以上 {10230 以上}		
燃焼特性 (次のいずれかに合格すること)			
1. ルミノメーター数	45 以上		
2. 煙点	25 以上		
3. 煙点及び	18 以上(2)		
ナフタレン分　容量　%	3 以下		
銅板腐食　100℃、2 h	1 以下		
銀板腐食(3)　50℃、4 h	1 以下		—
熱安定度 (次のいずれかに合格すること)			
1. A 法　圧力差　kPa{mmHg}	10.1 以下 {76 以下}		
予熱管たい(堆)積物の評価	3 未満		
2. B 法　圧力差　kPa{mmHg}	3.3 以下 {25 以下}		
加熱管たい(堆)積物の評価	3 未満		
実在ガム　mg/100 ml	7 以下		
水溶解度			
分離状態	2 以下		
界面状態	1b 以下		

(注) (1)規格の範囲内であっても、芳香族炭化水素分が 20 容量%を超える場合には、出荷の日から 90 日以内に、購入者に対して、その数量、出荷先および芳香族炭化水素分を報告する。

(2) 規格の範囲内であっても、煙点が 20 を下回る場合には、出荷の日から 90 日以内に、購入者に対して、その数量、出荷先、煙点およびナフタレン分を報告する。

(3) 銀板腐食試験は、当事者間の協定による。

b. タービン燃料の添加剤

航空タービン燃料油の添加剤は、燃料の使用条件に応じて

① 原油中に元来存在しなかった性質を与える。

② 精製に際して除かれた有効成分を補う。

ことを目的として添加剤が添加され、添加剤についても添加量が規定されており、添加した後、品質規格に適合することが求められる。

(1) 酸化防止剤（Anti-oxidant）

燃料貯蔵中の溶解、不溶解酸化物の生成を防止するための添加剤で、ガム抑制剤ともよばれる。

(2) 金属不活性化剤（Metal Deactivator）

燃料中に存在する浮遊金属を不活性化する添加剤である。

(3) 氷結防止剤（Anti-icing Additive）

燃料が冷えると含有する溶解水分が析出して遊離水分となり氷結するため、遊離水分中に溶解して氷結温度を下げ燃料の氷結を防ぐ。

(4) 電導度調整剤（静電気防止剤）（Electrical Conductivity Additive）

燃料の電導度を良くして、燃料が高速で流れる場合などで発生する静電気を速やかに接地させてタンク内での帯電を防ぐ。

(5) 腐蝕防止剤（Corrosion Inhibitor）

燃料中に溶解して、燃料の部品金属面との直接接触を妨げることにより、錆や腐蝕を防ぐ。

(6) 特殊目的の添加剤

当事者間の協定による添加剤の種類と添加量を添加することが出来る。

7-1-6　緊急代替燃料使用時の制約

ターボシャフト・エンジンにおいて、ジェット燃料が入手できない場合の**緊急代替燃料**として、航空ガソリンの使用が認められているものがあるが、航空ガソリンを使用する場合には、以下の処置をとることが要求される。

a. 潤滑油の添加

航空ガソリンはジェット燃料に較べて潤滑性が劣るため、燃料ポンプに過度の磨耗を生ずる恐れがある。このため、潤滑性改善のために鉱物油の添加が要求される。潤滑性改善のために2％程度の鉱物油を添加することが求められる事例がある。

b. 飛行高度・燃料温度の制限

航空ガソリンはジェット燃料より揮発性（レイド蒸気圧）が高いため、ベーパ･ロックを起しやすく、また燃料ポンプでキャビテーションを発生して部品の劣化を早めるため、飛行高度および燃料温度が通常より低く制限される。高度1,500 m以上、燃料温度30℃以上での運用が禁止される事例がある。

c. 使用時間の制限

航空ガソリンに含まれる四エチル鉛が高温のタービン・ブレードに接触すると、タービン・ブレードに鉛化合物が付着して腐食を発生し、強度低下を起したり、エンジン性能が低下するため運転使用時間が制限される。オーバホール間の使用時間を 25 時間以内に制限される事例がある。

緊急代替燃料の使用および制約事項の詳細は、各エンジン製造会社によってマニュアル等で指定されているので、この使用にあたっては、エンジン製造会社の指示に従わなければならない。

（以下、余白）

7-2　タービン・エンジン・オイル一般

潤滑（Lubrication）の目的は、可動部品の表面に油膜を形成して部品間の摩擦を減らすことであり、油膜により金属間の摩擦をオイルの摩擦に変える。またオイルは、金属面間の緩衝作用、部品の熱を吸収する冷却作用、付着した金属微粉や異物を除去する洗浄作用、および防錆作用の働きも行う。

タービン・エンジンに使用されるオイルは、高い荷重に耐えられる**油膜**を形成する充分な粘性が必要であり、また良好に循環出来る粘性でなければならない。

タービン・エンジンに使われる**オイル**（Lubricating Oil）は、初期のエンジンでは石油系の**鉱物油**（Mineral Oil）が使われていたが、現代のエンジンでは高性能化に伴って耐熱特性などを改善した**合成油**（Synthetic Oil）が多く使われている。

合成油は特定のエステル基化合物を**基油**に造られたオイルで、高温から低温までの外気温度の幅広い変化に対応できる粘度を有している。

7-2-1　タービン・エンジン・オイルの具備条件

航空用タービン・エンジン用滑油には、次の特性を具備していることが求められる。

a. 良好な油性

油性（Oiliness）とは、摩擦面で金属が直接接触しないようにする滑油の油膜構成力で、金属表面への粘着性（密着性）をいう。潤滑が正常に行われるためは、優れた粘着性（密着性）および付着性、圧縮荷重および遠心力の下で良好な油膜構成力を保持することが必要である。また、高い荷重でも滑油フィルムの強度が大きいことが求められる。

b. 適度の粘度および流動性

滑油は広い温度範囲で、高い荷重に耐えられる充分な**粘度**（Viscosity）が必要であり、また良好な循環が出来る粘性でなければならず、特に高空低温域での低温始動に支障をきたさない流動性が必要である。このため規格では、粘度低温安定性と流動点（滑油の重量で流れる最低温度）が規定されている。合成油では、粘性の表示に**動粘度**（Kinematic Viscosity）が使われる。

動粘度とは、液体が重力の作用で流動するときの抵抗の大小を表し、粘度〔液体に作用したせん断応力（ずり応力）とせん断速度（ずり速度）の比〕を、その流体の密度で割った値である。動粘度の単位は平方ミリメートル毎秒（mm^2 / s）が使われるが、参考単位として CGS 単位のストークス（St）の 1 / 100 のセンチ・ストークス（cSt：1 mm^2 / s=1 cSt）が使われる。

c. 高い粘度指数

オイルが始動から離陸までの広い温度範囲〔約－ 60°F（約－ 51℃）から 400°F（約 204℃）〕で機能を果たすためには、温度による粘度変化の少ないオイルが求められる。

オイルの温度による粘度変化の傾向を表す指数に**粘度指数**（Viscosity Index）が使われており、粘度指数が大きいオイルほど、温度変化の少ない良質オイルであることを示す。

d. 引火点が高い。

高温のベアリング等にオイルを直接噴射するので、引火点が高いこと〔400°F（204℃）以上〕が求められる。

e. 揮発性が低いこと。

高空における蒸発損失を最小限とし、エンジン停止後の高温でも蒸発による再始動時の潤滑不足がないことが必要である。

f. 酸化安定性が良く耐熱性が優れている。

オイルは高温では熱分解や酸化を生じ易く、進行するとガム質（不溶解物質）を生成し、酸の遊離をもたらして腐蝕性が高くなる。エンジン・オイルは熱分解を生じ難く、スラッジの発生など、問題のないことが求められる。

オイルの酸化を示す指標として**全酸価**（Total Acidity）が使われる。全酸価の値が大きいほど劣化が進んでおり酸性度が高いことが示される。

全酸価は単位量のオイルの中和に必要な水酸化カリウムの試薬の量で示されるため、規格上は単位として mg KOH / g が使われ最大値で指定される。

g. 高比熱・高熱伝導率

エンジン部品の冷却のため熱を吸収し、また熱交換器を介して燃料との熱交換で冷却するため、比熱および熱伝導率は高いことが求められる。

7-2-2　タービン・エンジン・オイルの規格と成分

a. タービン・エンジン・オイルの変遷

出力がまだ小さく、軸受の最高温度および滑油全体の平均油温（バルク油温）が低かった初期のジェット・エンジンでは一般にタービン・エンジン・オイルに鉱物油が使用されていた。しかし出力が大きくなるに従って軸受最高温度および平均油温が高くなり、エンジン・オイルは熱分解を起こしスラッジを多量に発生する恐れがあった。また鉱物油は高高度飛行で大気圧が非常に低くなると高温状態で蒸発損失が激増する。また低温から高温までの広い温度範囲にわたる充分な潤滑能力を満たすことが難しくなってきた。

出力増加に伴う新たな問題点の解決のために鉱物油に較べ熱安定性が高く、耐荷重性、蒸発損失および酸化安定性が改善された合成潤滑油が開発された。

合成潤滑油としてダイエステル系のタイプⅠオイルがジェット旅客機に導入された。しかしタイプⅠオイルも長時間高温にさらされると熱分解してスラッジを発生し、エンジン・オイルの機能を全うできないことから、ジェット・エンジンの出力がさらに大きくなり軸受温度およびバルク油温が高くなるのに伴って、現代のタービン・エンジンでは耐熱特性が改善された合成潤滑油としてタイプⅡオイルが開発され導入された。

さらにエンジン出力がおおきくなり、軸受最高温度およびバルク油温が高くなっている最新のタービン・エンジン用合成潤滑油として、耐熱特性などをより改善したアドバンスド・タイプⅡまたはタイプⅢオイルなどが研究開発されている。

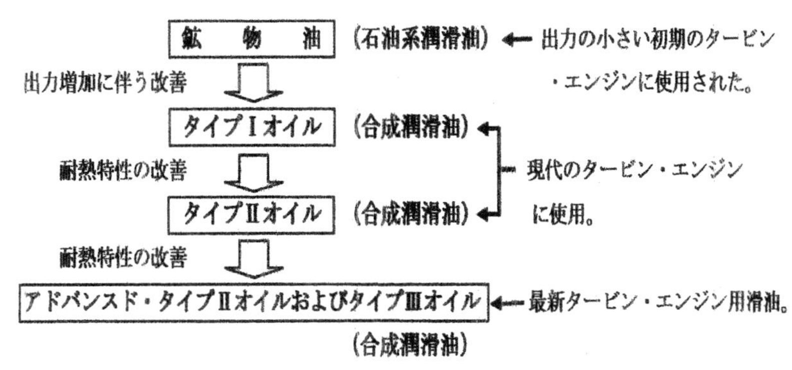

図 7-4　民間タービン・エンジン・オイルの変遷

b. タービン・エンジン・オイルの規格（表 7-2）

現在タービン・エンジンに使われている合成油には、タイプⅠオイル（MIL-L-7808）、タイプⅡオイル（MIL-L-23699）および、アドバンスド・タイプⅡオイル（MIL-L-27502）等の異なったタイプがある。

初期のタービン・エンジンではタイプⅠオイル（MIL-L-7808）が一般的に使用されていたが、その後タービン・エンジンの高性能化に伴って高い作動温度に耐えられるよう耐熱性に優れたタイプⅡオイル（MIL-L-23699）が開発され、現在のタービン・エンジンではタイプⅡオイルが一般的に使用されている。

しかし、エンジン型式によっては、さらなる耐熱性やアンチ・コーキング特性（オイル・チューブ内で熱分解で発生するスラッジの炭化によるオイルの流れの阻害を防止する特性）などの改善が求められており、高温部のオイル・チューブの冷却を改善するとともに、アドバンスド・タイプⅡオイル（MIL-L-27502）が開発され使用されている。

表7-2　タービン・エンジン・オイルの規格概要

		タイプ Ⅰ オイル	タイプ Ⅱ オイル	アドバンスド タイプ Ⅱ オイル
規　格		MIL-L-7808	MIL-L-23699	MIL-L-27502
比重：60 °F(15.6 ℃)		0.95	0.975	
粘度：				
500 °F(260℃) cSt		−	−	1.0
210 °F(98.9℃) cSt	最小	3.0	5.0〜5.5	
100 °F(37.8℃) cSt	最小	11.0	25.0	
−40 °F(−40 ℃) cSt	最大		13,000	−
−65 °F(−54 ℃) cSt	最大	13,000	−	−
粘度安定性(粘度変化)：				
−40 °F(−40℃)、35分	最大			15,000 cSt
−40 °F(−40℃)、 3時間	最大			15,900 cSt
−40 °F(−40℃)、72時間	最大		±6%	
−65 °F(−54℃)、 3時間	最大	±6%		
−65 °F(−54℃)、72時間	最大	1,700 cSt		
引火点、°F(℃)	最小	400 (204)	475 (246)	475 (246)
流動点、°F(℃)	最大	−75 (−60)	−65 (−54)	−65 (−54)
全酸価、mg KOH / g	最大	0.30	0.50	0.50
自然発火温度、°F(℃)		−	−	770 (410)
蒸発損失：				
400 °F(204℃)、6.5時間、重量%、最大		35	10	5.0
500 °F(260℃)、6.5時間、重量%、最大		−	−	50

c. タービン・エンジン・オイルの添加剤

オイルの添加剤（Additive）は、基油に欠けている物理的性状を向上させるために配合されるもので、次のようなものなどがある。添加剤の使用および量については滑油規格に定められる。

・粘度指数向上剤（Viscosity-Index Improvers）

・酸化防止剤（Antioxidants）

・油性向上剤（Oiliness Improvers）

・流動性降下剤（Pourpoint Depressants）

・極圧添加剤（Extreme Pressure Additives）

・防錆剤（Rust Preventiver）

・清浄剤（Detergent Dispersant）

・泡消剤（Antifoamant）
・乳化防止剤（Antiemulsifying Agent）

d. 使用上の注意

エンジン・オイルを補充する場合には、補充するエンジン・オイルがそのエンジンに使用されているものと同じであることを確認しなければならない。同じ規格のエンジン・オイルであってもブランドによって添加物等が異なるので、原則として異なった製品のエンジン・オイルを混合使用してはならない。

ただし他のエンジン・オイルに交換する場合などで、エンジン・メーカーが認めた方法がある場合はそれに従って実施する。

（以下、余白）

第８章　タービン・エンジンの各種系統

概　要

本章では、タービン･エンジンの運転に必要な燃料系統、点火系統、空気系統、エンジン制御系統、エンジン指示系統、排気系統、オイル系統、エンジン始動系統などの各種系統を説明する。これらの系統は前出のATA規格（ATA iSpec 2200：Table 3-1-3-5参照）に下表のように分類制定されており、世界共通の分類基準として使われている。

システム番号	系統の名称
73	燃料系統（Fuel System）
74	点火系統（Ignition System）
75	空気系統（Air System）
76	エンジン制御系統（Engine Control）
77	指示系統（Indication System）
78	排気系統（Exhaust System）
79	オイル・システム（Oil System）
80	始動系統（Starting System）

各種系統の補機のうち「**発動機補機**」は、耐空性審査要領 第Ｉ部 定義2-5-3.に次のように定義されている。

・発動機の運転に直接関係のある付属機器であって、発動機に造りつけていないものをいう。すなわち、発動機補機は発動機の運転に直接関係する付属機器で、発動機と一体に組み込まれているものではなく、交換が可能なように装備品としてエンジンに取り付けられた機器をいう。

8-1　エンジン燃料系統

8-1-1　エンジン燃料系統一般

エンジン燃料系統（Engine Fuel & Control System）の役目は、エンジンが必要とする燃料を、エンジン始動、加減速、高空での巡航飛行などのいかなる条件下でも適切な出力が得られるよう燃料を制御し、供給することである。

エンジン燃料系統は、**燃料制御系統**（Fuel Control System）、**燃料分配系統**（Fuel Distribution System）および**燃料指示系統**（Fuel Indicating System）から構成される。

機体側燃料供給系統からエンジン燃料系統に供給される燃料は、一般的に図8-1に示す経路でエンジンに供給される。エンジンの型式によっては、燃料系統の各装置の配置および使用する装備品は多少異なっている。

a. 燃料制御系統（Fuel Control System）

燃料制御系統は、要求された出力を出すために運転環境の変化に応じた燃料流量を調量する系統で、燃料制御装置により始動から定常運転、加減速、停止までのすべての状態についてエンジンを完全に制御する働きをする。

従来のエンジンでは**燃料制御装置**（FCU：Fuel Control Unit）によって行われていたが、現代のエンジンでは、すべての運転状態を精密に制御するFADEC（Full Authority Digital Electronic Control）とよばれる電子式制御を使ったシステムが主流となりつつある。

b. 燃料分配系統（Fuel Distribution System）

燃料分配系統は、機体燃料システムからエンジンに供給される燃料を燃焼室に噴射するまでの系統をいい、燃料ポンプ、燃料ヒータ、燃料フィルタ、燃料制御装置（HMUまたはFCU）、燃料流量トランスミッタ、燃料・潤滑油熱交換器、燃料マニフォルドおよび燃料ノズルで構成される。

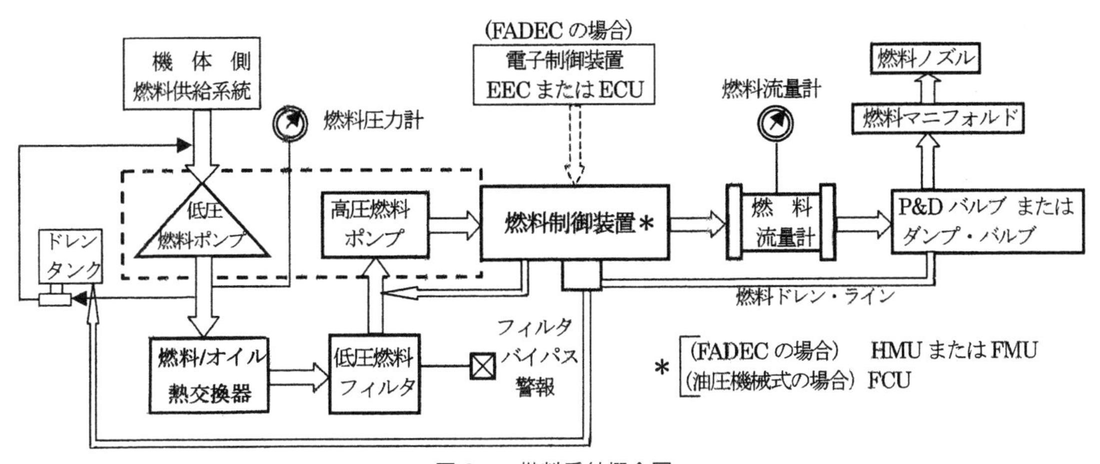

図8-1　燃料系統概念図

c. 燃料指示系統（Fuel Indicating System）

燃料指示系統は、エンジン燃料系統の状態を監視するためのシステムで、燃料流量、燃料圧力およびフィルタ・バイパス警報などが指示される。

8-1-2　燃料ポンプ（図 8-2）

燃料ポンプ（Fuel Pump）は、アクセサリ・ギア・ボックスに搭載されたエンジン駆動の補機で、エンジン高圧系ロータに比例する回転数で駆動される。

燃料ポンプ・システムはすべての状態の下で、燃料噴射ノズルにおけるガス圧に充分打ち勝つ圧力でエンジンに充分な燃料流量を供給できなければならない。

燃料ポンプへ入力される圧力は機体側燃料システムの状況によって決まり、機体側燃料ポンプが故障した場合であっても、エンジン燃料ポンプは燃料を機体側タンクから引き出して継続してエンジンに燃料を供給しなければならない。このため、一般に燃料ポンプは低圧段と高圧段の二つの燃料ポンプが直列に組み合わされた構成となっており、低圧遠心式ポンプが燃料を引き出して高圧ポンプに供給し、高圧ポンプが燃料を FMU に供給する。

燃料ポンプには、**定容積型燃料ポンプ**（Constant Volume Type Fuel Pump）と**可変流量型燃料ポンプ**（Variable Flow Type Fuel Pump）の二つの型がある。

a. 定容積型燃料ポンプ（Constant Volume Type Fuel Pump）

定容積型燃料ポンプでは、遠心式ポンプ（低圧段）とギア・ポンプ（高圧段）を組み合わせた構成のものが多く使われている。低圧段は**インペラ式遠心式ポンプ**（Centrifugal Pump）で、インペラ（Impeller）の回転による遠心力で燃料を送り出す。エンジン回転速度の増加に伴いポンプ回転数が増加すると、燃料の吐出量は比例して増加する。低圧燃料ポンプでは燃料を 100 psi まで加圧する。遠心式ポンプが故障した場合には、燃料はスプリング式のインペラ・バイパス・バルブ（Impeller Bypass Valve）を介して高圧段入口にバイパスされる。

高圧段は通常、**ギア・ポンプ**（Gear Pump）であり、ハウジング内で噛合った２個の同サイズのギアで構成されており、駆動型ギアの回転でもう一方のギアを廻して燃料を加圧する。吐出量は回転数に比例し、吐出圧力は 700～1,500 psi と高圧である。吐出圧力がセーフティ・バルブのスプリングの負荷を超えた場合は、リリーフ・バルブ（Relief Valve）が開いて過度の燃料をギア・ポンプ入口に戻す。ギア・ポンプの長所は軽量なことである。

構造的に急激な減圧を生ずるギア・ポンプ（燃料系統およびエンジン・オイル系統）等ではキャビテーション（Cavitation）を発生し、部品表面が侵されてエロージョンを生ずる恐れがある。

キャビテーション（Cavitation）とは、液体（流体）の中でごく短時間に圧力が真空近くに下がって、液体が蒸気になってしまう現象で、その後発生した液体の蒸気の泡の周りの圧力が上昇すると、液体の蒸気の泡が急激に縮むことにより一種の衝撃圧が起こる。この衝撃圧は数百気圧にも達すると言われており、この非常な衝撃のために部品表面が侵されてエロージョン（壊食）を生ずる。この不具合は燃料系統および滑油系統に使われているギア・ポンプで問題となっており、ギアを貫通するピットが認められる事例が生じている。

b. 可変流量型燃料ポンプ（Variable Flow Type Fuel Pump）

可変流量型燃料ポンプには、**プランジャ・ポンプ**（Plunger Pump）が使われている。このポンプは、駆動軸からの回転をピストンの軸方向往復運動に変換して燃料を加圧するもので、ポンプの吐出量は、エンジン回転数とピストンのストロークによって決まる。ストロークの長さは、ポンプ吐出圧力の変化により位置が決まるサーボ・ピストン（Servo Piston）によって制御されたアングル・カム・プレートの傾きによって変化する。

ピストンの往復運動は、通常、アングル・カム・プレート（Angle Cam Piston：傾斜板）の回転で発生させる。代表的吐出量は、2,000 psi の最大圧力において、時間当たり 400 から 8,000 リッター（105 から 2,130 ガロン／時間）の範囲である。

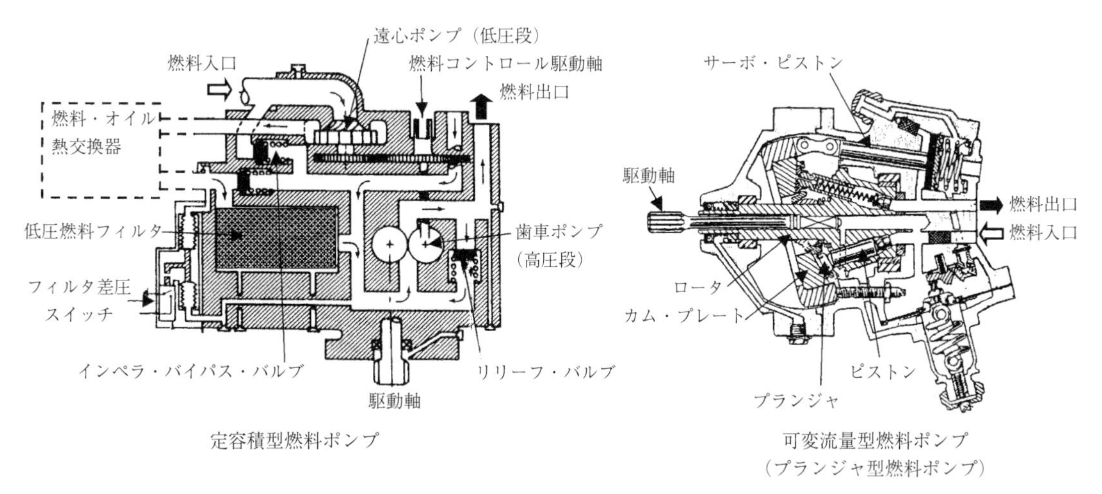

図 8-2　燃料ポンプ

8-1-3　燃料制御系統

燃料制御系統の機能

燃料制御系統（Fuel Control System）は、出力要求および運転環境の変化に応じて、燃料制御装置により始動から定常運転、加減速、停止までのすべての状態についてエンジンを完全に制御する働きをする（図 8-3　始動加速時の作動ラインを参照）。

燃料制御装置は、ロータ回転数の制御により出力を制御し、タービン・エンジンの重要な制限要素であるタービン入口温度を制限値内に制御する機能を持っている。

機体側からの燃料の供給／停止指令、スラスト・レバーによるエンジン出力要求を受けて、エンジン運転環境およびエンジンの状態を示す基本パラメータの変化を感知して調量バルブの流路面積を操作し、それぞれの変化に応じた燃料流量を供給する。

スラスト・レバーが一定位置に留まっている場合は、スラスト・レバー位置で要求されているエンジン出力を維持するために、エンジンに入る空気の状態の変化に応じて燃料流量を変化させながら、タービン入口温度を制限値内に保つ。

また、燃料制御装置は安定した状態でエンジンを作動する機能をもっている。エンジンの加速・減速時に燃料流量を急速に増減した場合、過濃混合気となって過濃火炎消火を生じたり、希薄混合気となって希薄火炎消火を生ずる恐れがあり、また過度のタービン入口温度やコンプレッサ・サージを生ずる結果となる。

燃料制御装置は、加減速中の火炎消火の可能性を排除するために、コンプレッサ吐出圧力に対する燃料流量を適正な空燃比の範囲内に維持しながら、最良の加速性能が得られるよう働く。また、エンジンの過回転を防止する働きも行う。

さらに、燃料制御装置はコンプレッサ・サージを防止する役目を持っており、サージを避けるために加速燃料スケジュールの制限や、コンプレッサの抽気や可変静翼の制御を行う働きも行う。

現代のエンジンでは、燃料制御装置に従来の油圧機械式燃料コントロール（Hydro-mechanical Fuel Control）油圧空気式（Hydro-pneumatic Fuel Control）の燃料コントロールに代えて、すべての状態を電子式で制御するFADEC（Full Authority Digital Electronic Control）とよばれる電子式制御システムが使われている。

【作動ライン】
始　動：A→B→C→D
加　速：D→E→F→G
減　速：G→H→I→D

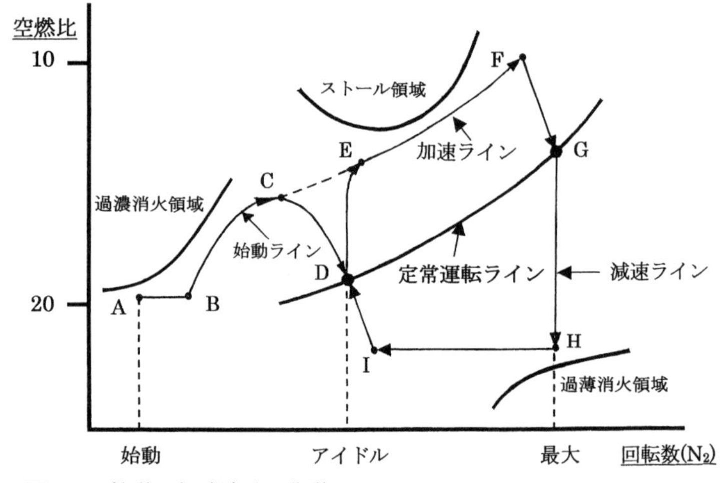

図8-3　始動・加減速時の作動ライン

8-1-3-1　電子制御式（FADEC：Full Authority Digital Electronic Control）燃料系統

電子制御式（FADEC）燃料系統は、エレクトロニック・エンジン・コントロール（EEC）またはエレクトロニック・コントロール・ユニット（ECU）と呼ばれる**電子制御装置**と、ハイドロ・メカニカル・ユニット（HMU）またはフューエル・メータリング・ユニット（FMU）と呼ばれる**燃料制御装置**および関連する**各センサ**（Sensor）類で構成される。

燃料制御機能のうち、エンジン運転環境条件やエンジンの状態の**感知機能**（Sensing Function）および燃料スケジュール等の**演算機能**（Computing Function）を電子制御装置（EEC または ECU）が行い、電子制御装置からの電気信号に基づいて燃料制御装置（HMU または FMU）が燃料流量の**調量機能**（Fuel Metering Function）を行う（図 8-4）。

電子制御装置（EEC または ECU）には、機体システムからの飛行状況の情報や、エンジン内の各センサからのパラメータが入力されており、PLA（Power Lever Angle：出力レバー角）に応じて、常にエンジンが効率的に運転されるよう燃料流量を演算し、温度の過上昇、コンプレッサ・サージ、コンプレッサ / タービンの過回転、燃料の過濃・希薄火炎消火によるエンジン停止等を回避するよう燃料スケジュールを制御する。

電子制御式（FADEC）燃料系統では、従来の油圧機械式や油圧空気式燃料コントロールでは直接モニタされていない排気ガス温度、またはタービン温度を電子制御装置（EEC または ECU）が感知して、タービン入口温度を制御するのが特徴である。

電子制御式（FADEC）燃料系統はまた、入力されたデータ情報を基にサージ抽気バルブと可変静翼（VSV）、およびすべての運用範囲において燃料消費に影響する抽気の制御を行う。

燃料制御装置（HMU または FMU）は、**燃料調量**、**バイパス**、および**サーボ・コントロール**の三つの機能を持っており、電子制御装置（EEC または ECU）によって制御される。

燃料調量機能（Fuel Metering Function）は、電子制御装置が演算結果に基づく電気信号により、エレクトロ・ハイドロリック・サーボ・バルブ（EHSV：Electro-Hydraulic Servo Valve）を制御して、燃料メータリング・バルブの動きにより燃料流量の調量を行う。また、機体の燃料コントロール・スイッチにより、燃料の供給 / 停止が直接制御される。燃料は、機体側エンジン・ファイア・スイッチ（Engine Fire Switch）によっても直接停止される。

バイパス機能（Governing and Bypass Function）は、燃料メータリング・バルブ（Fuel Metering Valve）の開口面積により燃料調量が出来るよう、バルブ前後の圧力を一定に保つ働きをするとともに、過剰な未調量燃料を高圧燃料ポンプ入口に戻す働きをする。また、アクセサリ・ギア・ボックスから高圧ロータ系に比例した回転数を受けて、スピード・ガバナによる過回転防止機能の働きを行う。

サーボ・コントロール機能（Servo Control Function）はサーボ燃料の調圧・供給を行い、電子制御装置の演算結果に基づき、すべての運用範囲においてサージ抽気バルブ（Surge Bleed Valve）、可変静翼（VSV）、および燃料消費に影響する抽気（Air Bleed）等のアクチュエータ制御用のエレクトロ・ハイドロリック・サーボ・バルブ（EHSV：Electro-Hydraulic Servo Valve）の制御を行う。

電子制御式（FADEC）燃料系統により、従来の油圧機械式や油圧空気式に較べて、次のような利点が得られる。

1）排気ガス温度またはタービン温度の直接感知による精度の高い制御が可能となる。

2）エンジン・トリム（エンジン出力調節）を必要としないため、エンジン運転時間を削減できる。

3）エンジンの抽気をすべての運用範囲で管理してエンジン効率を向上させる。

4）摩耗、劣化や製造誤差が無いため、確実な燃料スケジュールの再現性が得られる。

5) 感知したエンジンの状態に対応した始動スケジュールにより確実なエンジン始動を行う。

6) 出力コマンドに基づく出力設定により自動制御されるため、パイロットのワーク・ロードを軽減する。

FADEC システムの全容は、「8 - 4 - 3　FADEC システムの機能と構成」を参照されたい。

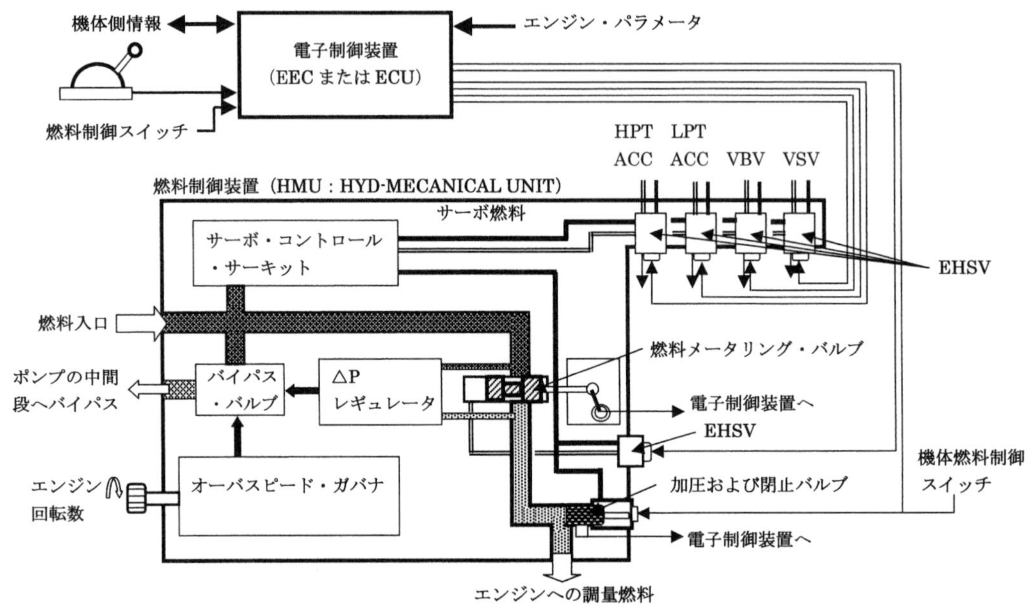

図 8-4　FADEC 制御式燃料系統概要図

8-1-3-2　機械式（FCU）燃料系統

機械式（FCU）燃料系統は、**油圧機械式燃料コントロール**（Hydro-mechanical Fuel Control）または**空気機械式燃料コントロール**（Pneumatic-mechanical Fuel Control）によりエンジンに供給する燃料を制御する。エンジンへの供給燃料の制御に必要なエンジン運転環境およびエンジン内の状態の**感知機能**（Sensing Function）、燃料スケジュール等の**演算機能**（Computing Function）、および燃料流量の**調量機能**（Fuel Metering Function）のすべての機能を、燃料圧または空気圧、および機械式により行う非常に複雑で精巧な**燃料制御装置**（FCU：Fuel Control Unit）である。

燃料コントロールには、燃料制御に必要なエンジン運転環境およびエンジン内の状態のパラメータとして、基本的に次のパラメータを感知して入力しており、それぞれの変化に応じて調量バルブの流路面積を操作して燃料流量を制御する。

①機体側からの燃料の供給 / 停止指令

②スラスト・レバー角度 － 出力要求

③エンジン回転速度 － 燃料スケジュールおよび過回転を制御。

④コンプレッサ入口温度 － エンジンに入る空気の密度の関数。

⑤コンプレッサ吐出圧力または燃焼室圧力 － 適正な空燃比の制御とエンジン内部圧力の制御。

⑥大気圧（Pam）

燃料コントロール（FCU）は、タービン入口温度またはタービン温度は直接感知しておらず、燃料スケジュールは他のパラメータから、あらゆる状態でタービン入口温度が制限温度内で確実に運転できるようあらかじめ計算して設定された燃料スケジュールが、3D カム（3 Dimensional Cam）の形で燃料コントロールに組み込まれている。

3D カム（3 Dimensional Cam）に設定された各運転条件における燃料スケジュールは、燃料コントロールが感知するコンプレッサ入口温度（CIT：Compressor Inlet Temp）およびエンジン回転数によって、カムの位置を変化させて追従させる方法が使われている。燃料コントロールはまた、感知した状況に基づいてサージ抽気バルブ（Surge Bleed Valve）と可変静翼（VSV：Variable Stator Vane）を制御する。

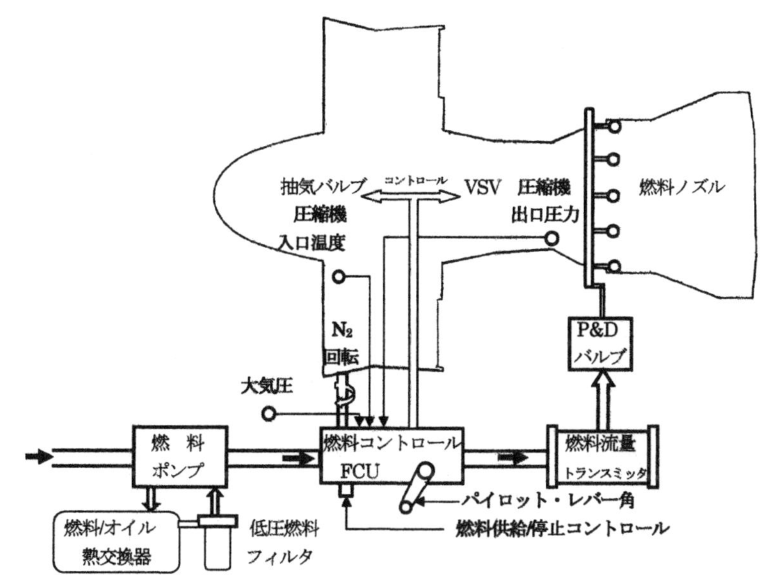

図 8-5　油圧機械式燃料系統概要図

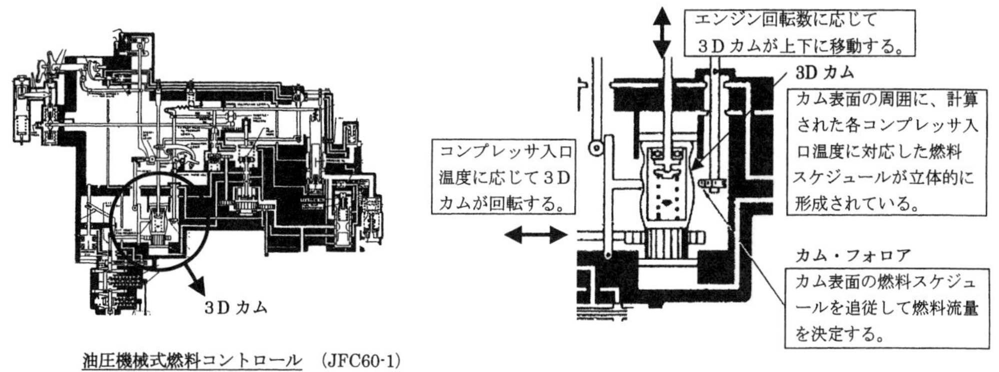

図 8-5-1　3D カム

8-1-3-3　ターボプロップ / ターボシャフト・エンジンの燃料制御系統

フリー・タービン型ターボプロップ / ターボシャフト・エンジンの燃料制御系統の、ターボジェットやターボファン・エンジンとの相違は、基本エンジン部分が軸出力を取り出すパワー・タービンを駆動するガス・ジェネレータとして働き、軸出力はガス・ジェネレータの燃料制御によってコントロールされ、燃料スケジュールはパワー・タービンの負荷の変動および過回転のシグナルによって補正されることである。

現代のターボプロップ / ターボシャフト・エンジンの燃料制御系統においても、FADEC 電子式制御システムに変わりつつあり、回転翼航空機の FADEC 電子式制御システムについては、8 - 4 - 4 項に述べる。

フリー・タービン型ターボプロップ / ターボシャフト・エンジンの燃料系統の事例として、PT6 エンジンに使われている燃料制御系統（空気機械式）の概要を以下に示す。

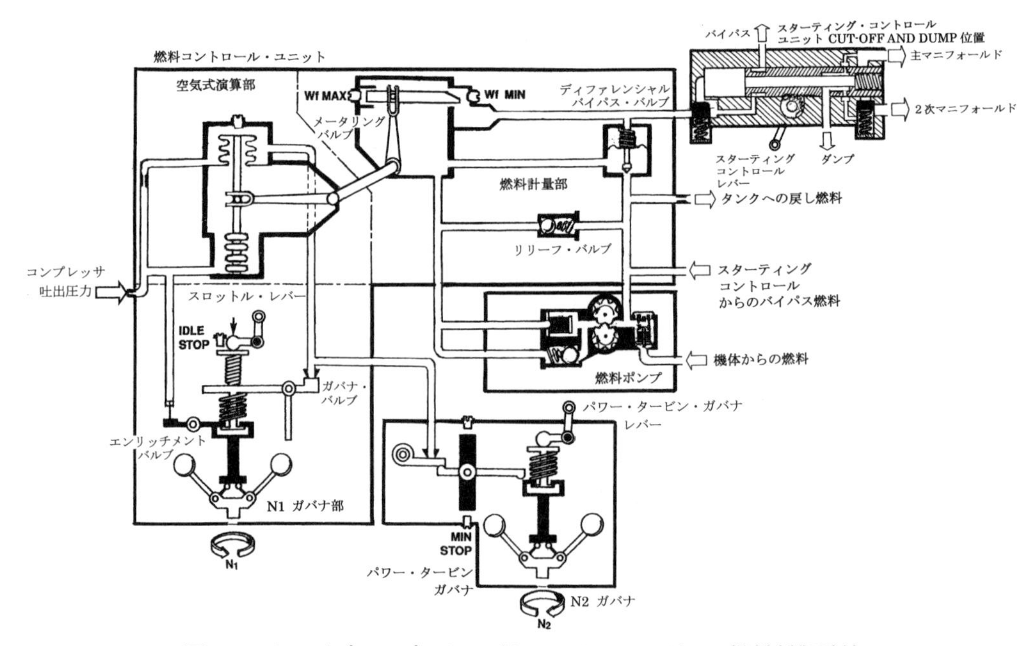

図 8-6　ターボプロップ / ターボシャフト・エンジンの燃料制御系統

燃料制御系統は、**燃料コントロール・ユニット**（Fuel Control Unit）、**スターティング・フロー・コントロール**（Starting Flow Control）、および**パワー・タービン・ガバナ**（Power Turbine Governor）のユニットで構成されており、次の基本入力信号によって制御される。

①スターティング・コントロール・レバー位置

②ガス・ジェネレータ・スロットル・レバー位置

③パワー・タービン・ガバナ・レバー（パワー・タービン回転数コントロール・レバー）位置

④ガス・ジェネレータ回転数（N_1）

⑤パワー・タービン回転数（N_2）

⑥コンプレッサ吐出圧力

⑦大気圧（Pam）

a. 燃料コントロール・ユニット（FCU）

パワー・タービンは、ガス・ジェネレータ回転速度に応じて軸出力を発生するため、出力制御はガス・ジェネレータ回転速度（N_1）の制御によって行われる。したがって燃料コントロールは、要求される出力に対して、コンプレッサ・ストールや火炎消火を回避しながら運転環境に対応した出力を得るよう、ガス・ジェネレータ回転速度（N_1）を制御するための燃料スケジュールを決定する。

燃料コントロール（FCU）は、ガス・ジェネレータ・タービン回転速度（N_1）に比例した回転速度でガバナが駆動される。

パワー・タービン回転速度（N_2）の制御および過回転防止制御プロテクションは、パワー・タービン・ガバナ（Power Turbine Governor）によって行われ、信号空気圧の制御により、ガス・ジェネレータ回転速度（N_1）を制御する燃料スケジュールを補正する。

燃料コントロールは、N_1 ガバナ部、空気式演算部（ベロー部）、燃料計量部の三つの基本要素で構成され、これにパワー・タービン・ガバナの制御機能が付加される。

(1) ガス・ジェネレータ・ガバナ（N_1 ガバナ）部（Gas Generator Governor-N_1 Governor）

ガス・ジェネレータ・スロットル・レバー角の入力により、N_1 ガバナ・フライ・ウエイトが空気演算部（ベロー部）の信号空気圧のバランスを変える。

スロットル・レバー角が一定の場合は、設定した回転速度からの N_1 回転速度の変動を N_1 ガバナ・フライ・ウエイトが感知し、ガバナ・バルブおよびエンリッチメント・バルブの開閉を制御して、適正な回転速度に戻すよう燃料流量を制御する。

(2) 空気演算部（ベロー部）（Pneumatic Computing Section-Bellows Assembly）

ロッドで結合された加速（真空）ベローとガバナ・ベローで構成されており、ベローの動きはレバーとトルク・チューブでメータリング・バルブに伝達される。二つのベローに働く信号空気圧は、N_1 ガバナおよびパワー・タービン（N_2）ガバナが負荷の変動および過回転を感知して制御される。加減速時などで両信号圧力が同時に増減する時は、有効面積の差でベローが動き、メータリング・バルブを動かす。高度変化による空気密度の変化は、絶対圧力の基準となる加速（真空）ベローによって感知され、自動的に高度補正が行われる。

(3) 燃料計量部（Fuel Metering Section）

メータリング・バルブとディファレンシャル・バイパス・バルブにより、エンジンへの燃料流量が調量される。ディファレンシャル・バイパス・バルブがメータリング・バルブ前後の差圧を一定に維持することにより、燃料流量はメータリング・バルブの断面積のみで決まる。

要求量を超える燃料は、ポンプ入口のインレット・フィルタの下流に戻される。燃料コントロール内の過度の圧力上昇は、リリーフ・バルブにより防止される。燃料の温度変化による比重の変動の補正は、ディファレンシャル・バイパス・バルブ・スプリング下部のバイメタリック・ディスクで行われる。

b. パワー・タービン（N_2）ガバナ（Power Turbine Governor）

パワー・タービンの負荷の変動および過回転を制御する機能を持ち、多くの場合、プロペラ・コントロール・ユニット、または回転翼航空機側コントロール・ユニットの一部として設置されている。パワー・タービンの回転速度をパワー・タービン・レバー（プロペラ・ガバナ・レバーまたはピッチ・コントロール・レバー等）で設定された基準速度と比較して、燃料コントロールの信号空気圧を変えることによって、ガス・ジェネレータ回転速度（N_1）を制御する燃料スケジュールを補正する。

パワー・タービンに過回転を生じた場合には、N_2 ガバナが空気式演算部（ベロー部）のガバナ・ベローの信号空気圧を減少して、N_2 回転速度を減少させる。

c. スターティング・フロー・コントロール（Starting Flow Control）

燃料コントロール（FCU）と燃料マニフォルドの間にあり、スターティング・コントロール・レバーの動きで、プランジャが供給燃料の供給 / 閉止を行う。また、二つの燃料マニフォルドに燃料を配分する機能を持っており、低出力時は主マニフォルドへ、出力を増大すると二次マニフォルドにも燃料が流れる。

レバーを閉位置にすると、両マニフォルドへの燃料の供給は閉止されてエンジンは停止し、同時にマニフォルド内の残留燃料を外部にドレンする燃料バイパス流路が形成される。エンジン停止中、スターティング・フロー・コントロールへの流入燃料は、バイパス・ポートを通って燃料ポンプの入口に迂回される。

8-1-4　燃料分配系統

a. 燃料フィルタ

燃料フィルタ（Fuel Filter）は、燃料中の異物や氷を取り除く役目をもっており、多くの場合、燃料ポンプの低圧段を出て、高圧段に入る前のラインに設置されている。

燃料フィルタは、フィルタ容器および内蔵される**フィルタ・エレメント**（Filter Element）、フィルタ・バイパス・バルブ（Filter By-pass Valve）で構成されるが、燃料ポンプに組み込まれているものもある。

フィルタ・エレメントのメッシュは、必要性の程度により 10 ～ 500 ミクロンのものが使われるが、通常は 40 ミクロンの使い捨て式のものが多く用いられている。

フィルタには、氷結や異物などでフィルタが詰まった場合に燃料をバイパスさせるための、バイパス・バルブが設けられている。フィルタがバイパスした場合には、フィルタ・バイパス警報を操縦室に表示するために、フィルタ容器に燃料フィルタ差圧スイッチ（Fuel Filter Differential Pressure Switch）が取り付けられている。

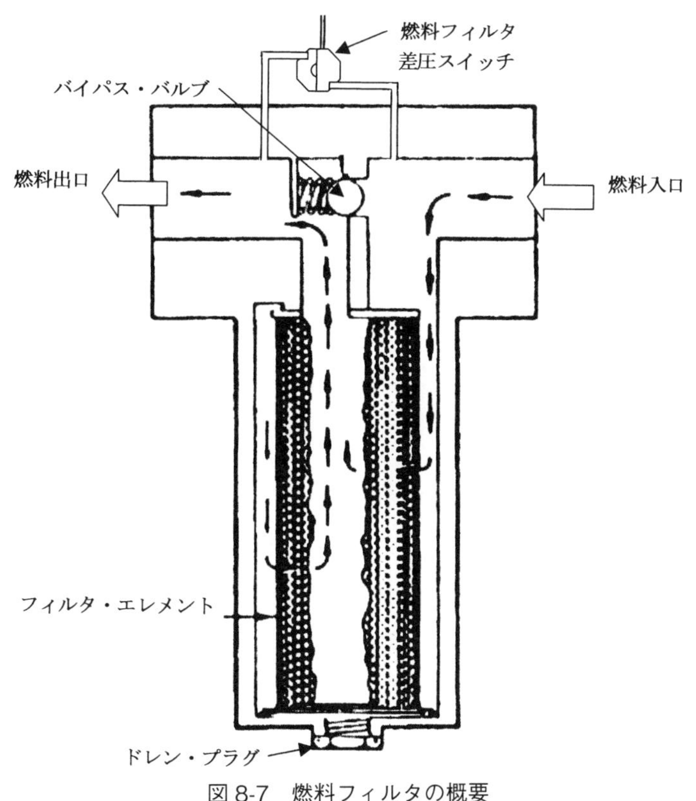

図 8-7 燃料フィルタの概要

b. 燃料ヒータ（Fuel Heater）

燃料ヒータは、燃料中の水分の氷結により、フィルタ・エレメントや燃料流路の閉塞を防ぐための燃料加熱装置である。燃料の加熱には、燃料 / オイル熱交換器が多く使われているが、エンジンの型式によっては、燃料 /IDG（Integrated Drive Generator：定速駆動発電機）滑油熱交換器やコンプレッサの抽気による燃料ヒータが併用されている。

これらの熱交換器または燃料ヒータは、一般にフィルタ・エレメントの氷結を防ぐために、エンジン低圧燃料ポンプと燃料フィルタとの間に取り付けられ、燃料中の水が氷結することを防ぐために加熱される。氷の形成により燃料フィルタがバイパスした場合、濾過されない燃料が下流の装備品で再び氷を形成して、燃料の流れが阻害され、エンジンが燃焼停止する恐れがある。

燃料ヒータは、コンプレッサ後段から抽気された高温空気との熱交換器であり、フィルタの閉塞を知らせる警告に従ってコクピット内のスイッチで作動させるか、燃料温度が氷結温度に近づくと自動的に作動するものがある。

これらの熱交換器や燃料ヒータは、必要により燃料系統に複数設置されているエンジンもある。

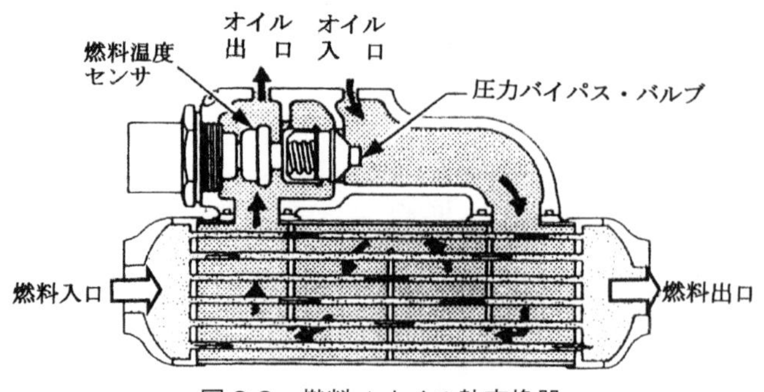

図 8-8　燃料 / オイル熱交換器

c. P&D バルブまたはダンプ・バルブ

P&D バルブ（Pressurizing and Dump Valve）は燃料マニフォルドの前に取り付けられ、デュアル・ライン型デュプレックス（複式）燃料ノズルを使用する場合に使用されるが、シンプレックス燃料ノズルまたはシングル・ライン型デュプレックス燃料ノズルを使用する場合には、**ダンプ・バルブ**（Dump Valve）が使用される。

P&D バルブ（Pressurizing and Dump Valve）は、燃料調量装置で調量された燃料を一定圧力以上に維持するとともに、出力に応じて一次マニフォルドと二次マニフォルドに分配し、またエンジン停止後には、マニフォルド内の燃料をドレンする役目を持っている。

エンジン始動のために燃料遮断バルブが開くと、燃料調量装置からの燃料圧力により、P&D バルブ内のマニフォルド・ドレン・バルブが閉じてエンジンへの燃料供給路が開き、燃料は一次マニフォルドへ流れる。出力が増加して燃料圧力が一定値を超えると昇圧弁が開き、燃料は二次マニフォルドへも流れる。

エンジン停止時には、燃料制御装置によって直ちに燃料が遮断されるため、P&D バルブへの燃料圧力は急速に低下して、エンジンへの燃料流路を閉じ、同時に燃料マニフォルド内の残留燃料の炭化や、燃焼室内に溜まってホット・スタート（Hot Start）などの発生を防ぐため、残留燃料をドレンする流路が形成される。

ダンプ・バルブ（Dump Valve）は、燃料の分配機能以外は P&D バルブと同じであり、燃料を一定圧力以上に維持するとともに、エンジン停止の場合に、燃料マニフォルド内の残留燃料を排出する働きをする。

P&D バルブまたはダンプ・バルブから排出されドレン・タンクに溜まった燃料は、図 8-10 のような**エジェクタ・ポンプ**（Ejector Pump）などを使って、燃料を低圧燃料ポンプ入口へ戻す方法がとられている。

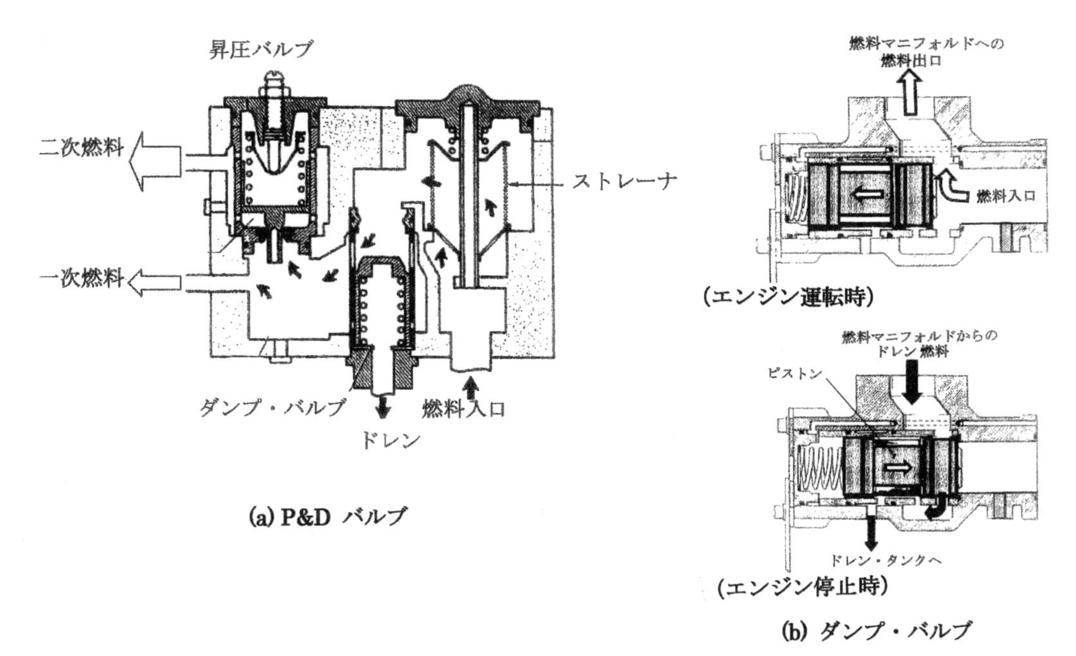

図 8-9　P&D バルブとダンプ・バルブ

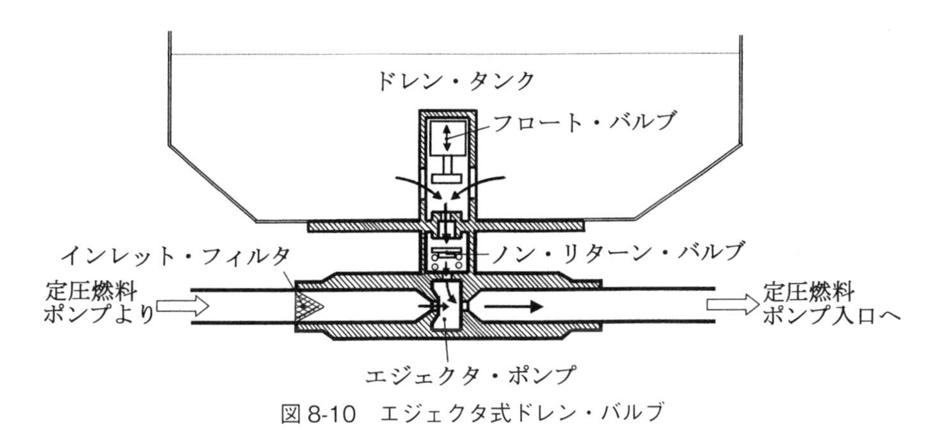

図 8-10　エジェクタ式ドレン・バルブ

d.　燃料噴射ノズル

燃料噴射ノズル（Fuel Spray Nozzle）は燃料系統の最終段階の部品で、効率の良い燃焼を得るために燃料を霧状に噴霧して、均一な燃料 / 空気混合気を得る役目を持っている。燃料ノズルには、次の要件が求められる。

1）燃料を微粒化して迅速に空気と混合すること。

2）全運転範囲で、均一な霧化が得られること。

3）燃焼速度が速くなること。

現在使われている燃料ノズルは概ね下記の様に分類される。

<table>
<tr><td rowspan="4">噴霧式燃料ノズル</td><td colspan="2">シンプレックス型燃料ノズル</td></tr>
<tr><td rowspan="2">デュプレックス型燃料ノズル</td><td>シングル・ライン型</td></tr>
<tr><td>デュアル・ライン型</td></tr>
<tr><td colspan="2">エア・ブラスト型燃料ノズル</td></tr>
<tr><td colspan="3">気化型燃料ノズル</td></tr>
<tr><td colspan="3">回転噴射燃料ノズル</td></tr>
<tr><td colspan="3">その他</td></tr>
</table>

(1) 噴霧式燃料ノズル（Pressure Atomizing Type）（図8-11）

噴霧式燃料ノズルとしては、**シンプレックス燃料ノズル**（Simplex Fuel Nozzle)、**デュプレックス型燃料ノズル**（Duplex Fuel Nozzle）または**エア・ブラスト型燃料ノズル**（Air Blast Fuel Nozzle）が使われている。

高圧でマニフォルドから送り込まれた燃料を、高度に霧化して正確なパターンで噴射する。コーン型に霧化されたスプレー・パターンは、非常に細かい燃料の霧滴が大きな表面積を創って空燃比を最適なものとし、燃料から最高の発熱量を得ることが出来る。

高いコンプレッサ圧力比において、最も望ましい燃焼パターンとなるが、始動時などでは、圧力不足により火炎の長さが増大する欠点があり、改善が図られている。

一般に、噴霧式燃料ノズルでは、燃料圧力は有効な噴霧のために必要な最小圧力の二乗の大きさが必要といわれており、高い燃料流量（高燃料圧力）時には良好な噴霧が出来るが、始動時などの低出力時や特に高高度で要求される低い燃料圧力の場合には非常に不充分な噴霧となる。

この問題を解決するために現代の噴霧式燃料ノズルでは、始動時や低出力時の燃料流量が少ない場合に燃料圧力を確保するために、少ない流量を扱う一次燃料オリフィスと高い流量を扱う二次燃料オリフィスの二つの独立したノズル・オリフィスを持ったデュプレックス型燃料ノズルが使用されている。このためには燃料流をP&Dバルブにより高い燃料流量(高燃料圧力)と低い燃料流量(低燃料圧力）に分けて圧力確保を行うか、または個々の燃料ノズル自体にこの機能を持ったものが使われている。

（以下、余白）

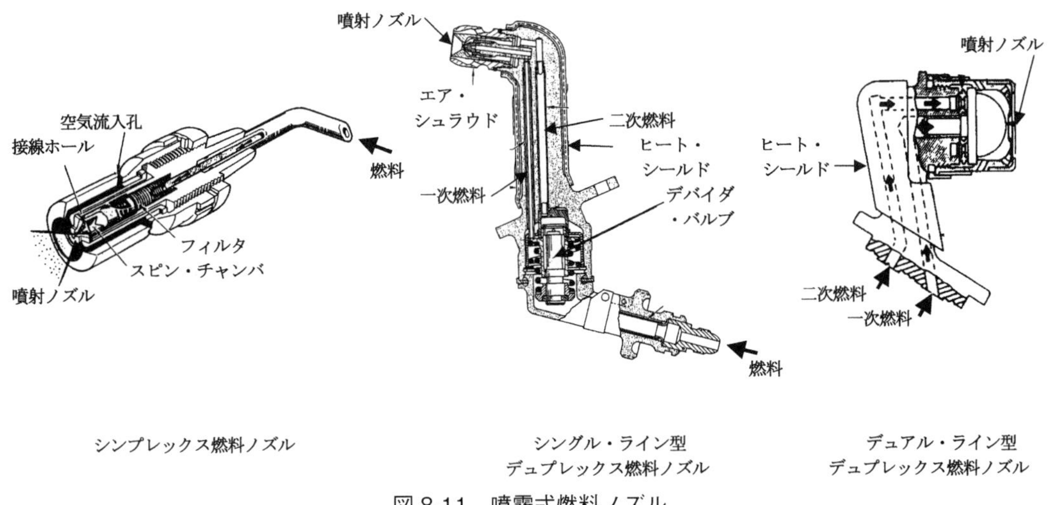

図 8-11　噴霧式燃料ノズル

(Ⅰ) シンプレックス燃料ノズル (Simplex Fuel Nozzle)

シンプレックス燃料ノズルは、燃料噴射孔が一つの噴霧式燃料ノズルで、噴射された燃料が渦を創ることによって軸方向の速度を遅くして霧化するよう、スピン･チャンバが導入されている。シンプレックス燃料ノズルを使った燃料系統では、始動時の点火を良くするために、燃料を非常に細かな霧状に散布する始動時専用の小さなシンプレックス燃料ノズルを始動時にのみ使用している。

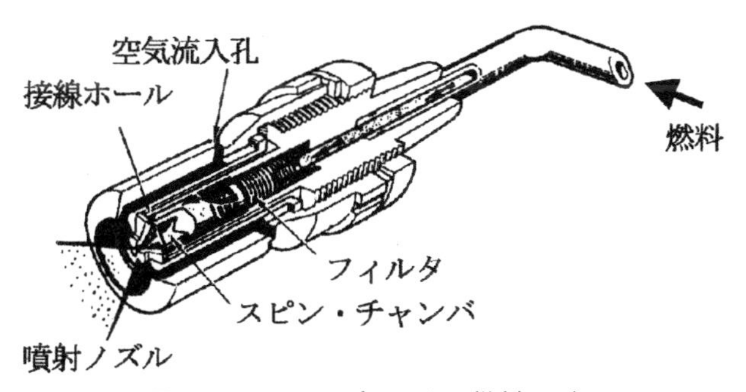

図 8-11-1　シンプレックス燃料ノズル

(Ⅱ) デュプレックス型燃料ノズル (Duplex Fuel Nozzle)

デュプレックス型燃料ノズルは、始動時や低出力時の燃料流量が少ない場合に、ノズル中心のオリフィスから一次燃料を着火し易いよう、広い角度で噴射し、高出力になると外側の環状オリフィスからも大きな圧力と容積の二次燃料が、燃焼ライナに衝突しないよう、狭い角度で噴射される。

各オリフィスにスピン・チャンバが導入されており、広い燃料圧力範囲において、有効な燃料霧化と燃料－空気の混合時間が確保される。

デュプレックス型燃料ノズルには、個々の燃料ノズルに、一次と二次燃料に配分するフロー・デバイダを内蔵し、燃料ノズルに入る燃料ラインが1本の**シングル・ライン型デュプレックス燃料ノズル**（Single Line Duplex Fuel Nozzle）と、P&Dバルブで配分された一次燃料と二次燃料を別々に受け入れる**デュアル・ライン型デュプレックス燃料ノズル**（Dual Line Duplex Fuel Nozzle）がある。

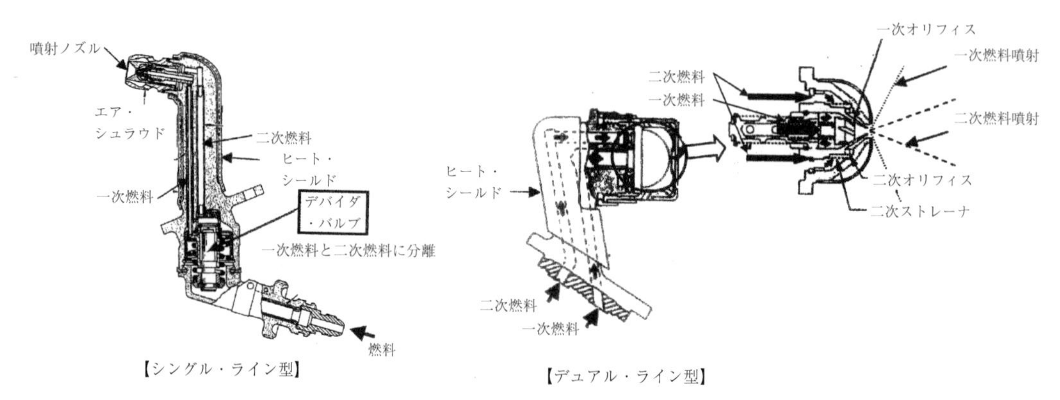

図8-11-2　デュプレックス燃料ノズル

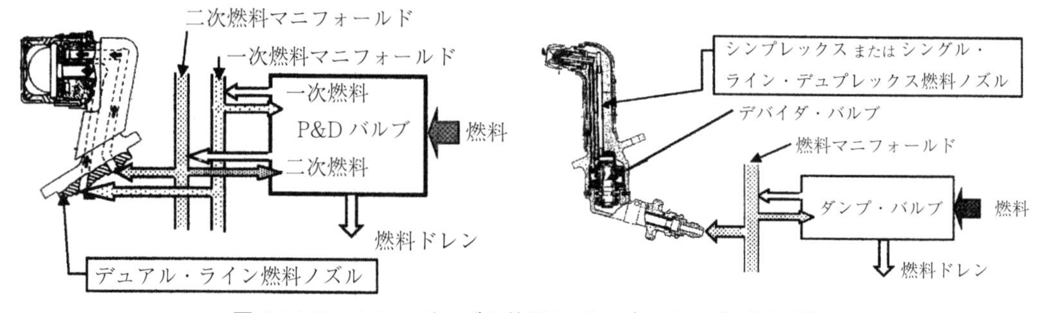

図8-11-3　P＆Dバルブの使用とダンプ・バルブの使用例

（Ⅲ）エア・ブラスト型燃料ノズル（Air Blast Fuel Nozzle）

エア・ブラスト型燃料ノズルは、高速の空気流を使って気化の過程を高度化し、非常に細かい燃料の飛沫を創り出すため、各種サイズのエンジンに幅広く使われつつある。

エア・ブラスト燃料ノズルは空気も一緒に噴射するため、燃料の集中的噴射が無く、全運転範囲にわたり安定した噴射が得られ、始動時の霧化の問題にも有効である。このノズルは、従来の燃料ノズルに較べて低いシステム作動圧を使用できる利点がある。

(2)　気化型燃料ノズル（Heat Vaporizing Type Fuel Nozzle）

気化型燃料ノズルは、一次空気と燃料が気化チューブ内を通過する間にノズル周囲の燃焼熱により過熱蒸発した混合気を、燃焼室の上流に向けて燃焼領域に排出する燃料ノズルである。排出後、向きを変えて下流に流れる遅い動きにより、広い燃料流量にわたって良好な気化が得られる。

特に低回転においては、噴霧式燃料ノズルの場合よりも安定燃焼が得られるが、始動時には有効なスプレー・パターンが得られないことから、始動時にのみ、小さな霧化型スプレー・ノズルを使用するものもある。気化型燃料ノズルは、あまり一般的には使用されていない。

(3) **回転噴射燃料ノズル**（Centrifugal Fuel Spray Nozzle）

ターボシャフト・エンジンの中には、通常の燃料ノズルと違って、回転軸にある燃料デストリビュータで、回転する噴射ホイールの周囲のオリフィスから、遠心力で噴射して霧化する燃料ノズルが使われているものがある。燃料が横方向に噴射されるため、L 字型アニュラ燃焼室に使用が限定される。高速回転時の微粒化性は良いが、始動時には有効な微粒化が得られないことから、始動時にのみ、小さな霧化型スプレー・ノズルが使用されている。また、大型エンジンには不適である。

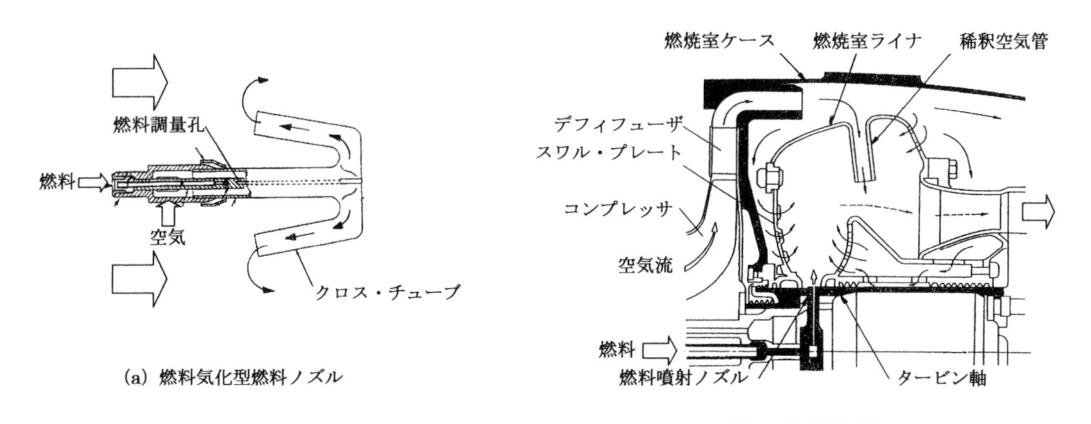

図 8-12 燃料気化型燃料ノズルおよび回転式燃料噴射ノズル

8-1-5 燃料指示系統

燃料指示系統は、エンジン燃料系統の作動状況を監視するためのシステムで、一般に、**燃料流量**、**燃料圧力**、および**燃料フィルタ・バイパス警報**が操縦室内の指示装置に表示される。

a. 燃料流量計

燃料流量計（Fuel Flow Indication）は、燃料調量装置（HMU または FCU）を出た燃料流量を燃料流量トランスミッタにより計測することによりエンジンに供給される燃料流量をモニタする。燃料流量は、1 時間当たりの燃料使用量（lb または kg）を測定し表示する。

燃料流量トランスミッタ（Fuel Flow Transmitter）には、ベーン・タイプ流量計（Vane-type Flow Meter）、シンクロナス質量流量方式（Synchronous Mass Flow Type）およびモータレス質量流量方式（Motorless Mass Flow Meter System）があるが、現代のエンジンではモータレス質量流量式が多く使われている。

ベーン・タイプ・フロー・メータは（Vane-type Flow Meter）流れの容積を測定する方式で、流れの容積によりスプリングに抗して動くベーンに沿って動くトランスミッタ・マグネットに、インジケータのマグネットが電気的に追従して燃料流量を指示する。

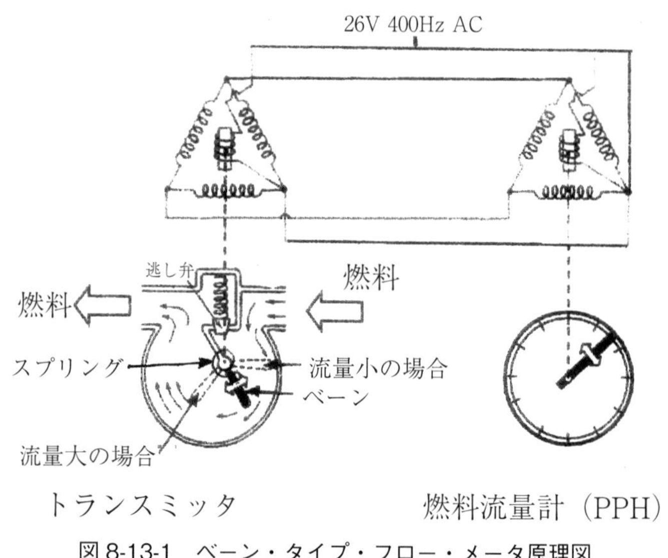

図 8-13-1　ベーン・タイプ・フロー・メータ原理図

シンクロナス・マス・フロー方式は、(Synchronous Mass Flow Type) シンクロナス・モータで回転するインペラの動きによって創られた燃料流の力が、スプリングに抗して回転するタービンを変位させて計測する方式で、タービンのマグネットの角度に、インジケータのマグネットが電気的に追従して燃料流量を指示する。容積ではなく流量を測定するため精度が高いといわれている。

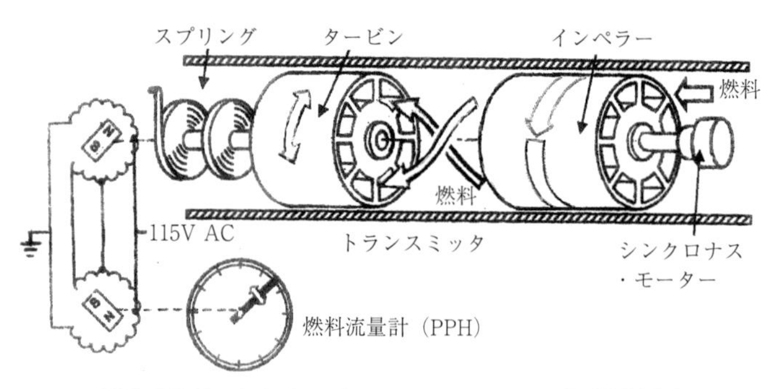

図 8-13-2　シンクロナス・マス・フロー方式原理図

モータレス質量流量式トランスミッタは、(Motorless Mass Flow Meter System) 最新技術の燃料流量測定システムで、二つの連続的に回転するマグネットに対して流量に比例して生ずる角度の変異を電気信号に変えて時間差を使って流量を測定するもので、高い精度を有している。

トランスミッタに入った燃料は、スワール・ジェネレータにより回転力が与えられマグネットとドラムが付いたドライブ･シャフトを回す。ドラムを通過した燃料流は、スプリングを介してドライブ･

シャフトに結合された二番目のマグネットが付いたインペラに入り、流量に比例した角度だけスプリングに抗してインペラを変位させる。流量が大きくなるとドラムに対するインペラの変位が大きくなり、二つのマグネットの角度差が大きくなる。この燃料流量に比例して生ずる角度の変異を電気信号に変えて、時間差を使って燃料流量を測定するもので、2 つのパルス信号の時間差は、EIU（EICAS コンピュータ）へ送られ、時間差を PPH の読みに変換してデジタル表示される。

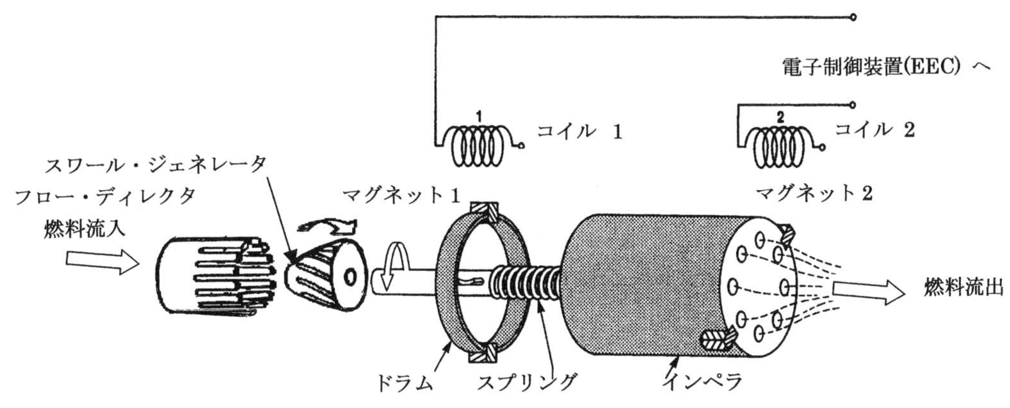

図 8-13-3　モータレス質量流量式燃料流量トランスミッタ

b. 燃料圧力計

燃料圧力は、低圧燃料ポンプを出た燃料圧力を測定しており、**燃料圧力トランスミッタ**が燃料ポンプに取り付けられている。トランスミッタには、燃料圧力によるダイアフラムの変位でコイル中を移動するマグネットによるリラクタンス（磁気抵抗）の変化を出力電圧に変える可変リラクタンス式トランスミッタ（Variable Reluctance Transmitter）が使われて燃料圧力を指示する。燃料圧力は psi で表示される。

燃料圧力計により、低圧燃料ポンプの異常の有無をモニタすることが出来る。

c. 燃料フィルタ・バイパス警報

燃料フィルタの入口と出口の差圧を検知して作動する**フィルタ・バイパス・スイッチ**（Filter By-pass Switch）により、燃料フィルタ・エレメントの閉塞を検出し、コクピットに燃料のバイパス状態を表示する。差圧スイッチはダイアフラム式作動スイッチで、フィルタが閉塞して、差圧が規定値を超えた場合に作動する。

燃料フィルタ・バイパス警報により、燃料フィルタ・エレメントの氷による閉塞または、燃料系統の不具合を検知することが出来る。

8-2　点火系統

8-2-1　点火系統の概要

a. 概　要

点火系統の目的は、燃焼室に噴射された燃料/空気の混合気に、高エネルギのスパークを発生させ点火することである。混合気の点火はエンジン始動時のみならず、離陸時、着陸進入時、高高度および悪天候や乱気流中の飛行などの厳しい条件下でのエンジンの不調時にも作動できなければならない。これらの厳しい条件下での飛行においては、フレーム・アウト（燃焼停止）の予防処置として連続的に使用される。

タービン・エンジンの点火系統には、基本的に、デューティ・サイクルにより作動時間が制限される高エネルギの**間欠作動系統**（Intermittent Duty System）と、時間制限の無い低エネルギの**連続作動系統**（Continuous Duty System）が装備されている。

間欠作動系統は、通常、地上におけるエンジン始動に使われ、正常な始動後は直ちに作動を停止する。また、飛行中のフレーム・アウト時の再点火にも使われる。

連続作動系統は、離陸時、着陸進入時、高高度および悪天候や乱気流中などの厳しい条件下での飛行時に、フレーム・アウトの予防処置として連続使用される。

これらの作動系統は、個別の回路が組み込まれ使い分けられていたが、現代のエンジンでは、連続作動系統のみで両方を兼ねているのが一般的となっている。

電気式点火系統は、耐空性審査要領において、安全面から、設計上2個以上の点火栓および2個以上の独立した2次回路を有することが求められている。

点火装置の出力はジュール（J）で示され、一般に1Jから20Jの領域の出力が使われている。

1ジュール（J）は、1秒間に1アンペア（A）の電流が1オーム（Ω）の抵抗を流れる際に消費される仕事量、またはエネルギの単位である。1Jは毎秒1W（ワット）の仕事量に等しい。

FADECを装備した、多くのタービン・エンジンを動力とする航空機では、オート・イグニション回路が導入されており、エンジンがフレーム・アウトを起す危険がある場合には、自動的に直ちに点火するよう設計されているものがある。操縦室内のエンジン・スタート・スイッチがAUTOMATICのスイッチ位置にある場合、電子制御装置（EECまたはECU）が、エンジンが減速操作なしに大きく減速した場合などの一定条件を感知した時に、点火系統が自動的に作動される。

b. 点火系統の構成

代表的な二重装備の点火系統は、2本の**点火プラグ**、各点火プラグ用の個別の**エキサイタ**および**ハイテンション・リード**（イグニション・ケーブル）で構成されており、エキサイタは機体電気システムからのDCまたはAC、あるいは専用の発電装置（PMA：Permanent Magnet Alternator）から電力が供給され、高圧パルスをハイテンション・リード（イグニション・ケーブル）を通してプラグに創り出す。

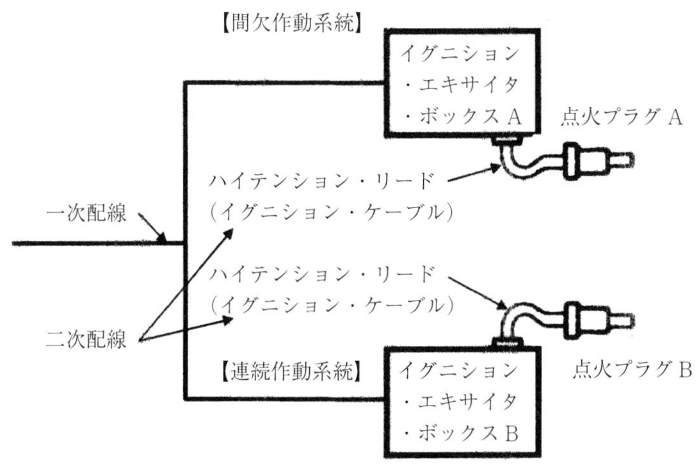

図8-14　点火系統の構成

8-2-2　イグニション・エキサイタ

イグニション・エキサイタ（Ignition Exciter）は低電圧のACまたはDC電力を、イグナイタ・プラグの先端から強力なスパークを発生させる高電圧に変換する装置である。キャパシタ·ディスチャージ·エキサイタ（Capacitor Discharge Exciter）は、通常2アンペアの115 V、400 Hzで作動する。スパークの発生は毎秒1回から2回の間である。

エキサイタには、航空機の電源への無線干渉を遮断するインプット・フィルタが付けられている。また、エキサイタは高空における空気密度の低下により絶縁不良となり、フラッシュ·オーバ（Flush Over：閃光短絡）を生じて点火性能が低下する恐れがあるため、完全機密容器に収納されている。二つのエキサイタ・ユニットは、個別に装備されたものと一つのユニットとして収納されたものがある。

点火系統の電源は、24 Vから28 Vの直流、または115 V、400 Hzの交流が使用される。

一般的な高エネルギの間欠作動系統エキサイタの回路機能の事例を図8-15に示す。

入力電圧によりパワー・トランスの二次巻線に生じた高電圧が、高電圧用整流器で整流された後、リザーバ・キャパシタに流れ充電される。リザーバ・キャパシタの電圧が放電管のスパーク・ギャップに対して、予め定められた約3,000Vに達すると、リザーバ・キャパシタに蓄えられていた電流がギャップを超えて高圧トランスの一次側に流れ、トリガ・キャパシタからグランドに流れる。

これにより、高圧トランスの二次側に、点火プラグのエア・ギャップをイオン化するのに充分な約26,000 Vの電圧が誘起され、点火プラグにスパークが発生する。

ブリーダ·レジスタは、ハイテンション·リード（イグニション·ケーブル）の断線などによるオープン・サーキットで作動させた時に蓄電回路内のエネルギを放散させ、また、サイクル間でトリガ・キャパシタの残留電荷をグランドさせる役目をしている。リザーバ・キャパシタが蓄積されたエネルギを放電した時、自らサイクルを繰り返す。出力時に蓄電回路内のエネルギを放散させる。

最新の新しいエキサイタ・ユニットには、ソリッド・ステート回路が導入されており、熱の発生が少なく小型・軽量である利点を持っている。

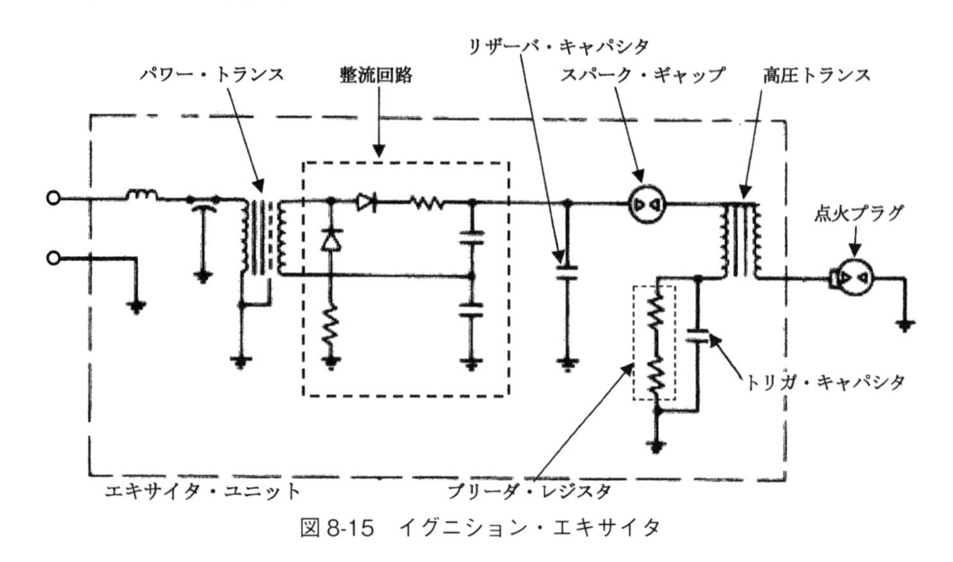

図8-15　イグニション・エキサイタ

8-2-3　ハイテンション・リード（イグニション・ケーブル）および点火プラグ

a. ハイテンション・リード（イグニション・ケーブル）

ハイテンション・リード（High-tension Lead）は、エキサイタ・ユニットと点火プラグを接続する高圧電線で、無線妨害等を防ぐためシールド・ワイヤが使われている。また、空気冷却されているものもある。

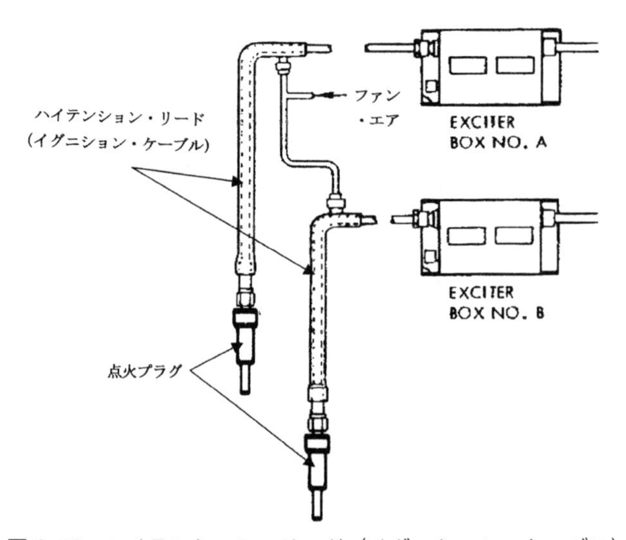

図8-16　ハイテンション・リード（イグニション・ケーブル）

b. 点火プラグ

点火プラグの機能は、エキサイタで創られた電流を放電することにより燃料 / 空気の混合気に点火する高温の'プラズマ・アーク'を生ずることである。

点火プラグには、間隙式エア・ギャップ・タイプと短絡式サーフェイス・ディスチャージ・タイプの二種類のいずれかが使われている。エア・ギャップ・タイプはボディと中心電極の間に空間があり、スパークの発生に約 25,000 V の高電圧が必要となる。高電圧により作動するため回路全体に非常に優れた絶縁が必要である。

サーフェイス・ディスチャージ・タイプは、プラグの中心電極と円周電極の間に半導体ペレットが充填されており、中央電極から円周電極へ電流が流れることにより半導体ペレットが白熱状態となることによってペレットの表面をイオン化し易くする。放電は中央電極から円周電極への高圧放電を形成し、約 2,000 V の低い電圧でスパークを発生する。

点火プラグは通常、エンジンの燃焼室のほぼ 4 時位置と 8 時位置に、プラグの先端が燃焼室ライナ内面に約 0.1 in. 程突き出すように取り付けられる。

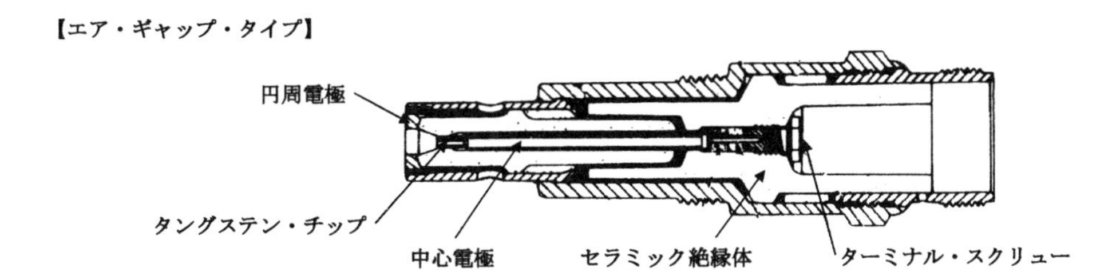

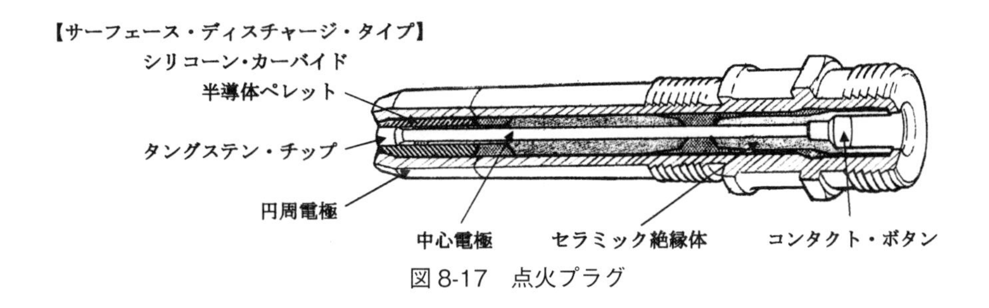

図 8-17　点火プラグ

8-3　エンジン空気系統

8-3-1　エンジン空気系統概要

タービン・エンジンのコンプレッサ（およびファン）で圧縮された空気は、一次的に作動流体として推力または軸出力を発生するために使われるが、それ以外にエンジンの安全と効率的オペレーションを維持するために必要な機能および機体側空調系統などに最大約 20 % までの空気流が内部空気システムとして使用される。これは燃料を消費して得られるエネルギの 5 % に相当すると言われており、これを節減するために現代のタービン・エンジンではエンジン内部空気システムの一部の抽気が

FADECにより制御されている。エンジン内部空気システムはエンジンの型式などによって若干異なるが概ね次のような構成となっている。空気流の発生源はファン、低圧コンプレッサ、高圧コンプレッサである。

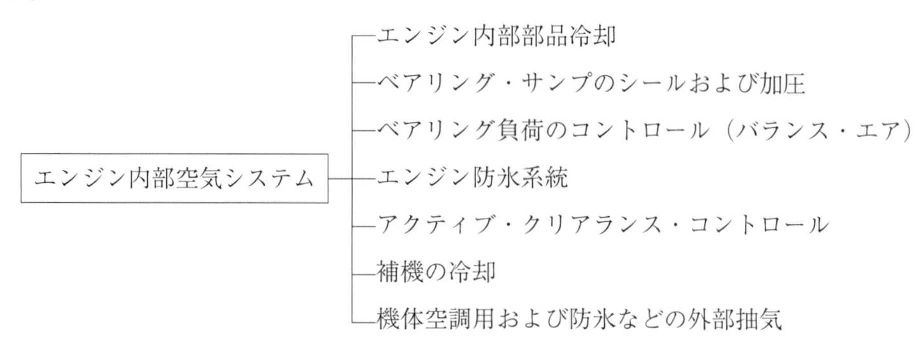

8-3-2　エンジン内部部品冷却

タービン・エンジンは連続燃焼であるため、高温燃焼ガスにさらされるホット・セクションは非常な高温となり、タービン・ノズル・ガイド・ベーン、タービン・ブレード、タービン・ディスクおよびシャフトなどは冷却が必要となる。特にエンジンの燃焼温度は高いほど熱効率が高くなるが、タービンの耐熱温度の制約からタービン入口温度は制約されており、現代のエンジンではタービン・ノズル・ガイド・ベーンおよびタービン・ブレードに空気冷却を取り入れることにより、高い性能を得るためのタービン入口温度の増加に大きく寄与している。また重要部品であるタービン・ディスクとシャフトなどは完全性を維持するために最大作動温度が制限されており、冷却空気はディスクの内径を横断して軸方向に流れ、ディスク表面を半径方向に流れて冷却している。ディスクの冷却を最適化することはディスクの寿命延長につながる（9-3-2　ロー・サイクル・ファティーグ参照）。

タービン・ディスクの冷却空気はディスク間の環状の空間から入り、ディスク上面から流出する。流量はインター・ステージ・シールによって制御され、冷却後、冷却空気は排気流に放出される。

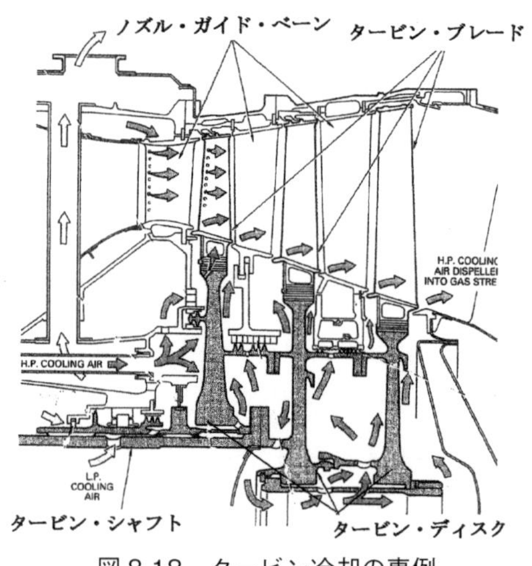

図8-18　タービン冷却の事例

エンジン内部構成部品は、一般にコンプレッサ・エアを使って冷却される。冷却空気は、エンジン内部からタービン・ノズル・ガイド・ベーン、タービン・ブレードやディスクなどを冷却するか、あるいはエンジン外側のダクトを経由してホット・セクションの主軸ベアリングやシールなどの構成部品へ導いて冷却する方法がとられている。冷却後、冷却空気は排気流に放出される。

冷却空気の温度が、冷却する部品との温度差が大きい場合には、部品や構造材料に熱応力を生じて劣化を生ずる恐れがあり、逆に温度差が小さい場合には冷却効果が得られないことから、冷却部位に応じた適正な温度差の冷却空気を使うことが必要である。実際にはファン･エア、低圧コンプレッサ･エア、高圧コンプレッサ・エアが使い分けられている。

8-3-3　ベアリング・サンプのシールおよび加圧

多くの高圧エンジンのベアリング・サンプは図 8-19 の考え方に基づいた分離型ベント・サブシステムの構成が採用されている。

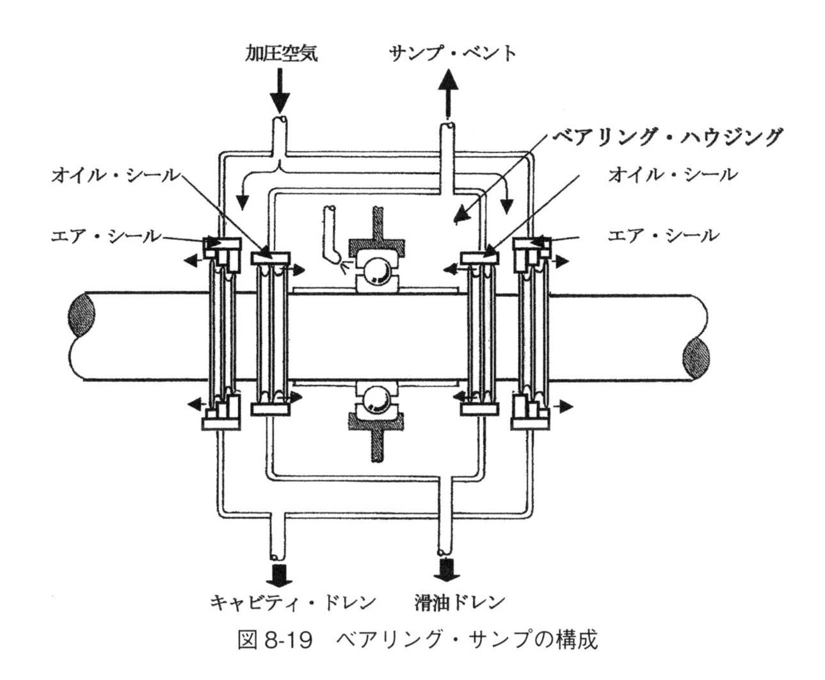

図 8-19　ベアリング・サンプの構成

8-3-4　ベアリング負荷のコントロール（バランス・エア）

ガス本流の流れは、ファンおよびコンプレッサに前方方向に働く軸方向の力を発生し、タービン・ブレードはタービン・ノズルからの高圧ガスで回転するため後方に働く軸方向の力を発生する。コンプレッサとタービンを繋ぐシャフトにはこの差に相当する軸方向の負荷が発生する。このため内部空気システムによりプレッシャ・バランス・シールまたはタービン・ディスクの後側にコンプレッサからの高圧空気を導きスラストを軽減するとともにタービンの冷却をするが、この空気をバランス・エアという。バランス・エアはスラスト・ベアリングの負荷が過荷重または無負荷とならないようコントロールされなければならない。また、多軸エンジン等ではロータ間にスラスト・ベアリングが設置されている場合があり、遠心力とベアリング負荷の相殺によりベアリングに無負荷の領域が生じ、回転素子（ボール）に滑り（スキッディング）を生じて破損に至る可能性がある。

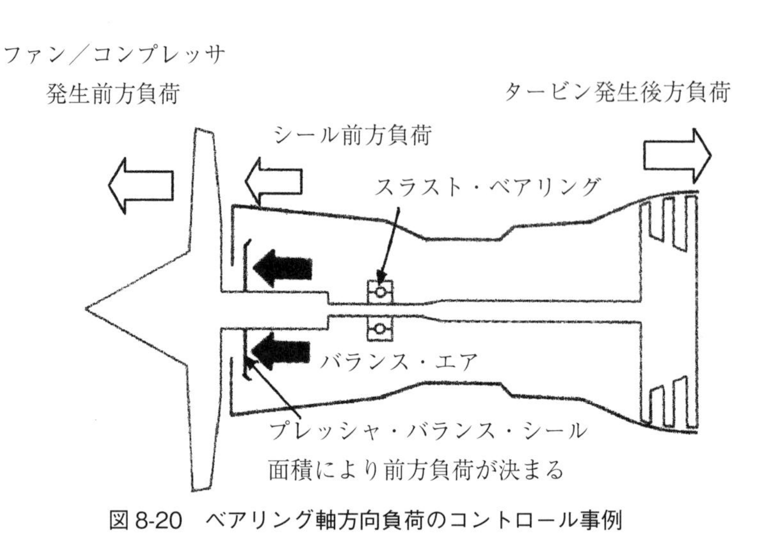

図 8-20　ベアリング軸方向負荷のコントロール事例

8-3-5　エンジン防氷系統

(1) エンジン防氷系統一般

エンジン防氷系統(Engine Anti-ice System)は、低外気温度におけるエンジンの運転において、エア・インテーク・カウリングやエンジン空気取入口付近に発生する恐れのある氷の付着を防ぐための加熱装置である。加熱するための熱源として、一般に適正な圧力と温度を提供するコンプレッサ後段から抽気された**高温空気**が使われるが、小型のターボプロップやターボシャフト・エンジンでは**電熱ヒータ**が使われている。

氷の付着は、高いインレット空気流による冷却のため、氷点より高い約 4 ℃～約 7 ℃（視認できる霧がある場合）以下の外気温度で発生する可能性がある。エア・インテーク・カウリングやエンジン空気取入口付近に氷が付着した場合には、着氷の状況によってはコンプレッサ・ストール、排気ガス温度（EGT）の上昇またはエンジンの燃焼停止を発生する恐れがある。また、氷が付着した後に防氷系統を作動させると、剥がれた氷の塊がエンジンに吸い込まれ、コンプレッサ・ブレードやベーンに衝突して損傷を生ずる可能性がある。したがってアイシングが予測される場合には氷の付着を生ずる 4 ℃～7 ℃ より高い外気温度からあらかじめ防氷系統を作動させる必要がある。

コンプレッサの抽気を使った防氷系統の作動では、抽気によりエンジンの出力が減少するため燃料流量が増えて燃料消費率が大きくなったり排気ガス温度が上昇することから、防氷システムの使用は必要最小限とすることが求められる。

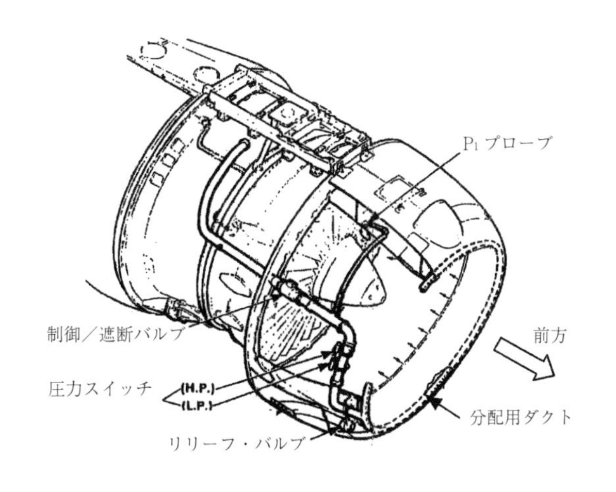

ターボファン・エンジンの防氷系統

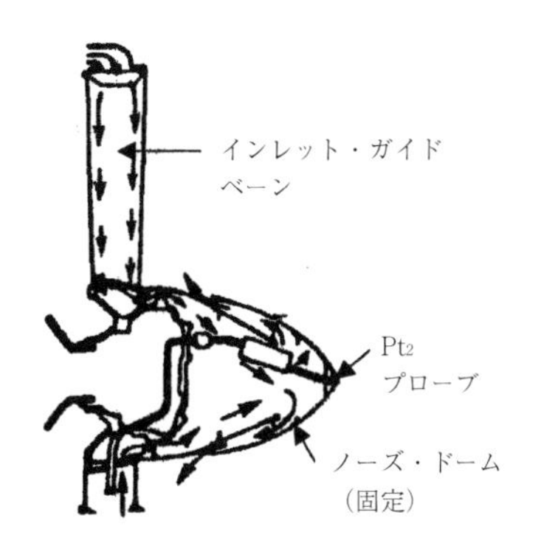

インレット・ガイド・ベーンがある場合

図 8-21　エンジン防氷系統

(2) エンジン防氷系統の構成と作動

エンジンの防氷は、一般にエア・インテーク・カウルの前縁部および Pt_2 プローブ（Pt_2 Probe）に施されており、またインレット・ガイド・ベーン（IGV：Inlet Guide Vane）を有するエンジンではインレット・ガイド・ベーンおよびストラット（Strut）、ノーズ・ドーム（Nose Dome）も防氷の対象となる。ファン・ブレードおよびスピナ（Spinner）、コンプレッサ・ブレードなどの回転体は、遠心力により氷の付着が起き難いため防氷の対象とはならない。

防氷の対象となる部品は、内側にコンプレッサ後段から抽気された高温空気を導いて加熱する方法がとられているものが一般的で、エア・インレット・ケースでは中空になったインレット・ガイド・ベーン内を半径方向にエンジンの内側に向けて高温空気を流して全表面を加熱した後ノーズ・ドームを加熱する。

コンプレッサ後段から抽気された高温空気は、防氷用空気開閉バルブにより供給 / 閉止が行われるが、これ以外に抽気の温度の変化により防氷用空気の流量を自動的に変える防氷エア・レギュレータ（Anti-ice Air Regulator）が使われているものもある。

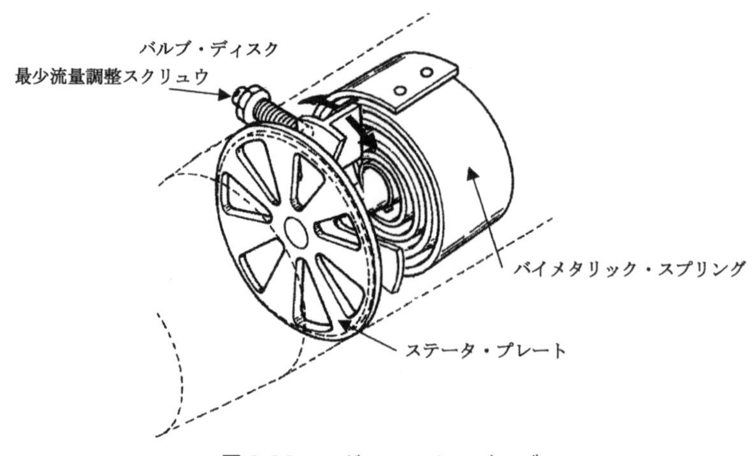

図8-22　レギュレータ・バルブ

ターボプロップおよびターボシャフト･エンジンの防氷システムは､エンジンの大きさや設計によって異なるが、大型エンジンでは一般に軸流式ターボジェットやターボファン・エンジンと同じであるが、滑油冷却器の空気取入口も防氷の対象となっている。エンジンによっては空気取入ダクト面を内面から加熱するものがある。

小型のターボプロップやターボシャフト・エンジンでは、空気取入口の前縁部およびインレット・ストラットに、ネオプレン膜で発熱抵抗体を補強した電熱ストリップ･システムを使ったものがある。電熱ストリップの過熱を防ぐため、エンジン運転時にのみ使用される。またエンジンによっては、空気流とともに吸入される水、氷、および雪片を慣性力で分離するインレット・エア・ダクトを使用しているものもある。

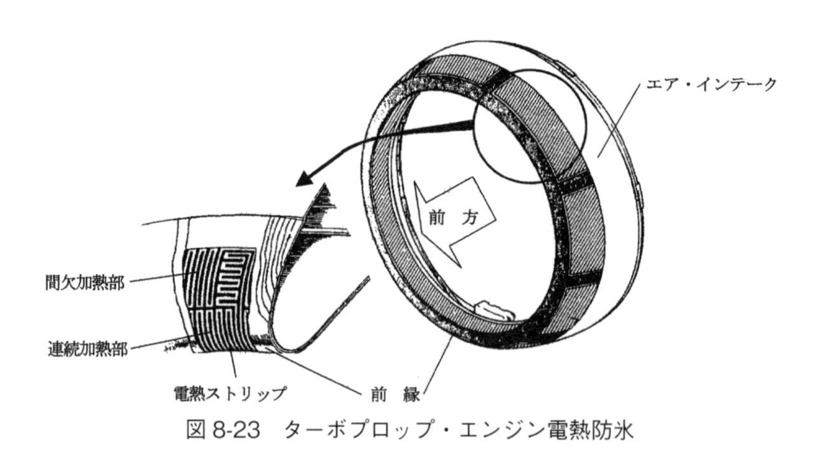

図8-23　ターボプロップ・エンジン電熱防氷

8-3-6　アクティブ・クリアランス・コントロール（ACCS：Active Clearance Control）

現代のエンジンでは、エンジン性能向上とともに経年劣化を最小限とするための方策としてアクティブ・クリアランス・コントロール（ACCS）が導入されている。

エンジン性能に大きな影響を与えるコンプレッサ・ブレードやタービン・ブレードの先端とケースとの間隙（チップ・クリアランス：Tip Clearance）は、高い効率を得るためには出来るだけ小さいことが望ましいが、運転状態によって先端の間隙が比較的大きくなって効率が低下し、小さすぎる場合は特定の運転状態または加減速でブレード先端とタービン・ケースが接触して摩耗を生じエンジン性能の経年劣化の原因となるため、すべての作動領域を考慮した平均的間隙の値にする必要がある。

この問題を解決するために、現代のエンジンではチップ・クリアランスを運転状態に応じてコントロールすることにより間隙を小さく維持して効率を改善するとともに、ブレード先端とケースとの接触による摩耗を防止して性能の経年劣化を減少する方策が導入されている。これをアクティブ・クリアランス・コントロール（ACCS）とよぶ。

アクティブ・クリアランス・コントロールは、コンプレッサおよび高圧タービンと低圧タービンに適用されている。

コンプレッサにおけるアクティブ・クリアランス・コントロールとしてコンプレッサ・ボア・クーリング（図 8-24）が導入されているエンジンもある。

コンプレッサ・ボア・クーリングは、ファン・エアの一部をコンプレッサ・ロータ内側へ導いて冷却することにより、エンジン運転中のコンプレッサ・ブレードの熱膨張変化を減少するとともに、熱膨張とコンプレッサ性能への影響が大きいコンプレッサ後段のケース内側に遮熱材を導入することにより、主構造となるケース本体の温度変化による膨張・収縮を緩和するものである。これにより各運転状態での熱膨張によるコンプレッサ・ロータ先端とコンプレッサ・ケースとの間隙（チップ・クリアランス）の変化を一定に維持することが出来、従来、時間経過に伴い大きく変化する間隙の変化を考慮して決めていた間隙の値をさらに小さくして性能向上をはかることが出来る上、接触によるコンプレッサ・ブレード先端の摩耗による経年劣化の可能性を減少することが出来る。

エンジン型式によっては、FADEC によりエンジン運転状態に連動したボア・クーリング・エアの制御や、タービンのクリアランス・コントロール同様、運転状態に併せてファン・エアによりコンプレッサ後段のケースを外側から冷却する方法などが採られるものもある。コンプレッサのチップ・クリアランスが性能に与える影響が大きいことから、性能向上および性能劣化防止策として有効である。

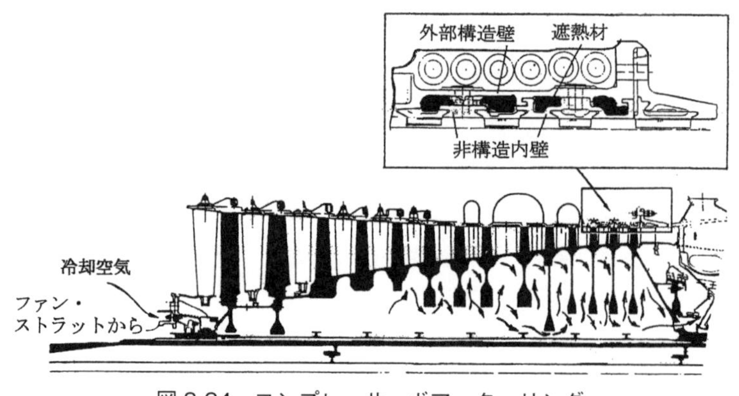

図8-24　コンプレッサ・ボア・クーリング

高圧タービンにおけるアクティブ・クリアランス・コントロール（図8-25）は、タービン・ケースの特製フランジにコンプレッサからの空気を導き、高温ガスからタービン・ケースを隔離してタービンのブレード先端とアウタ・ケースとの間隙を制御する。この部分は、エンジン・ナセル内の温度にさらされないようシュラウドで覆われている。

低圧タービンでは、タービン・ケースの外周に設けたマニフォルドを使って、ファン・エアなどの冷却空気を必要時にケースに吹き付けることによって、ケースを収縮させてタービン・ブレードの外周との間隙を小さく保つものである。従来のエンジンでは、一定高度以上で高度センサによりコントロール・バルブが働いて、主に運転時間の長い巡航時に最良の効率とするために本システムが使用されていた。

現代のエンジンにおいてはFADECによりシステムが制御されており、FADECが高度および高圧ロータの回転速度によって決められたスケジュールに従って、すべての運転領域においてシステムの作動を制御する。

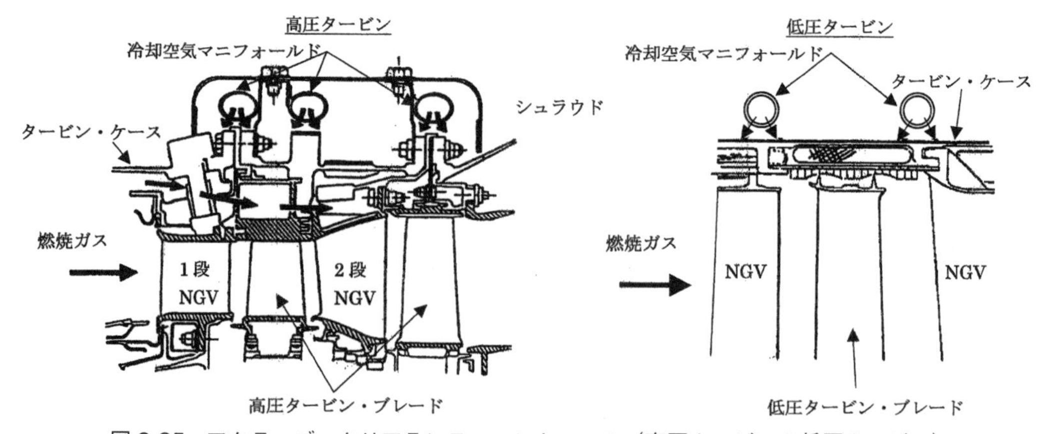

図8-25　アクティブ・クリアランス・コントロール（高圧タービン＆低圧タービン）

8-3-7　補機の冷却

発電機などの補機においては補機を許容運転温度に維持するために、発生する多量の熱を大気で冷却しなければならない。このためにはコンプレッサ・エアをエジェクタ・エアとして使って大気の空気流をインテーク・ルーバに誘引して冷却する。

8-3-8　機体空調用および防氷などの外部抽気

航空機の客室の与圧、暖房および機体の防氷などに使用するために、コンプレッサから多量の空気が抽気される。エンジン性能への影響を最小限とするために航空機側コントロール・システムにより抽気の要求量が決められ、吐出圧力が充分である限り極力低圧段から抽気される。

8-4　エンジン制御系統

8-4-1　固定翼機のエンジン・コントロール・システム

エンジンの始動 / 停止、出力制御やスラスト・リバーサの作動などを行うためのエンジン制御系統は、一般にスタート・コントロール・システムとスラスト・コントロール・システムで構成されている。

エンジンの始動や停止を制御するスタート・コントロール・システムは、現在はエンジンの電子制御式（FADEC）燃料系統と電気的に接続された操縦室の燃料コントロール・スイッチにより、電気的に制御されている。燃料コントロール・スイッチの電気信号は、電子制御装置（EEC または ECU）および燃料調量装置（HMU または FMU）に直接入力されて制御を行う。

スラスト・コントロール・システムは、従来、操縦室のスラスト・レバーとエンジンの燃料調量装置（FCU）が、エンジン・コントロール・ケーブル、プッシュプル・ロッドなどにより接続され、スラスト・レバーの動きが機械的に燃料調量装置（FCU）に伝達されていた。

現代の航空機においては、エンジンのコントロールは FADEC により、すべて電気的に制御されるものが多くなっている。この場合、スラスト・レバーの動きは、電気的にスロットル・リゾルバ角に変換され、電子制御装置（EEC または ECU）に入力されて制御される。

8-4-2　回転翼機のエンジン・コントロール・システム

回転翼航空機のコントロール・システムの機能の多くは基本的に固定翼と同じであるが、回転翼航空機とそのエンジン形態の特有の性質から異なったコントロール・システムが使われる。

エンジン・コントロール・システムは、安定したパワー・タービン軸速度を得るために密接にエンジンを制御しなければならない。そしてパワー・タービン軸速度は、ロータ・ブレードのピッチにより揚力と水平速度が制御されている間、一定のロータ・スピードでなければならない。

固定翼においてスロットルにより操作する伝統的コントロール・システムは、主負荷要求はコレクティブ・ピッチ・レバーを使用し、ロータ回転速度を定められたリミット内に維持するためにツイスト・グリップを使用してトリムを行う。このシステムでは、パワー・タービン回転速度とトルクがモニターされて必要により調節される。

回転翼航空機のエンジン・コントロールの鍵となる部分の一つは、多発エンジン航空機においてトルクの不適合により航空機性能に大きな損失を生ずる恐れを防ぐため各エンジンが提供するトルクを調和させることである。同時コントロールと均等なトルク負荷を可能とするために、エンジン間のデータの伝達によるエンジン・パラメータの適合を使用することができる。

FADEC 装備のエンジンにおいては、多くのものが電気式コントロールによって行われるが、回転翼航空機のターボシャフト・エンジンは、シングル・チャンネルの FADEC を装備したものが多いため、バック・アップとして、機械式コントロールを使ったマニュアル・モードが備えられている（回転翼航空機の FADEC の項参照）。

8-4-3　FADEC システムの機能と構成

航空用ガスタービン・エンジンは、性能の向上に伴って精度の高い制御が必要となっており、現代のエンジンではエンジンのコントロールに、FADEC（Full Authority Digital Electronic Control）とよばれる電子式制御システムが導入されている。

FADEC システムは、機体から入力された指令信号に応じて、始動から定常運転、加減速、停止までのすべての状態について、エンジン・システムを完全に制御する。FADEC システムはまた、操縦室の計器指示、エンジン・コンディション・モニタリング、メンテナンス・レポートおよびトラブル・シュートに対しても情報を提供する。

a. FADEC の機能

一般に航空機の FADEC は、次の各機能を有している：

(1) エンジン出力制御

スロットル・レバー角度に対応した出力パラメータの値が得られるよう、高精度のセンサを使って、出力要求に対する実際の出力のフィード・バックを得て制御するクローズド・ループ・コントロール（Closed Loop Control：循環回路制御）による制御を行う。エンジン出力を、マニュアルと自動スラストの二つのモードで制御する。

(2) 燃料流量制御

燃料コントロール・スイッチおよびスラスト・レバーの動きに対応して、外気条件に応じたエンジンへの燃料の供給 / 停止、および出力要求に応じたエンジン燃料流量の調量を行う。

機体システムからの飛行状況やエンジン内の各パラメータをモニタして、常にエンジンが効率的に運転するよう燃料流量を制御し、過度の温度上昇、コンプレッサ・サージ、ロータの過回転、燃料の過濃・希薄によるエンジン火炎消火などを回避するよう、燃料スケジュールを制御する。

エンジン始動過程でエンジン・パラメータを制御し、始動時の EGT（Exhaust Gas

Temperature：排気ガス温度）のリミットを超えないよう防護するとともに、不完全始動発生時に自動的にエンジン始動を停止する。

(3) コンプレッサ可変静翼角度およびサージ抽気バルブ制御

エンジンの安定運転を確保しつつ、定常運転や加減速を行うために、ストール防止機構である可変静翼角度およびサージ抽気バルブの制御を行う。

(4) エンジンからの抽気の制御

燃料消費に影響するアクティブ・クリアランス・コントロール、空気/滑油冷却器用冷却空気、燃料ヒータ用高温空気などのエンジンからの抽気を、タービンの回転数や温度、滑油および燃料の温度の管理に基づいてすべての運用範囲で制御を行う。また、エンジン内部冷却空気の一部を制御しているエンジンもある。

(5) スラスト・リバーサの制御およびモニター

スラスト・リバーサはスラスト・レバー角が電子制御装置（ECU または EEC）に入力されることによって制御およびモニターが行われる。

スラスト・レバーをリバース位置にするとスラスト・レバー角が電子制御装置（ECU または EEC）に入力されるが、スラスト・リバーサを作動させるための必要条件が満たされていれば電子制御装置（ECU または EEC）が機体側油圧システム（Hydraulic System）または空気システム（Pneumatic System）の制御装置（Control Unit）を制御することにより機体側油圧システムまたは空気システムによりリバーサ・ドアが展開される。

リバーサが完全に展開した状態では前方推力の場合と同様、リバース・レバーの角度に対応して外気条件に応じた燃料を供給するよう電子制御装置（ECU または EEC）が燃料制御装置（HMU または FMU）を制御して燃料流量の調量が行なわれる。

スラスト・リバーサ・ドアの開閉状態および制御装置（Control Unit）の状態は電子制御装置（ECU または EEC）にフィード・バックされてクローズド・ループ・コントロール（循環回路制御）による制御が行われるとともに、コックピットにスラスト・リバーサの状態および必要により警告が表示される。

(6) FADEC システム故障検出と対応機能

FADEC システムは、装備状態で自己診断機能を有するビルト・イン・テスト・イクイプメント（BITE：Built In Test Equipment）システムであり、自体の内部故障および外部故障の検出が可能である。二重チャンネルで故障が検出されると、故障系から正常系に切り換えてエンジン制御を継続する。

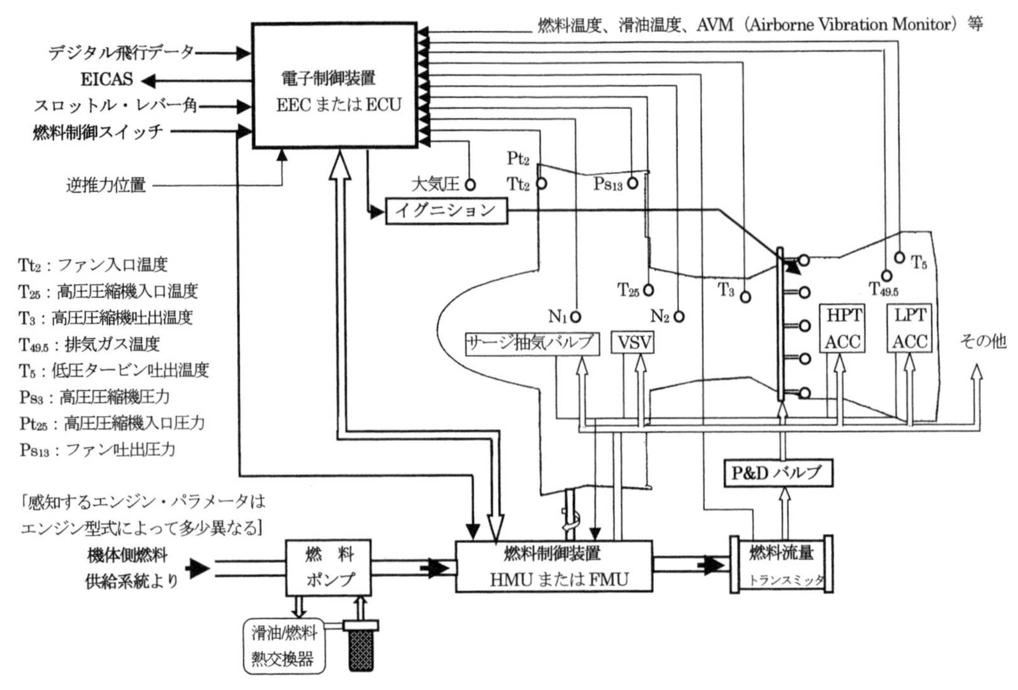

図 8-26　FADEC の全容

b. FADEC システムの構成（図 8-26）

FADEC システムは、**電子制御装置**（EEC または ECU）と**燃料制御装置**（HMU：Hydro Mechanical Unit または FMU：Fuel Metering Unit）、および**周辺装置とセンサ類**により構成されており、エンジンの各システムを適正に制御するために、制御指令に対する各状態のフィード・バックを得て制御を行う**クローズド・サーキット**（Closed Circuit：循環回路）を形成している。

システムを構成する各装置は、エンジン型式によって異なった名称が使われているため、代表的な名称で説明を行う。

(1) **電子制御装置**（EEC：Electronic Engine Control または ECU：Electronic Control Unit）

電子制御装置は、二つの同じコンピュータで構成された二重チャンネルのコンピュータで、エンジン制御指令に基づいて、機体システムからの飛行状況の情報およびエンジンの各部位の状態をモニタして、最も適した燃料スケジュールの演算を行う。

それぞれの電子制御装置（コンピュータ）は、専用の交流発電機（Control Alternator）を電源としており、エンジンが停止している場合および故障発生時には、自動的に機体側バッテリー電力が供給される。

演算結果に基づく燃料をエンジンに供給するために、電子制御装置は燃料制御装置（HMU または FMU）内の燃料調量バルブ（Fuel Metering Valve）を、エレクトロ・ハイドロリック・サーボ・バルブ（Electro-Hydraulic Servo Valve）によりコントロールする。

また、サージ抽気バルブと可変静翼（VSV）、および各抽気のアクチュエータに作動用燃料を供給するためのトルク・モータの制御を行い、その状態のフィード・バックを得る。

電子制御装置は、ショックおよび振動から保護するショック･アブソーバを使って取り付けられ、外気による冷却が行われる。

電子制御装置には、機体からの情報およびエンジンの各センサ情報として、一般的に次のような指令・情報等が入力されるが、これらはエンジンの型式等により多少異なる。

【機体からの入力信号】
- 燃料供給 / 停止信号
- スロットル・レバー角
- 高度、マッハ数、TAT などの飛行情報
- 機体側の抽気情報および飛行形態データ
- スラスト・リバーサ（T/R）位置

【エンジンからの入力信号】
- エンジン回転速度（N_1 および N_2）
- 燃料流量
- エンジン入口圧力（Pt_2）
- ファン入口温度（Tt_2）
- 高圧コンプレッサ入口圧力（Pt_{25}）
- 高圧コンプレッサ入口温度または低圧コンプレッサ出口温度（T_{25}）
- コンプレッサ吐出圧力：Ps3（または燃焼器圧力：P_b）
- コンプレッサ吐出温度（Tt_3）
- 排気圧力（$Pt_{4.95}$）
- 排気ガス温度（$Tt_{4.95}$）
- 低圧タービン排気ガス温度（Tt_5）
- ファン吐出静圧、Ps_{13}、
- 大気静圧、Pam
- バイブレーション・アクセロメータの値
- 燃料温度、滑油温度、タービン・ケース温度　　　等

(2) 燃料制御装置（HMU または FMU）

燃料制御装置（HMU または FMU）は、電子制御装置（EEC または ECU）の指令に従って燃料の調量と、サージ抽気バルブ（Surge Bleed Valve）、可変静翼（VSV）、および燃料消費に影響する抽気（Air Bleed）等の制御を行う働きをする。

燃料制御装置（HMU または FMU）の働きについては、8 - 1 - 3 - 1「電子制御式（FADEC）燃料系統」を参照。

(3) 周辺装置およびセンサ類

エンジン・データ・インターフェイス・ユニット（EDIU）が、機体側システムの情報処理様式

とエンジン側情報処理様式を相互変換して、機体側システムとのデータのやり取りを行う。

電子制御装置に入力する各センサは、エンジン型式による固有のオプショナル･センサを除いて、原則としてすべて二重装備になっており、各チャンネルのコンピュータにそれぞれ入力される。

8-4-4　回転翼航空機の FADEC（図 8-27）

最新の回転翼航空機に搭載のターボシャフト・エンジンには、飛行機と同様、エンジンおよび燃料の制御に FADEC が装備されており、機体側からの制御信号、およびエンジン各部の状態の信号を感知してエンジンへの燃料流量を制御する他､関連するシステムへ制御信号を出す機能を備えている。

回転翼航空機では多くの場合、FADEC は機体に装備されたシングル・チャンネル・コントロールの電子制御装置（ECU）と PMA（交流発電機)、エンジンに装備された燃料制御装置（HMU）の主要装備品および各センサで構成されている。

回転翼航空機の FADEC は、シングル・チャンネル・コントロールの電子式コントロール・ユニット（ECU）で構成されているものが多く、バック・アップとして、マニュアル・コントロールで制御できるよう、設計されているのが一般的である。

一般に回転翼航空機の FADEC システムは次の各機能を持っている。

⑴　オートマチック・スタート

⑵　ロータ・スピードの変化に対する出力調整、加速 / 減速のコントロール

⑶　エンジン・サージングの回避、回復

⑷　フレーム・アウトの検知および自動再点火

⑸　エンジン状態の監視

⑹　OEI（One Engine Inoperative）定格の設定およびオーバー・リミットの回避

⑺　双発エンジンのエンジン間のトルク・マッチング

⑻　自己診断機能

電子制御装置（ECU）

電子制御装置（ECU）は、各センサからの下記の機体側制御信号およびエンジン各部の状態の信号を連続的にモニタしながら燃料流量を調量し、エンジン・スピード、加速レート、タービン出口温度および他のエンジン・パラメータをコントロールする。

・パワー・レバー・アングル

・コレクティブ・ピッチ・アングル

・エンジン・トルク

・メーン・ロータ・スピード

・コンプレッサ入口温度

・タービン出口温度

・ガス・ジェネレータ・タービン速度
・パワー・タービン速度
・外気温度
・大気圧力
・他チャンネル・データ
・他 ECU データ（多発エンジン装備機）

パワー・タービン回転数（N_2）およびロータ回転数（N_R）の調速 / 制御は、ロータとエンジン負荷の変化に対応して、電子制御装置（ECU）がインプット･パラメータを解析処理して、新たなガス･ジェネレータ・タービン速度を設定する。

それまでのガス・ジェネレータ・タービン速度との差異に基づき、ステッパ・モータ（燃料調量用モータ）に指令を送って燃料流量を増減し、パワー・タービン回転数（N_2）を一定に維持する。

ECU は、操縦室のエンジン・パラメータ表示のために IIDS（Integrated Instrument Display System：統合計器表示装置、8 - 5 - 7 参照）にデータを伝達し、状況に応じて操縦室の警報灯パネル（CAUTION PANEL）に、下記警告を表示する。

・FADEC FAIL　　・RESTART FAULT　　・FADEC MANUAL
・ENG OVSPD　　・FADEC DEGRADE　　・ENG OUT
・FADEC FAULT　　・AUTO RELIGHT

燃料制御装置（HMU）

燃料制御装置（HMU）は、燃料ポンプ、燃料メータリング・ユニット、AUTO/MAN 変換ソレノイド・バルブ、電気式オーバー・スピード・バルブ、機械式燃料シャットオフ・バルブ、ホット・スタート・フューエル・ソレノイド・バルブ、および高度補正ベローで構成されている。

エンジンへの燃料は、AUTO モードの場合は電子制御装置（ECU）からの信号に従って、ステッピング･モータ（燃料調量用モータ）により燃料流量を調量し、MAN モードでは油圧機械式アクチュエータ（Hydro-mechanical Actuator）を介して燃料調量を行い、燃料を供給する。

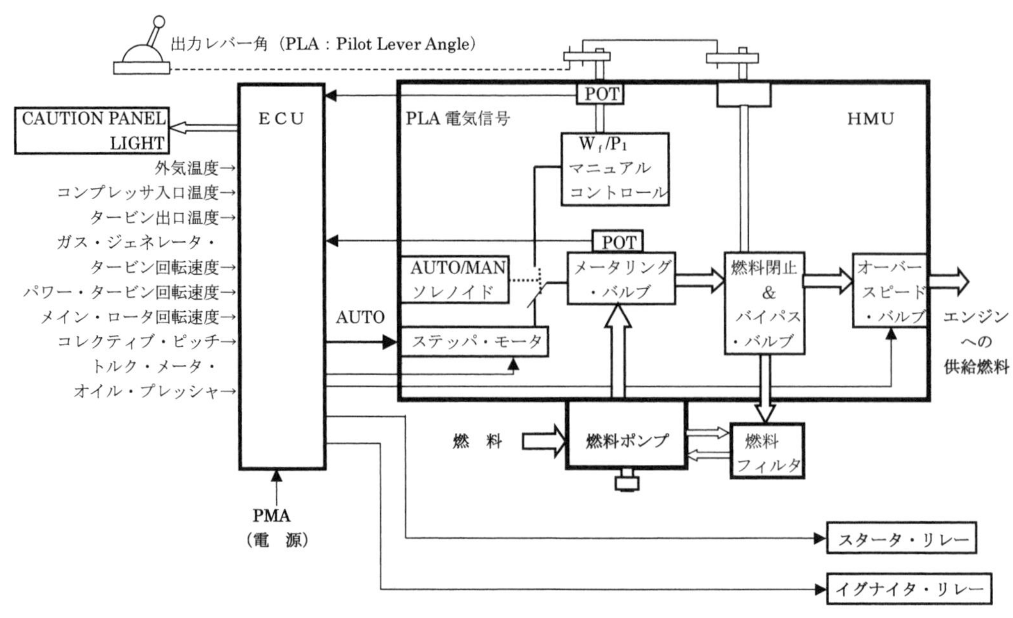

図 8-27　回転翼航空機の FADEC　システム基本作動図

8-5　エンジン指示系統

8-5-1　エンジン指示系統概要

エンジン指示系統は、一般に、性能指示系統とエンジン状態指示系統の二つのカテゴリに大別される。エンジン圧力比（EPR または IEPR）、ファン回転数（N_1）、およびトルク指示系統などの推力 / 軸出力指示パラメータは、性能指示計器に分類される。回転速度（N_2）、排気ガス温度（EGT）、振動計などは、エンジン状態指示計器に分類される。

現代の飛行機においては、FADEC および EICAS が導入されており、各エンジン・パラメータは電子制御装置（EEC または ECU）の制御パラメータとして感知され、電子制御装置（EEC または ECU）から EICAS コンピュータに伝達されて EICAS に表示される。

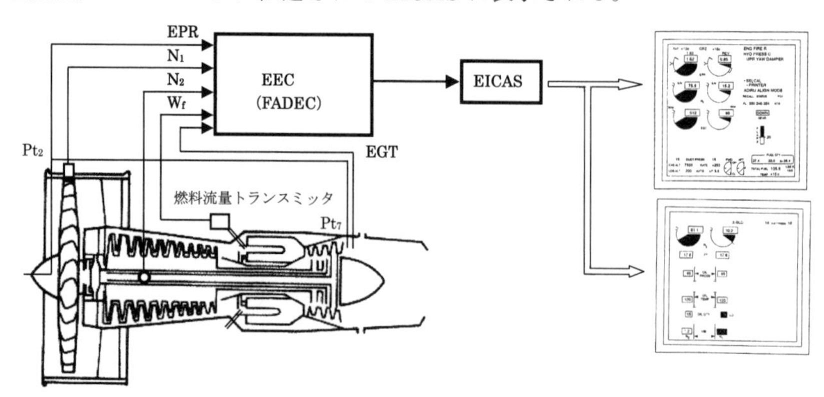

図 8-28　エンジン指示系統の概要

8-5-2 推力指示系統

ターボジェットやターボファン・エンジンでは、すでに説明しているように、飛行中の正味推力は直接測定できないため、推力パラメータとしてエンジン圧力比(EPR または IEPR)、ファン回転数(N_1)または TPR（Turbofan Power Rating）が使用される。

a. EPR（エンジン圧力比）指示系統

可変排気ノズルを使用しないエンジンでは、推力パラメータとして、エンジン推力と比例関係にある**エンジン圧力比**（EPR）が使われている。高バイパス比ターボファン・エンジンでは、ファンが創り出す推力の比率が大きいことから、エンジン圧力比（EPR）にファン圧力比を考慮した IEPR が使われている。IEPR については前述（**5-2 項**）を参照されたい。

従来の EPR（エンジン圧力比）指示系統は、エンジン入口全圧（Pt_2）プローブおよびタービン出口全圧（Pt_7）プローブ（新しいエンジン・ステーションでは Pt_5)、トランスミッタ、および指示計器で構成されている。

各プローブで得られた圧力信号は、トランスミッタに入力されてエンジン圧力比（EPR または IEPR）に変換され、指示計器に表示される。

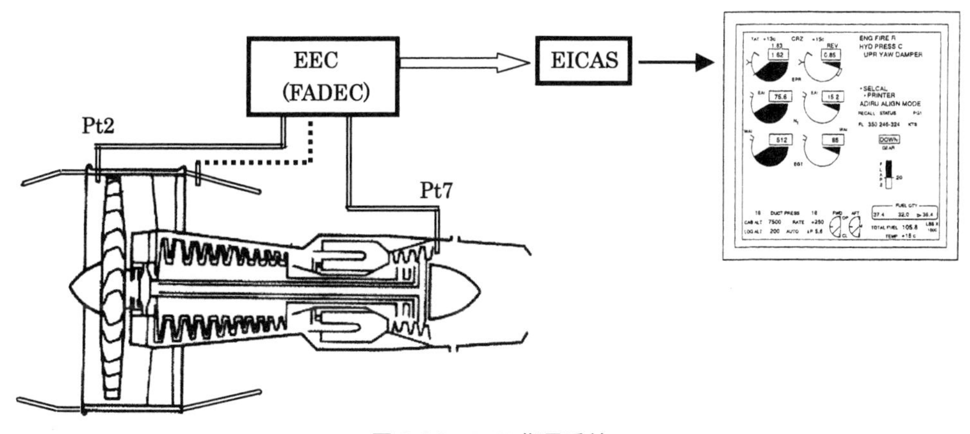

図 8-29 EPR 指示系統

FADEC を装備したエンジンにおいては、Pt_2、Pt_7（および IEPR の場合は $P_{12.5}$ を追加）は電子制御装置（EEC または ECU）の制御パラメータとして感知されており、電子制御装置（EEC または ECU）で演算された値が EICAS コンピュータに伝達されて、EICAS の主表示装置に表示される。

b. N_1（ファン回転数）指示系統

高バイパス比ターボファン・エンジンでは、ファンが創り出す推力の比率が大きいことから、エンジン型式によっては、推力指示系統に N_1（ファン回転数）が使用されている。

N_1（ファン回転数）の指示は、基準回転数のパーセントで表示される。

従来のエンジンにおいては**図 8-30** の上部に示すように、N_1（ファン回転数）指示系統は、ファン・ブレード回転通路に近接してファン・ケースに、マグネットとコイルで構成された**ファン・スピード・**

センサが使用されている。

センサは、マグネットを非磁性体に封入してコイルが巻かれた構造で、ファンの先端がセンサ・ヘッドの磁界を横断するとコイルに渦電流を生じ、パルス信号を発生する。コンディショナ・ユニットが信号を増幅して、N_1 指示計器に表示する。

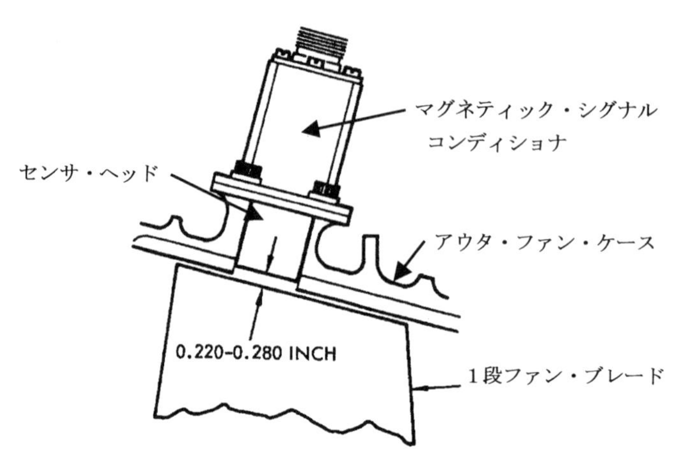

図8-30　ファン・スピード・センサ（CF6エンジン）

FADECを装備したエンジンにおいては、図8-30の下部に示すように、ファン・ブレードの代わりにN_1軸に取り付けられた歯形ホイールの歯数を計測するN_1センサが使われており、N_1センサはファン・ケースの電子制御装置（EECまたはECU）の近くに挿入・装着されている。

N_1センサには、その先端に3つのセンシング・エレメントを有しており、一つはEICASのEDU（Electronic Display Unit）とAirborne Vibration Monitoring（AVM）へ、他の二つは電子制御装置（EECまたはECU）の二つの個別チャンネルへ入力される。

N_1回転数はEICASの主表示装置にパーセントで表示される。

（以下、余白）

c. TPR（Turbofan Power Ratio）指示系統

最新の高バイパス比エンジンでは従来のEPRまたはN_1を使用すると不都合を生ずるとして、エンジンの推力設定／表示パラメータとしてTPR（Turbofan Power Ratio）指示系統を採用しているエンジンがある。TPRは下記数値に基づいてFADECのEEC（電子制御装置）により次式で算出される。

$$TPR = \frac{P30 \times \sqrt{TGT}}{P20 \times \sqrt{T20}}$$

P20：エンジン入口圧力（Engine Inlet Pressure）

P30：高圧コンプレッサ吐出圧力（HP Compressor Discharge Pressure）

T20：エンジン入口温度（Engine Inlet Temperature）

TGT：排気ガス温度（Turbine Gas Temperature）

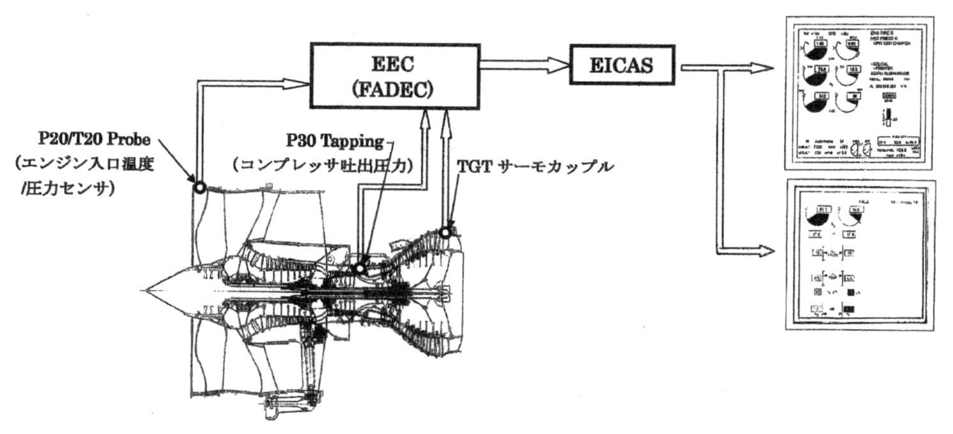

図 8-31　TPR (Turbofan Power Ratio) 指示系統

8-5-3　軸出力指示系統

ターボプロップおよびターボシャフト・エンジンなどの軸出力型エンジンは、エンジンの出力表示にトルクが使用され、出力の測定にトルク指示系統が使用される。出力の指示はトルク・メータで行われる。トルク値は馬力に比例する。

トルク・メータは通常、トルク油圧（psi）、トルク（ft-lbまたは％トルク）、または軸出力（HPまたはPS）で表示されている。

トルク検出機構は減速装置に組み込まれており、トルク検知には次のような方法が使われている。

①減速歯車のヘリカル・ギアに発生する軸方向の力と釣り合う油圧によりトルクを検出する。

②出力軸の捩れ角を、油圧機械式または電気センサで検知してトルクを検出する。

a. ヘリカル・ギアの軸方向の力によるトルク指示系統

ヘリカル・ギア（Helical Gear：はすば歯車）に発生する軸方向の力を検知するトルク指示系統には、減速歯車のヘリカル・ギアに発生する軸方向の力（図8-32図右参照）を、ピストンを介して釣り合う油圧に変換する方法が使われている。得られたトルク油圧により、操縦室のトルク計に表示される。

図8-28の事例では、パワー・タービン軸の回転力でトルクメータ・ギア①が回ると、ヘリカル・ギアにより軸方向に推力が生じて、ボール・ベアリング②を介してピストン③を押す。ピストン③が移動すると油孔④の面積が増えて油量が増加し、油圧室⑤の圧力が上昇する。この圧力をトルク・メータに導いてトルク値を表示する方式である。

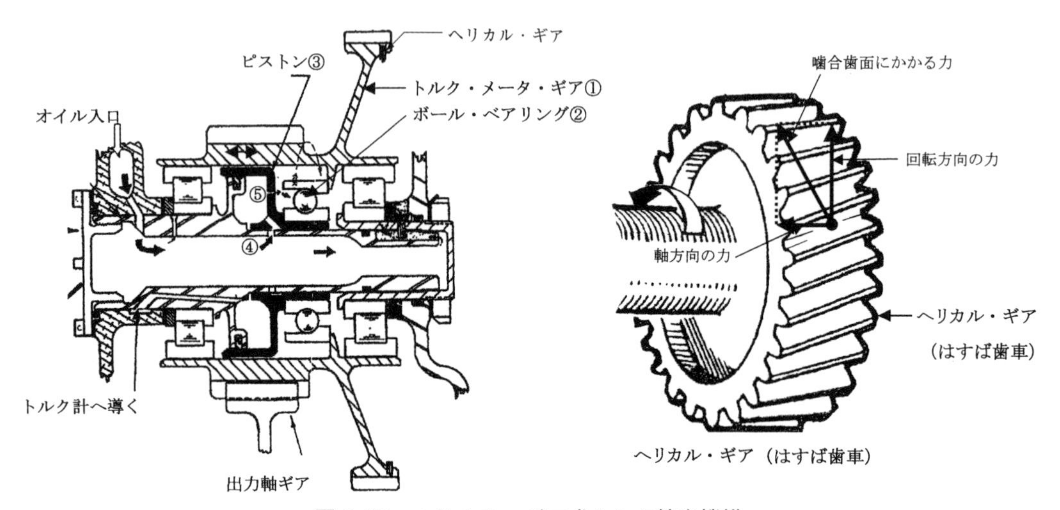

図8-32　ヘリカル・ギア式トルク検出機構

b. 出力軸の捩れ角によるトルク指示系統

出力軸は、エンジン出力を、外部にトルクを伝達するトーション軸と、トルクを伝達せず基準として軸とともに回転する基準軸で構成されており、負荷がかかるとトーション軸に捩れを生じて、基準軸との間にトルクに応じた位相差を生ずる。

この位相差を電気センサ回路で電圧出力に変換してトルク計に表示する。

電気式トルク・センサの場合は、両シャフトの前方に機械加工された歯が設けられており、出力軸（トルク・シャフト）に負荷がかかった場合には両者の歯にずれを生じ、この角度の位相差をトルク・センサ回路が電圧出力に変換して、操縦室の計器に表示する方式が使われている。

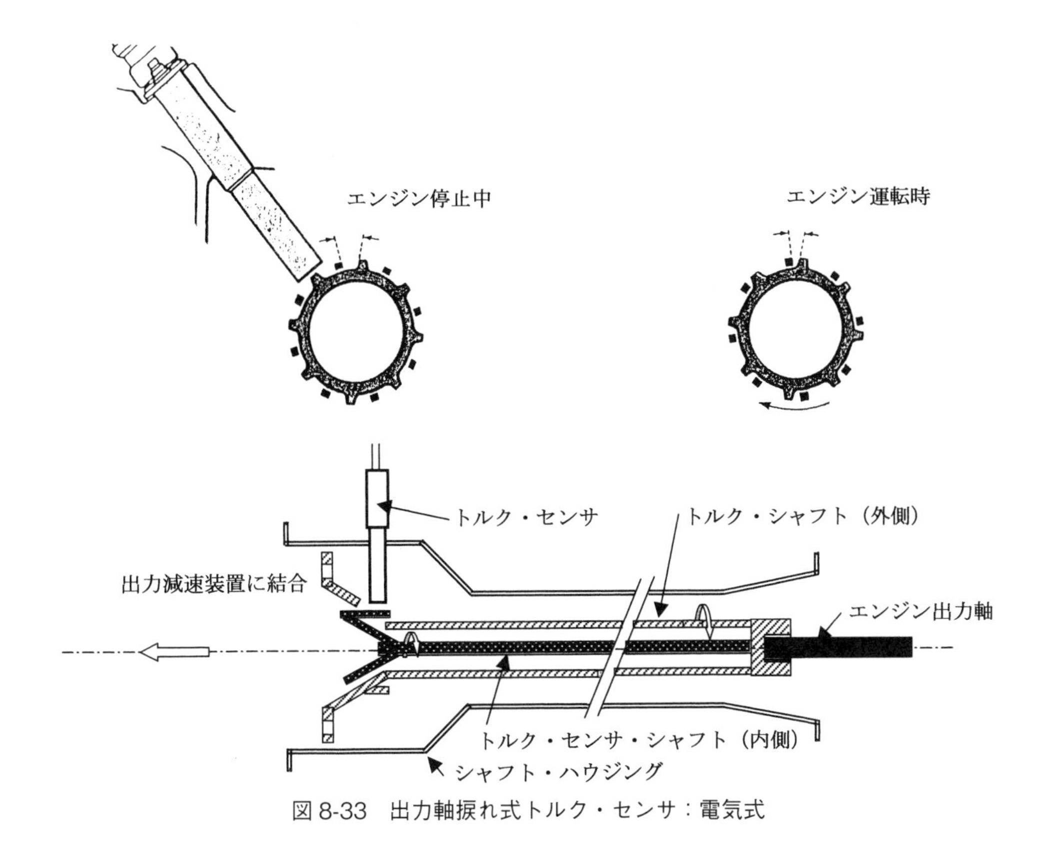

図 8-33　出力軸振れ式トルク・センサ：電気式

8-5-4　回転数指示系統

回転計は、単軸コンプレッサ・エンジンではコンプレッサ回転速度（N_1）、多軸コンプレッサ・エンジンでは高圧コンプレッサ回転速度（N_2 または N_3）を、またフリー・タービン式ターボプロップ・エンジンでは、ガス・ジェネレータ回転数が N_1、フリー・タービン（出力タービン）回転数が N_2 でそれぞれ指示される。

回転翼航空機では、フリー・タービン回転速度（N_2）およびロータ回転数（NR）の計測にも使用される。回転数の指示は、基準回転数のパーセントで表示される。回転計は、エンジン始動時の状態把握やオーバー・スピードなどのエンジンの状態監視に重要である。

回転翼航空機の回転計は、エンジン出力タービン回転数（N_2）とメイン・ロータ回転数を一つの回転計に双針で指示されており、通常、飛行中は、両指針は重なり合って指示される。エンジンがロータを駆動しないオート・ローテーションなどの状態では、指針は重なり合わない。

回転数指示系統は、従来はタコメータ・ジェネレータが使用されていたが、現在のエンジンでは、エンジンの回転部分が磁束を切るときの回数を数える方式の非接触型センサが使用されている（図 8-34）。トランスミッタは通常、アクセサリ・ギア・ボックスに取り付けられる。

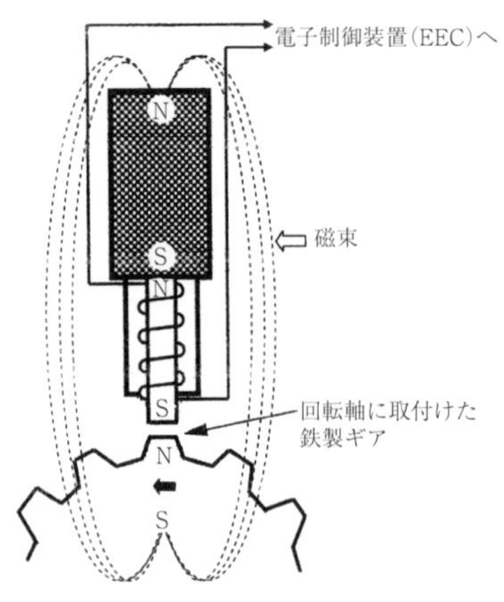

図 8-34　回転計センサの例

8-5-5　排気ガス温度指示系統

タービン・エンジンにおいては、タービン入口温度（TIT：Turbine Inlet Temperature）が最も重要なパラメータであるが、高温により温度感知プローブの寿命が損なわれることから、この位置での温度計測が困難であり、一般にタービン入口温度（TIT）と相対的関係にあるタービン出口における排気ガス温度が計測されてきた。

排気ガス温度はタービン入口温度（TIT）より低いが、この位置でエンジン内部状態の必要な監視が可能となる。また、フリー・タービンを使っているエンジンでは、ガス・ジェネレータ・タービンを出てパワー・タービンに入る位置で計測されている。

現代のターボファン・エンジンでは、タービン温度が高圧タービンと低圧タービンの間で計測されているものもあり、ファン・タービン入口温度（FTIT：Tt4.5：Fan Turbine Inlet Temperature）と呼ばれている。

排気ガス温度指示系統は、基本的にはアルメルとクロメル導線製のサーモカップル（熱電対）、配線および可変較正抵抗器、EGT 指示計器で構成されている。

複数のサーモカップルが電気回路に並列に接続されており、システムはすべてのサーモカップルの平均値を表示するとともに、サーモカップルの一つに不具合を生じた場合も、残りのサーモカップルで平均値が指示計器に表示される。

FADEC を装備した飛行機においては、サーモカップルからの電気信号は電子制御装置（EEC またはECU）に入力され、電子制御装置（EEC または ECU）から EICAS コンピュータに伝達されて、主表示装置に表示される。

a. サーモカップル（熱電対）

サーモカップルは、高温ガスを取り込み排出する複数の孔を持ったプローブの中に、２組のアルメルとクロメル導線製熱電対が封入されており、適用された温度に比例した起電力を発生する原理を使って温度を測定する。

アルメルとクロメル導線は、通常、サーモカップル・ハーネスからジャンクション・ボックスまで使用される。

b. 配　線

アルメルとクロメル導線は単位長さ当りの抵抗が比較的高いため、ターミナル・ブロックからEGT指示計器までの配線には、銅コンスタンタン・ワイヤが使用される。EGT指示計器までの間にはコイルに巻かれた可変較正抵抗器を設けたものがあり、排気ガス温度指示系統の較正時に必要により長さを調整して抵抗値が変えられる。

c. EGT 指示計器

排気ガス温度は、EGT指示計器に「℃」で表示される。

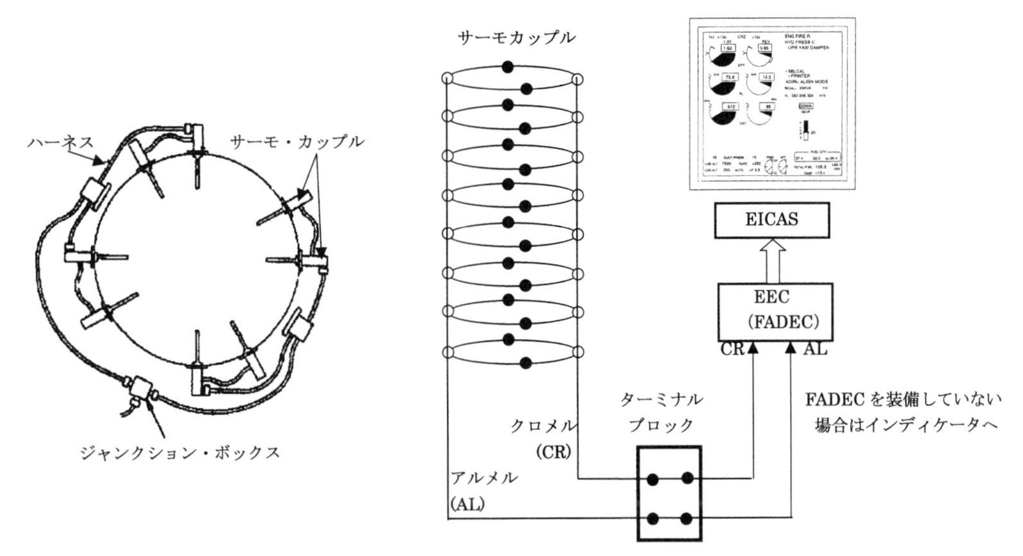

図 8-35　排気ガス温度（EGT）指示系統の概念

8-5-6　振動指示系統

振動計（AVM）はエンジンが発生する振動を機械的に測定し、電気信号に変換して振動レベルを表示する。振動ピックアップ、モニタ・ユニット、および指示計器で構成される。

a. ピックアップ

ピックアップは、振動の機械的エネルギを電気信号に変換するもので、振動の大きさに比例した電気信号を発生する。通常、ファンまたはコンプレッサ・ケースおよび、タービン・ケースに取り付けられる。

ピックアップの起電力の方式に、速度型とピエゾ電気型がある。

(1) 速度型ピックアップ

スプリングで取り付けられた永久磁石棒が、振動により固定コイルの中を移動する相対運動により、コイルに振動量に応じた交流電流を発生しシグナル出力となる。

(2) ピエゾ電気型ピックアップ

コイルを巻いた結晶体の上に錘（質量）があり、振動により結晶体が錘の圧力を受けて振動による加速度に応じた電圧を発生させてシグナル出力となる。

b. モニタ・ユニット

モニタ・ユニットは、不必要な周波数を除去して、増幅して電気信号を指示計器に送る。また、選択スイッチにより、振動測定位置を切り替えることが出来る。

c. 指示計器

振動値は、エンジンの振動の大きさを「ミル（1ミル=1／1,000インチ）」、または速度「in／s」などの単位で指示計器に表示される。

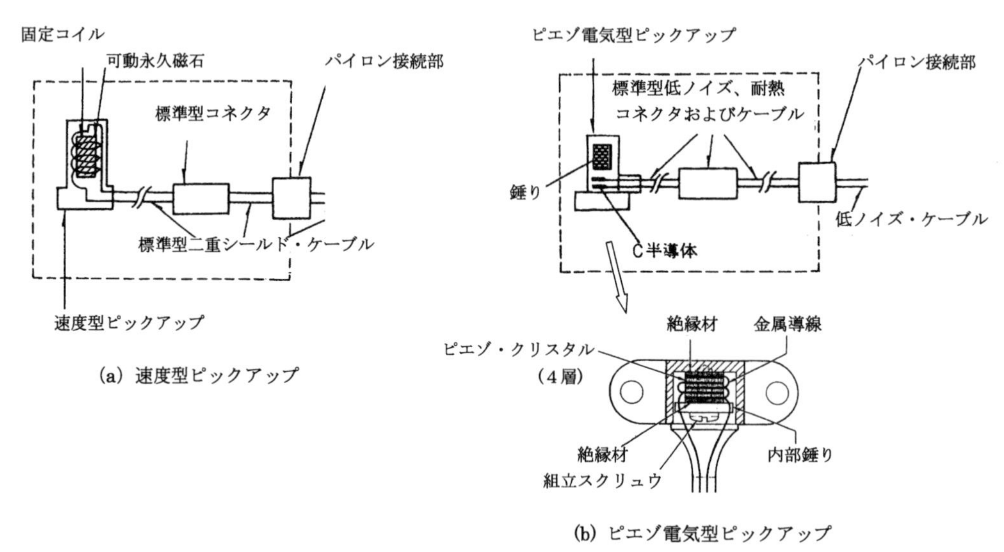

図8-36　振動計センサ

8-5-7　EICAS（Engine Indication and Crew Alerting System）および IIDS（Integrated Instrument Display System）

現代の航空機では、各エンジン・パラメータはEICASまたはECAMなどのエンジン指示および乗員警報システムの表示装置に表示される。

EICAS（Engine Indication and Crew Alerting System）（図8-37-1）は、エンジンおよび一部のシステムの作動状態を表示するとともに、各種システムの状態をコンピュータが自動的にモニターし、異常状態の発生を視覚的かつ聴覚的にパイロットに知らせる機能を統合したシステムで、インディケーションおよびメッセージは中央パネルの上下2個のマルチカラー・ディスプレイ上に集中的に表示される。エンジンのパラメータ表示は、従来の機械式計器の情報に加え、制限値を超えた場合はポインターやデジタル表示の色を赤に換えて、異常を視覚的に警告するようになっている。また、その時の最大値や制限値を超えた時間などを自動的に記録する機能を有している。

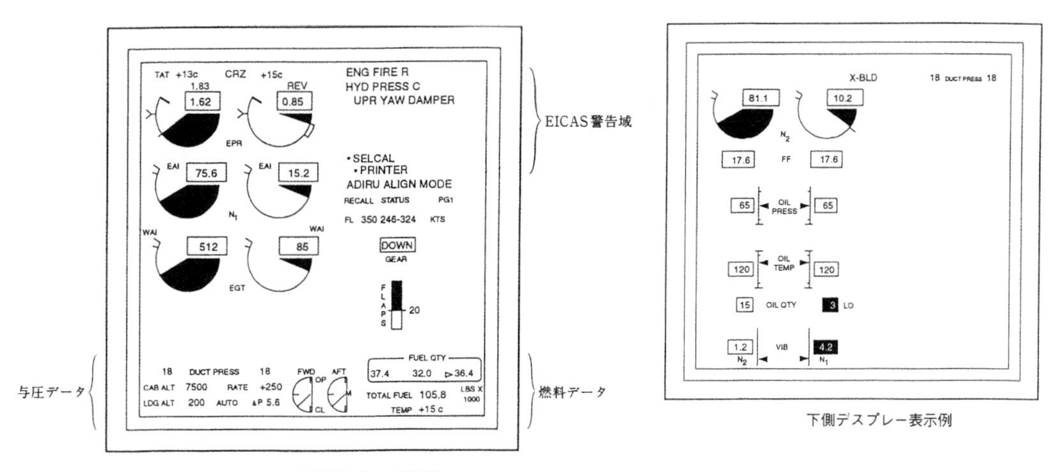

上側デスプレー表示例　　下側デスプレー表示例

図8-37-1　EICAS（Engine Indication and Crew Alerting System）

EICAS表示装置は、コクピット計器盤の中央部に設置されており、上部の主表示装置と下部の副表示装置の二つのマルチカラー・ディスプレイで構成されている。主表示装置には主にエンジンの基本パラメータであるEPR、N_1（ファン回転数）、またはトルクなどの出力設定パラメータおよびEGT（排気ガス温度）と、システム異常時の警報メッセージが表示される。副表示装置にはエンジンの二次パラメータであるN_2、F/F（燃料流量）、エンジン油圧、油温、油量、振動値およびシステム異常時の警報メッセージが表示される。

エンジン・パラメータの表示は、従来の計器の表示方法を踏襲して、常用運用範囲は緑色、警戒範囲は黄色、運用限界は赤色などの線や弧線の標識が表示される。指針が運用限界に達した場合は、デジタル表示が赤に変わり乗員に注意を促すとともに、後の整備に備えて記録が残される。

EADEC装備エンジンでは、各エンジン・パラメータはセンサから直接EICASに入力されるのではなく、電子制御装置（EECまたはECU）の制御パラメータとして感知された情報が、電子制御装置（EECまたはECU）からEICASに伝達されて表示される。

ECAM（Electronic Centralized Aircraft Monitor）（図8-37-2）はEICASに対応してエアバス系航空機に装備されている装置であり、エンジン／警告表示装置（Engine/Warning Display）とシステム表示装置から構成され、中央にある2個のディスプレイに表示される。エンジン／警告表示装置（Engine/Warning Display）は連続的にエンジン・パラメータ、運航状況、システム故障警報、対応処置を表示し、システム表示装置（System Display）は連続的に運航データを表示するとともに、自動的に選択された、あるいはパイロットが選択したデータおよびシステムの故障を表示する。

Upper ECAM
(Engine and Warning Display)

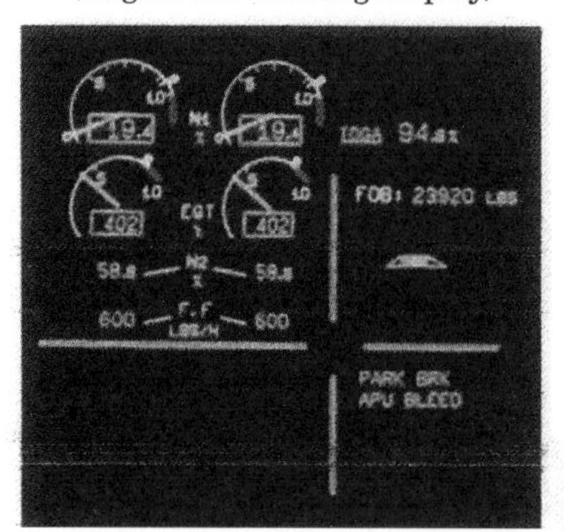

Lower ECAM
(System Display)

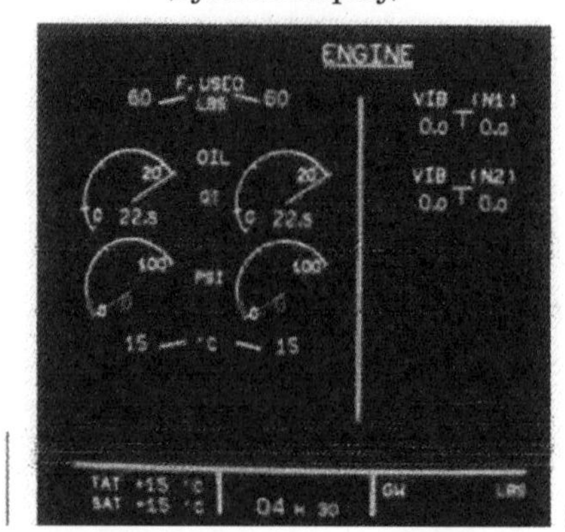

図 8-37-2　ECAM Display

回転翼航空機では、EICASの代わりにIIDS（Integrated Instrument Display System：**統合計器表示装置**）を標準装備するのが一般的となっている。IIDSは、基本的にEICASと同じ考え方に基づいた装置であるが、飛行機の場合と違った回転翼航空機特有の表示方法が取り入れられている。

IIDSとは、現行のN_1計（ガス・ジェネレータ・タービン回転計）、N_2計（パワータービン回転計）、TQ計（トルク・メータ）、EGT計、エンジン・オイル圧力/温度計等のエンジン計器類、機体側各種システム計器および注意灯/警報灯、アドバイザリ灯を、2～3個の大型電子式情報表示装置（LCD：Liquid Crystal Display）に統合して表示するシステムで、次の特徴を有している。

(1)　各パラメータの運用限界超過をモニタし記録する。

(2)　エンジン運転状況に応じ優先順位を変えて表示でき、不要な表示は消去できる。

(3)　双発機で全発動機作動（AEO：All Engine Operative）、1発動機不作動（OEI：One Engine Inoperative）で運用限界表示を変更することが出来る。

回転翼航空機においても、FADEC装備エンジンでは、IIDSに表示される情報は電子制御装置（EECまたはECU）から伝達されて表示される。

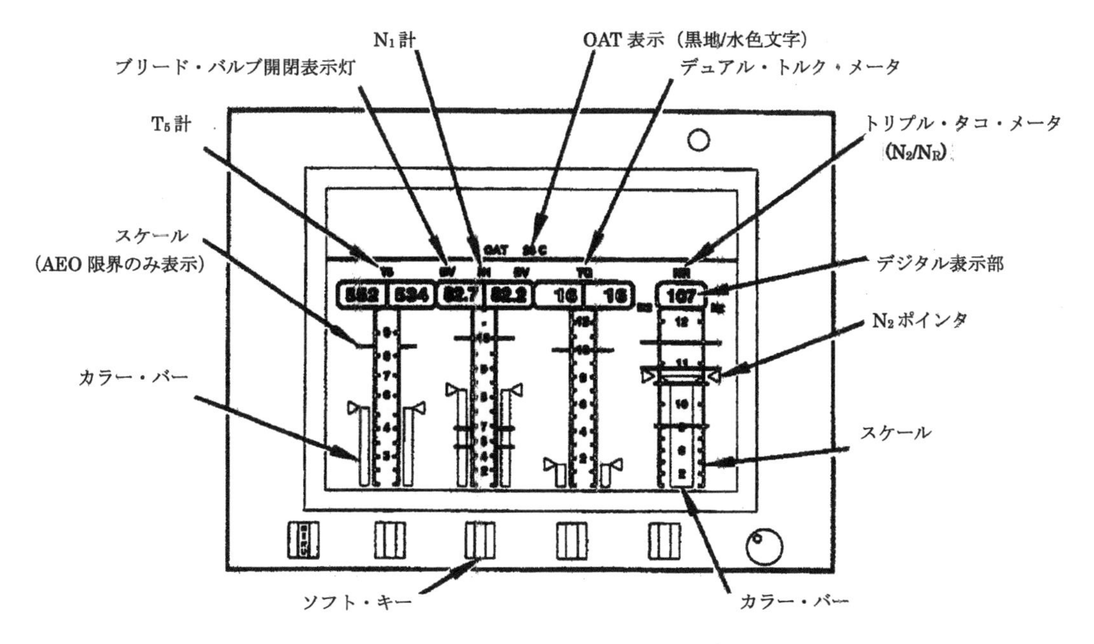

IIDS パフォーマンス・ディスプレイ（AEO）表示例

図 8-38　IIDS（Integrated Instrument Display System）

8-6　エンジン・オイル・システム

エンジン・オイル系統（Engine Lubrication System）の役目は、エンジン主軸ベアリング、ギア・ボックス駆動歯車列、およびアクセサリ・ギア・ボックスの潤滑、冷却および洗浄を行うことである。また、ターボプロップおよびターボシャフト・エンジンのオイル系統では、プロペラ・シャフト・ベアリング、減速装置の潤滑およびトルク・メータの指示にも使用される。

8-6-1　エンジン・オイル・システム一般

エンジン・オイル・システムには、基本的に**全流量（Full Flow）方式**と**定圧（Pressure Relief Valve）方式**の二つの方式がある。

全流量（Full Flow）方式は現代の多くのエンジン・オイル・システムに使われており、基本的にオイル・ポンプから送り出される流量のすべてをオイル・ノズルに分配して供給する方式で、系統の各末端のリストリクタ（Restrictor）により供給量が決定される。この方式はすべてのエンジン回転領域を通して、より最適なオイル流量とすることが出来るが、ベアリング・サンプの加圧が不均等な場合には、各ベアリング・サンプの総流量が、エンジンの回転領域を通して変化する欠点がある。燃料・エンジン・オイル冷却器などのコンポーネントを過度の圧力から保護するために、プレッシャ・リリーフ・バルブ（Pressure Relief Valve）が使用される。この方式では、操縦室に指示されるオイル・

プレッシャはエンジンの作動状態によって変化する。

定圧（Pressure Relief Valve）方式は、オイル供給圧力を圧力調整バルブ（Pressure Regulating Valve）で制御してエンジン・オイルを一定圧で供給するもので、アイドルにおいても一定供給圧力が得られる。この方式は、ベアリング・サンプの加圧レベルが低いエンジンに適している。圧力制御バルブ（Pressure Regulating Valve）の制御により余剰のエンジン・オイルをオイル・タンクに戻す方式であるため、全流量方式に較べて余裕のある大きなサイズのオイル・ポンプが必要となる。この方式では、操縦室に指示されるエンジン・オイル・プレッシャの指示はエンジンの全作動領域で一定である。

またエンジン・オイル・システムでは、潤滑を終えたオイルを冷却せずにオイル・タンクに戻しオイル・ノズルから給油する直前に冷却器で冷却する方法と、潤滑後のオイルを冷却器を通して冷却した後タンクに戻す方法とが使われているが、前者をホット・オイル・タンク・システム（Hot Oil Tank System)、後者をコールド・オイル・タンク・システム（Cold Oil Tank System）とそれぞれよんでいる。

ホット・オイル・タンク・システムは図 8-39-1 のように、燃料／オイル熱交換器がエンジン・オイル系統の高圧側にありエンジン・オイル圧力が燃料圧力よりも高くなるため、燃料／オイル熱交換器の内部に不具合を生じてもエンジン・オイル中に燃料が混入する恐れが無く、また、タンクで空気が排除された後のため、熱交換器ではエンジン・オイルに含まれる空気がほとんどなく、最大限の熱交換が可能であることから、熱交換器の小型化が可能となり重量軽減できる利点がある。反面、エンジン・オイルが高温状態で長時間保持されるためエンジン・オイルの劣化を促進する恐れがあり、また高温のオイル・タンクに対する対応が必要になる欠点がある。

コールド・オイル・タンク・システム（図 8-39-1）では、エンジン・オイルの冷却後にオイルをタンクに戻すためエンジン・オイル劣化への影響を最小限と出来る利点がある。反面、燃料／オイル熱交換器がエンジン・オイル系統の低圧側にあるため燃料の圧力がエンジン・オイル圧力よりも高くなり、熱交換器内部に不具合を生じた場合にエンジン・オイル中に燃料が混入する恐れがあり、内部火災の恐れがあるためエンジン・オイルの状態には注意を払う必要がある。また排油系統では、エンジン・オイルに含まれた空気がブリーザ系統で排除されるが、オイル・タンクで排除される前に空気を内包したまま熱交換器を通過するため、熱交換の効果の低下により高容量の熱交換器の使用が必要となる。

エンジン·オイルの冷却には通常、燃料／オイル熱交換器（Fuel Cooled Oil Cooler）が使われるが、必要時にファンからの抽気で冷却する空気・エンジン・オイル熱交換器（Air Cooled Oil Cooler）を併用しているエンジン・オイル系統もある。

エンジン・オイル・システムは、一般的にエンジン・オイル供給系統、スカベンジ・オイル系統、およびブリーザ系統で構成される。

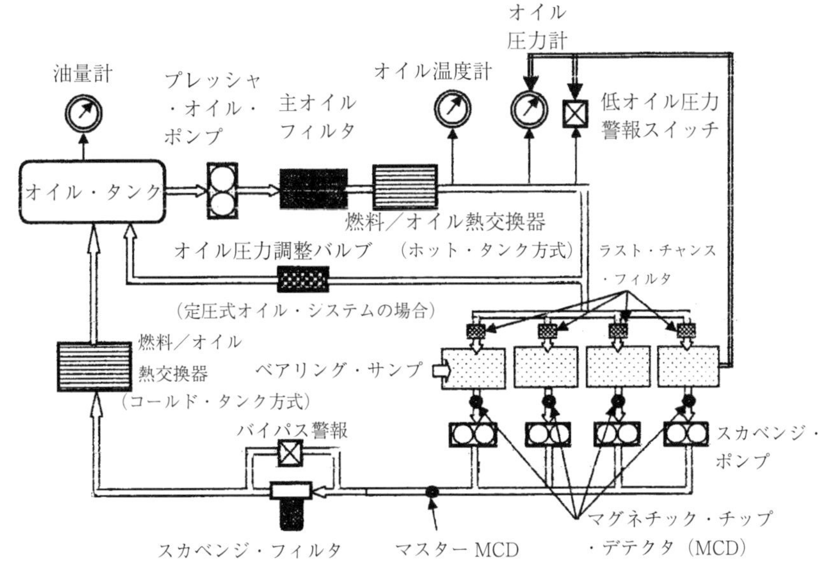

図 8-39　オイル・システム概要図

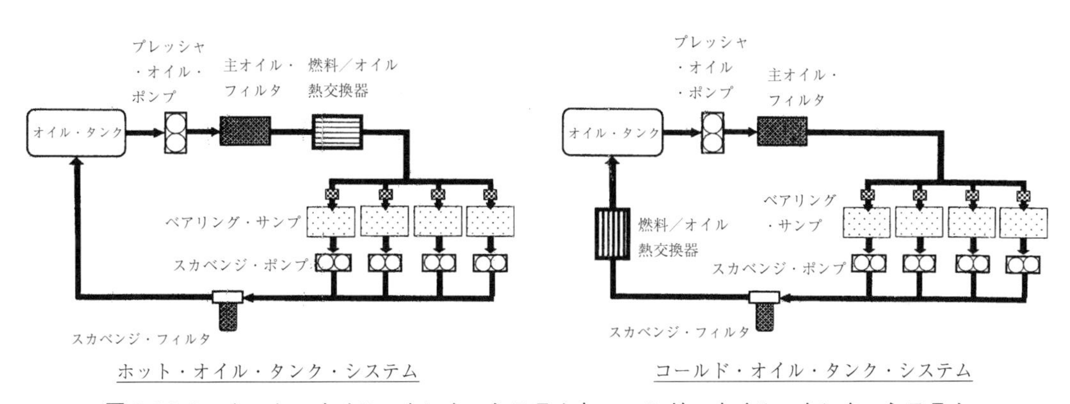

図 8-39-1　ホット・オイル・タンク・システムとコールド・オイル・タンク・システム

a. エンジン・オイル供給系統

エンジン・オイル供給系統（Pressure Oil System）は、エンジン・オイルを各ベアリングやギア・ボックスに分配供給して給油するための系統で、オイル・タンク、プレッシャ・オイル・ポンプ、オイル・フィルタ、燃料／オイル熱交換器（ホット・オイル・タンク・システムの場合）、オイル・ノズルおよび関連する配管で構成される。

オイル・タンクから出たオイルは、ストレーナ（Strainer：タンク内の異物から保護する）を通ってオイル・ポンプで加圧されてプレッシャ・フィルタに流れる。フィルタ・バイパス・バルブがフィルタの詰りまたは低温時始動における高粘度による過度の圧力から保護する。定圧方式では、プレッシャ・レギュレーティング・バルブ（Pressure Regulating Valve）を設置して供給オイル圧力を制御する。

オイルは各ベアリングやギア・ボックスに分配されオイル・ノズルへ流れて給油するが、ホット・

オイル・タンク・システムでは、オイル・フィルタを出た後、燃料／オイル熱交換器を通して冷却した後給油される。

b. スカベンジ・オイル系統

スカベンジ・オイル系統（Scavenge Oil System）は、潤滑・冷却を終えたオイルをオイル・タンクへ戻す系統で、スカベンジ・ポンプ、スカベンジ・フィルタ、燃料／オイル熱交換器（コールド・オイル・タンク・システムの場合)、マグネチック・チップ・デテクタ（MCD：Magnetic Tip Detector）および関連する配管で構成される。各ベアリングやギア・ボックスの潤滑・冷却を終えたオイルはオイル・ポンプで吸引され、排油フィルタを経由してオイル・タンクへ戻される。コールド・オイル・タンク・システムでは、燃料／オイル熱交換器で冷却した後オイル・タンクへ戻される。

スカベンジ・オイル系統には各スカベンジ・ポンプのラインにベアリング等オイル・システムの不具合により発生する金属片を検出するためのマグネチック・チップ・デテクタ（MCD）が設けられており、さらに各排油ラインが集合した部位にマスタ・マグネチック・チップ・デテクタ（Master MCD）が設置されている。

c. ブリーザ系統

ブリーザ系統（Breather System）は、飛行中の気圧変化に対応して、適切なエンジン・オイル供給量と完全なスカベンジ・ポンプ機能を確保するために、ベアリング・サンプを加圧して大気圧に対して常に一定の差圧に保つ働きをする。またオイル・タンク、ベアリング・サンプ、およびギア・ボックスからの空気の排出とエンジン・オイルに混入した空気を分離して外部へ排出する働きをする。

ブリーザ系統は、オイル・タンク、ベアリング・サンプ、およびギア・ボックスを繋ぎ、空気を外部へ排出するために必要な配管から構成されている。エンジン・オイルと空気の分離には遠心力を利用した滑油セパレータを使用したものが多い。

8-6-2　オイル・タンク

オイル・タンク（Oil Tank）は、潤滑を終えて戻ってきたエンジン・オイルを再び使用するために蓄える役目を持っており、エンジン・オイルの貯蔵は通常独立したオイル・タンクにより行われるが、小型エンジンや APU（Auxiliary Power Unit：補助動力装置）などでは、アクセサリ・ギア・ボックスの低位置にオイル・タンクを設けてエンジン・オイルをエンジン内部に蓄える方式を使っているものがある。

オイル・タンク（Oil Tank）は、通常アルミニュウムまたはステンレス・スチールのシート・メタルで造られており、許容されるすべての飛行高度で、エンジンに安定してオイルが供給できるよう設計されている。多くのタンクでは、オイル・ポンプ・インレットへのオイルの流れを確実にし、オイル・ポンプのキャビテーションを防ぐためにタンク内が加圧されている。

オイル・ポンプのギア・ポンプ（Gear Pump）が高速で回転する際に、燃料ポンプのギア・ポンプ同様、キャビテーションを発生して部品表面が侵されてエロージョンを生ずる恐れがある。(8-1-2　燃料ポンプ　a. 定容積型燃料ポンプの項参照。)

タンクの加圧は、タンクと外気、またはタンクとベント・システムの間の差圧を一定にするようタンク・ベント・リリーフ・バルブ（Tank Vent Relief Valve）から過剰な空気を放出することにより制御されている。エンジン停止後は、リリーフ・バルブの小さなブリード・オリフィス（Bleed Orifice）からタンクの圧力が減圧される。

オイル・タンクには、エンジン・オイル補充孔、圧力給油接続部、油量計トランスミッタ、ディップ・スティックまたはサイト・ゲージ、およびエンジン・オイルをドレンするドレン・バルブが設けられている。

またオイル・タンクには、空気分離装置が設けられており、ここでタンクに戻ってきたオイルに混入している空気を分離する。

オイル・タンクは耐空性審査要領において、オイルの熱による膨張を考慮して、タンク容積の 10 % 以上の余積を有し，この余積が不用意に満たされる恐れのないことが要求されている。

8-6-3　プレッシャ・オイル・ポンプとスカベンジ・オイル・ポンプ

プレッシャ・オイル・ポンプ（Main Oil Pump）の機能は、潤滑を必要とする部品に加圧オイルを供給することである。スカベンジ・オイル・ポンプ（Scavenge Oil Pump）は潤滑・冷却を終えた空気を含んだエンジン・オイルを吸引してタンクへ戻す働きをするもので、各ベアリング・サンプやギア・ボックス毎に設置されている。

通常、プレッシャ・オイル・ポンプといくつかのスカベンジ・ポンプは、アクセサリ・ギア・ボックス内に組み込まれているものが多いが、エンジンによっては、プレッシャ・オイル・ポンプといくつかのスカベンジ・ポンプをコンパクトな独立した補機になった Lube and Scavenge Pump として、アクセサリ・ギア・ボックスに装着され駆動されているエンジンもある。オイル・ポンプには、ギア・ポンプ（Gear Pump)、ベーン・ポンプ（Vane Pump)、ジロータ・ポンプ（Gerotor Pump）などがあるが、ギア・ポンプが主に使われている。

ギア・ポンプは、ハウジングの中で噛合った 2 個の同サイズのギアで構成されており、ドライブ・ギアの回転によってもう一方のギアを廻して、ギアとハウジングの隙間をオイルが通って加圧される。

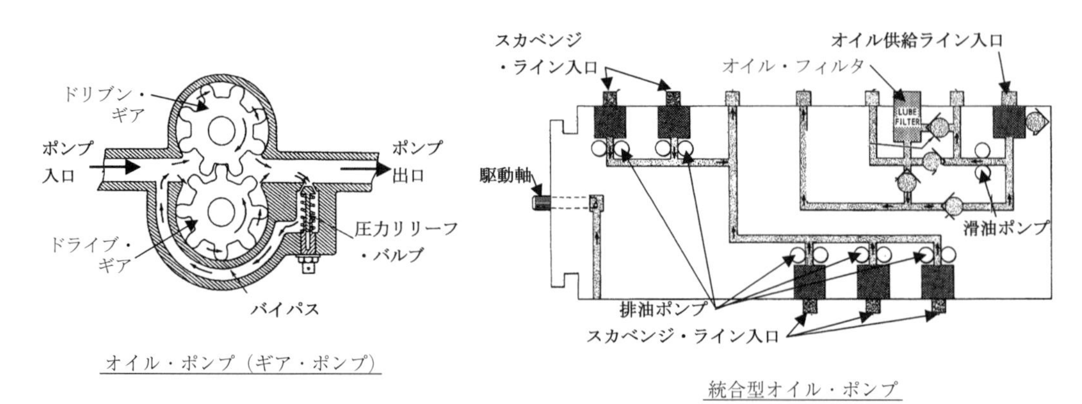

オイル・ポンプ（ギア・ポンプ）

統合型オイル・ポンプ

図8-40　滑油ポンプ

ベーン・ポンプ（Vane Pump）は、図8-40-1のように、内径が円形のスリーブと、スリーブの中心から偏心した中心を回転するスライディング・ベーンを駆動するロータ・ドライブ・シャフトで構成される。ロータの回転によりベーンがハウジング内径に接して出来る空間が増加、移動および減少してオイルを吸引・吐出する。吐出圧と吐出量は回転速度に比例する。

ベーン・ポンプは、ギア・ポンプやジロータ・ポンプより軽量でスリムな形状に出来る反面、他のタイプのポンプに比べて強度が劣る欠点がある。

ジロータ・ポンプ（Gerotor Pump）は図8-40-1のように、6個の歯を持つギア・シャフトと7個の凹みを持つ外周のアイドラで構成されたポンプで、ギア・シャフトとアイドラは図のようにそれぞれが偏心した中心を回転する。ギア・シャフトとアイドラの回転によりつくられる各空間の増加、移動と減少により順次オイルを吸引して移動させ出口から強制的に吐出するもので、ベーン・ポンプと同じ原理を使用している。

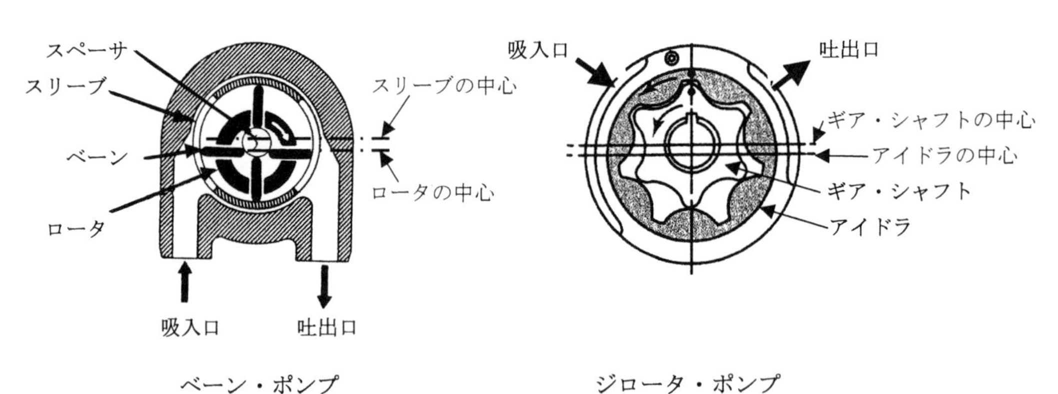

ベーン・ポンプ　　ジロータ・ポンプ

図8-40-1　ベーン・ポンプとジロータ・ポンプ

8-6-4　オイル・フィルタ

オイル・フィルタ（Oil Filter）は、オイル内に集まる異物を除去するオイル系統の重要な装備品である。

オイル系統のフィルタでろ過される主な汚染物は、オイル自体の分解生成物、オイル・ウエット領域の部品の摩耗や腐蝕による金属粒子、シールから浸入した空気中の汚れ、および給油時に混入した汚れや異物などである。

タービン・エンジンに使われているベアリング（ボール・ベアリングおよびローラ・ベアリング）が異物混入により損傷することを防ぐために、オイル系統にはプレッシャ・オイル・ポンプの後にメイン・オイル・フィルタ（プレッシャ・フィルタ）、スカベンジ・ポンプの後にスカベンジ・オイル・フィルタが設けられている。また各オイル・ノズル入口には小さな最終フィルタ（ラスト・チャンス・フィルタ：図 8-39）が取り付けられている。

オイル・フィルタは、フィルタ容器、フィルタ・エレメント、およびフィルタ・バイパス・バルブで構成されているが、アクセサリ・ギア・ボックス内に収納された構造のものも多く使われている。従来の航空機では、洗浄可能な 175 ミクロン（1 ミクロン = 0.001 mm（0.00039 in））程度の金属メッシュ・フィルタが通常であったが、カーボンや汚れなどの細かい異物による影響等を考慮して、現在では 15 ミクロン程度の目の細かい使い捨てファイバ・エレメント（Fiber Element）に変わっている。

フィルタに目詰まりを生じた場合に、オイルをバイパスさせるフィルタ・バイパス・バルブ（Filter By-pass Valve）が設けられており、フィルタがバイパスした場合のフィルタ・バイパス警報を操縦室に表示するために、フィルタ容器にオイル・フィルタ差圧スイッチ（Oil Filter Differential Pressure Switch：図 8-41）が取り付けられている。

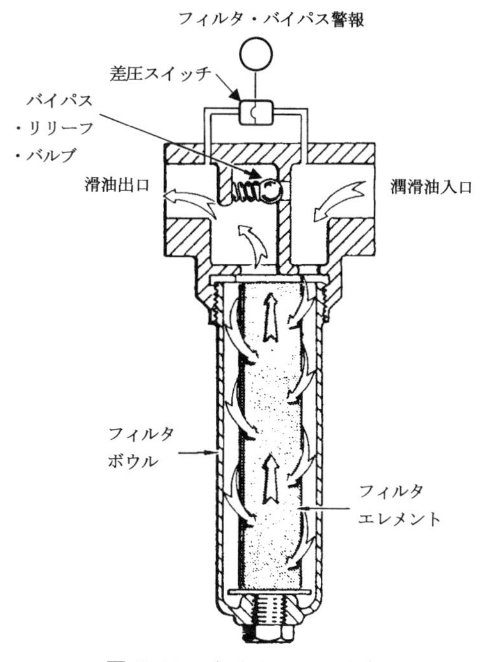

図 8-41　オイル・フィルタ

8-6-5　マグネチック・チップ・デテクタ（MCD）

マグネチック・チツプ・デテクタ（MCD：Magnetic Chip Detector）は、各スカベンジ・ラインを流れるオイル系統内の部品の不具合で発生した金屑（磁性体）を磁力で吸着し、これを定期的に検査することによりオイル系統内の不具合を早期に検知するためのプラグ（Plug）である。ベアリングを含むオイル系統内の部品材料は磁性体であり、従来のオイル・フィルタによる点検に較べて点検が容易である。

マグネチック・チツプ・デテクタ（MCD）は図8-42のように、先端が永久磁石になったプラグを、ベアリング・サンプ等から排油ポンプへ流れる各スカベンジ・ラインのハウジングに差し込んで取り付ける。プラグはバイオネット式取付けで、ハウジングには自閉式バルブ（Self Sealing Valve：図6-39参照）を内蔵しておりプラグを取外してもオイルが漏れ出ない構造となっているため容易に点検を行うことが出来る。

MCDは、ベアリング・サンプ等からスカベンジ・ポンプへ流れる各スカベンジ・ラインに取り付けられているが、各スカベンジ・ラインが集合した部位にもマスタMCDが設置されている。

エンジンによっては、磁性体の金屑がMCDに設けられた電極をまたいで付着した場合に、電子制御装置（EEC）にインプットして操縦室に金屑検出を表示するようにしたものもある。

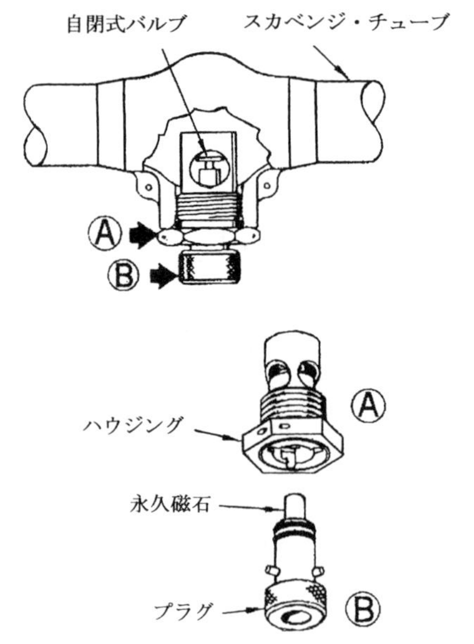

図8-42　マグネチック・チップ・デテクタ（MCD）

8-6-6　オイル冷却器（Engine Oil Cooler）

ベアリングやギア・ボックスの作動で発生する熱は、オイルによって吸収されるため、循環式のオイル系統においてはオイルを冷却する必要がある。冷却には通常燃料／オイル熱交換器（FCOC：Fuel Cooled Oil Cooler）が使われているが､エンジンによっては燃料／オイル熱交換器に加えて､ファンからの抽気を使った空気／オイル熱交換器（ACOC：Air Cooled Oil Cooler）が併用されているものがある。

燃料／オイル熱交換器（Fuel Cooled Oil Cooler）は、一般に管型であり多数の細管の中を燃料またはファン空気が流れ、その周囲をエンジン・オイルが循環しながら軸方向に流れて、オイルの温度を細管を通る燃料または空気に伝えて冷却する（燃料系統図8-8参照)。エンジン・オイル冷却器にはバイパス・バルブがあり、低温時のエンジン・オイルの高い粘度などによる冷却器内圧の上昇による破裂から保護する。

現代のエンジンでは、空気・エンジン・オイル冷却器に使われる抽気をFADECにより、油温を感知することによって必要時にのみ使用するよう制御されている。

8-6-7　オイル指示系統

エンジン・オイル系統の作動状況を監視するためのエンジン・オイル指示系統は、図8-39に示すように、ベアリング・サンプやギア・ボックスに供給されるエンジン・オイル圧力、エンジン・オイル温度および低エンジン・オイル圧力警報、オイル・タンクのエンジン・オイル容量、およびオイル・フィルタ・バイパス警報を操縦室に表示する。

a. エンジン・オイル圧力（Engine Oil Pressure）

オイル圧力トランスミッタ（Engine Oil Pressure Transmitter）は、ベアリング・サンプやギア・ボックスへのエンジン・オイル供給ラインに設置されており、供給エンジン・オイル量はベアリング・サンプ圧との対比で決まるため、トランスミッタには供給エンジン・オイル圧とブリーザ圧がかけられている。トランスミッタは燃料圧力トランスミッタと同じ可変リラクタンス式（Variable Reluctance Transmitter）で、ダイアフラムの各側に供給エンジン・オイル圧とブリーザ圧をかけ、差圧の変化による変位で機械的に接続された磁石がコイル中を移動することにより磁気抵抗が変化して出力電圧を変化させて表示するものである。エンジン・オイル圧力により、エンジン・オイルの供給状況をモニタすることが出来る。

b. 低オイル圧力警報（Low Oil Pressure Warning）

低オイル圧力警報は、低オイル圧力スイッチ（Low Oil Pressure Switch）の作動により表示されるが、低オイル圧力スイッチは、エンジン・オイル圧力トランスミッタと同様、ダイアフラムの各側に供給エンジン・オイル圧とブリーザ圧がかけられており、その圧力差が規定の値を下まわるとスイッチが働いて低オイル圧力警報が表示される。すなわちベアリング・サンプへのエンジン・オイル供給量の低下の警報となる。

c. エンジン・オイル温度（Engine Oil Temperature）

エンジン・オイル温度センサ（Engine Oil Temperature Sensor）には、温度による電気抵抗の変化を利用した可変電気抵抗式バルブ（Variable Electric Resistance Type Bulb）が使われており、滑油供給ラインに設置されている。原理的には、温度変化による電気抵抗の変化により、ホイトストン・

ブリッジ回路のバランスが変わり、油温計へ流れる電流値が変わり温度を指示する。

d. エンジン・オイル容量（Engine Oil Quantity）

オイル・タンクに取り付けられたエンジン・オイル容量トランスミッタ（Engine Oil Quantity Transmitter）により、オイル・タンク内のオイルの量をモニタする。トランスミッタは、筒状のケースの中を滑油の量に応じて上下する浮子式磁石が移動する構造で、滑油のレベルで決まる磁石の位置により内部に並べられた当該部のスイッチが作動して滑油レベルを指示する。

e. オイル・フィルタ・バイパス警報（Oil Filter By-pass Warning）

オイル・フィルタ・バイパス警報は、オイル・フィルタの入口と出口の差圧を感知して作動するバイパス・スイッチ（Oil Filter By-pass Switch：図8-41参照）が作動することによって表示される。通常ベアリングなどオイル・システム内の部品に不具合を発生した場合に金屑などによるフィルタの目詰りで作動表示されるため、オイル・システム内で発生した不具合の警報ともなる。

8-7　エンジン始動系統

8-7-1　始動系統概要

タービン・エンジンの始動は、始動燃焼に充分な加圧空気流を得るためにスタータによりコンプレッサを回転して、混合気に点火することによって行われる。一旦エンジンが着火した後、スタータはエンジンが自立運転速度に達するまで支援する必要がある。

二軸式軸流コンプレッサ・エンジンの場合、通常、高圧コンプレッサのみがスタータで廻される。フリー・タービン型の軸出力エンジンでは、ガス・ジェネレータのコンプレッサのみを駆動し、フリー・タービンは駆動しないため、必要トルクは小さくなる。

また、直結型軸出力エンジンにおいては、始動時にはコンプレッサ・ロータの負荷を軽減して、回転速度と空気流量を増加するために、プロペラを低ピッチにするなどの処置が必要になる。スタータが供給するトルクは、エンジンのロータの慣性力や摩擦や空気負荷に打ち勝つトルクより大きくなければならない。

エンジン始動系統（Engine Starting System）は、スタータと操縦室の始動スイッチから成るが、空気圧エンジン始動系統の場合は、これにスタータ空気閉止弁が必要である。

8-7-2　スタータ

タービン・エンジン用の**スタータ**（Starter）には、様々な型式のスタータがあり、大型・中型エンジンではニューマチック・スタータ（エア・タービン・スタータ）、ターボプロップやターボシャフト・エンジン、小型エンジンでは電動式スタータが主に使われている。

a. ニューマチック・スタータ（エア・タービン・スタータ）

ニューマチック・スタータ（Pneumatic Starter）は、空気流によってエア・タービンを回す方式で、非常に高い回転速度で回転するタービンは、二段減速歯車により低速高トルクに変換した上、遠心クラッチを介して、アクセサリ・ギア・ボックスから高圧コンプレッサを回す。

所定のエンジン回転数に到達すると、オーバ・ランニング・クラッチにより、スタータは自動的にエンジンの回転から切り離される。また安全のため、スタータの回転数が一定回転数以上になると、遠心式フライウエイト・カットアウト・スイッチ（Flyweight Cut-out Switch：図 8-43 参照）が作動することによって、自動的にスタータ空気閉止弁を閉じて、スタータを停止させる。

この型式のスタータは、多量の空気流を必要とするため、独立した空気供給源が必要で、空気源としては、APU（補助動力装置）、ASU（Air Starter Unit）もしくは地上動力装置、または多発機では他のエンジンからの抽気が使われ、空気流はスタータ空気閉止弁（Pressure Regulating and Shut-off Valve）によって制御される。

ニューマチック・スタータは電動スタータより軽量であり、重量は同等の電動スタータの約 5 分の 1 程度である。

FADEC を装備したエンジンでは、スタータの作動は電子制御装置（EEC または ECU）によって制御される。スタータ回路の働きは電子制御装置（EEC または ECU）を介して行われ、エンジンの回転センサが適正な回転数に到達したことを感知すると、スタート・シグナルは解除される。

図 8-43 に、ニューマチック・スタータの機構概念図を示す。

ニューマチック・スタータは、摩擦熱が蓄積し易いリング・ギア型減速装置を使用している。ギア・セクションが低容量のスプラッシュ型ウエット・サンプ・オイル・システム（ケース内の油だめの滑油をはねあげて潤滑する方式）で冷却性能が限定されることから、使用中の過熱損傷を防ぐために、エンジン始動時やモータリング時の作動および冷却停止時間に、例えばエンジン始動に当たっては 2 分間作動させ、点火しない場合は 1 分間休止、これを 2 ～ 3 回繰り返して、まだ点火しない場合は 30 分間休止、エンジンモータリングでは 5 分間作動の後 5 分間休止して冷却し、さらに 2 分間作動の後に 20 分間の休止を繰り返す、などのデューティ・サイクル（Duty Cycle：運用時間制限）が設けられている。

デューティ・サイクル（Duty Cycle：運用時間制限）は使用するニューマチック・スタータや関連システム等により異なる場合があるので、該当するマニュアル等により確認する必要がある。

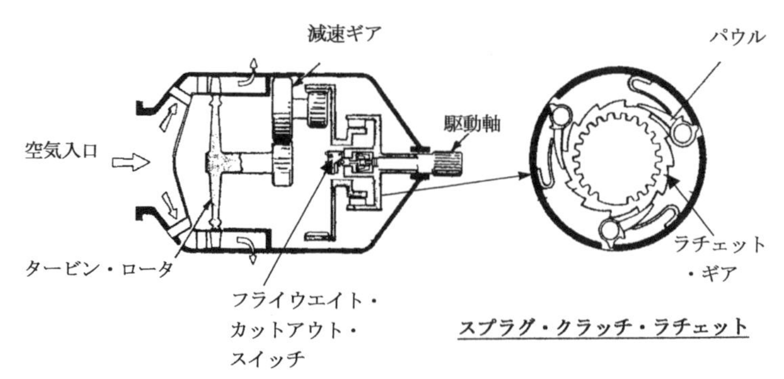

図 8-43　ニューマチック・スタータの機構概念図

b. 電動式スタータ

電動式スタータには、**電動スタータ**（Electric Starter）と**スタータ・ジェネレータ**（Starter Generator）がある。電動スタータは、電動モータの回転を減速し、クラッチ機構を介してエンジンを駆動するものである。スタータ・ジェネレータは、1 つの電動モータが始動時はスタータとして作動し、エンジン運転中はエンジンとともに回転して、ジェネレータとして直流（DC）を発電し、電源となるものである。いずれの電動式スタータも起動トルクが大きい直流直巻モータが使用される。

電動スタータが重いことや、スタータ・ジェネレータがスタータとジェネレータを兼ね備えており、重量軽減が可能で小型エンジンに適していることから、航空エンジンには電動スタータはあまり使われず、専らスタータ・ジェネレータが広く使われている。

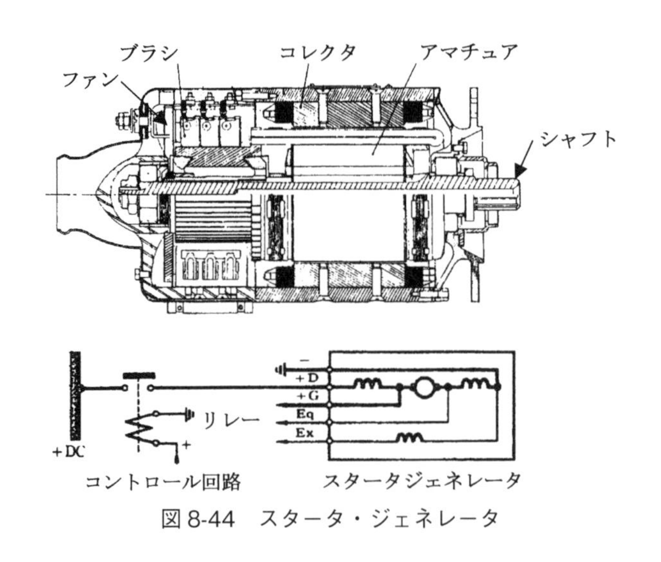

図 8-44　スタータ・ジェネレータ

8-7-3　スタータ空気閉止弁（PRSOV：Pressure Regulating and Shut-off Valve）

ニューマチック・スタータの作動を制御するために、スタータへの空気流路に**スタータ空気閉止弁**（図 8-45）が取り付けられる。スタータ空気閉止弁は、コントロール・ヘッドとバタフライ・バルブで構成されており、操縦室のスタート・スイッチにより作動する。

スタート・スイッチを入れると、ソレノイド・バルブ（Solenoid Valve）が励磁され、高圧空気がアクチュエータを作動させてスタータ空気閉止弁が開き、ニューマチック・スタータへ空気を送る。

スタータの回転数が一定回転数以上になると、スタータの遠心式フライウエイト・カットアウト・スイッチが働いてスタータ空気閉止弁を閉じ、スタータを停止させる。

スタータ空気閉止弁には、ソレノイド･バルブの故障時にバルブを操作するためのマニュアル･オーバライド・ボタンがあり、またバルブを手動で開閉できるマニュアル・オーバライド・ハンドルが設けられている。

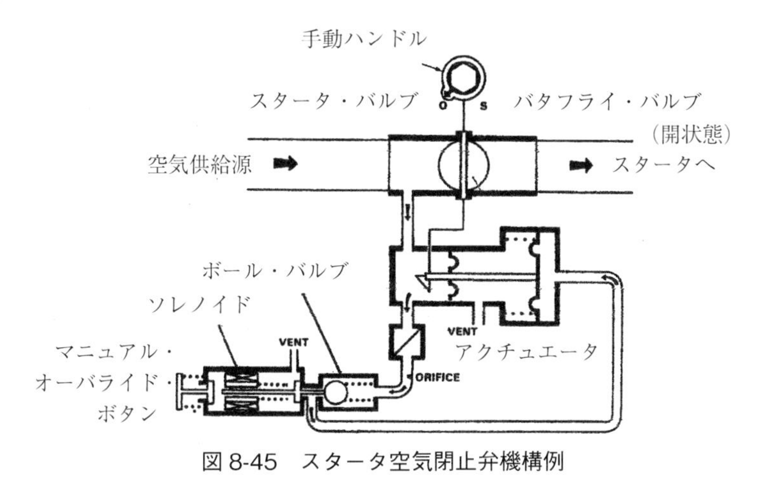

図 8-45 スタータ空気閉止弁機構例

(以下、余白)

第9章　タービン・エンジン材料

概　要

タービン・エンジンは基本的に軽量で高出力を得ることと、燃料消費が少ないことが求められる。この要求は軽量化とタービン入口温度の増大によって達成できるもので、構成材料に負うところが非常に大きい。これらを達成するために現代のタービン・エンジンに使われている材料およびその特徴について説明する。

タービン・エンジンに使われる材料には、使用環境により特有の特異現象を生じ、タービン・エンジンはこれらにより様々な制約を受けているためその代表的なものを紹介する。

9-1　タービン・エンジン材料一般

a. 材料一般

タービン・エンジンは、低温部品から高温部品、静止部品と回転部品、および構造部材など、さまざまな機能を持った部品で構成されており、部位ごとに材料に要求される特性は異なる。

低温･中温領域の部品では、使用材料に軽量化、強度が要求されており、高温領域ではさらにクリープ、熱疲労、耐酸化などの高温特性が要求される。部品の種類で見ると、動翼やディスクなどの回転系などは、エンジンの起動停止や振動で生ずる繰返し応力に対する疲労強度が重要であり、ケーシングや構造部材などの静止系部品では、軽量化と剛性が重要な要素となる。

特に過酷な条件下に曝される高温領域では、耐熱特性を向上させるために耐熱コーティングおよび冷却技術が併用されている他、最近のエンジンでは、結晶制御合金である一方向性結晶合金や単結晶合金が使われている。構成材料には、これ以外に製造性、修理性の特性も要求される。

一般に、タービン・エンジン用材料には、主として次のような材料が使われている。

<table>
<tr><td rowspan="11">タービン・エンジン構成材料</td><td colspan="2">マグネシウム合金</td></tr>
<tr><td colspan="2">アルミニウム合金</td></tr>
<tr><td colspan="2">チタニウム合金</td></tr>
<tr><td colspan="2">低合金鋼（高張力鋼）</td></tr>
<tr><td rowspan="3">ステンレス鋼</td><td>マルテンサイト系</td></tr>
<tr><td>オーステナイト系</td></tr>
<tr><td>析出硬化型</td></tr>
<tr><td rowspan="3">耐熱合金</td><td>鉄基耐熱合金（耐熱鋼）</td></tr>
<tr><td>ニッケル基耐熱合金</td></tr>
<tr><td>コバルト基耐熱合金</td></tr>
<tr><td colspan="2">複合材料</td></tr>
</table>

b. エンジンの材料構成

エンジンの材料構成はエンジンによって様々であるが、一般に次のような材料構成が多く使われている。

(1) コールド・セクション

コールド･セクションには、アルミニウム合金（Aluminum Alloy）とチタニウム合金（Titanium Alloy）が広範囲に使用されている。また、アクセサリ・ギアボックス・ケースではマグネシウム合金（Magnesium Alloy）が使われているものもある。

軽量化が要求されるファン・セクションでは、ファン・ブレードおよびファン・ディスクにチタニウム合金を使用しているものが多く、最近では炭素繊維 / 高靭性エポキシ製ファン・ブレードを使っているエンジンもある。

ファン･ケースにはアルミニウム合金が多く使われているが、飛散防止構造には、低合金鋼（Low Alloy Steel）または防弾チョッキなどに使われている強度を持ったアラミド繊維（ケブラー：商品名）繊維と樹脂（Resin）の複合材（Composite Material）が使われているものもある。ファン構造部材にはステンレス（Stainless Steel）が使われている。

低圧コンプレッサは、チタニウム合金が遠心式インペラ、動翼、静翼、スプールおよびケースなどの材料の中心となっている。チタニウムは高価な材料であり、スチールのような FOD（Foreign Object Damage：異物吸込みによる損傷）や DOD（Domestic Object Damage：エンジン構成部品脱落による損傷）に対する耐性は持っていないが、わずか半分の重量で一定の強度を有している。

高圧コンプレッサは、低圧段には動翼、静翼、ディスクおよびケースにチタニウム合金が多用されているが、高圧段にはステンレス鋼、低合金鋼（Low Alloy Steel）またはニッケル基耐熱合金（Nickel Base Heat Resistant Alloy）が使われている。

コールド・セクションとホット・セクションの境界であるディフューザには、ニッケル基耐熱合金（Nickel Base Heat Resistant Alloy）が使われている。

(2) ホット・セクション

ホット・セクションには、さまざまな比強度（強度／比重）の耐熱材料が使用されており、冷却なしで1,100℃、冷却を行うことにより1,600℃を超える最大温度まで使用することが出来る。

また、ホット・セクション部品には多くの製法が用いられており、伝統的な鍛造、鋳造やメッキなどの他に、粉末冶金、一方向性結晶鋳造や単結晶鋳造、プラズマ・スプレなどが使われている。

粉末冶金はHIP（Hot Isostatic Pressing）とよばれ、粉末状の超合金を真空中で高温プレスにより成形する鍛造工程である。これにより、高温強度を持った高密度材料となる。

粉末冶金製部品などには、セラミックおよびアルミニウム合金遮熱コーティングなどの、高い表面強度と耐蝕性を持たせる方法が使われている。これらのコーティングは、一般的にプラズマ・コーティングとよばれており、高熱で施すことにより母材の表面に溶着する。このコーティングは、高温における耐蝕性および耐エロージョン性に優れている。

燃焼器ライナはニッケル基耐熱合金（Nickel Base Heat Resistant Alloy）の薄板で造られており、修理性を考慮して溶接性の優れた材料が要求される。燃焼器ライナには、内面にカーボンの蓄積を生ずる表面エロージョンを防ぐため、マグネシウム・ジルコネート（Magnesium Zirconate）とよばれるコーティングが施されている。

燃焼器ケースとタービン・ケースは、ニッケル基耐熱合金（Nickel Base Heat Resistant Alloy）が使われている。

高圧タービンおよび低圧タービンのブレードとベーンには、ニッケル基耐熱合金（Nickel Base Heat Resistant Alloy）が使われている。高圧タービン・ブレードには、後述の一方向性結晶（Directional Solidify）または単結晶（Single Crystal）タービン・ブレードが使われている。これらの材料は、高い遠心力のもとで高温クリープ強度と高い耐蝕性を有している。

タービン・ブレードとベーンには、耐蝕性・耐酸化性を高めるために、通常、耐熱コーティングが施されている。高圧タービンおよび低圧タービン・ディスクは、ニッケル基耐熱鋼製である。

低圧系および高圧系ロータ・シャフト、アクセサリ・ギア・ボックスのギア・シャフト類には、低合金鋼、耐熱鋼またはニッケル基耐熱鋼などが使われている。

ターボシャフト・エンジンの材料構成も基本的に同じであり、材料構成例を図9-2に示す。

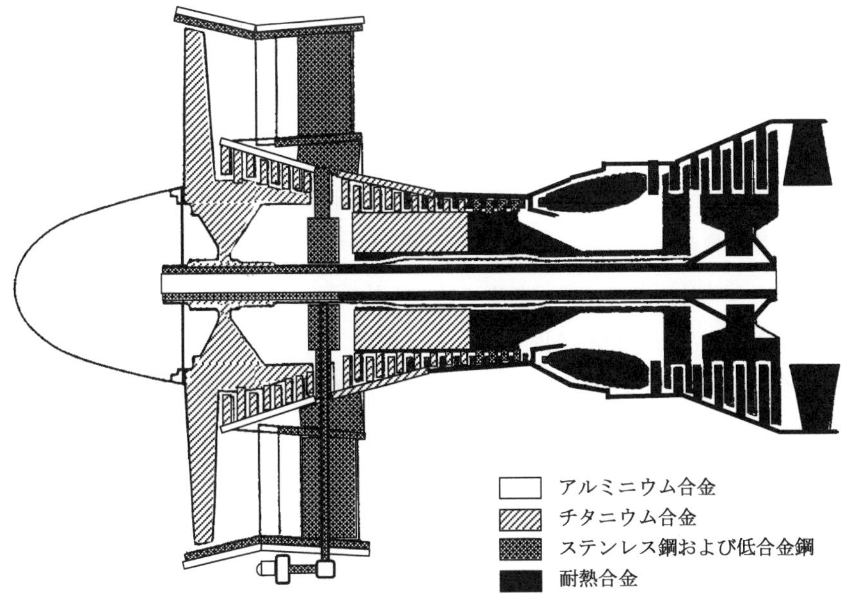

図 9-1　ターボファン・エンジンの材料構成例

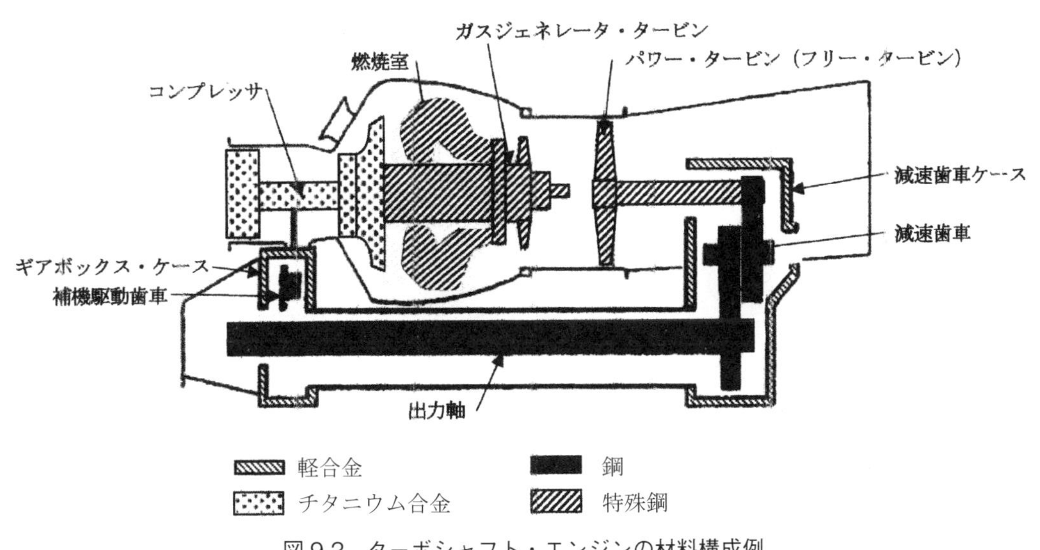

図 9-2　ターボシャフト・エンジンの材料構成例
（アリエル・ターボシャフト・エンジン）

9-2　代表的タービン・エンジン材料の概要

タービン・エンジンの材料には、各種の特性を付与するために、他の金属元素などを添加した化学組成となった合金が使用されている。合金の機械的特性の強化は、異種金属の混合により強化する**固溶強化型**と、ジュラルミン（アルミニウム合金）などのように析出物を形成して強化する**析出強化型**

とがある。

a. マグネシウム合金（Magnesium Alloy）

マグネシウム合金は、比重が1.8とアルミニウム合金の3分の2しかなく、実用合金の中で最も軽量な材料である。高純度マグネシウムは耐蝕性は良いが、鉄（Fe）、ニッケル（Ni）、銅（Cu）を含む合金になると急激に耐蝕性は低下し、また耐火性、溶接性に劣る。通常、低応力部品として鋳造品が350℃までの部位に使われている。

使用例としてアクセサリ・ギア・ボックス・ケースがある。

b. アルミニウム合金（Aluminum Alloy）

アルミニウム合金は、軽合金の代表的な材料で、比重が2.7で軟鋼の約3分の1と軽く、比強度（強度／比重）の高い材料である。電気の良導体であり展伸性に富んだ材料で、銅（Cu）、マンガン（Mn）、マグネシウム（Mg）の成分の添加により、展伸用や鋳造用などの各種が造られている。使用温度範囲は約260℃程度までで、ファン・ケース、ファンOGV（Fan Outlet Guide Vane：ファン出口案内翼）、スピナ、低圧コンプレッサ静翼、ギア・ボックス・ケーシングなどのコールド・セクションに多く使用されている。

c. チタニウム合金（Titanium Alloy）

チタニウム合金は、比重が4.5とアルミニウム合金の1.6倍であるが、引っ張り強さは2倍と大きく、かつ耐蝕性に優れ500℃まで有効な強度を保持する。形状が複雑な静止部品には鋳造材が適しているが、回転部品は強度が要求されるため鍛造材が使われている。

ファン・ブレード、低圧コンプレッサ・ブレードおよびステータ翼、ディスクなど中温領域に使用されている。

d. 低合金鋼（Low Alloy Steel）

低合金鋼は、炭素鋼に炭素以外の総量で8%以下の微量のニッケル（Ni）、クロム（Cr）、モリブデン（Mo）などの金属元素を添加して、機械的性質を向上させた鋼である。これらは強靭鋼または高張力鋼ともよばれ、使用温度領域は600℃までである。現在使用されているエンジン材料の中では、最も大きな比強度を持っており、主に強度が要求される部品に使用されている。

低合金鋼は、ベアリング（ボール・ベアリング、ローラ・ベアリング）、低圧タービン軸、高圧コンプレッサ・ディスク、およびアクセサリ・ギアボックスのギア・シャフト類などに使われている。

e. ステンレス鋼（Stainless Steel）

鋼にクロムを11%以上含有させて、耐蝕性のみならず、強度および高温・低温特性に優れた材料で、強度も高く高温特性にも優れている。結晶組織上のマルテンサイト系は磁性体であり、熱処理により高硬度が得られるが、550℃以上での使用は出来ない。

クロム（Cr）に加えて6%以上のニッケル（Ni）を添加したオーステナイト系は、高耐蝕性で高温強度も高く、非磁性である。それぞれの系で析出相構成元素にNi、Al、Ti、C、Cuなどを添加し、時効硬化の性質を持った析出硬化鋼（PH）も多く使われている。使用温度範囲は約650℃までである。

f. 耐熱合金（Heat Resistant Alloy）

高温において優れた機械的性質、耐蝕性、およびクリープ強度を有する材料で、超合金ともよばれている。最高使用温度は約 1,100℃ 程度までである。

耐熱合金は鉄を主成分とする鉄基、ニッケル（Ni）を 50% 以上含有するニッケル基、コバルト（Co）を 20 から 65% 含有するコバルト基に大別できる。

（1）鉄基耐熱合金 - 耐熱鋼 -（Heat Resistant Alloy）

元来、**鉄基耐熱合金**は、ステンレス鋼の特異なケースと考えられており、結晶組織上マルテンサイト系、フェライト系、オーステナイト系に分類され、順に高温対応の鋼種となっている。

耐熱鋼のなかで、オーステナイト系鉄基耐熱合金は高い温度強度と耐蝕性が特徴である。他の結晶組織の耐熱鋼より高い約 750℃ まで使用できる。タービン・エンジンには、A-286、Incoloy 800、Incoloy 901 などが使われている。

（2）ニッケル基耐熱合金（Nickel Base Alloy）

ニッケル基耐熱合金はニッケルを 50% 以上含有する合金で、ニッケルとクロームを主体とした合金が多く使用されており、高温強度、特にクリープ強度が格段と優れている。強度のピークは 700℃ から 800℃ であり、タービン・エンジンでは燃焼室、タービン動翼、タービン・ノズル・ガイドベーン、タービン・ディスクなどホット・セクションの主要部品に使用されている。

タービン・エンジンでは、Inconel 718、Inconel 713C、Waspaloy、Hastelloy X、Rene 80、B1900 などが使われている。

ニッケル基耐熱合金では、タービン・ブレードに**一方向凝固合金**（Directional Solidify Alloy）および**単結晶合金**（SC：Single Crystal Alloy）が使われている。一方向凝固合金は、鋳造後の冷却を底部から始め、徐々に先端部へ進めることによって、底部に発生した結晶が先端方向にのみ直線的に成長して得られる。また単結晶合金は、一方向凝固合金と同じ方法で冷却を行うが、途中に設けられた細いラセン状のセレクタを通って、一方向性結晶の一つの結晶のみがブレード全体に成長して単結晶合金となるものである（**図 9-3**）。

タービン・ブレードは、高温高圧の燃焼ガス中で高速回転しており、結晶粒界が破壊の起点となり易いため、遠心力方向を横切る結晶粒界を無くすか結晶粒界を無くすことによって、単結晶タービン・ブレードでは、結晶粒界に発生する粒界酸化や粒界腐蝕の問題がなく、通常の鋳造ブレードに較べて 4 倍の熱疲労強度が得られるといわれている。

単結晶タービン・ブレードはさらに、粒内強度を増加させ、同一冷却法でタービン入口温度をさらに上昇できるものなどが開発されている。

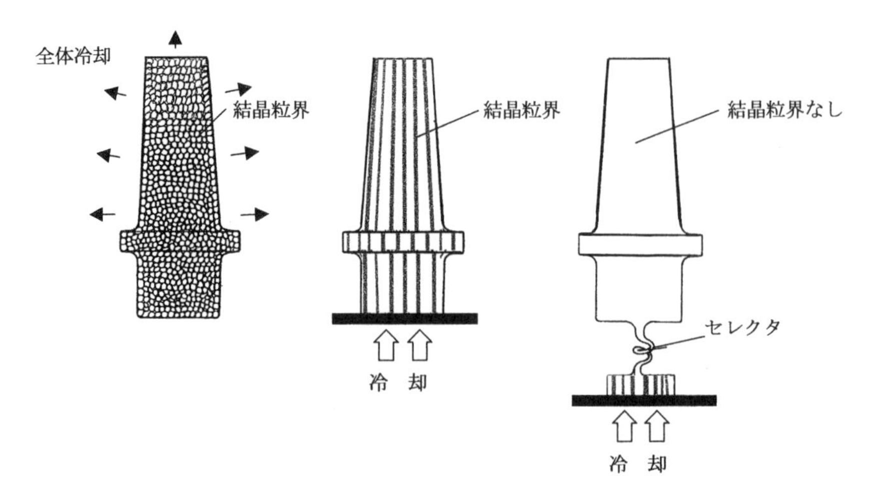

図 9-3　一方向性結晶および単結晶タービン・ブレード

(3) コバルト基耐熱合金（Cobalt Base Alloy）

コバルト基耐熱合金は、ニッケル基耐熱合金と同様オーステナイトであるが、固溶強化が主な高温強度を得るメカニズムである。析出を高温強度強化の主体とするニッケル基合金では、析出のピーク温度を超えると強度が急激に低下するが、固溶強化が主体のコバルト基合金は 1,000℃ 程度での強度低下がニッケル合金ほど大きくないため、1,000℃ 程度以上での強度はコバルト基が逆転する場合がある。

タービン・エンジンには、HS31、WI-52、Mar-M509、Stellite 31 などが使われている。

g. 複合材料（Composite Material）

異質の材料の組み合わせにより、基となる素材では得られない大きな比強度特性を持たせた材料で、タービン・エンジンでは**樹脂系複合材料**（PMC：Polymer Matrix Composite）が使われている。樹脂の弾性率が低下し始める温度（ガラス転移温度：T_g）は、現在のところ 300℃ 程度が限界といわれており、タービン・エンジンでは、ファン・セクションを中心とした低温域に使用されている。

複合材料（Composite Material）は、ファン・ケースの飛散防止構造に樹脂とケブラー（Kevlar）繊維と樹脂（Resin）の複合材（Composite Material）が使われているのをはじめ、整形部やダクト・パネルなどに使われているが、GE90 ターボファン・エンジンでは**炭素繊維 / 高靭性エポキシ製ファン・ブレード**が使われている。

従来のエンジンではファン・ブレードから低圧コンプレッサの入口までの比較的温度の低い部分に樹脂系複合材料（PMC：Polymer Matrix Composite）の適用が図られてきたが、最新のエンジンではエンジンの高温部位に、セラミックスを炭化ケイ素繊維で強化したセラミック・マトリックス複合材料（CMC：Ceramic Matrix Composite）、炭素繊維複合材ブレードをはじめとする次世代素材を採用することが研究されている。これにより現在ジェット・エンジンの耐熱材料として使われているニッケル合金に比べて比重が1/3と軽量で、Ni合金より200℃高い1,30耐熱温度を有していることであり、Ni合金に比べて軽量化できることと空気による部品冷却が不要となることから使わない空気を推力発生に有効活用でき燃料消費率の大幅な向上に役立つことが期待される。また新素材により金属部品製の同サイズのエンジンに比べて大きく軽量化が可能になり、軽量化による相乗効果は3倍以上といわれ、低コストでの運用が可能になるとされている。

9-3　タービン・エンジン材料の特異現象

タービン・エンジンの部品材料には、使用の環境条件により特有の特異現象を生じており、これには、クリープ、ロー・サイクル・ファティーグ、およびチタニウム・ファイアがある。

9-3-1　クリープ現象の概念と運用上の問題

クリープ（Creep）現象は、極端な熱や機械的応力を受けたとき、時間とともに材料に応力方向に塑性変形が増加する現象で、最終的には破壊に至る。クリープは、運転中大きな遠心力と熱負荷にさらされるタービン・ブレードに最も発生しやすい。

クリープは、図9-4のように、第1期、第2期および第3期の3つの段階がある。第1期と第3期の段階は、比較的短時間で成長する。第1期段階は、エンジンの初期の運転で発生し、第3期段階は過負荷状態で発生するが、第2期段階は非常に緩やかに進行する。したがって、クリープ破断強度限界は第2期段階に設定される。

ホット・スタート、排気ガス温度超過、高出力での長時間運転（高い排気ガス温度EGTと高い遠心力負荷）、およびブレードに過度のエロージョンなどを発生した場合に、クリープが加速（第3期段階）される恐れがある。クリープ破断強度限界は、材料試験において判明している熱負荷や物理的荷重をかけて試験される。

クリープ破断を防止するために、当該部分解時には、タービン・ブレードの伸び点検やタービン・ディスクの外径測定（グロース・チェック）が行われる。また、通常のエンジン停止時に慣性回転中の擦れ音で判る場合がある。

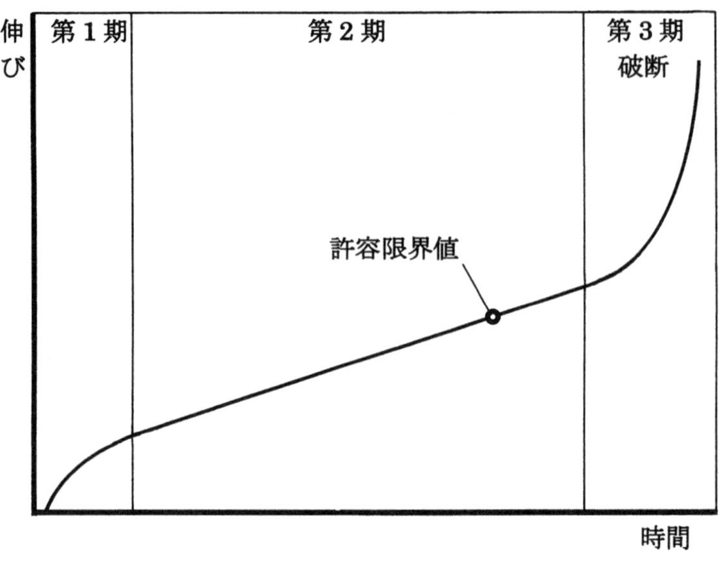

図 9-4　クリープ曲線

9-3-2　ロー・サイクル・ファティーグ（Low Cycle Fatigue）

コンプレッサやタービンのディスクなどは、エンジンの始動から停止までの間にディスクの内径部と外径部の間に大きな温度差を生じ、出力増加時にはディスクの外径部は熱膨張するが内径部は低温の収縮状態であるためディスク内に熱応力による引張り応力が発生する。また出力減少時には逆にディスク外周部が先に冷却されて収縮するが内径部は高温のままの熱膨張状態であるためディスク内に圧縮応力が働く。引張り応力と圧縮応力はエンジン出力の増加／減少毎に繰り返し発生し、この繰り返しによりディスクに熱疲労が蓄積し、最終的には破断に至る恐れがある。振動などのように極短時間に蓄積する疲労に対して、エンジンの運転毎の長時間での負荷の繰り返しで疲労が蓄積することから、この現象はロー・サイクル・ファティーグ（低周期疲労）とよばれる。

コンプレッサやタービンのディスク等は、この疲労の蓄積による破断を防ぐために、個々の部品番号のディスクに対してエンジン製造会社における試験や計算結果から総使用サイクル(総エンジン運転回数)または総使用時間に基づく使用限界が決められており、総使用サイクルまたは総使用時間のどちらかが先に使用限界に到達した場合には取り卸して廃棄することが義務づけられている。（エンジン使用時間とエンジン使用サイクルについては5-9を参照）

9-3-3　チタニウム・ファイア（Titanium Fire）

チタニウム合金には、他の構造金属にはない融解温度よりも低い温度で発火する性質と、熱伝導性が悪い性質を持っており、この二つの性質が結びつくと燃焼に対して無防備となる恐れがある。

特にチタニウム合金どうしが接触して摩擦すると、過度の摩擦熱を発生するが、摩擦熱は発生部分からすぐに他へ伝導されずに蓄積されて発火温度に到達し燃焼する。これをチタニウム・ファイア（Titanium Fire）とよんでいる。

耐摩擦コーティングの摩滅によるコンプレッサ・ブレードとコンプレッサ・ケースの直接接触によるコンプレッサ・ケースのチタニウム・ファイアの事例が過去に経験されており、現在では、構造的にチタニウム製部品の使用部位やチタニウム合金どうしの摩擦を避ける処置がとられている。

9-4　部品製造および修理加工技術

航空用ガス・タービン・エンジンは、それぞれの部品に対して軽量化や低コスト化とともに高い信頼性が厳しく要求される。部品は前述の超高力鋼、ニッケル基合金、コバルト基合金などさまざまな材料から鍛造や鋳造などにより製造されるが、部品製造加工や修理加工技術として使われている加工技術の内、部品製造加工や修理加工に使われる代表的加工技術として鍛造、鋳造、TIG 溶接、電子ビーム溶接、放電加工、レーザー加工の概要を説明する。

9-4-1　鍛　造（Forging）

鍛造は金属材料をプレス加工やハンマで圧縮して所定の形状に加工変形させて製造する方法で、金属の粗大な結晶粒を微細にして材質を改善することにより強度が高められる。鍛造には冷間加工と熱間加工がある。

ディスク、シャフト類は多くの場合鍛造により製造される。鍛造は行程中に精密な温度管理を必要とするため炉の制御を高水準に行い、手入れされたハンマ、プレス、ダイ（型）などを使って鍛造される。

高温下で作動するタービン・ディスクにはニッケル合金、コンプレッサ後段のディスクにはクリープ強度が強く熱に強い鋼やニッケル基合金が使用される。温度的にあまり厳しくないコンプレッサ前段部には、より高強度のチタン合金を使うことで鋼に較べて大幅な重量軽減を図っている。

チタニュウム合金製ファン・ブレードは精密鍛造により創られるが、生産性の向上のために削り出し作業などを最小限にしたより高度な鍛造技術が追求されている。

HP コンプレッサのケースは円筒形、半円筒形に鍛造され、それぞれを組み上げて構造部材としている。材質はステンレス、チタン、ニッケル基合金などが使われている。

9-4-2　鋳　造（Casting）

鋳造は溶融した金属を鋳型に注入して凝固させることにより、成形部品を造る方法。

エンジン部品の多くは砂型法、後工程で表面仕上げを必要としないダイ・キャスト法が多く使用されている。鋳造技術では、金属組成、機械的性質、X 線、顕微鏡、クリープなど検査手法が極めて重要である。タービン・ブレードは耐熱ニッケル基合金を用いて、ロスト・ワックス法により製造されており、寿命延長の目的から冷却方法の変更により、前述の一方向凝固法（DS）や単結晶法（シングル・クリスタル）などの技法が採用されている。

9-4-3　溶　接

a. タングステン・イナート・ガス溶接（TIG Welding）

TIG溶接は高張力耐熱材の溶接時に最も多く用いられる溶接法であり、アルゴンやヘリウムの不活性ガスがアークを包み込み、溶融金属の酸化を防止する溶接方法である。

電極を負極とする直流正極性が最も多く用いられるが、交流も使用できるためその汎用性が一段と増している。溶接部後面とトーチ先端からアルゴン・ガスが当てられ、トーチにはシールド・ガスの効果を最大限にする目的でガス・レンズが組み込まれる。

b. 電子ビーム溶接（Electron-Beam Welding）

電子ビーム溶接（EBW）は、溶接部分の材料に衝突する高密度の高速電子の運動エネルギで発生する熱を利用した溶接法である。ガスの分子が存在するとビームを分散させてしまうことから、工程は真空中で行われる。真空行程中の単位面積当たりの高エネルギ密度の電子ビームは、作業部品の汚染なしに化学的に純粋な溶接を行う。電子ビーム溶接は熱影響領域が限定されるため、変形が少なく、ひずみや収縮を最小限とする高品質溶接が可能である。

熔接機は電子銃、光学的視覚システム、作業室およびハンドリング装置、真空ポンプシステム、高電圧または低電圧供給電力および作業コントロール・システムで構成されている。LP・HPコンプレッサ・ドラムなど、多くの回転部品は電子ビーム溶接により一体構造部品として製造されている。

9-4-4　放電加工（EDM：Electro Discharge Machining）

放電加工は電解質液中で被加工物にスパークを飛ばして電子の運動エネルギを熱エネルギに変換することにより、加工素材から金属を取り除く加工方法である。電荷が充分蓄積されたときに発生するスパークは、電位差を持った二つの導通面（電極と加工素材）の間の間隙を飛び越すに充分なエネルギを持っている。電子は導通面の間の誘電性導体を通過して、負（工具電極）から正（加工素材）に移動し、大きなエネルギで加工素材の表面に衝突する。発熱によりEDM電極は摩耗するため、消耗品として取り扱われる。EDM加工はタービン・ブレードやタービン・ノズル・ガイド・ベーンのクーリング・ホールの穿孔に多く使われている。

9-4-5　レーザー加工（Laser Drilling）

レーザー加工は放電加工と同様、材料を溶解して揮発させる熱加工であり、熱影響を受ける部分と再鋳造層を造り出すが、この影響に対して許容基準が確立されている。

レーザー加工は放電加工とは異なり、加工素材に導電性は要求されないため、非金属材料やセラミック・コーティングを施した部品の穿孔に使用される。

多くのレーザー穿孔機械ではソリッド・ステート・レーザーの波動が使われている。レーザー穿孔には衝突穿孔または筒鋸穿孔の二つの方法がある。衝突穿孔はレーザー・ビームを加工素材に限定的に衝突させるものであり、筒鋸穿孔は小さな孔を造り、その後回転の動きを使って望む孔のサイズにするものである。衝突穿孔は加工速度は速いが､厚い再鋳造層を有するテーパーの付いた穴をつくる。筒鋸穿孔は良い形状の孔を造るが加工速度は遅い。

（以下、余白）

第10章　エンジンの運転

概　要

エンジンの運転の目的は、トラブル・シュートにおける不具合の再現と修復後の確認、エンジンまたはエンジン・システムの整備作業後の確認、あるいは機体に搭載された状態でのエンジン出力の保証などにある。運転および調整は、エンジン交換、またはエンジン重要装備品の交換後などに必要となるが、定例的な運転は必要とされない。

騒音問題や経済的理由の観点から、運転は必要最小限とする必要があるが、最近では FADEC の導入や新しいテスト機器の開発などにより、特に高出力での運転の必要性がなくなってきている。

運転の実施に当たっては、エンジンや機体の損傷や人身事故の発生を防ぐために細心の注意と、エンジンおよび機体に定められた手順を遵守することが必要である。

運転に当たっては、機体の型式や機種によって、操作するレバーやスイッチおよび操作方法が異なるため、該当する機体のマニュアルに従って実施しなければならない。

10-1　一　般

10-1-1　エンジン・パラメータの指示

エンジンの型式は機体によって異なるが、基本的に2軸式ターボジェットまたはターボファン・エンジンでは、一般的に、**推力設定パラメータ**、**N_1 回転計**、**排気ガス温度（EGT）**、**N_2 回転計**、**燃料流量計（F / F）**の計器指示によってエンジンが制御され、操縦室における表示もこの順に配置されている。

エンジンの推力の設定に使われるパラメータは、5 - 2「推力・軸出力設定のパラメータ」に述べたように、エンジンの型式によって使われているパラメータは異なっており、EPR、IEPR、N_1、TPR またはトルク・メータの値が使われる。

フリー・タービン型ターボプロップまたはターボシャフト・エンジンでは、回転数は、ガス・ジェネレータの回転数が N_1（または Ng）回転計で、出力を取り出すフリー・タービンの回転数が N_2 回転計によって表示される。

各エンジン・パラメータの指示の詳細については、8 - 5「エンジン指示系統」を参照されたい。

10-1-2　運転時のエンジン前方・後方危険範囲

エンジンの運転中は、エア・インテークに吸い込まれる空気の量や速度、排気の速度や高い温度のために、機体（エンジン）の前方および後方に、図 10-1 の事例に示すような危険区域が存在する。危険区域は大きな範囲に及んでおり、各エンジン型式（機種）ごとに設定されている。

試運転の前に、エンジンへの異物の吸入による損傷（FOD）や排気による影響がないよう、エンジンの前方・後方の設備機材などに注意を払わなければならない。

インレットの吸入空気は、人間を引き込み致命的な怪我を負わせるに充分な吸引力を持っており、エンジン運転中はこの区域に立ち入ってはならないが、帽子や眼鏡など身に着けているものも飛散しないよう注意が必要である。特に高出力で運転する場合には、騒音から耳を保護するために防音具などを着用すること。

ジェット排気流に対しては、後方の設備や飛行機などに注意が必要であるが、スラスト・リバーサ作動時にはファン・エアが前方および側方に噴出されるため、これにも注意が必要である。

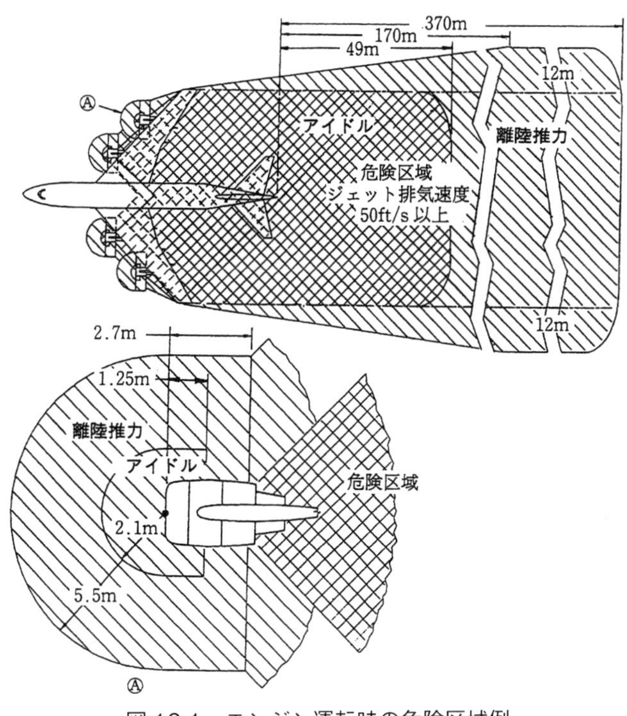

図 10-1　エンジン運転時の危険区域例

10-2　エンジン静止状態の機能点検

エンジン整備作業後の確認、およびエンジンの運転前に行われるエンジン静止状態の機能点検として、一般的にエンジン・モータリングとオーラル・チェックが行われる。

10-2-1　オーラル・チェック（Aural Check）またはオーディブル・チェック（Audible Check）

点火系統の装備品の交換や整備作業後の確認のために点火系統のみを作動させて、点火プラグの作動音を外部から耳で聞くことによって行う作動確認チェックである。

オーラル・チェックまたはオーディブル・チェック実施時の注意事項：

・作動操作により燃料系統、始動系統が作動しないようサーキット・ブレーカを抜くことなどにより、燃料系統および始動系統の作動停止処置をとってタグを付ける。

10-2-2　エンジン・モータリング（Engine Motoring）

エンジン・モータリングは、タービン・エンジンの高圧系ロータ（ターボプロップ／ターボシャフト・エンジンではガス・ジェネレータ）をスタータにより回転させることによってエンジン内に空気を流す作業で、作業の目的によって**ドライ・モータリング**と**ウエット・モータリング**の方法がある。

a. ドライ・モータリング（Dry Motoring）

ドライ・モータリングは、燃料を流さずスタータによる回転のみを行う作業

・エンジンの組立またはモジュール交換後の、ロータが自由に回転することの確認。

・空気系統、始動系統、滑油系統の整備作業後の、作動点検および漏洩の確認。

・エンジン内部に溜まっている燃料の放出。

・エンジン内部に生じた火災の吹き消し。

ドライ・モータリング実施時の注意事項：

・異物の吸い込みや燃料を含んだ排気による不具合を起さないよう注意する。

・燃料系統および点火系統が作動しないよう作動停止処置をとってタグを付ける。

・スタータのデューティ・サイクル（運用時間制限）を遵守する。

b. ウエット・モータリング（Wet Motoring）

ウエット・モータリングは、モータリング中に燃料を流して燃料制御装置（FCUまたはHMU）下流の燃料系統の整備作業後の燃料漏れや、燃料が流れる確認が必要な場合に、点火系統を作動停止し、モータリングにおいて実際に燃料を流して行う。この場合、エンジン排気ノズルから燃料が噴霧される。

ウエット・モータリング実施時の注意事項：

・異物の吸い込みや、排出される燃料による不具合を起さないよう注意する。
・サーキット・ブレーカを抜くなどの点火系統の作動停止処置をとりタグを付ける。
　点火系統が作動するとエンジンが始動してしまう。
・スタータのデューティ・サイクル（運用時間制限）を遵守する。

10-3　始　動（Starting）

良好な**エンジン始動**を行うためには、始動系統への充分な空気または電力の供給と、エンジンへの適切な燃料供給が出来なければならない。空気源または電力源（APU、ASU(Air Stator Unit)、GPU(地上電源車)または機体バッテリ）がエンジンの要求を満たしていることを確認しなければならない。

現代の多くのエンジンにはFADECが装備されており、エンジン始動が自動的に行われるものが多いが、始動の過程は同じ考え方に基づいている。

エンジン始動時には、着火してからアイドルまでの加速時には、排気ガス温度が最大許容温度を超えないよう注意深く監視を行い、排気ガス温度が制限値を超える恐れがある場合は、直ちに始動を中止して、再度始動する前に原因を究明しなければならない。

10-3-1　始動操作（ノーマル始動、空中始動操作、寒冷地の始動法）

a. ノーマル始動（Normal Starting：通常始動）

通常のエンジン始動は、次の順に行なわれる。

1）スタータにより、コンプレッサを定められた回転数に到達するまで回す。
2）コンプレッサが所定の回転数に達したら、点火系統を作動させる。
3）エンジン燃料バルブを開いて燃料を供給する。
4）燃焼が開始され、自立回転速度に達するまで加速されるが、この時点における燃焼はまだ自立加速には不充分であり、スタータによって援護されている。
　加速のために燃料は空燃比の範囲内で多めに供給されており、排気ガス温度は急激に上昇し、始動時のピーク排気ガス温度を形成するが、アイドル回転数に到達すると低下安定する。
5）コンプレッサ回転数が、アイドル回転数に到達すると始動は完了し、始動系統は自動的に停止される。

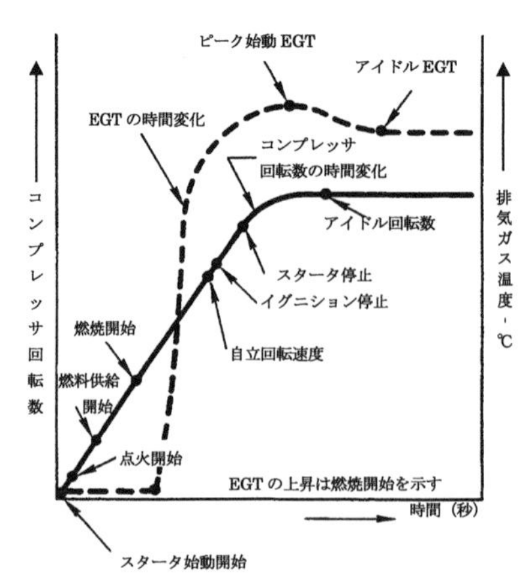

図10-2　始動時の回転数、排気ガス温度の時間的推移

b. 空中始動（In-flight Start）

飛行中にフレーム・アウト（燃焼停止）が発生した場合、フレーム・アウトが再始動により危険を及ぼす不具合によるものでないと判断できる場合は、通常、空中始動が行われる。

空中始動操作は、各機体の型式や機種によって定められている空中始動可能領域（飛行高度、および機速）内で行う。

エンジンの空中始動は、機速が遅い領域以外ではラム圧を利用したエア・スタートが行われるが、機速が遅い空中始動領域では、スタータを使用して始動する。

c. 寒冷地の始動法

タービン・エンジンでは寒冷時のエンジン始動は比較的容易であるが、始動にあたってはエア・インテーク、ファン・ブレードなどへの氷や雪の付着などに注意を要する。

また、極度の低温時には、滑油の圧力が上昇し、フィルタ・バイパス警報が出ることがあるが、滑油温度が上がると警報が消え正常に戻る。

10-3-2　不完全始動（Unsatisfactory Start）

不完全始動は、ホット・セクション部品の劣化に影響する。エンジン始動中における不完全始動として、通常、ホット・スタート、ハング・スタートがある。また、エンジンが着火しないウエット・スタート、ノー・スタートも始動時の不具合である。

FADECを装備したエンジンでは、エンジン始動温度リミットを超える場合、所定時間内に一定回転数に到達しない場合、およびエンジンに燃料を供給後所定の時間内に着火しない場合には、自動的に始動を中止してエンジンが停止される機能を持つものもある。

a. ホット・スタート（Hot Start）

エンジンの着火後、排気ガス温度（EGT）が上昇して、エンジン始動温度リミットを超える現象。

エンジン回転数に対する燃料流量が過多な場合や、燃焼室内の残留燃料に着火した場合などに発生することが多い。タービン・セクションを焼損する恐れがあるため、この傾向が出たらすぐに始動を中止し、冷却操作を行う必要がある。また、必要により残留燃料の放出操作を行う。

b. ハング・スタート（Hung Start）

燃焼開始（EGT の上昇で確認）の後、所定時間内に回転数がアイドル速度まで加速しない現象。

始動中に、エンジンが自立回転数に達するまでのスタータの援護がなくなるか、スタータのトルクが不足している場合、またはエンジン回転数に対する燃料流量が過少な場合、などに発生する。

c. ウエット・スタート（Wet Start）**およびノー・スタート**（No Start）

ウエット・スタートは、燃料は供給（燃料流量計で確認）されているが、着火しない現象で、点火系統の不具合が原因と考えられる。**ノー・スタート**は始動操作により始動できない現象で、始動にかかわる系統の不具合に原因があると考えられる。

10-4　アイドル運転時の点検（アイドル回転数、排気温度、燃料流量、油圧、油温）

始動した後計器の指示を記録し、出力を上げる前にコンプレッサおよびタービンの動翼の先端がケースと擦れることを防ぐためにアイドルで規定時間の暖機運転を行う。

エンジンの始動が完了し、アイドルでの安定後、計器指示が適正なアイドルの値であるか、アイドル回転数（%）、排気ガス温度（またはタービン温度）、燃料流量、油圧、油温、振動値の計器指示を確認し、各エンジンのマニュアルに示されている性能データと比較確認する。

運転音の確認：エンジンの運転中の音に異常がないことを耳で確認する。

燃料、滑油および空気の漏洩確認：各ダクト、パイプ、ホースおよびそれらの接続部、補機類からの漏洩がないことを目視により確認する。

10-5　離陸出力点検

タービン・エンジンの離陸出力を含む高出力での運転は、騒音問題や燃料経済性の観点から必要最小限とする必要があり、主に次の必要がある場合に行われる

1）機体に搭載された状態でのエンジンの出力保証

2）エンジンまたは重要装備品交換後の調整および確認

油圧機械式燃料または油圧空気式燃料制御装置（FCU）の場合は、エンジン・トリム（エンジン出力調節）が必要となる

3）加速および減速時間のチェック

加速チェックにおいて耐空性審査要領では、出力レバーを最少位置から最大位置まで 1 秒以内に操作することが要求されている

4）トラブル・シュートにおける不具合再現および修復確認

5）ブリード・バルブおよび可変静翼のスケジュール・チェック

6）バイブレーション・サーベイ

10-5-1　離陸出力セッティングの理念およびセッティング決定方法

タービン・エンジンの離陸定格は、フラット・レート（Flat Rate）が使用されている。フラット・レートでは、大気温度が低い領域では最大出力は大気温度に関係なく一定であり、特定の大気温度以上では大気温度の増加に伴い最大出力を減少するよう設定されており、出力－大気温度曲線の上部が平らになっていることから、フラット・レートとよばれる。

フラット・レートについては、5-5-3「エンジン定格」を参照されたい。

離陸出力のセッティングは、大気温度および気圧から、各エンジン型式に定められた離陸出力設定値に対応する推力設定パラメータ（EPR、N_1、エンジン・トルク）にセットして行われる。

FADEC 装備エンジンでは、電子制御装置（EEC または ECU）により、入力データに基づき外気条件に対応した離陸推力目標値が演算され出力コマンドとして表示されるため、この値にセットするだけでよい。

10-5-2　離陸出力運転

油圧機械式燃料コントロールのみを装備したエンジンでは、スラスト・レバーを離陸出力位置に進めた後、目標値に近づいたら超過しないようスラスト・レバーの微調整を行ってセットする。

FADEC 装備エンジンは、出力コマンドによる出力設定により自動的に出力がセットされる。

推力設定パラメータが目標値に到達し、各計器の指示の安定後、N_1、EGT、N_2、燃料流量、油圧、油温、バイブレーションの値が許容範囲内にあることを確認する。

10-5-3　離陸出力運転上の注意事項

a. 離陸出力を含む高出力でエンジンを運転する場合は、指定された運転エリアで行い、エンジンの後流の影響がないよう飛散の可能性のあるものや、他の機体などに危害を及ぼさないよう注意が必要である。

b. エンジン運転中に強い横風や背風を受けたり突風を受けた場合には、性能が変化したり不安定な運転となり、エンジンにサージング等を生ずる恐れがあるため、マニュアルに規定された風向および風速限界に従って運転を実施しなければならない。

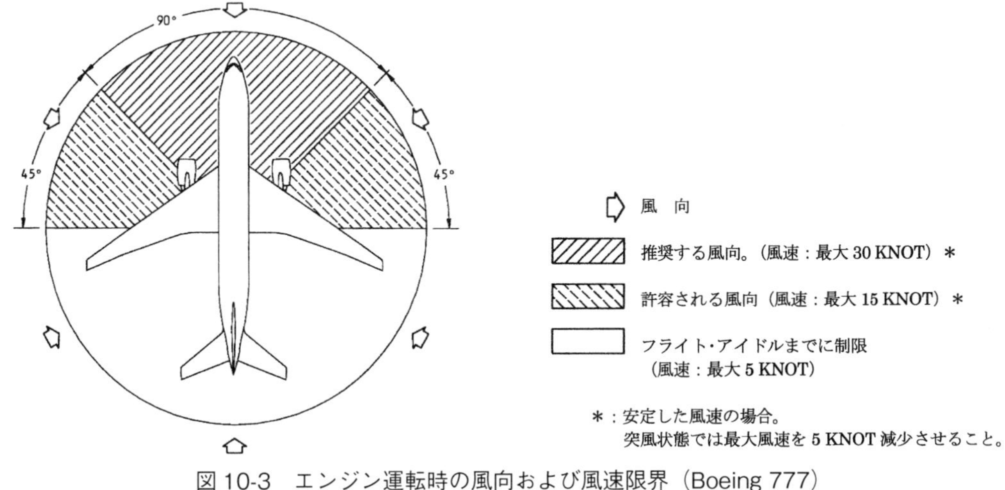

図 10-3　エンジン運転時の風向および風速限界（Boeing 777）

c.　機体やエンジン・エア・インテークを風に正対させてパーキング・ブレーキをかけ、機体の車輪にはチョークをかけておかなければならない。

d.　運転中、急激な温度変化によるブレードとケースの接触により摩耗することを避けるために、スラスト・レバーはできるだけスムースにゆっくり行わなければならない。

加速 / 減速チェックでスラスト・レバーを急速に操作する必要がある場合は、すべての主なチェックで異常がなく、ゆっくりした加速および減速を問題なく行った後で実施することが望ましい。

10-6　エンジン停止

10-6-1　エンジン停止操作

タービン・エンジンは、燃料シャットオフ・レバーまたはスイッチにより主燃料シャットオフ・バルブを閉じるか、あるいは機体のスロットルをオフ位置に引き下げる方法により、エンジンに流れる燃料を遮断して停止する。

10-6-2　停止時の注意事項

a. 冷却運転

エンジンを停止する前には、充分な**冷却運転**（クーリング・ラン）を行うこと。エンジンをある程度の時間高い出力で運転した場合には、通常、停止する前にアイドルで 5 分間冷却時間をとることが必要である。

エンジン停止時の冷却運転が不十分な場合は、タービン・ケースとタービン・ロータの熱収縮差によるタービン・ブレード先端とケース内面との接触によりタービン・ブレード先端にエンジン性能劣化の原因となる摩耗を生じたり、ホット・セクションのオイル・チューブ内にエンジン・オイルが高温のまま留まることによりオイル・コーキング発生の要因となる。

b. 燃料停止後の慣性回転（コースト・ダウン：Coastdown）中の点検

エンジンの燃焼が停止した後の、ロータの慣性回転中（コースト・ダウン）の異音および停止までの時間の確認は、クリープ現象などによるタービン・ブレードの伸びに起因したタービン・ケースの擦れなどの有無をチェックする手段として重要である。しかし、停止までの時間は、風速などによって変化することを認識しておく必要がある。

10-7　異常状態発生時の操作

10-7-1　エンジン火災

エンジン火災は、エンジン内部の火災と、エンジン外部のナセル内の火災に分けられる。

a. エンジン内部火災

エンジン内部に発生する火災は、エンジン始動中またはエンジン停止後に発生することが多い。エンジンに設置されている火災検知センサ（Fire Sensor）は、エンジン内部の火災は検知しない。

エンジン始動中に火災が発生した場合は、直ちに燃料を遮断して、消火するまでドライ・モータリングを継続する。

エンジン停止後に火災が発生した場合は、直ちにドライ・モータリングを行って消火する。

b. エンジン・ナセル内の火災

エンジン・ナセル（Engine Nacelle）内の火災は、エンジン周囲に設置された火災検知センサ（Fire Sensor）による操縦室内の火災警報（Fire Warning）の作動により検出できる。

エンジン・ナセル内の火災が確認できたら、直ちにエンジンを停止して、ファイア・ハンドル（Fire Handle）を引いて消火剤を放出する。

消火剤の使用後は、出来るだけ早く消火剤を除去する必要がある（10 - 7 - 2 参照）。

10-7-2　化学消火剤

エンジンの高温部品への化学消火剤の放射は、高温部品に**熱衝撃**（Thermal Shock：急激な冷却による熱応力）を与える可能性がある。

始動時の火災で、ドライ・ケミカル・パウダー型消火剤を使用する場合は、モータリングによる消火時に、可能な限りエンジン・ガス温度が 500℃ 以下になるようにする必要がある。

また、タービン・エンジンへの化学消火剤の使用は、エンジンに有害となる恐れがあり、エンジンのガス流路に腐食性消火剤を使用した場合は、それらはエンジンのコンプレッサやタービン部品に深刻な腐蝕を生ずる恐れがあるとともに、エア・シールを介してエンジン・オイル系統にも汚染を及ぼしている可能性がある。

消火剤の使用後は、出来るだけ早く消火剤を除去する必要がある。

10-7-3 エンジン・ストール

地上運転時のエンジン・ストールの発生は、コンプレッサを含む空気流路の損傷や燃料制御装置(FCU、HMU など)、あるいはストール防止機構の調整不良または故障が原因となっている可能性がある。エンジン・ストールが発生した場合には、直ちに出力を下げる。その後、必要があればエンジンを停止して原因の探求を行う。

激しいストールを生じた場合は、コンプレッサに損傷を生じている恐れがあるため、必要によりボア・スコープ点検を行う。

隣り合うブレード先端に接触した兆候（**チップ・クラング**：Chip Clang）が認められる場合は、ブレード根元に過度の負荷がかかった恐れがある。

10-7-4 排気ガス温度の異常上昇

排気ガス温度の異常上昇は、ホット・セクション部品への影響が大きく、エンジン始動時および離陸推力使用時に多く発生する。

始動中に排気ガス温度が異常上昇した場合は、直ちに始動を中止する。

離陸推力使用時に、排気ガス温度が許容リミットを超えた場合は、直ち出力をアイドルに戻し、必要によりエンジンを停止する。

エンジン始動時および離陸推力使用時に、排気ガス温度に異常上昇を生じた場合は、記録データなどから状況を確認して、各エンジン型式ごとに指示されている処置に従う。

10-7-5 オーバー・スピード（Over Speed）

エンジン・オーバー・スピードは、急加速時や離陸推力使用時に発生する可能性がある。オーバー・スピードが発生すると、特にタービンの回転部品に熱応力に加えて大きな遠心応力が働き、クリープなどを促進する。

オーバー・スピードが発生した場合には、直ちにエンジン出力をアイドルに下げて、必要があればエンジンを停止する。

10-7-6 オイル系統の異常

エンジン・オイル系統は、操縦室でオイル・プレッシャ、オイル・テンプ、オイル容量がモニタされている他、低オイル・プレッシャおよびオイル・フィルタ・バイパスの警報が設置されている。オイル・プレッシャやオイル容量が低下した場合は潤滑されなくなって、ベアリングなどの焼付を生ずる恐れがある。また、フィルタ・バイパス警報が出た場合は、ベアリングなどに破損を生じ、フィルタが詰まっている可能性がある。

警報が出た場合、またはオイル容量が極度に低下した場合は、エンジン出力を直ちにアイドルに下げ、必要があればエンジンを停止する。

10-7-7　フレーム・アウト

エンジンの燃焼が突然停止し、運転停止状態になる現象で、前述のエンジンの状態をモニタする各エンジン・パラメータの低下により判別できる。通常、エンジン・ストール、燃料制御系統またはセンサなどの故障による燃料の欠乏、悪天候や乱気流などの気象条件などが原因で発生する場合が多いが、エンジンの内部故障で発生する場合もある。

フレーム・アウトが発生した場合には、直ちにエンジン停止操作を行う。フレーム・アウトがエンジンまたは系統の不具合によるものではなく、気象状況などによるフレーム・アウトの場合は、飛行中の再始動が可能である。

10-8　エンジンの性能試験

エンジン性能試験は性能上の観点からエンジンの環境が可能な限り束縛のない原野に近い屋外テスト施設（アウト・ドア・テスト・ベッド）で行うことが理想的である。しかし、運転のための適切な環境条件が整っており騒音問題が無く、エンジン輸送や補給上の問題を満たした試運転場をエンジン組立工場に近い場所に見つけることは極めて困難であることから、エンジン分解整備後またはモジュール交換後の性能試験には通常屋内テスト施設（テスト・セル）が使われる（図10-4）。

屋内のテスト・セルで測定される推力は、所定のエンジン状態において自由な屋外施設での測定値より最大5％程度少なくなる。これはテスト・セル内の空気流によるインレット・ラム（空気は静止していない）や通常と異なるエンジン周囲の静圧領域およびテスト・セルのエンジン周囲を流れる空気の速度で生ずる架台の揺籃に起因するものである。このため、屋内テスト・セルは屋外テスト施設に対応して細部まで正確な較正を行わなければならない。

各エンジン型式には、マスター・テスト・ベッドとして指定される製造エンジン用屋内テスト・セルを有しており、このテスト・セルは特定の製造エンジンを両テスト・ベッドで運転することによってアウト・ドア・テスト・ベッドで測定されたスラスト値を表すよう較正されており、較正係数（キャリブレーション・ファクタ）が設定されている。

各オペレータが使用する屋内テスト・セルは、同じ方法により同一エンジンを使用してマスター・テスト・ベッドに対応して較正される。較正されたテスト・セルおよび測定器類は、較正値が許容範囲内にあることを確認するために定例的にチェックが行われる。

性能試験を屋内テスト・セルで行う場合は、テスト・セル固有の**セル・デプレッション**〔Cell Depression（Pcd）：圧力係数〕、および通常の推力較正誤差と別に、エンジンの周囲を流れる空気流による“空気摩擦”推力測定誤差を較正しなければならない。

通常、個々のテスト・セルは、屋外テスト・スタンドまたは係数が判明しているテスト・セルで運転され、データが採取された同じエンジンを使って運転することにより、予めテスト・セル固有の修正係数が得られている。

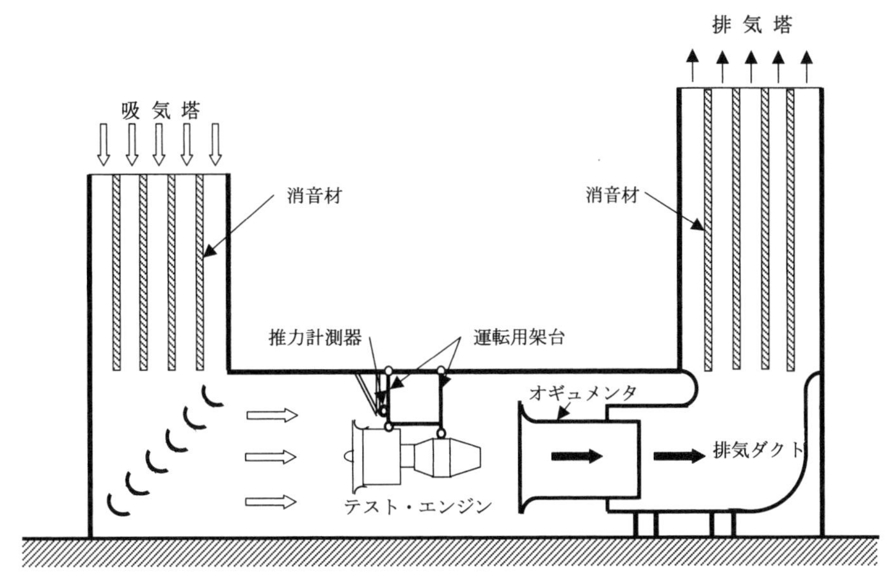

図 10-4　エンジン・テスト・セル

テスト・セルでターボプロップまたはターボシャフトの試験を行う場合には、出力軸にトルク計測器を介して、プロペラや回転翼による負荷の代わりとなるダイナモ・メータが接続されて試験が行われる。

10-8-1　試験の概要

性能試験で測定したエンジン性能パラメータは、各エンジン型式の標準エンジン性能値と照合するために、海面上標準大気の値に補正しなければならない。

エンジンの分解整備後、またはモジュール交換後の地上テスト・スタンドにおける性能試験は、通常、エンジン本体およびエンジン補機（エンジンの運転に直接必要な補機）のみのベア・エンジンの状態で、ベル・マウスおよび標準型排気ノズルを装備して実施される。

また、エンジンの故障探求やエンジン分解前の性能確認試験などでは、機体に装備するためのすべての装備品（ノーズ・カウル、排気ノズルおよびその他の装備品など）を艤装した状態で、テスト・スタンドで運転する場合もある。

10-8-2　エンジン性能試験

a. 推力測定の概念

テスト・セルにおける性能試験は地上の静止状態で実施するため、エンジンが発生する推力は推力設定パラメータによらず、直接測定することが出来る。

性能試験で測定したエンジン性能パラメータは、各エンジン型式の標準エンジン性能値と照合するために、海面上標準大気の値に補正しなければならない。

b. エンジン性能試験

エンジンをテスト・スタンドに装着し、必要な配管、コントロールなどを接続し準備を行う。

エンジンの始動中に、排気ガス温度（EGT）の上昇、油圧、および最大燃料流量の指示（燃料コントロールの不具合の可能な指示として）についてチェックを行う。

始動後、エンジンの潤滑油、燃料またはエア・リーク、および一般的取り付け状態をチェックする。これらのチェックが合格であれば、エンジンは3つから5つの異なった推力レベルで運転し、各レベルでエンジンが安定した時に、すべてのパラメータをエンジン計器から読み取る。

これらのデータを標準大気状態に修正して、グラフ・シートに推力または推力設定パラメータに対比してプロットする。プロットした各パラメータの点を線で結ぶことにより、試験結果は「ガス・ジェネレータ・カーブ」曲線を形成する。

性能試験では、一般に次のエンジン性能パラメータおよび大気条件データを記録する。

a. 大気温度（T_{am}）

b. 気　圧　（P_{am}）

c. 推　力　（F_n）

d. N1 rpm　（N_1）

e. N2 rpm　（N_2）（二軸式コンプレッサの場合）

f. 排気ガス温度（EGT）

g. 燃料流量（W_f）

h. 排気ガス総圧（Pt_7）

i. 低圧コンプレッサ吐出静圧（Ps_3）

j. 高圧コンプレッサ吐出静圧（Ps_4）

10-8-3　性能計算と性能曲線

必要なデータを得た後、これを海面上標準大気状態に補正しなければならない。データの修正については、「5-5-5 エンジン性能の修正」を参照されたい。

また、テスト・セルで運転の場合は、テスト・セル固有のセル・デプレッション（Pcd）、および“空気摩擦”推力測定誤差を較正しなければならない。

修正したデータをプロットし、曲線で結んだものが当該エンジンの性能曲線となる。性能曲線は、修正スラストまたは推力設定パラメータに対応してプロットされるが、航空機に搭載して使用中のエンジン性能と比較するためには、推力設定パラメータに対応したプロットが有効と考えられる。

性能曲線チャート（図10-5）には、各パラメータに上限リミットと下限リミットの曲線によりエンジン・パラメータ許容バンドを記したものが使われており、これによりエンジンの状態を容易に判断することができる他、これはまた、テスト・スタンドの指示系統の較正状態をチェックするためにも使用することができる。

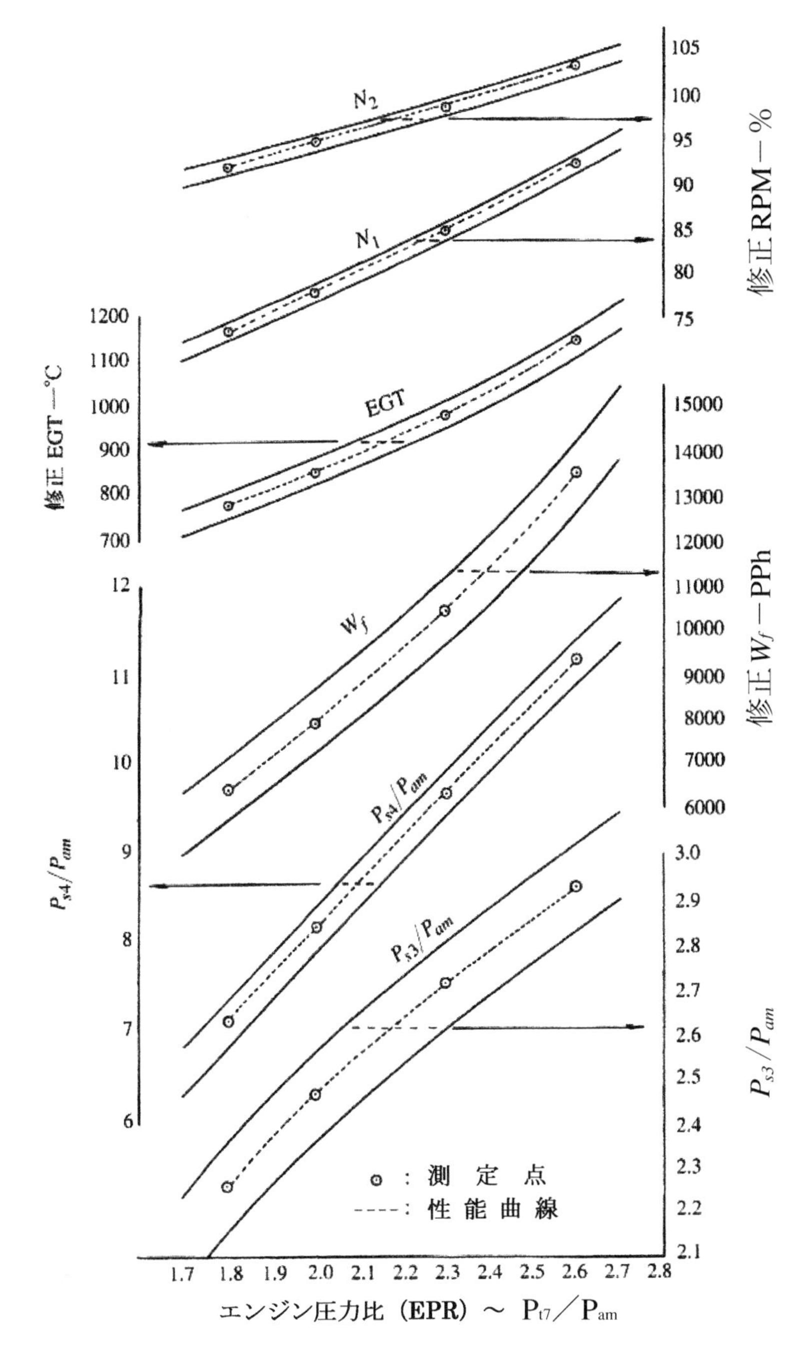

（注）この記録用紙はテスト・セルにおける静止状態での運転を目的としたものであるため、各圧力比は P_{t2} の代わりに P_{am} が使用されている。

図 10-5　エンジン性能曲線の事例（P&W 社提供）

10-8-4　エンジン・トリム

a. エンジン・トリムの概念

エンジンは、部品の製造誤差、摩擦力、コンプレッサ効率の僅かな差などにより、同じスラスト・レバー角度(Thrust Lever Angle)で正確に同じ推力を出すことは困難であり、各エンジンのスラスト・レバーに差を生ずる場合がある。これはエンジンに性能劣化を生じた場合も同じである。

現代の FADEC を装備したエンジンでは、この差は電子制御装置（EEC または ECU）により自動的に補正されるが、FADEC を装備していないエンジンでは、与えられたスラスト・レバー角度で規定の推力を得るために、必要に応じてエンジン・スピードを増加、または減少させて調整を行う必要がある。これをエンジン・トリム（Engine Trim）とよぶ。

エンジン・トリムは、エンジン出力の保証のためテスト・セル（地上試運転台）において実施されるが、エンジンを機体に搭載することによってさらに差が生ずるため、エンジンを機体に装着した場合にも実施される。

エンジン・トリムはまた、油圧機械式または油圧空気式燃料制御装置（FCU）の交換時に行われ、必要により性能劣化エンジンの性能回復運転時にも実施される。

タービン・エンジンの推力設定パラメータは、エンジン圧力比（EPR）とファン回転速度（N_1）があり、エンジン・トリムはエンジン圧力比（EPR）システムを使用するエンジンでは EPR 計を、ファン回転速度（N_1）を使用するエンジンでは N_1 回転計を使用して行う。

b. パート・パワー・トリム（Part Power Trim）

エンジン・トリムは、アイドル・スピードと最大推力の調整が基本であるが、トリム実施時にオーバー・ブーストにより排気ガス温度、N_1、N_2 などがリミットを超えてしまう恐れがあり、また騒音や燃料経済性などの問題から、通常、離陸推力より低いパート・パワーにおいて実施される。

パート・パワーは、ほぼ最大連続定格に相当する推力で、この手順では圧縮損失を避けるためにすべての抽気を止めて実施する。燃料制御装置（FCU）のパワー・レバーの回転範囲には、パート・パワー・トリム・ストップ（Part Power Trim Stop）とよぶ物理的障害物が取り付けられている。

パート・パワー・トリム・ストップは、通常は収納されて固定されているが、トリム時に展開して使用する。トリム終了後は、最大出力チェックのために収納して固定する。

c. データ・プレート・スピード・チェック（Data Plate Speed Check）

タービン・エンジンには、製造時の最終性能試験時のパート・パワー推力での N_2 回転数（rpm または %）が刻印されたデータ・プレートが貼り付けられている。

このチェックの目的は、長時間の使用による圧縮機の汚れや、タービンの劣化などによる製造時からの N_2 回転数の変化をチェックするものである。このチェックは、エンジン性能の評価が目的であり、合否タイプのテストではない。したがって、チェックの結果は、今後の整備の方針の検討に使用されることになる。

第11章　エンジンの状態監視手法

概　要

エンジンを高い信頼性で安全に、そして経済的な稼働を確実にするために、現代のタービン・エンジンでは、かつての限界使用時間（または限界使用サイクル）を定めてエンジンのオーバーホール（Overhaul：完全分解検査）を実施するエンジン・オーバーホール方式に代えて、エンジン性能や構成部品の状態を定期的に監視（Condition Monitoring）することにより、不具合の兆候やトレンド・モニタリング（傾向観察）の傾向から分解整備が必要な時期を早期に把握して計画的にエンジンまたはモジュールの分解整備を実施するオン・コンディション・メンテナンス（On Condition Maintenance）方式が多く適用されている。したがって、現代のタービン・エンジンではエンジンの状態監視（Condition Monitoring）が必要条件であり、状態監視が容易に可能となる構造や手法が大変重要になっている。オン・コンディション・メンテナンス方式の採用により必要最小限の分解整備を計画的に実施することが可能となる。

本章では、タービン・エンジンに適用されている代表的エンジンの状態監視方法と手法およびエンジン整備方式の概要を説明する。

11-1　フライト・データ・モニタリング

11-1-1　フライト・データ・モニタリングの概要

タービン・エンジンを動力とする航空機において、エンジンの作動状態はエンジン計器の指示を観察することでモニタすることが出来るが、エンジンの故障は、しばしば深刻な問題に至るまでの初期の段階でエンジン計器に現れることが多い。

エンジン計器の指示を密接に観察し、正しく判断することによって、発生の可能性のある多くの問題を分析して、速やかに処置することが出来る。

この観点から、現代のタービン・エンジンにおいては、飛行中のエンジン・データを日常的に監視することによって、エンジンの状態を把握し、早期に故障を検出する方法が使われている。これをフ

ライト・データ・モニタリング（Flight Data Monitoring）とよぶ。

フライト・データ・モニタリングは、通常、時間経過に伴う各パラメータの変化の傾向を把握して不具合や劣化を検出することから、**トレンド・モニタリング**（Trend Monitoring）ともよばれている。

現代の航空機では、機体システムやフライト・オペレーションを含む飛行中のデータを記録するシステムが導入されており、データの収集が容易であるばかりでなく、データの精度も向上している。また、FADEC装備エンジンでは、数多くのエンジン・パラメータがモニタされている。

各エンジン・パラメータの変化や変化量から、エンジン内部や各系統に不具合の内在が考えられる場合には、必要に応じて、確認のために詳細点検や検査などの整備処置がとられる。

エンジン・パラメータの変化を効果的にモニタリングすることにより、故障の早期発見が可能となり、飛行中のエンジン停止（In-Flight Engine Shutdown）、離陸中止（Aborted Takeoff）、遅発／欠航（Delay / Cancellation）および主基地以外でのエンジン交換（Remote Site Engine Change）などを減らすことが可能となる他、オペレーションや整備スケジュールの計画立案にも有効である。

トレンド・モニタリングはエンジン性能のみならず、振動値や回転数などから、エンジンの機械的故障やオイル・システムのモニタに係わるオイル・コンサンプションの監視などにも使われる。

最近では、多数のデータを自動的に記録できることから、これらのデータを使って、各モジュール毎の性能分析が行なわれており、エンジンの工場整備時におけるモジュール交換や分解検査範囲の決定などにも使われている。

11-1-2　トレンド・モニタリングの基本的方法

エンジン・トレンド・モニタリングで最も広く使われている方法は、記録された巡航データを所定の条件に補正して、エンジン型式毎に設定された「ベースライン・エンジン・モデル」データからの変化量を時間の関数としてグラフ表示（各飛行毎または日付順）するもので、その推移の傾向からエンジンの状態をモニタするものである。

トレンド・モニタリングを行うエンジン・パラメータは、エンジン性能をモニタするための性能パラメータと、メカニカルな状態を示すパラメータの二つのカテゴリに分類される。

性能パラメータとしては、通常、推力設定パラメータ（EPRまたはN_1）に対する回転数、排気温度および燃料流量、メカニカル・パラメータは、滑油温度および圧力、回転数およびエンジン振動の値、滑油消費量などがモニタされる。

回転数は性能およびメカニカル・パラメータの両方に使われる。

「**ベースライン・エンジン・モデル**」データは、製造エンジンの完成テスト・データ、実際の飛行試験データおよび運航経験などに基づいて、エンジン型式毎に、エンジン・メーカによって設定されたものが一般的に使われている。また、エンジン製造メーカによって、各エンジン型式に有効なモニタ手法が開発され、提供されている。

11-1-3 トレンド・データの変化

エンジン内部の機械的変化や各系統の不具合を検出するための**トレンド・データ**の変動は、エンジン構造や装備されている各系統などの違いから、エンジン型式によってそれぞれ異なる。このため通常、使用経験やエンジン製造メーカからの情報などに基づいて、パラメータの変動と不具合との関連や特定の不具合の傾向などについて、個別に判定基準が設定されているが、一般的にトレンド・データの変動について次のことがいえる。

1) エンジン推力設定パラメータが EPR の場合と N_1 の場合で各パラメータの動きは異なる。
2) すべてのパラメータが同方向に変動する場合は、推力設定パラメータ（EPR または N_1）の指示系統の不具合の可能性も考えられる。
3) 1つのパラメータのみの変動の場合は、指示系統またはセンサの不具合の可能性も考えられる。
4) 複数のパラメータが変動する場合には、エンジン本体または各系統に不具合の可能性がある。
5) EGT パラメータの変動と燃料流量パラメータの変動との間には一般的に一定の比例関係がある。

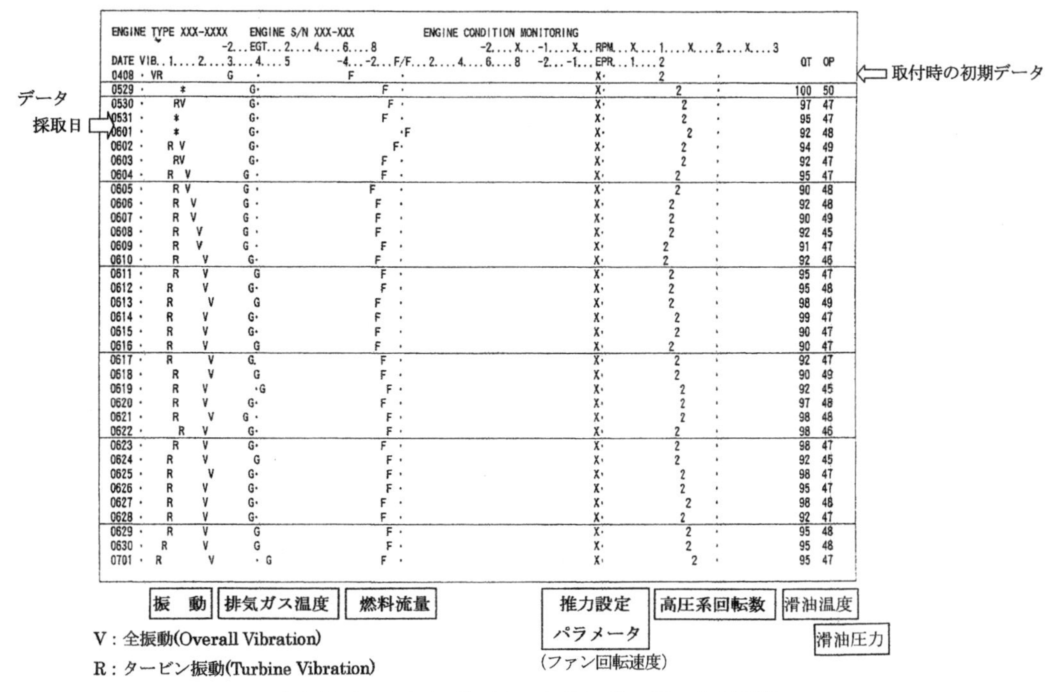

図 11-1 トレンド・モニタリング・データの事例

11-1-4 エンジン・オイル・コンサンプションのモニタリング（監視）

個々のエンジンにおける単位飛行時間当りのエンジン・オイルの消費量をモニタすることにより、オイル・シールの劣化、損傷や、エンジン内部の不具合などによる滑油の漏洩や排出などの不具合を早期に検出することを目的とする。滑油の欠乏は、潤滑不足による主軸ベアリングの故障などの重大な故障に繋がる恐れがある。

オイル・コンサンプションのモニタは、エンジンの飛行時間とエンジン・オイルの補充量から、単位飛行時間当りのオイル・コンサンプションを日常的にモニタし点検するもので、この結果に基づいて、必要に応じ詳細点検や検査などの整備処置がとられる。

11-2　ボア・スコープ点検

ボア・スコープ点検（Borescope Inspection）は、エンジンを分解することなく機体に装備した状態でエンジン内部を検査し、エンジン内部の状態を把握する方法である。エンジン本体に設けられた各ボア・スコープ点検孔から**ボア・スコープ**（内視鏡）を挿入して、コンプレッサおよびタービンの全段のロータ・ブレードおよび、燃焼器内部、燃料ノズルおよびタービン・ノズル・ガイド・ベーン（タービン入口）などの全周について、検査を行うことが出来る。

ボア・スコープによる点検はボア・スコープ点検孔からだけでなく、必要に応じてダクト / チューブ類のエンジン本体との接続部などからも可能であり、定期的な検査以外に故障探求や二次的損傷の確認などにも使用でき、活用範囲は広い。

エンジンのボア・スコープ点検孔は、第6章、6 - 1 - 4 に示すように、一般的にコンプレッサおよびタービンのすべての段、および燃焼器の周囲の複数箇所に設けられているが、点検孔の位置はエンジンの型式によって多少異なるため、該当エンジンのマニュアルにより確認する必要がある。

点検に使用するボア・スコープは、基本的には医療用内視鏡に類似したもので、図 11-2 のようにライト・ボックス、ファイバ・コードおよび検鏡の三つの部分で構成されている。

検鏡部は、図のような直視型、側視型やフレキシブル型などがあり、軸径が5mm 程度のものから種々の直径のものがあり、これらを点検の目的または対象に応じて使い分けることができる。

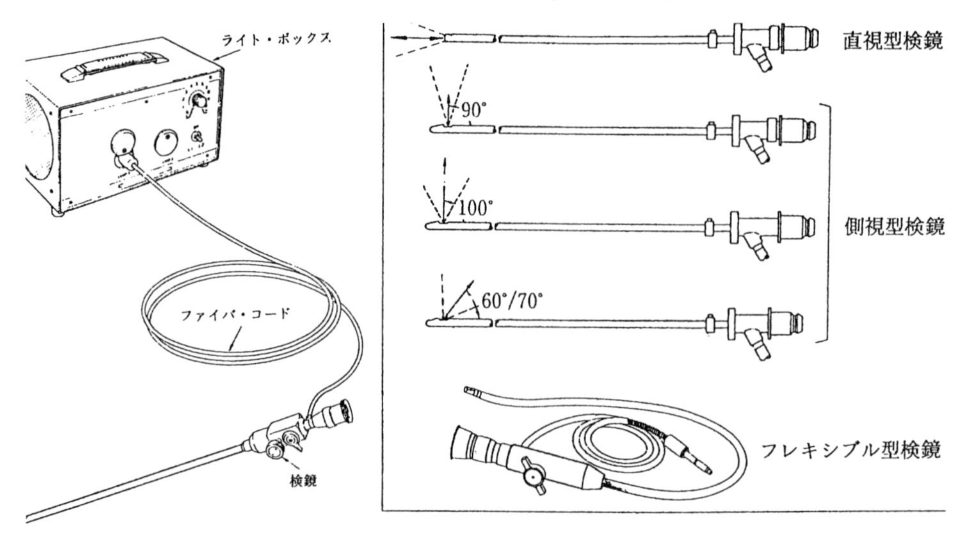

図 11-2　ボア・スコープおよび検鏡の種類

コンプレッサまたはタービンのブレードの点検は、図 11-3 のように、検鏡を各ボア･スコープ･ホールからステータまたはノズル・ベーンが並んだ間に挿入し、ロータを手動でゆっくり回転させながらブレードを１枚ずつ点検する。

２軸式または３軸式エンジンでは手の届かない高圧系（N_2 または N_3）ロータなどを回転させるためには、アクセサリ・ギアボックスのスタータ取り付け部のシャフトを廻すか、専用のロータ回転装置をギアボックスに取り付けロータを廻して点検を行う。

燃焼器やノズル・ガイド・ベーンなどの静止した構成部品に対する点検は、エンジン周囲に６～８箇所設けられたボア・スコープ・ホールから全域が点検可能である。

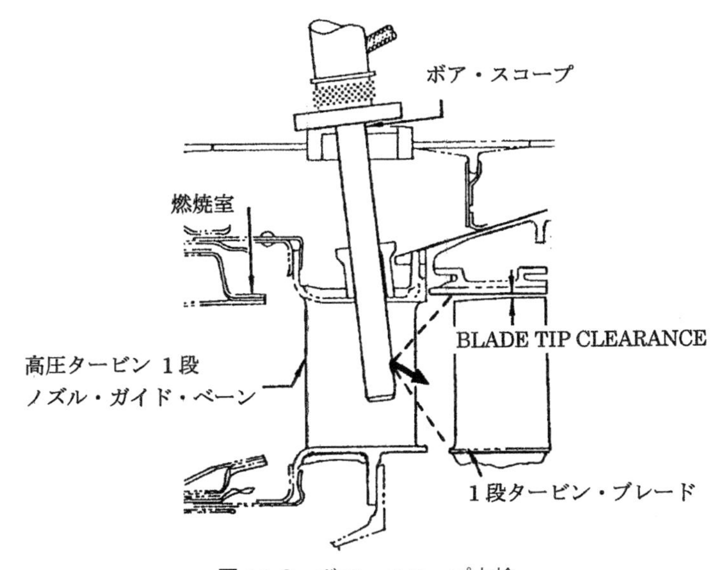

図 11-3　ボア・スコープ点検

ボア・スコープによる点検では、一般的状況の他、コンプレッサ・ブレードの亀裂などの異常、異物吸い込みやエンジン構成部品の欠落による変形 / 損傷、燃焼器やタービン･ノズルの焼損 / 欠損等、タービン・ブレードの亀裂や焼損、前段の不具合に伴うメタルの溶着などが検出される。

ボアスコープ画像の解像力は、CCD（Charge-Coupled Device）チップ技術により急速に進歩しており、プローブ先端のチップが従来の光学的光の代わりに電気信号を伝達することによって画像は非常に鮮明であり点検を容易にしている。

CCD を使った方法では、判断に疑義を生じた場合に、ディスプレの画面により複数の整備士が状況を確認出来る他、録画により次回検査時に比較して進行状況を把握することができるなどの利点がある。

11-3　マグネチック・チップ・デテクタ（MCD）の点検

エンジン・オイル系統の点検の方法として、マグネチック・チップ・デテクタ（MCD：Magnetic Chip Detector）による点検が行われる。MCDの詳細については「8-6-5 マグネチック・チップ・デテクタ」を参照されたい。

MCDは通常、エンジン・オイル系統の各ベアリングを潤滑した滑油がタンクに戻る各スカベンジ・ライン、およびスカベンジ・ラインが1本に合流したラインに取り付けられており、エンジン・オイルで潤滑されるベアリング類、およびギア・シャフトの不具合で発生した磁性体の金屑を検出することを目的としている。

スカベンジ・ラインが1本に合流したラインに取り付けられたMCDをマスタMCDと呼び、通常、点検はこのマスタMCDで定例的に行い、金屑が検出された場合に各スカベンジ・ラインのMCDを点検することにより、金屑の発生源を特定する方法を採るのが一般的である。

検出された金屑を、**X線マイクロ・アナライザ**などにより材質を分析して故障部位を特定する方法なども採られている。特に、エンジンの主要構成部品である主軸ベアリング材料が磁性体であるため、MCD点検はベアリングやアクセサリ・ギアボックスの状態把握に有効なことが認められている。

MCDによる点検は、オイル・フィルタ検査に較べて、時間と手間を掛けずに容易に点検できる利点がある。**図11-5**に、主軸ベアリング・アウター・レースの転送面にメタル剥離の不具合が発生し、MCDにより初期段階で検出された事例を示す。

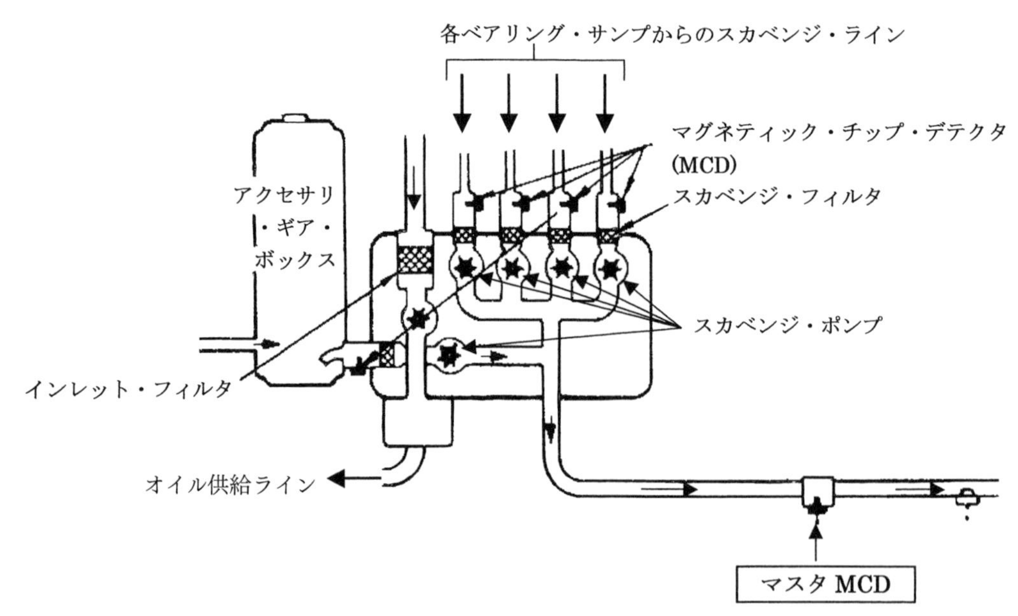

図11-4　マスタMCDと各スカベンジ・ラインMCDの配置

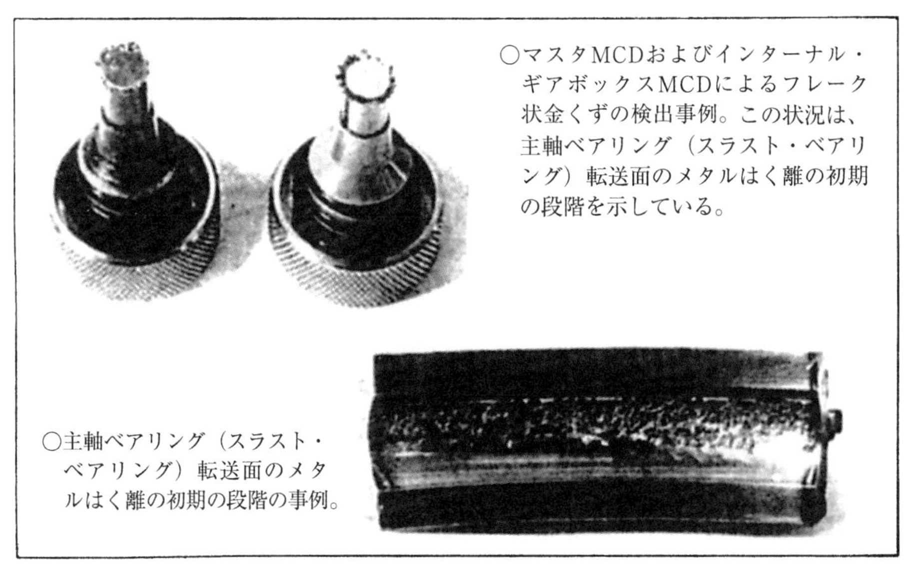

図 11-5　MCD による初期不具合検出例

11-4　エンジン・オイルの分光分析（SOAP）検査

エンジン・オイルの分光分析（SOAP：Spectrometric Oil Analysis Program）は、エンジン・オイル中に含まれた微細な金属の検出とその発生の傾向をモニタすることにより、オイル・システム内の不具合を初期段階で検出することを目的としたものである。

エンジン・オイルの分光分析（SOAP）は、モニタするエンジンから定期的に採取したオイル・サンプルを、**図 11-6** のように、高圧電極下で電気アーク等により燃焼発光させて、磨耗金属成分の光の波長から、エンジン・オイル中に含まれる微細な金属とその含有量の発生傾向を把握するものである。

高圧電極下における燃焼は**図 11-6** のように、カーボン製ローラ型電極を回転させて連続的に行われ、一般的に鉄（Fe）、銅（Cu）、クロム（Cr）、ニッケル（Ni）、マグネシウム（Mg）、アルミニウム（Al）、銀（Ag）、チタニウム（Ti）、シリコン（Si）などの金属元素の識別を行う。

SOAP によるモニタは、定期的に採取したエンジン・オイルのサンプルを分析し、当該エンジンのオイル・コンサンプションで補正した上で、各金属元素および使用時間に対するデータのトレンドを示すことにより発生傾向をモニタする。この結果から、不具合の兆候と不具合を発生している部品を推定する。

SOAP による分析では、その特徴から摩耗型や初期の不具合の検出には有効であるが、破壊型不具合の検出には金属粒子が大きいため効果が薄いなどの報告もあり、オイル・サンプルの定期的採取に手間がかかる割に不特定の不具合すべてについての検出は困難である。他に MCD 点検などの有効な手段があることから、通常は特定の摩耗型不具合発生時などに、早期検出の対応手段として使われることが多い。

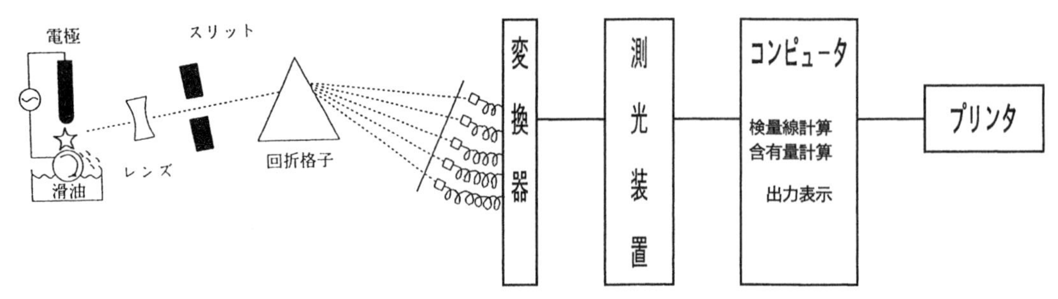

図 11-6　滑油の分光分析（SOAP）の原理

滑油サンプル
採取日

```
                    SPECTROMETRIC OIL ANALYSIS PRPGRAM(SOAP)
A/C No.& POS. JAXXXX-2.  ENGINE S/N. XXX-XXX
TAKEN
DATE    Ni/Si             10            Fe/Cu/Ti           10              K/Al/Mg           10
          X...X...X...X...X...X...X...X...X...X...X...X...X...X...X...X...X...X...X...X...X...X...X...X...X...X
02-05-08 N· S             .             T  CF               .              MAK                .
02-05-15 SN               .             T   ·CF             .               MAK               .
02-05-22  N S             .              T ·C F             .               MKA               .
02-05-29  N S             .              T ·C F             .               MAK               .
02-06-05  N S             .             T  ·C  F            .               MKA               .
02-06-12  SN              .             T  · C F            .               MAK               .
02-06-19  N S             .             T  ·C  F            .               MAK               .
02-06-26  SN              .               T· C F            .               MKA               .
02-07-03  N S             .             T  ·C  F            .               MAK               .
02-07-10  N S             .              T ·C  F            .               MKA               .
02-07-17  SN              .               T·  C F           .               MKA               .
02-07-24  SN              .               T· C F            .               AKM               .
02-07-31  ·NS             .             T  · CF             .               MKA               .
02-08-07  ·N S            .                T C F            .               MKA               .
02-08-14  ·N S            .               T· C  F           .               MKA               .
02-08-21  · SN            .             T  ·  C F           .                ·MKA             .
02-08-28  · SN            .             T  ·   CF           .                ·MKA             .
02-09-04  · SN            .              T ·  C   F         .                ·MKA             .
02-09-11  · SN            .               T·  C    F        .                ·KAM             .
02-09-18  · S   N         .               T·   C    F       .               AKM               .
02-09-25  · S      N      .               T·        C   F   .               AKM               .
02-10-02  · S     N       .                T      C       F .               AKM               .
```

ニッケル/シリコン	鉄/銅/チタニウム	カリウム/アルミニュウム/マグネシュウム

図 11-7　SOAP データの事例

11-5　エンジンの整備方式

エンジンの整備方式には、予め監督官庁によって審査され認可された限界使用時間（または限界使用サイクル）に達したときに定期的にエンジンの総分解整備をするオーバーホール方式、または限界使用時間（または限界使用サイクル）を設定せずエンジン状態の状態を常時監視し、監視結果に基づいて該当部分（該当するモジュール）の分解整備を行うオン・コンディション・メンテナンス（On Condition Maintenance）のいずれかが適用されている。

・オーバーホール方式

エンジンの整備方式としては、予め監督官庁によって審査され認可されたエンジンの限界使用時間（または限界使用サイクル）に到達した時に、個々のエンジンの状態にかかわらず、エンジンを取り卸してオーバーホール(総分解整備)を実施する方式が採られてきた。

オーバーホールではエンジンは部品単位まで分解検査されて、部品の状態により部品を修理、交換、再使用することによりエンジンを再組立、試運転が行われて完成する。

したがって全分解整備には長い工期を必要とし、これに対応した予備エンジン台数などが必要となるなどコストの高い整備方式となっている。

監督官庁に審査されて承認されたエンジンの限界使用時間（または限界使用サイクル）はオーバーホール間隔{TBO（Time Between Overhaul)}と呼ばれ、エンジンの耐久性を示すパラメータともなっている。オーバーホール・コストを軽減するためにエンジン・ユーザーは使用実績、使用経験や部品の改修などによりこのオーバーホール間隔（TBO）の延長を監督官庁に申請して延長が図られるが、TBOの延長は監督官庁の立会いの下、サンプリング分解検査結果などに基づいて行われる。

この方式は限界使用時間（または限界使用サイクル）を定めることから、ハード・タイム（Hard Time）方式とも呼ばれており、主として構造的に使用中のエンジンの状態監視が困難なピストン・エンジンなどで採用されて来た。

・オン・コンディション整備方式

ジェット・エンジンの構造や信頼性と耐久性が改善されるにしたがって、オーバーホール方式よりも合理的な整備方式としてオン・コンディション整備方式が考えられた。

オン・コンディション整備は、エンジンの限界使用時間（または限界使用サイクル）を設けずに、使用中のエンジンの状態を定期的に監視(Condition Monitoring)することによって、点検結果や不具合傾向または性能などのトレンド・モニタリング(Trend Monitoring)の傾向に基づいて、エンジンまたは該当するモジュールの分解整備を計画的に実施する方式である。

したがってエンジンの状態を一定間隔で監視して、エンジンの状態がリミットを越えるか欠陥が認められる場合には該当モジュール等を取り卸して当該部の整備（修理）を行う。

この方式ではエンジンの状態の監視は必須であり、状態の監視項目と監視の間隔はエンジン・メーカーの提案等に基づいて監督官庁やオペレータ（必要があればオーバーホール受託会社が参画して）が設定する。

またこの方式ではエンジン状態の監視結果に基づく分解検査の他に、エンジンに組み込まれている限界使用時間（または限界使用サイクル）を持つ部品（ディスク類）が時間またはサイクルに到達し交換が必要となった場合の、当外部の分解を利用した検査（Opportunity Inspection）等も歯止めとして併用される。

この方式はエンジンがモジュール構造やエンジン状態の把握が容易な構造を持ったエンジンに適用され、現代のタービン・エンジンの整備方式の主流となっている。

この方式では、長い工期を要するエンジン全体のオーバーホールではなく、計画的なモジュール単位での分解整備が可能となり、予備エンジンの保有台数を減らして予備モジュールを保有することにより経済的効果が期待できる。

11-6　ETOPS

ETOPSとはExtended-range Twin-engine Operational Performance Standardの略語で、国土交通省では「長距離進出運航」と定義されており実施承認審査基準が設定されている。

3基以上のエンジンを装備した多発旅客機に較べてエンジン1基が飛行中に停止した場合に最もクリチカルとなる双発旅客機を安全に運航するための運航方式の一つで、エンジン1基が飛行中に停止した場合でも一定時間以内に代替空港に緊急着陸することが可能な航空路でのみ飛行が許される運航方式である。

現在、中長距離路線で運航される双発旅客機ではETOPSによる運航が実施されている。エンジン3基以上の多発旅客機にも180分以上のエンジン1基停止での飛行が適用される。

経　緯

航空エンジンの信頼性が低かった時期においてはエンジン2基を装備した双発旅客機は、飛行中にエンジン1基が停止した場合、健全なエンジンのみにより静穏な標準大気状態で60分以内に最寄りの飛行場に着陸できる航空路を飛行するよう制約されていた。このため太平洋や大西洋などの長距離を最短距離で横断するような航空路に双発旅客機を就航されることは許されなかった。エンジンの信頼性が高くなるに従って、エンジン1基のみで飛行できる時間は120分に延長されるようになった。事前に認定を受けた双発旅客機に対して近くの空港から120分以内の距離の航空路を認めたものが、ETOPS-120ルールである。その後エンジンの信頼性がさらに向上するのに伴ってETOPにより緊急時にエンジン1基のみで飛行できる時間が次第に延長されつつある。

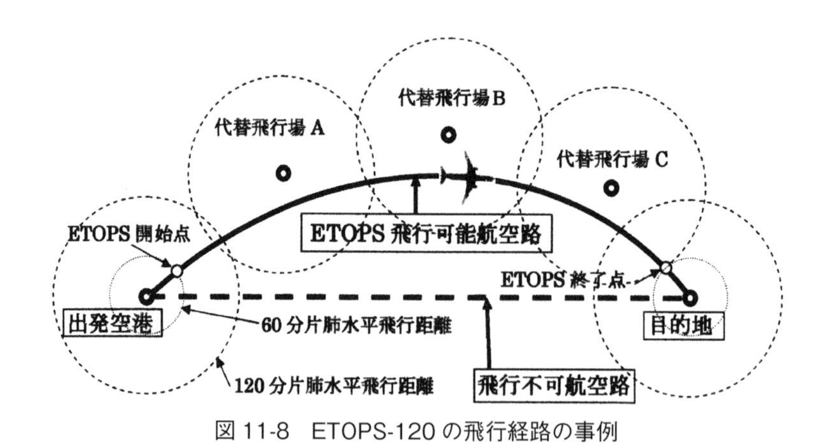

図11-8　ETOPS-120の飛行経路の事例

ETOPSの認定

ETOPSの認定には、航空機の必要条件、整備体制の条件、運航体制の条件およびETOPS能力の実証が求められ、機体とエンジンの組合せにより型式ごとに認定される。実際の運航にあたっては、さらに旅客機1機ごとに個別で認可を受ける必要があり、航空会社によっては同じ機種・型式でもETOPS「認定」と「非認定」の機体が混在する場合もあり得る。また、ETOPSルールの適用時間は同じ機種・型式の旅客機でも航空会社（の運航実績と整備水準）によって異なる場合がある。

ETOPSの認定は機体とエンジンの組合せにより型式ごとに認定されるが、エンジンの信頼性に的を絞ると、「飛行中のシャットダウン」（以下IFSDという）率が認可の基準の一つになっている。

IFSDとは、発動機自体、乗員または外的影響のいずれに起因するかに関係なく、飛行機の離陸後に発動機が機能を喪失することをいう。所望の推力または出力を制御または得ることが出来ない状況、フレーム・アウト、内部故障、乗員によるシャットダウン、異物吸い込み、着氷および始動制御のサイクルのようなすべての原因によるシャットダウンは、たとえ一時的であって、飛行の残りを通常に発動機が動作したとしても、IFSDと考える。この定義は、発動機が空中で機能を喪失した場合であっても、直ちに自動発動機点火が行われ、発動機の所望の推力および出力は得られなくともシャットダウンには至らない場合を除くとされている。

「ETOPS重要系統」とは、その故障または不具合がETOPSの飛行安全性にまたはETOPSダイバージョン（当初の目的空港とは異なる他の空港に着陸すること。ただし、出発空港へ引き返すことではない。）中の継続した安全な飛行および着陸に悪影響を与える、推進系統を含む飛行機システムをいう。各ETOPS重要系統は、グループ1またはグループ2のいずれかのグループに属する。

ETOPS重要系統のグループ1は次のa～dのいずれかに該当するものをいう。

a. 飛行機の発動機数により得られる冗長性に直結するフェイルセーフ特性を有するもの。

b. 故障または不具合により、飛行中のシャットダウン、推力制御の喪失またはその他推力損失になる可能性のある系統。

c. 発動機不作動により失われるあらゆる系統の動力源に、追加の冗長性を提供することによって、ETOPSダイバージョンの安全性に重要な貢献をするもの。

e. 発動機不作動中の高度における、飛行機の運航を延長するために必須なもの。

ETOPS重要系統のグループ2は、ETOPS重要系統のグループ1に属さないETOPS重要系統をいう。

第 12 章　環境対策

概　要

航空機用動力としてタービン・エンジンが導入されて以来、これが機能する毎に航空機騒音および大気汚染などの形で地球環境へ影響を及ぼしてきた。タービン・エンジンを航空機用動力として使用してゆくには、これらの問題を可能な限り排除しなければならない。この章ではタービン・エンジンの最大の欠点となっている航空機騒音と大気汚染の環境対策について述べる。

12-1　騒　音

航空機騒音には、エンジンが発生する**エンジン騒音**と機体が発生する**機体騒音**に大別されるが、ここではエンジン騒音について述べる。

12-1-1　エンジン騒音の発生源

タービン・エンジンは、特有の設計から基本的にファン、コンプレッサ、燃焼室、タービン、排気ノズルなどの全ての構成部品がエンジン騒音に関与しており、これらは通常、回転機械に関連した**ターボ機械騒音**と**ジェット排気騒音**の二つの一般的カテゴリに分類することが出来る。これら異なる騒音源による騒音の程度は、エンジンの違いによるものだけでなく、運転の状態によっても異なる。

内部で発生するターボ機械騒音の主要発生源は、ファン、コンプレッサおよびタービンである。多くの高バイパス比ターボファン・エンジンでは、ファンが騒音源の主流になっている。

ファン騒音は、インレット外部とファン排気ダクトへ拡がる。コンプレッサ騒音もまたインレット外部へ拡がり、タービン騒音はコア・エンジンの排気ノズルを通って拡がる。

ジェット排気騒音は、排気ノズルから大気中に高速で噴出された排気ジェットが、大気と激しくぶつかり合って発生するもので、約 400 ～ 500 m/s の速いジェット排気速度では、発生する音の強さは排気速度の 8 乗に比例して増加するが、約 200 m/s の低いジェット排気速度では、音の強さは僅かに排気速度の 2 乗に比例するといわれている。

ターボジェット・エンジンは断面積が小さく、処理する空気流量は比較的少ないが排気速度が非常に速いため、騒音源の主体は、排気ノズルから大気中に高速で噴出された排気によって発生するジェット騒音である。

低バイパス比ターボファン・エンジンでは、インテーク空気流量が増加してその半分以上がファンによる加圧のみで排出されることから、ジェット排気速度は小さくなりジェット騒音は幾分低くなるが、ターボ機械騒音は増加する。

高バイパス比ターボファン・エンジンでは排気速度が低いため、ジェット排気騒音は小さくなる。そのかわりファン騒音が全体に占める割合が大きくなる。

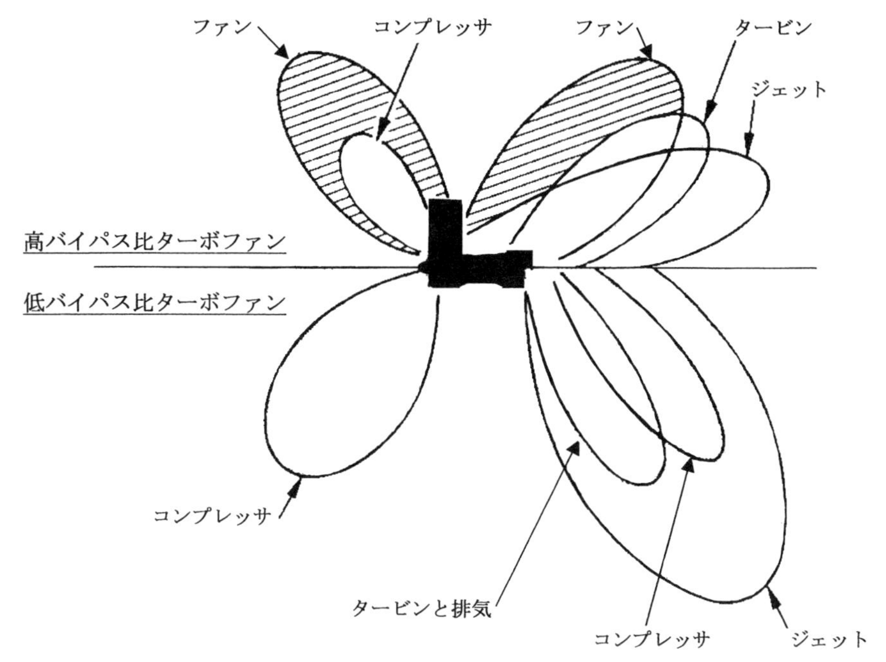

図 12-1 ターボファン・エンジンの騒音発生源比較

12-1-2 エンジン騒音の基準と評価方法

a. 騒音の評価に用いられる単位

航空機騒音の強さと大きさの評価のために、以下の代表的単位が定められている。

(1) 騒音レベル（Noise Level）

音の強さ、大きさを表す旧来の単位は dB（デシベル）または Phone（フォン）で、これを人間の耳の周波数特性にあわせて補正したものが dB（A）または Phone（A）であり、通常、騒音計にはこの単位が使われる。

(2) 感覚騒音レベル（PNL：Perceived Noise Level）

PNL は、航空機騒音の不快感を表すために音の「うるささの度合い」を基本とした騒音レベルとして設定されている。聴覚の程度を示すレベルには主観的影響が含まれるため、広域の騒音を、いくつかの周波数帯に分類し、1 機の航空機が発生する騒音の音圧レベルを、各周波数帯毎に積算して求めたものである。

感覚騒音 PNL の単位はデシベルで、通常 PNdB で表される。

(3) 実効感覚騒音レベル（EPNL：Effective Perceived Noise Level）

感覚騒音 PNL は一時的な最高値を問題にするものであるが、騒音による不快感は、持続時間やジェット機特有の特異音によって変わる主観的性格のものであるため、これらに補正を加えて、より具体的な「うるささの度合い」を示す騒音レベルとしたもので、単位を EPNdB で表す。

航空機の騒音基準には EPNL が使われる。

(4) 等価平均感覚騒音レベル（ECPNL：Equivalent Continuous Perceived Level）

騒音レベルに繰り返し回数の効果を考慮して、1 日の騒音量の総和を時間平均して求めた平均騒音レベルを ECPNL といい、単位を ECPNdB で表す。

(5) 加重等価平均感覚騒音レベル（WECPNL：Weighted Equivalent Continuous Perceived Level）

平均騒音レベルが同じ値であっても、1 日の時間帯によって騒音の感覚に差が出来ることから、時間帯別に重みづけするための時間帯補正した騒音レベルを WECPNL といい、単位を WECPNdB で表す。

b. 騒音コンタ（Noise Contour）

航空機騒音の評価にしばしば騒音コンタが使用される。騒音コンタは航空機が発生する騒音を平面的な騒音の分布で表現する方法で、**図 12-2-1** のように地図の等高線と同様、同じ騒音レベルの影響する範囲を線で結んで描かれる。航空機騒音では dB(A)、WECPNL などの単位が使われる。

騒音コンタにより機種別、地域別等のさまざまな条件における騒音評価が可能であり、多く使用されている。騒音コンタの形状が足跡に似ていることから、フート・プリント（Foot Print）と呼ばれることもある。

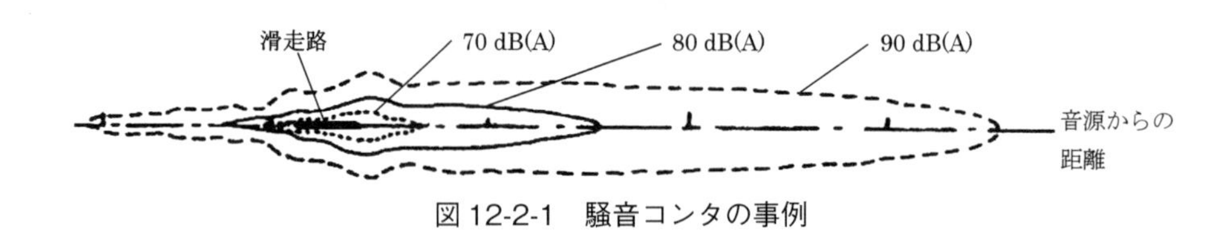

図 12-2-1　騒音コンタの事例

c. 騒音基準

新たに設計された民間航空機は、ICAO（国際民間航空機関）の Annex 16 に規定されている騒音証明規定が適用される。

騒音基準において、実効感覚騒音レベル（EPNL）での最大許容値は、航空機重量（最大離陸重量）に応じた**離陸**、**側方**および**進入**の騒音について規定されており、離陸については装着エンジン数別に双発機、3 発機および 4 発機の基準値が別々に規定されている（**図 12-2-2**）。

・**離　陸**：高さにかかわらず、ブレーキ・リリースから 6.5 km の地点。

・側　方：滑走路中心線側方 450 m での離陸時騒音。

・進　入：滑走路スレショールドの 2,000 m 手前の進入中心線上で航空機の高度が 120 m（395 ft）の地点。

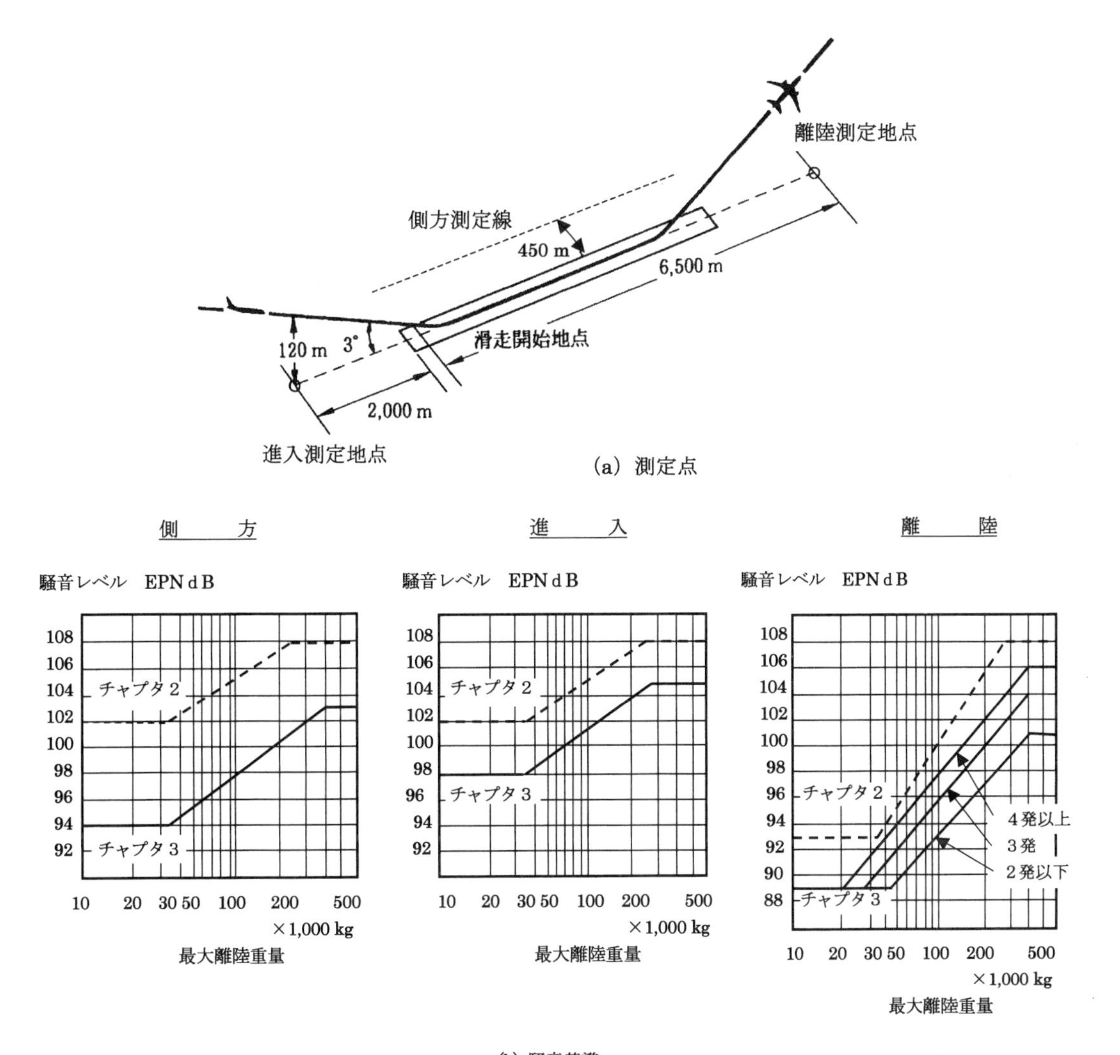

図 12-2-2　騒音基準と測定点（ICAO 第 16 付属書）

日本における騒音基準は、ICAO（国際民間航空機関）の 第 16 付属書（Annex 16）（図 12-2-2）に準拠した「騒音基準適合証明制度」が適用されている。プロペラ機および回転翼航空機についても国際基準どおりの騒音規制が導入されている。

また、日本では以下の点で ICAO と異なった方法がとられている。

① エンジンの種類やバイパス比に関係なく、すべてのジェット機に適用する。

② 型式証明でなく、飛行機の耐空証明の一環として 1 機ごとに証明する。

③　原則として騒音適合証明は1機ごとに測定する。

④　この制度に適合しない航空機の購入を認めない。

⑤　在来機で騒音を低減する改修部品が開発された場合は必ず採用しなければならない。

⑥　基準の改定により、新しい値に適合する改修部品が開発された場合も、必ず採用しなければならない。

⑦　証明を有する航空機が、騒音に影響する改修をした場合も対象となる。

12-1-3　騒音低減対策

外部に伝播する騒音を低くするための方法は、音源を出来るだけ小さくする方法と、発生した騒音を伝播の過程で減衰させる二つの方法がある。以下に、現在とられている騒音低減対策を述べる。

a. ジェット排気騒音の低減

ジェット排気騒音は、排気ノズルから大気中に高速で噴出された排気ジェットが大気と激しくぶつかり合って混り合うときに発生するもので、発生するサイズの大きな渦は周波数の低い騒音を、小さい渦は高い周波数の騒音を発生する。

一般に、周波数の低い音は減衰せずに遠方まで伝播するため、この周波数の低い音の発生を抑えることが重要となる。また、これはエンジンの外部で発生するため、発生の段階で抑制することが必要である。

初期の民間航空機に装備されていたターボジェット・エンジンでは、対策として円周上の大きな波型のダクトにより、排気ジェットを多数の小さな排気ジェットに分割する**ローブ型排気ノズル**（Lobe Type Exhaust Nozzle）（**図12-3**）が採用されていた。

この方法は、個々の排気ジェットを相互にシールドするとともに、大気とスムーズに混合させることにより騒音を抑止するものである。大気との混合時には、非常に大きな接触面により、ジェットの排気速度を急速に減少するとともに、排気ガスが大気に噴出す際に生ずる渦のサイズを小さくする効果がある。

渦のサイズは、排気ガス流のサイズに伴って直線的に縮小することから、騒音エネルギの総量は変わらないが、周波数を非常に高くすることができる。これにより、騒音が可聴領域の範囲外の周波数に変わることと、可聴領域内の高周波騒音は、低周波騒音に較べて大気に吸収されて大きく減衰し易くなるという、二つの効果が得られる。

回転翼航空機用の新しい排気系統においては、排気騒音の減衰を図るために上記のローブ型排気ノズルが採用されているものがある。

最新のターボファン・エンジンを装備した航空機では、排気ノズルの周囲にシェブロン（Chevron）と呼ばれる鋸歯状の排気ノズルを採用することにより、低い周波数の音の発生を抑える方法が採用されている。**シェブロン型排気ノズル**（Chevron Type Exhaust Nozzle）（**図12-4**）による騒音低減効果は4 dB程度あることが、飛行試験で確認されている。

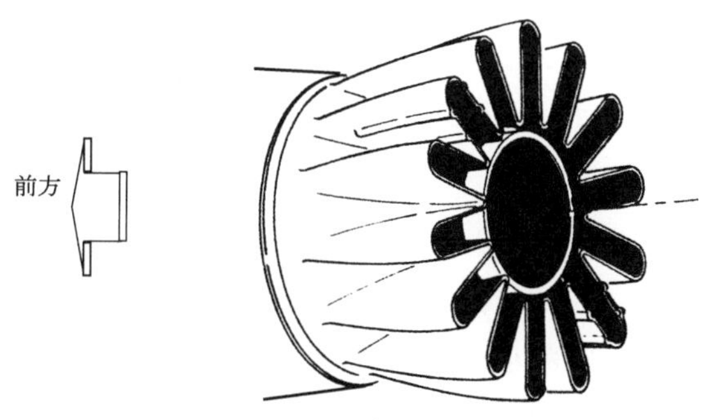

図 12-3 ローブ型排気ノズル

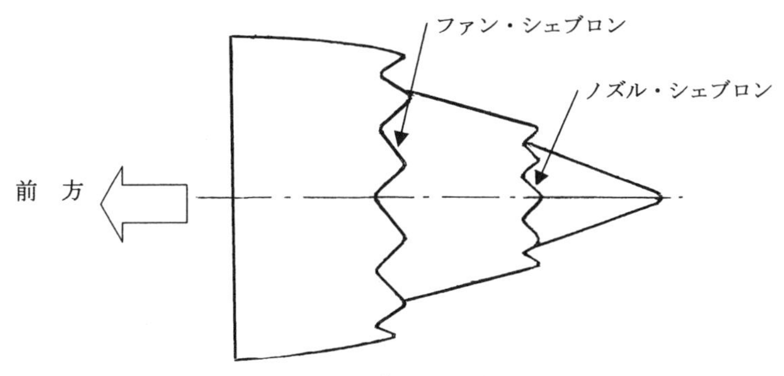

図 12-4 シェブロン型排気ノズル

図 12-5 のように、ターボファン・エンジンのバイパス比が増加されるのに伴って、排気ガス速度が低減されることによりジェット排気騒音が大幅に低減されるため、高バイパス比ターボファン・エンジンの導入が、最良のジェット排気騒音低減対策となっている。

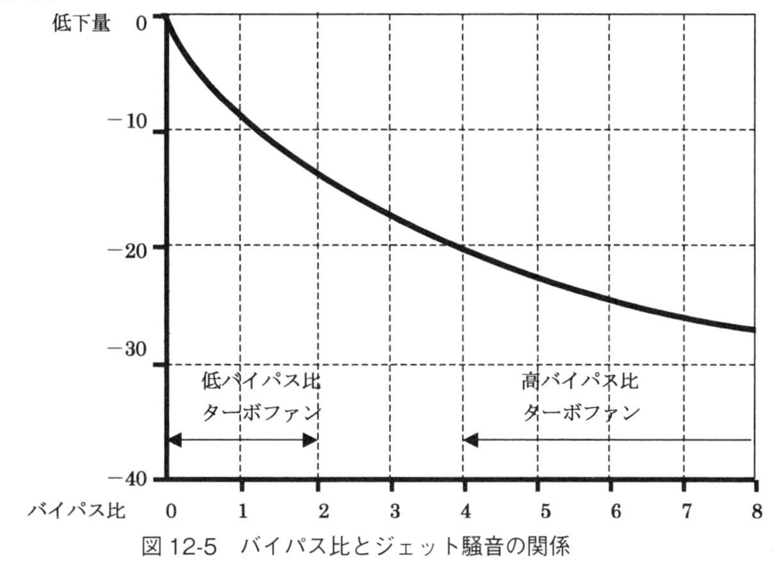

図 12-5 バイパス比とジェット騒音の関係

b. ファン騒音の低減

ターボファン・エンジンにおいてバイパス比が増大されるにしたがって、ターボ機械に関連する内部騒音である**ファン騒音**レベルが増大する問題が出てきた。

ファン・ブレードが回転すると、ブレードの後縁から発生する渦が広域の騒音を発生する。さらに、ブレードによる空気流の移動によって、ブレード先端速度によっては別のトーンの騒音を発生する。その他の騒音源としては、ブレードの境界層の波が後続のブレードに衝突することによって、ブレードの空力特性を損なうために騒音が発生する。

ファン騒音を低減するために以下の方法がとられている。

(1) ファン音響特性の改善

・ファン・ブレードとステータ・ベーンの間隙

・ファン・ブレードとステータ・ベーンの枚数

・ファン・ブレードの先端速度

ファン・ブレードとステータ・ベーンとの空力干渉による特異音の発生を防止するため、現代のエンジンではファン入口案内翼は排除されており、多くのエンジンでは単段ファンが採用されており、ファン・ブレードとステータ・ベーンの間隙を最適間隔としている。

ファン・ブレードとステータ・ベーンの数は、多いほど騒音低減上有利になるが、性能面での影響を考慮して適切な枚数とする必要がある。

ファン・ブレード先端速度の選定はファン騒音に影響し、亜音速で最も低い騒音レベルにすることが出来るが、亜音速では単段ファンにより要求される圧力比を得ることが出来ないことと、経済的先端速度はこれより高いことから先端速度を下げることはできず、これによって騒音を減らすことは困難である。

スウェプト・ファン・ブレードは空力的に注意深く整形された形状となっているため、ファン・システムが発生するトーン・ノイズの量を減少させる効果が認められている。

(2) 放射騒音の低減

エア・インテークの空力的設計において、丸味を帯びたインテーク前縁を導入することにより、初期のターボファン・エンジンで使われていたブロー・イン・ドアの排除を可能とした。

初期のエア・インテークでは、高推力設定時にブロー・イン・ドアが開き、外部に強力な騒音を放射していた。

(3) 吸音板（アコースティック・パネル）の使用

エア・インテーク、排気ダクト（ファンおよびコア・エンジン）およびファン・バイパスダクトの内側に、吸音板（アコースティック・パネル）を導入して広い部分を覆うことにより、発生した騒音を吸収減衰させる方法が使用されている。

吸音板（アコースティック・パネル）は、図12-6のように、多孔板に金属ハニカムを裏打ちした構造の多数の小さな共鳴キャビティを有するパネルで、振動空気が壁の孔を出入りすることによって共鳴して打消しあい、音圧の変動を減衰させるものである。この方法によって、音のエネルギは無秩序な分子の動きに変換されて最終的に熱になる。

共鳴キャビティは、取付部位の最強音の波長に合わせてサイズが決められる。深さ d は波長に近似するといわれている。吸音板（アコースティック・パネル）（図 12-7）によるファン騒音低減は 10 dB 以上の減音効果があるといわれている。

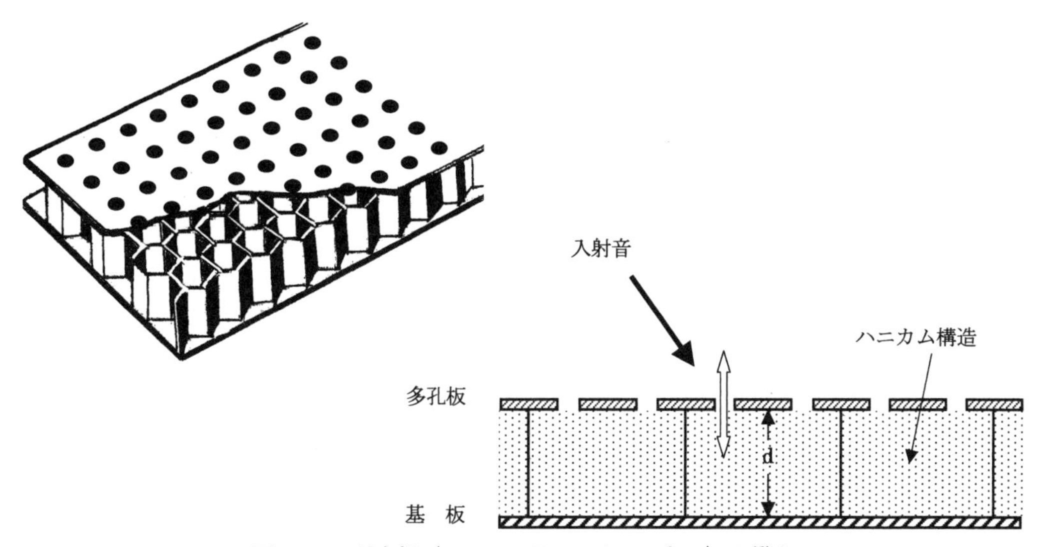

図 12-6 吸音板（アコースティック・パネル）の働き

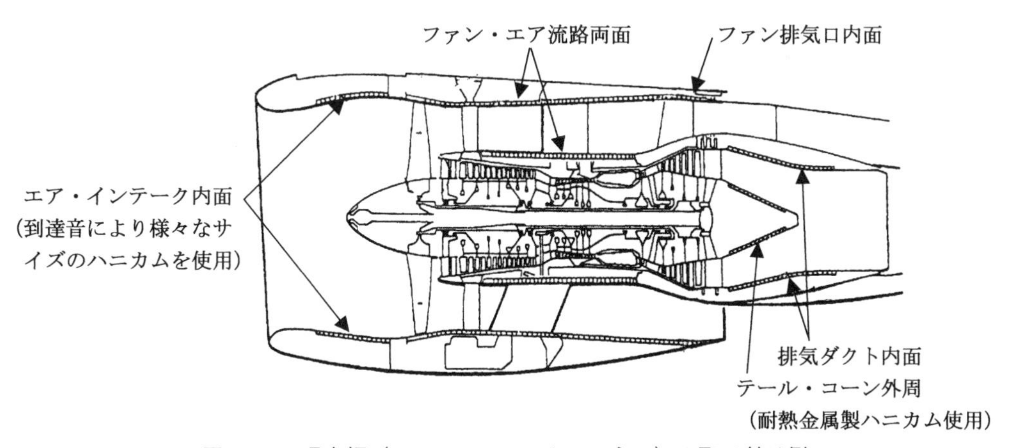

図 12-7 吸音板（アコースティック・パネル）の取り付け例

c. タービン騒音の低減

タービン騒音はファンと類似しており、タービン騒音の低減対策としてロータ・ブレードとタービン・ノズルとの間隙の拡大、ブレードとノズルの最適枚数の選択、および排気ダクト内面に吸音板が使用されている。

12-2　排出規制

タービン・エンジンは非常に高い燃焼効率を有しており、大気汚染物質の排出量は、他の交通手段のすべての 3 % 程度とされているが、空港周辺の局地的大気汚染源、および高高度を飛行する航空機は無視できない人為的汚染源になる恐れがあるとして、大気汚染物質の排出規制が強化されている。

排出規制の国際基準として、ICAO による国際民間航空条約の第 16 付属書（Annex 16）に、ターボジェットおよびターボファン・エンジン（亜音速および超音速）を対象とした排出基準が設定されている。

ICAO の国際民間航空条約 第 16 付属書（Annex 16）に規定されているターボジェット又はターボファン・エンジンを装備した亜音速航空機の排出基準は 表 12-1 の通りである。

ガス状排出物は、HC（未燃焼炭化水素）と CO（一酸化炭素）がアイドル付近での発生量が多く、NOx（窒素酸化物）は離陸出力等の高出力時に発生量が多い特性を有していることから、これらが空港周辺で多く発生することを意味するため、空港周辺の大気汚染の影響を監視するために、空港周辺の航空機の行動に基づいた LTO（Landing and Take Off）サイクル（図 12-8）が定められている。

LTO サイクルでは高度 3,000 フィートを超える航空機の飛行中の排出物は考慮しない。

ガス状排出物の規制は、LTO サイクルのモードで測定された HC（未燃焼炭化水素）、CO（一酸化炭素）および NOx（窒素酸化物）の総排出量が、単位推力当りの量（g/kN）で規制されている。これは機体重量等の機体構造による要素は考慮しない。

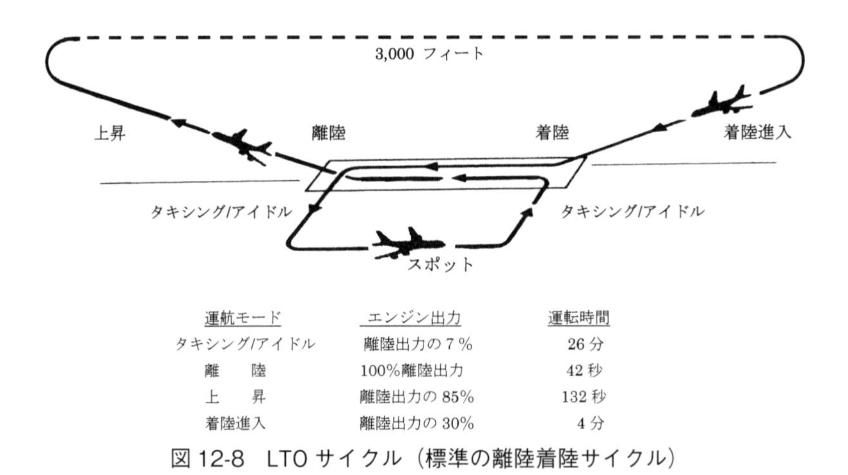

運航モード	エンジン出力	運転時間
タキシング/アイドル	離陸出力の 7 %	26 分
離　陸	100%離陸出力	42 秒
上　昇	離陸出力の 85%	132 秒
着陸進入	離陸出力の 30%	4 分

図 12-8　LTO サイクル（標準の離陸着陸サイクル）

日本の排出規制は 1997 年 10 月に航空法が改正され、航空機の耐空証明取得時に満たすべき基準の一つとして、ICAO 付属書 16 に準拠した排出基準が適用される。

12-2-1　排出物

排出規制で規制されている内容は、生燃料の放出、煙、ガス状排出物で、生燃料の放出はすべてのタービン・エンジンが規制の対象となるが、煙、ガス状排出物はターボジェット、ターボファン・エンジン（超音速航空機を含む）が規制の対象となる。

a. 生燃料の放出

1982年2月18日以降に製造されたタービン・エンジンを装備した航空機は、通常の飛行又は地上運転後のエンジン停止の際、液体燃料をノズル・マニフォールドから大気中に排出することが禁止されているが、現代のエンジンにおいては、生燃料を放出しない方法が定着している。

b. スモーク（煤煙）

スモーク（可視煙）は、未燃焼カーボン、すす、およびその他の粒子の集まりであり、これが煙となって黒く見えるものである。一般的に、局部的な過濃混合気の存在が原因と考えられており、高出力で発生が多くなる特性を有する。

c. ガス状排出物

汚染物質として分類されているタービン・エンジンのガス状排出物は以下のものであり、不完全燃焼生成物と、燃料が空気中で燃焼する際の高火炎温度による生成物の二つのグループに分類される。また近年、地球温暖化現象の要因としてCO_2（二酸化炭素）が問題化している。

ガス状排出物の総排出量の測定は、エンジンをLTOサイクル（図12-9）に従って運転し、排出されたHC（未燃焼炭化水素）、CO（一酸化炭素）およびNOx（窒素酸化物）の総排出量が基準を超えていないことを確認する。

(1) HC（未燃焼炭化水素）およびCO（一酸化炭素）

HCおよびCOは不完全燃焼生成物であり、低出力設定時の燃料ノズルから噴霧される燃料が少なく燃焼室温度が低い場所や、燃焼室の壁面近くの冷却空気が完全燃焼を妨げる領域に生成される。高出力時には燃焼は完璧であり、不完全燃焼領域は無くなるため、HCとCOの発生は無視できるレベルまで減少する。

(2) NOx：窒素酸化物

窒素酸化物（NOx）は、燃焼ガスが主燃焼域での高い火炎温度と滞留時間が長くなる場合に生成されるもので、燃焼中に大気中のオゾンが窒素酸化物に変化する。

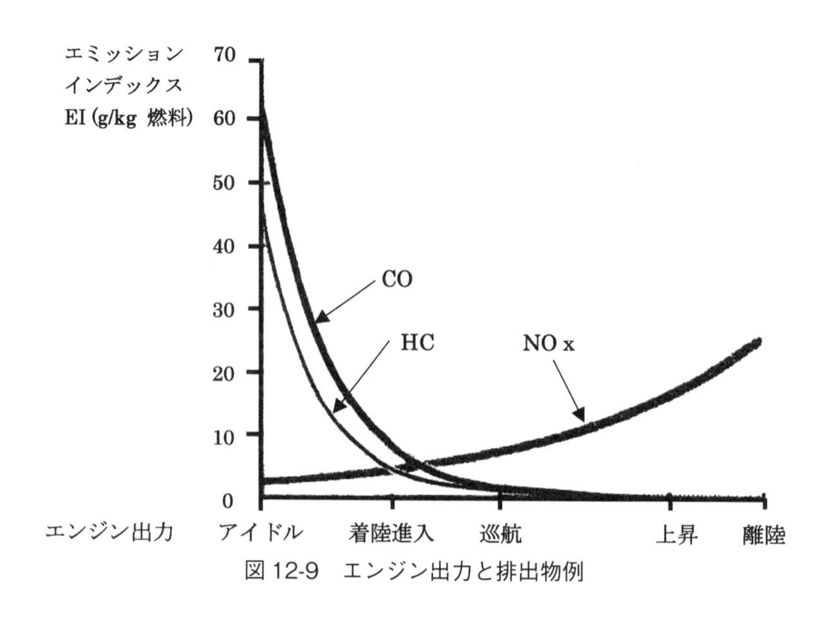

図 12-9　エンジン出力と排出物例

(3) CO_2（二酸化炭素）

近年、気象の変化をもたらす地球温暖化の要因として CO_2（二酸化炭素）の蓄積が問題となっており、全産業界を含む地球的規模でその発生を減少する動きが出ている。航空エンジンによる寄与は1% 程度といわれている。

CO_2 は化石燃料（炭化水素燃料）が完全燃焼した時に発生する燃焼生成物であり、タービン・エンジンにおいても直接燃料の燃焼量に関係する避けることができない燃焼生成物である。

したがって、航空機について他の排出ガス（HC、CO、NOx）のように燃焼器関係の改良などによる具体的な発生削減を行うことは困難で、具体的規制値の設定は不可能であるが削減努力が求められている。

12-2-2　排出物質の低減対策

タービン・エンジンにおいては、排出物質に対して次のような低減対策がとられている。

a. スモーク（可視煙）低減対策

過去において可視煙を減らすために、スモークレス燃焼室ライナが開発され使用されていたが、この方法は燃焼を短く高温のフレーム・パターンとすることにより、未燃焼の炭素微粒子を完全燃焼させて可視煙を減らすものであり、これはむしろ NOx 排出物がわずかに増加する傾向にあった。

現代のタービン・エンジンにおいては、燃料噴射ノズルでの微粒化方式を採用することにより、原因となる局部的な過濃混合気を排除して可視煙を減らす方法などが使われている。

b. ガス状排出物低減対策

(1) HC（未燃焼炭化水素）および CO（一酸化炭素）

不完全燃焼生成物である HC および CO の発生を低減するために、アイドル運転時にも高い燃焼効率とするため、高圧力比・高温化がはかられている。また、低減対策にセクタード・バーニングという方式などが採用されている。

セクタード・バーニング（Sectored Burning）方式は、燃料噴射ノズルの内、一部の燃料ノズルを二次ノズルのみ作動する機構としてアイドル時には使用せず、残りの燃料ノズルでアイドル時の燃料圧力を上げて、燃料/空気混合の均質化促進をはかるものである。

（2）NOx：窒素酸化物

NOx は最適空燃比で発生量が最大となることから、低減対策として最適空燃比を挟んで、性能限界を損なわない程度に極力希薄化するか、濃密化する方法の研究が進められている。

最近の NOx 低減の方法は、基本的には希薄燃焼により燃焼温度を下げることであり、このための燃料噴射ノズルの改良や旋回案内羽根（Swirler）による空気の流れが工夫されている。

GE90 エンジンでは、E^3（Energy Efficient Engine）プログラムなどで実証されているデュアル・アニュラ型燃焼室（図 12-10）が使われている。

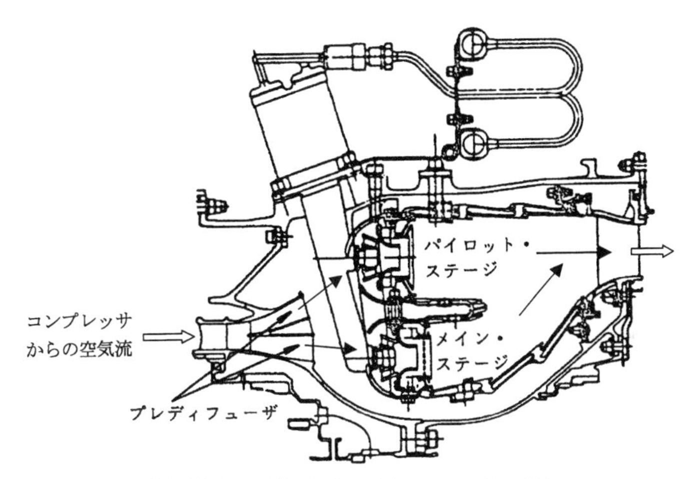

図 12-10　デュアル・アニュラ型燃焼室

デュアル・アニュラ型燃焼室は、低出力時には外側のパイロット・ステージのみで、比較的空燃比の高い燃焼を行うことにより HC および CO の生成を抑制し、高出力時にはパイロット・ステージに加えて、内側のメイン・ステージの双方で空燃比が希薄な燃焼をさせることにより、局部的高温部位をなくして NOx の発生を抑えるものである。

有害排気ガスのうち、不完全燃焼生成物については、上記の対策により充分低減が図られて規制値を満足している。しかし、エンジン性能改善のためには、タービン入口温度の上昇が今後とも必要になることから、窒素酸化物（NOx）の低減はさらに必要と考えられる。

（3）CO_2（二酸化炭素）

CO_2 は、前述のように化石燃料（炭化水素燃料）が完全燃焼した時に必然的に発生する燃焼生成物であり、他の排出ガスのように燃焼器の改良などによって減らすことが出来ない。

燃料の含有成分が同じであれば、その発生量は燃料消費量に比例する。したがってCO_2の低減は、エンジンおよび航空機全体の効率の改善を通した燃料消費率の低減の形で達成されなければならない。一部の産業用ガス・タービンでは、炭素含有量の少ない天然ガスを燃料として使用されており、今後この面での研究が行われることも考えられる。

（以下、余白）

表 12-1　排出ガス規制値（亜音速航空機用ターボジェットおよびターボファン・エンジン）

		適　用		基　準　値
スモーク（煤煙）		1983 年 1 月 1 日以降製造のエンジン		SN(スモーク・ナンバ)＝83.6×(定格出力)$^{-0.274}$　または50 のいずれか低い方。
ガス状排出物	HC	定格出力が 26.7 kN を超えるエンジンで、1986 年 1 月 1 日以降に製造されたもの。		19.6 (g/kN)以下
	CO			118 (g/kN)以下
	NOx	定格出力が 26.7 kN を超えるエンジンで、当該型式の最初のエンジンが 1996 年 1 月 1 日前に製造され、かつ、当該発動機が 1986 年 1 月 1 日以降 2000 年 1 月 1 日前に製造されたもの。		40＋2×定格圧力比 (g/kN)以下
		定格出力が 26.7 kN を超えるエンジンで、当該型式の最初のエンジンが 1996 年 1 月 1 日以降 2004 年 1 月 1 日前に製造されたもの。または当該型式の最初のエンジンが 1996 年 1 月 1 日前に製造され、かつ、当該発動機が 2000 年 1 月 1 日以降に製造されたもの。		32＋1.6×定格圧力比 (g/kN)以下
		定格出力が 26.7 kN を超え 89.0 kN 以下のエンジンで、当該型式の最初のエンジンが2004年1月1日以降2008年1月1日前に製造されたもの。	圧力比が 30 以下のもの	37.572＋1.6×定格圧力比−0.2087 ×定格出力 (g/kN)以下
			圧力比が 30 を超え 62.5 未満	42.71＋1.4286×定格圧力比−0.4013 ×定格出力＋0.00642×定格圧力比×定格出力 (g/kN)以下
			圧力比が 62.5 以上のもの	32＋1.6×定格圧力比 (g/kN)以下
		定格出力が 89.0 kN を超えるエンジンで、当該型式の最初のエンジンが 2004 年 1 月 1 日以降 2008 年 1 月 1 日前に製造されたもの。	圧力比が 30 以下のもの	19＋1.6×定格圧力比 (g/kN)以下
			圧力比が 30 を超え 62.5 未満	7＋2.0×定格圧力比 (g/kN)以下
			圧力比が 62.5 以上のもの	32＋1.6×定格圧力比 (g/kN)以下
		定格出力が 26.7 kN を超え 89.0 kN 以下のエンジンで、当該型式の最初のエンジンが 2008 年 1 月 1 日以降に製造されたもの。	圧力比が 30 以下のもの	38.5486＋1.6823×定格圧力比−0.2453×定格出力−0.00308×定格圧力比×定格出力 (g/kN)以下
			圧力比が 30 を超え 82.6 未満	46.1600＋1.4286×定格圧力比−0.5303×定格出力＋0.00642×定格圧力比×定格出力 (g/kN)以下
			圧力比が 82.6 以上のもの	32＋1.6×定格圧力比 (g/kN)以下
		定格出力が 89.0 kN を超えるエンジンで、当該型式の最初のエンジンが 2008 年 1 月 1 日以降に製造されたもの。	圧力比が 30 以下のもの	16.72＋1.4080×定格圧力比 (g/kN)以下
			圧力比が 30 を超え 82.6 未満	−1.04＋2.0×定格圧力比 (g/kN)以下
			圧力比が 82.6 以上のもの	32＋1.6×定格圧力比 (g/kN)以下

第 13 章　次世代タービン・エンジン

概　要

現代のタービン・エンジンの発達には目覚ましいものがあり、現在世界各国で研究開発が進められている亜音速輸送機用エンジンおよび超音速輸送機（Super Sonic Transport：SST）/ 極超音速輸送機（Hyper Sonic Transport：HST）用エンジンの動向について代表的なものの概要を紹介する。

13-1　亜音速輸送機用エンジン

亜音速輸送機用エンジンは、初期のターボジェット・エンジンから燃料消費率が優れたターボファン・エンジンに変わったが、さらにターボファン・エンジンのバイパス比の増加により推進効率が向上して燃料消費率が向上する（図 13-1）ことから、現代の亜音速輸送機用エンジンでは高バイパス比ターボファン･エンジンが大勢を占めるようになっておりバイパス比はさらに増加する傾向にある。

バイパス比を増加に伴いファン・ダクトが大きくなり重量が増加するなどの制約が出てくることから、1980 年代後半から将来の動力装置として、ターボファン・エンジンのバイパス比を極度に増大したプロップファン（Propfan）や最新可変ピッチ・ダクテッド・ファン付動力装置（可変バイパス比ターボファン・エンジン）の研究開発が行われており、GE 社の UDF（Un Ducted Fan）や PW 社の ADP（Advanced Ducted Propulsor：可変ピッチ高バイパス比ターボファン）の試作や実機搭載試験などにより技術的可能性の確認が行われたが、実用化はまだされていない。

また、ターボファン・エンジンのさらなる燃料消費率向上などのため減速装置によりファン回転数を減速したギアード・ターボファン・エンジンの開発が現在進められている。

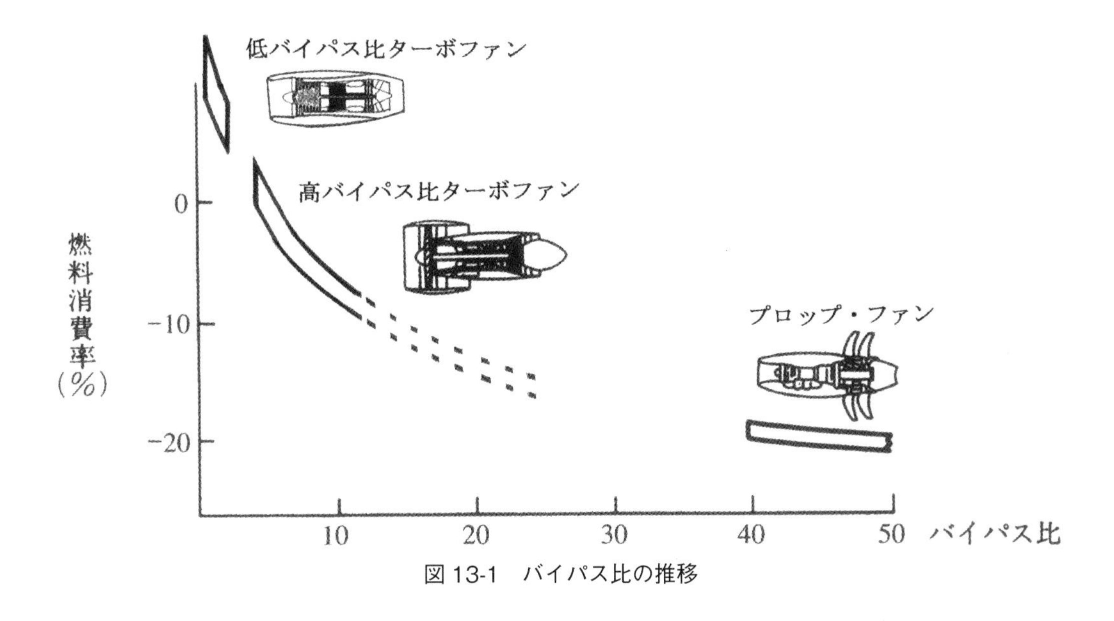

図 13-1　バイパス比の推移

13-1-1　ギアード・ターボファン・エンジン（Geared Turbofan Engine）

このエンジンは燃料消費率の飛躍的向上と環境適合性および運航経費の画期的改善を目指して、ファン駆動減速装置を導入してファン回転数を低圧コンプレッサと低圧タービンを独立させたエンジンである。これにより低圧タービンを最も効率の高い回転領域まで上げることが出来るとともに、ファン・ロータを最もファン効率の良い回転域で運用することを可能とするもので燃料消費率を大きく低減することが出来る。またファン回転数を低下させることが出来るため騒音を大幅に減少することが出来、タービンを高速回転させることにより少ない段数でファンとコンプレッサを駆動できることから部品点数を減らすことができ運航コストを減らすことが可能となる。

この型のエンジンは次世代リージョナル・ジェット機に採用が決まっており、現在開発が進められている。

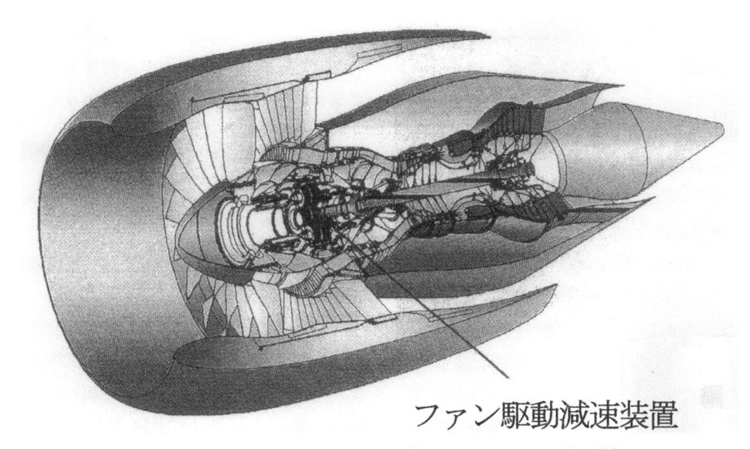

図 13-2　ギアード・ターボファン・エンジン例

13-1-2　LEAP（Leading Edge Aviation Propulsion）エンジン

LEAP エンジンは、Leading Edge Aviation Propulsion（最先端航空推進技術）エンジンの頭文字をとったエンジンで、文字通り革命的技術を多く取り入れたエンジンである。

取入れる革命的技術の一つはセラミック・マトリックス複合材料（CMC）をはじめとする次世代素材の導入、および最新技術による製造により耐久性を増した部品の導入等である。

従来のエンジンにおいてはファン・ブレードから低圧コンプレッサの入口までの比較的温度の低い部分に炭素繊維強化樹脂（CFRP）の適用が図られてきましたが、LEAP エンジンの画期的なことはエンジンの高温部位に、セラミックスを炭化ケイ素繊維で強化したセラミック・マトリックス複合材料（CMC）製部品、炭素繊維複合材ブレードをはじめとする次世代素材を採用することである。これによりジェット・エンジンの耐熱材料として使われているニッケル合金に比べて比重が1/3と軽量でありながら、Ni 合金より200℃高い1,300℃の耐熱温度を有していることであり、Ni 合金に比べて軽量化できることと空気による部品冷却が不要となることから使わない空気を推力発生に有効活用でき燃料消費率の大幅な向上に役立ちます。また新素材により金属部品製の同サイズのエンジンに比べて大きく軽量化が可能になり、軽量化による相乗効果は3倍以上といわれ、低コストでの運用が可能になるとされている。

SiC 繊維強化 SiC 複合材料（CMC）の使用範囲は、燃焼器のインナー・ライナやアウター・ライナ、および高圧タービンの1段目や2段目のノズル部分や1段目のシュラウド（筒状ケース）などに拡大される研究が進められている。

また別の新技術として、3D プリンターで製造することにより耐久性が従来の5倍になるとされる燃料ノズルなどが使われています。LEAP エンジンは、現在 CFM インターナショナル社および GE 社で研究開発が行われている。

13-1-3　プロップ・ファン（Propfan）

ターボプロップは、タービン・エンジンによりプロペラを駆動して多量の空気流を加速することにより効率良く大きな推力を得ることが出来るため優れた燃料経済性を有している。しかし飛行速度が速くなるとプロペラ先端における合成速度が音速に達してプロペラの効率が急激に低下するとともにフラッタを発生して危険な状態になるため高速飛行が出来ない欠点があり、ターボプロップ機の飛行速度は0.5～0.6領域にとどまっている。

この欠点を解決してターボファン・エンジン並みの高亜音速（マッハ0.8前後）での飛行を可能とし、ターボプロップ並みの低燃費を可能とするために開発されているのがプロップ・ファン（Propfan）である。

具体的にはプロペラを衝撃波の発生を遅らせるため後退角を持った薄肉で幅広のプロペラ・ブレードとし、馬力吸収能力や効率を向上させるためにブレード枚数の増加や二重反転方式などが採用されている。またこのアイデアをダクトの無いファン・ブレードに採用してターボファン・エンジンに取り入れたUDF（Un Ducted Fan）などが試作され、実機搭載試験などにより技術的可能性の確認が行われたがまだ実用化はされていない。

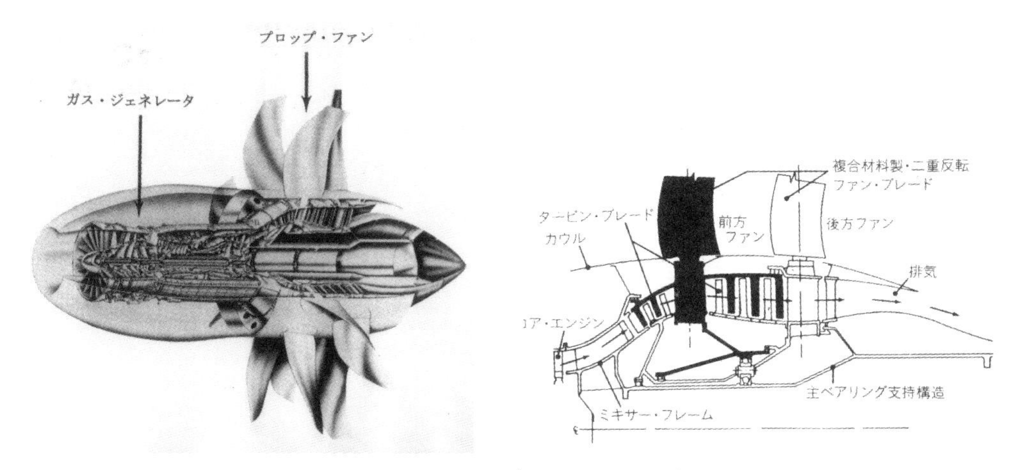

図 13-3　UDF（Un Ducted Fan）

13-2　超音速輸送機／極超音速輸送機用エンジン

将来出現が予想される超音速輸送機（SST：Super Sonic Transport）／極超音速輸送機（HST：Hyper Sonic Transport）用エンジンに求められるのは、超音速（または極超音速）飛行するために必要な充分な推力を発生し、離着陸（亜音速飛行）から超音速（または極超音速）飛行までの領域での燃料消費が少なく、また離着陸時の空港騒音が低く、オゾン層を破壊する恐れのある有害汚染物質の排出が少ないなどの環境面での要求事項などがある。

エンジンの燃料経済性は飛行速度によって大きく変化する。亜音速領域では高バイパス比ターボファン・エンジン、マッハ数1 ～ 2領域では低バイパス比ターボファン・エンジン、マッハ数2 ～ 3領域ではターボジェット・エンジン、さらにマッハ3以上ではラムジェットが最も適している。したがって超音速／極超音速航空機用エンジンは従来とは異なった新しい概念のエンジンが必要と考えられており、マッハ3程度までのSST用エンジンには可変サイクル・エンジン、HST用エンジンとしてコンバインド・サイクル・エンジンが研究されている。

13-2-1　可変サイクル・エンジン（Variable Cycle Engine）

航空機の離着陸から超音速巡航飛行までの最適化を図るために、低速時は高バイパス比エンジンの優位性を持ち、高速飛行時にはターボジェットの優位性を活かすよう飛行速度に応じてバイパス比（エンジンのサイクル形態）を連続的に変化させて燃料消費率や空港騒音の低減をはかるようファン、コンプレッサ、タービン、排気ノズルなどを可変構造としたエンジンを可変サイクル・エンジン（VCE

：Variable Cycle Engine）と呼んでおり、様々な形態の研究が進められている。

この事例として、ファン・バイパス・セクションの前部と後部に二重バイパス・バルブ機構を設けてバイパス比を変化させ、離着陸の騒音低減のためにコア流とバイパス流の速度分布を逆転させた二重バイパス・エンジン（Double By-pass Engine）や、ファン・バイパス・セクション流路内にダクト・バーナーを設けることによってコア流量とバイパス流量を独自に制御してバイパス比を変え、離着陸の騒音低減のために二重バイパス・エンジン同様、排気ノズルからのバイパス流速度を速くした可変流量制御エンジン（Variable Stream Control Engine）などの研究が行われている。

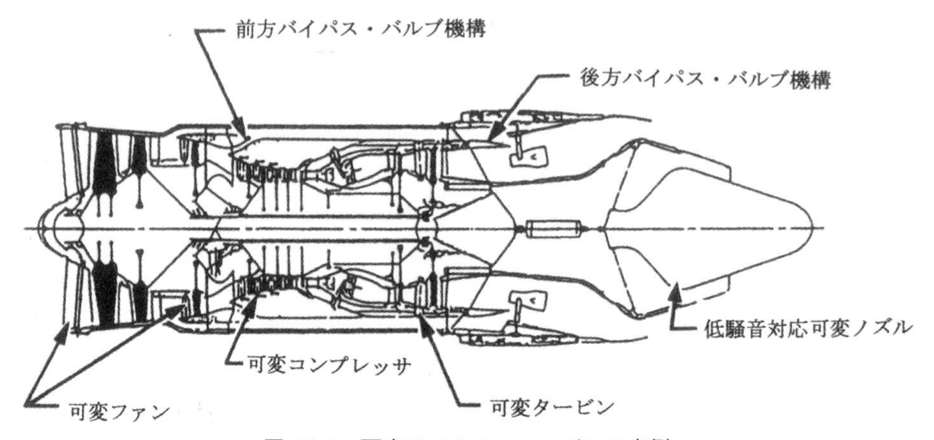

図 13-4　可変サイクル・エンジンの事例

13-2-2　コンバインド・サイクル・エンジン（Combined Cycle Engine）

ターボジェット・エンジンは飛行速度がマッハ 3 を超えると燃焼がなくてもタービン入口温度が限界に達してエンジンの作動は不能となり、マッハ 3 以上での作動が適しているラムジェット・エンジンは飛行マッハ数が 0 では作動できない。この両エンジン欠点を排除し、長所を組み合わせることによって離着陸状態から極超音速飛行状態までの全速度範囲で効率よく作動出来るようにしたエンジンをコンバインド・サイクル・エンジン（Combined Cycle Engine）とよぶ。

コンバインド・サイクル・エンジン（Combined Cycle Engine）として、可変サイクル・エンジンとラムジェット・エンジンを組み合わせたエンジンの研究が行われている。

このエンジンは、飛行速度マッハ 3 以下の領域では可変サイクル・エンジンを作動させることによって離着陸時のバイパス比を大きくし、マッハ 3 までの速度領域ではバイパス比を下げてゆくことにより燃料経済性の最適化が図られる。マッハ 3 を超える巡航領域では可変サイクル・エンジンを停止してラムジェットのみを作動させるものである。

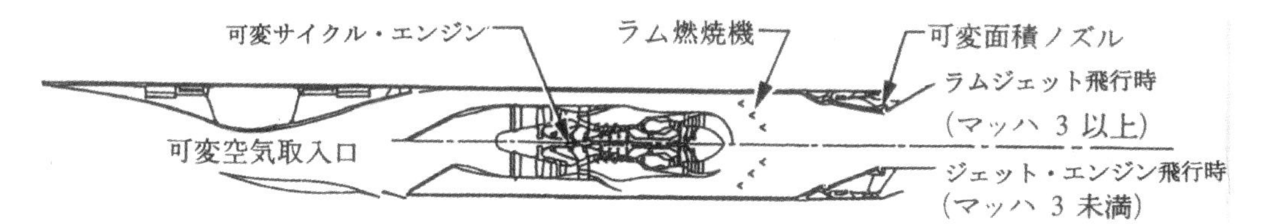

図 13-5　コンバインド・サイクル・エンジンの事例

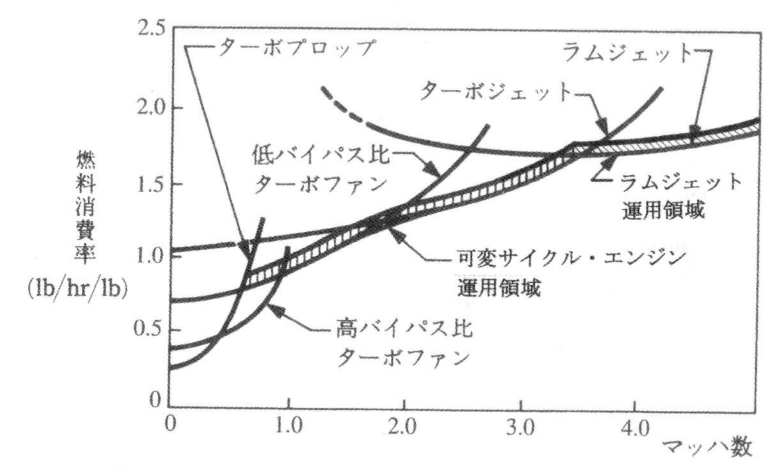

図 13-6　コンバインド・サイクル・エンジンの作動領域

（以下、余白）

索　引

お

か

し

す

せ

そ

た

ち

て

と

に

ね

の

は

ひ

ふ

へ

ほ

ま

み

め

も

や

ゆ

略語説明

A

ACC　Active Clearance Control アクティブ・クリアランス・コントロール

ACOC　Air Cooled Oil Cooler 空気冷却式オイル・クーラー

ADP　Advanced Ducted Propulsor 可変ピッチ高バイパス比ターボファン

AEO　All Engine Operative 全発動機作動状態

APU　Auxiliary Power Unit 補助動力装置

ASTM　American Society for Testing Material 米国試験材料協会

ATA　Air Transport Association of America 米国航空運送協会

AVM　Airborne Vibration Monitoring エンジン振動指示系統

B

BPR　By-pass Ratio バイパス比

BSI　Bore-Scope Inspection ボアスコープ検査

BTU　British Thermal Unit 英国熱量単位

C

CB　Circuit Breaker サーキット・ブレーカー

CCD　Charge Coupled Device 超小型 TV カメラ

CCE　Combined Cycle Engine コンバインド・サイクル・エンジン

CDA　Controlled Diffusion Airfoil コントロールド・ディフュージョン・エアフォイル

CDP　Compressor Discharge Pressure コンプレッサ吐出圧力

CIT　Compressor Inlet Temperature コンプレッサ入口温度

CMC　Ceramic Matrix Composite セラミック・マトリックス複合材

CSD　Constant Speed Drive 定速制御装置（発電機用）

D

DOD　Domestic Object Damage エンジン構成部品脱落損傷

DS　Directional Solidify 一方向凝固結晶（合金）

E

EEC　Electronic Engine Control 電子式エンジン制御装置（FADEC）

ECU　Electronic Control Unit 電子制御装置（FADEC）

ECPNL　Equivalent Continuous Perceived Level 等価平均感覚騒音レベル

EDIU　Engine Data Interface Unit エンジン・データ・インターフェース・ユニット

EDU　Electronic Display Unit 電子表示装置

EGT　Exhaust Gas Temperature 排気ガス温度

EHSV　Electro-Hydraulic Servo Valve 電子式ハイドロリック・サーボ・バルブ

EICAS　Engine Indication and Crew Alerting System エンジン表示および乗員警報システム

EMU　Engine Maintenance Unit エンジン・メンテナンス・ユニット

ESHP　Equivalent Shaft Horse Power 相当軸馬力
EPNL　Effective Perceived Noise Level 実効感覚騒音レベル
EPR　Engine Pressure Ratio エンジン圧力比
ETOPS　Extended-range Twin-engine Operational Performance Standard 長距離進出運航

F

FADEC　Full Authority Digital Control Unit 全機能デジタル・エンジン制御系統
FCOC　Fuel Cooled Oil Cooler 燃料冷却式オイル・クーラー
FCU　Fuel Control Unit 燃料制御装置
FESHP　Flight Equivalent Shaft Horse Power 飛行相当軸馬力
FMU　Fuel Metering Unit 燃料調量装置（FADEC）
FOD　Foreign Object Damage 異物吸い込み損傷
FTIT　Fan Turbine Inlet Temperature ファン・タービン入口温度

G

GTF　Geared Turbofan Engine ギアード・ターボファン・エンジン

H

HC　Hydraulic Carbon ハイドロ・カーボン（炭化水素）
HIP　Hot Isostatic Pressing 高温平衡プレス鍛造工程
HP　Horse Power 英国馬力
HMU　Hydro Mechanical Unit 燃料制御装置（FADEC）
HST　Hyper Sonic Transport 極超音速輸送機
HT　High Tension 高電圧

I

ICAO　International Civil Aviation Organization 国際民間航空機関
IEPR　Integrated Engine Pressure Ratio 総合エンジン圧力比
IDG　Integrated Drive Generator 定速駆動発電機
IGV　Inlet Guide Vane 入口案内翼
IIDS　Integrated Instrument Display System 統合計器表示装置
ISA　International Standard Atmosphere 国際標準大気

L

LCF　Low Cycle Fatigue 低周波疲労
LEAP　Leading Edge Aviation Propulsion 最先端航空推進エンジン

M

MCD　Magnetic Chip Detector マグネチック・チップ・デテクタ

N

NGV　Nozzle Guide Vane ノズル・ガイド・ベーン

O

OEI　One Engine Inoperative 一エンジン停止状態
OGV　Outlet Guide Vane 出口案内翼

P

PLA　Power Lever Angle スラスト・レバー角度
PMA　Permanent Magnet Alternator 永久磁石交流発電機
PMC　Polymer Matrix Composite 樹脂系複合材料
PNL　Perceived Noise Level 感覚騒音レベル
PRSOV　Pressure Regulating Shut Off Valve スタータ空気閉止弁
PS　Pferde Starke 仏馬力

R

RN　Reynolds Number レイノルズ数
RVP　Reid Vapour Pressure レイド蒸気圧

S

SC　Single Cristal 単結晶合金
SESHP　Static Equivalent Shaft Horse Power 静止相当軸馬力
SFC　Specific Fuel Consumption 燃料消費率
SHP　Shaft Horse Power 軸馬力
SOAP　Spectrometric Oil Analysis Program オイル分光分析
SST　Super Sonic Transport 超音速輸送機

T

TBC　Thermal Barrier Coating 耐熱コーティング
TGT　Turbine Gas Temperature タービン・ガス温度
THP　Thrust Horse Power スラスト馬力（ヤード・ポンド法）
TIT　Turbine Inlet Temperature タービン入口温度
TPR　Turbofan Power Rating ターボファン・エンジン推力設定定格
TPS　Thrust Pferde Starke スラスト馬力（メートル法）
TSFC　Thrust Specific Fuel Consumption 推力燃料消費率

U

UDF　Un Ducted Fan アン・ダクテッド・ファン
UHC　Unburnt Hydrocarbons 未燃焼ハイドロ・カーボン

V

VBV　Variable Bleed Valve 可変ブリード・バルブ

VCE　Variable Cycle Engine 可変サイクル・エンジン

VIGV　Variable Inlet Guide Vane 可変入口案内翼

VSV　Variable Stator Vane 可変静翼

W

WECPNL　Weighted Equivalent Continuous Perceived Noise Level 加重等価平均感覚騒音レベル

参考文献

1．P&W　THE AIRCRAFT GAS TURBINE ENGINE AND ITS OPERATION（P&W O.I.200）
2．Rolls Royce Plc 2005　The Jet Engine（旧日本語版）
3．Rolls Royce　The Jet Engine（最新日本語版：日本航空技術協会刊）
4．BOEING　JET TRANSPORT PERFORMANCE METHOD
5．GENERAL ELECTRIC　CF6 HIGH BYPASS TURBOFAN
6．Motorbooks International　Jet Engines（Klaus Huenecke 著）
7．JEPPESEN　AIRCRAFT TURBINE ENGINE
8．ステーチキン　ジェット・エンジン理論（コロナ社刊）
9．川端清一　タービン発動機（日本航空技術協会刊）
10．国土交通省　耐空性審査要領
11．オーム社刊　「圧縮性流体力学」
12．オーム社刊　「キャビテーションの話」
13．日本航空技術協会　「航空技術誌」（各号）
14．旧航空工学講座　〔7〕「ジェット・エンジン（構造編）」
15．工業調査会刊　初めての金属材料
16．講談社刊　「単位171の新知識」（ブルー・ブックス）

本書の記載内容についての御質問やお問合せは、公益社団法人日本航空技術協会　教育出版部まで E-mail でお問い合わせください。

2008年３月31日　第１版　第１刷発行
2009年３月31日　第２版　第１刷発行
2010年３月31日　第３版　第１刷発行
2011年３月31日　第４版　第１刷発行
2014年２月28日　第５版　第１刷発行
2019年12月13日　第６版　第１刷発行
2023年４月１日　第６版　第２刷発行

航空工学講座　第７巻

タービン・エンジン

2008 © 編　者　公益社団法人　日本航空技術協会
発行所　公益社団法人　日本航空技術協会
〒144-0041　東京都大田区羽田空港 1-6-6
URL　https://www.jaea.or.jp
E-mail　books@jaea.or.jp
印刷所　株式会社　丸井工文社

Printed in Japan

ISBN978-4-909612-31-1